精通Power Query

[加拿大] 肯·普尔斯（Ken Puls）　　[巴拿马] 米格尔·埃斯科瓦尔（Miguel Escobar）◎ 著
BI 佐罗团队 ◎ 译

人 民 邮 电 出 版 社

北　京

图书在版编目（CIP）数据

精通 Power Query /（加）肯·普尔斯（Ken Puls），
（巴拿马）米格尔·埃斯科瓦尔（Miguel Escobar）著；
BI 佐罗团队译. -- 北京：人民邮电出版社，2023.12
ISBN 978-7-115-60774-4

Ⅰ. ①精… Ⅱ. ①肯… ②米… ③B… Ⅲ. ①表处理
软件 Ⅳ. ①TP391.13

中国版本图书馆CIP数据核字(2022)第252236号

版 权 声 明

◆ 著　　　　[加拿大]肯·普尔斯（Ken Puls）
　　　　　　[巴拿马]米格尔·埃斯科瓦尔（Miguel Escobar）
　　译　　　 BI 佐罗团队
　　责任编辑　郭　媛
　　责任印制　王　郁　焦志炜
◆ 人民邮电出版社出版发行　　北京市丰台区成寿寺路 11 号
　　邮编　100164　　电子邮件　315@ptpress.com.cn
　　网址　https://www.ptpress.com.cn
　　涿州市般润文化传播有限公司印刷
◆ 开本：787×1092　1/16
　　印张：28.5　　　　　　　　2023 年 12 月第 1 版
　　字数：600 千字　　　　　　2025 年 1 月河北第 7 次印刷
　　著作权合同登记号　图字：01-2021-7387 号

定价：159.80 元
读者服务热线：(010)81055410　印装质量热线：(010)81055316
反盗版热线：(010)81055315
广告经营许可证：京东市监广登字 20170147 号

内容提要

本书是Power Query领域的经典之作，旨在让读者用正确而高效的方法精通Power Query。本书是两位作者多年积累的业务和IT工作经验总结，同时也是全球Power Query顶级社群大咖的经验提炼。本书从业务背景出发，在业务和IT之间做到了良好的平衡，系统化地给出了Power Query的思维框架和模式，同时按照多个企业级业务场景一一展示其实用性。

无论你是Power Query的新手还是经验丰富的ETL专家，都可以从各自的角度领略Power Query和M语言的魅力。对于业务用户，本书给出了日常办公所涉及的大量复杂数据问题的解法，并提供了大量案例，可以直接应用。对于专业用户，本书给出了搭建大型专业数据项目的框架性流程指导及优化建议，并提供了相关案例，也可以直接复用。

推荐词

菲仕乐（Fissler）近几年逐步开始重视数字化管理，SAP标准化数据的整合结合Power BI的大数据管理是集团未来的转型目标。作为全资子公司的菲仕乐贸易（上海）有限公司（Fissler China Ltd.，菲仕乐中国），我们早于集团对Power BI进行了部署，与BI佐罗老师合作，已完美实现了历史数据的清理和国内数据构架的搭建，财务数据库呈现的效果超过我们的预期，也受到管理层的一致好评。

通过报表升级自动化与关键数据监控定制化，之前大量用于数据整理和制作报表的时间被节省出来，用于钻研业务绩效，细分关键业务模块，深入挖掘企业盈利能力。业务人员也可以使用Power Query这套工具处理烦冗的业务数据，实现自动化，进而帮助管理人员从数据表现中发现问题，探讨解决问题的可能性方案，赋能业绩增长。推荐大家使用这本书。

——Cindy，菲仕乐中国财务IT总监

Excel的相关工作在我的日常工作中占比很大。还记得我刚进入职场时，在数据处理和统计过程中，总会觉得无从下手，一头雾水，白白浪费了许多精力。但很庆幸的是，不久之后我接触到了Excel中的Power Query，它让我逐步摆脱初入职场时一头雾水的状态，并在数据分析中愈战愈勇，成功向商业智能转型。

在这个数据时代，我们或多或少需要跟数据打交道。掌握数据分析工具的使用方法，才能更好地深入研究业务。而Power Query，可以说是最有性价比的工具之一，不需要你有技术背景也能轻松入门。而这本书，就是一本从入门到精通的落地指南，其系统化的思维框架和实操案例，为工作中的各种实际难题提供高效的解决方案。

如果你希望从每天繁杂的数据中解脱出来，提高分析效率，开拓分析思路，那这本书是一个优秀的选择。

——张航，第5届Power BI可视化大赛一等奖获得者

无论是Excel还是Power BI，做出一份完美的报表或报告，少不了数据的清理与准备，这看不见的工作量很可能占了总工作量的80%。这项工作可以请IT人员或者顾问支持解决，也可以由业务人员自学SQL和Python搞定。但现实是，你可能没有预算请别人做，也可能觉得自学新的语言太难。这时Power Query就为非技术出身的业务人员提供了一个"当家作主"的好机会——做数据的主人。为此，你需要的只是几杯咖啡的预算，来拥有这本书。

——王诗琛，第5届Power BI可视化大赛"最具推广价值奖"获得者

《精通 Power Query》是目前少有的可以体系化学习 Power Query 的佳作，书中案例覆盖了多数的数据整理常见场景，对实际操作极具指导意义，适合放在手边时常查阅。对于经常和数据打交道的各行各业人士来说，这是本值得一读再读的好书。

——陆俊峰，第 5 届 Power BI 可视化大赛"最佳展现创意奖"获得者

自从 Power Query 面世以来，Excel 数据处理能力发生了指数级变革。使用 Power Query 可以让你"弯道超车"，轻松地完成原本需要高难度的 Excel 公式甚至编写 VBA 代码或其他程序语言才能完成的数据整理工作。这本书是一本难得的 Power Query"驾车指南"，内容翔实，通俗易懂，能让你快速掌握 Power Query 这一利器。

——张震，《智能管理会计：从 Excel 到 Power BI 的业务与财务分析》作者

谁都无法否认，Excel 是非常重要且好用的数据分析工具。但是有很多业务一线的小伙伴告诉过我，大量的重复的数据清理工作占去了他们 40% 到 80% 的工作时间，这极大地影响了他们的工作效率。这说明他们缺少了 Power Query 的学习。在 Power Query 学习领域，"猴子书"久负盛名，但一直没有被引进国内。在 BI 佐罗团队的努力下，中文版终于面世了。如果你和我的小伙伴们一样，被数据清理工作所困扰，那么这本书你一定要细细研读，它能让你的工作效率提升好几倍！

——孙光，小米数据分析师

我作为企业的数据运营人员，接触 Power Query 的时间越久，越拜服于它的功能强大、高效、低代码、高性价比（Power Query 内置于 Excel 与 Power BI 中，用户学会 20% 的功能已足够应对现实中 80% 的数据处理工作）等特点。作为学习门槛较低的数据 ETL 工具之一，它为数据治理、表格输出及数据可视化的"自动化流水线"提供了实现基础。

这本书由浅入深、由基础到进阶地介绍了 Power Query 和 M 函数，适用于各个阶段的读者学习：为初入门的小白构建了一套完整的 Power Query 知识体系，为专业人士提供了一系列优化查询的最佳实践，为业务伙伴指出了针对实际业务问题的解决方案。

两位作者作为该领域的领跑者，从实际工作经验出发，将业务与 IT 完美平衡，使得这本书不仅仅停留在技术理论的"传道"层面，更是为实际业务提供了优秀参考，让读者能够即学即用，学以致用。强烈推荐这本书！

——徐露，碧迪医疗数据分析师

这本书是学习 Power Query 的经典之作的第二版，两位作者融合了高超的技术能力和

丰富的业务应用场景，帮助读者能够循序渐进地入门并精通这套Power BI与Excel中的数据处理利器。

同时这本书也是BI佐罗团队在DAX的精进和实践外，潜心付出、翻译后，带给广大Power BI用户的又一硕果。这本书配合BI佐罗团队的视频课程一同学习，将让你的数字化能力成倍提升。

——陆文捷，物流供应链BI分析师，《DAX设计模式》译者之一

如果你和我一样，是一名非IT背景的业务分析师，并且常常问自己有没有什么方法能更好地处理混乱数据；或者你曾经也和我一样，挡不住各种营销号铺天盖地带来知识而产生焦虑，并担忧着是不是得再多学点什么，VBA、SQL，还是Python。那么，这本书将会帮助你从另一种更宏观，也更容易实践的角度来看待以上问题。

熟悉这本书前半部分后，你就可以通过Power Query直观的界面，完成数据准备的大部分工作。如果你还想解决别人没办法处理的难题，则可以选择继续深入到M语言、优化查询与自动化等进阶内容。

这本书帮助我用更聪明的方法，高效进行数据提取、转换和加载，进而让我得以全力聚焦于更重要的一环：挖掘出在数据中潜藏的风险、机遇与更多的价值。如果有时间的话，现在就开始吧，相信你也一定能从中受益。

——蔡至洁，BI分析师

我在上海从事数据分析工作两年，之前并无技术背景，怀着对数据分析的热爱，曾纠结于各种技术，包括SQL、Python、大数据等，幸运的是，我最终做了正确的选择：深入研习Power BI以及相关的数据处理技术Power Query。

感谢BI佐罗老师的课程能够让我感悟到正确和智慧的数据分析思维。我通过两年时间的努力做到了别人四五年才能达到的工作状态，现在继续用这套思维体系服务于世界五百强企业。如果你也像曾经的我陷于纠结之中，那我推荐你通过这本书学习这套技术。

——Nancy，商业数据分析师

推荐序 1

我是财务人员，一个工作了 20 多年的"老财务"。

2012 年，我刚刚调任到销售运营及分析团队，负责 250 多家门店、230 多个SKU（stock keeping uint，库存量单位）、120 万个活跃客户的销售运营及预算管理工作。刚到任不久后的某天早上，我接到老板火急火燎的电话："Sarah，马上查一下上海徐家汇门店前两个月的业绩在全国排名第几、在华东区排名第几？是上升了还是下降了？急用！"我赶紧叫来负责存储数据的同事帮忙，可当她在我面前打开存储销售数据的Excel文件的那一刻，我知道，我遇到大麻烦了。门店的销售数据按月单独存储，原始数据中没有大区信息，要回答老板的问题，至少要打开 6 个文件，通过公式交叉查询大区信息后，汇总、筛选、排序、对比。20 分钟后，我依然无法回复老板的电话。

在办公室中对着满屏表格的你，这个场景是不是似曾相识？

那时的我并不懂什么是ETL（extract、transform、load，抽取、转换、加载），但我清楚，我需要一个工具，能快速将分散在几十个文件的业绩数据、门店归属的大区信息整合在一起，并规范数据的格式和类型，以便能用透视表快速查询和计算任意时间、地域维度下的业绩数据。更重要的是，以后如果老板需要数据，我能够及时反馈和补充足够的信息，这才是财务决策支持的意义。

我们很自然地求助了公司的IT人员，通过SQL（structured query-language，结构化查询语言）和VBA（Visual Basic for applications，一种用于扩展Office应用程序的编程语言）做出了一个小的查询工具。小工具能用，却让我们遭遇了更大的麻烦。

业绩的分析，仅通过渠道排名是不够的。业绩对比要下沉到更细的维度，比如省内、市内、某位销售经理管辖范围内，不仅要有自身的同比和环比数据，还需要将开业时间相近、店面面积相近、城市经济水平相似的门店之间进行跨区横向对比。于是，我们一次次地向IT人员提交修改需求，但修改的速度永远跟不上分析的变化，报告的效率永远滞后于管理的需求。

可能刚刚和IT人员沟通完需求的你，是不是有同样的困惑？

2013 年，我意外地读到 Liam Bastick 关于 Power Pivot 的文章。他的文章帮我打开了一个新世界的大门，让我和我的团队看到了一个从未想过的、在Excel处理数据的可能。

是的，我是先学会 Power Pivot，才迷上 Power Query 的。下面让我亲切地称呼她们为 PP 和 PQ 吧，她们是我最亲密的伙伴和"战友"。

在经历了 2013 年的 PP 插件的各种 bug 之后，大家都在迎接 Office2016 的到来，我们财务团队可以在 Excel 中自由搭建模型，随时因分析数据的改变而调整和维护数据了。当实现了建模自由和计算自由之后，所有分析中的困难就集中在，如何在不依赖IT人员的前提下，快速清理不同来源、不同格式的数据文件。

回想起来十分遗憾，我一直没有注意到PQ，直到2016年的某天，我在学习 Power BI 过程中单击了主界面的"转换数据"按钮。我依然清晰地记得那天，响个不停的电话、不断增加的邮件提醒、过来咨询问题的同事，全被我屏蔽，一切声音似乎离我远去，只剩下我坐在电脑前，震惊到张大嘴巴，单击了PQ中的每一个按钮，从兴奋地惊叫到从座位上跳起来，向身边的每个人分享：我发现了一个宝藏！

在之后的多年间，我不断地推荐更多的财务和业务同人将PQ代入工作之中，每当我带领他们完成一个操作，我都毫无疑问地会听到他们的惊叹声，和当年的我一样。

回想文中开头提到的问题，如果使用PQ，一个财务人员只需要几分钟时间，不用任何代码，即可将几十个文件的数据进行整合和清理。且这几分钟的工作内容可以被无限复用，未来每增加新的数据，只需再单击一下"刷新"按钮，新增数据将瞬间从源数据流向指定的分析结果之中。不需要IT人员介入，任何财务和业务人员都能轻易掌握这门技能。

一旦使用了PQ，所有的重复性工作都将"一键完成"，Excel的使用规则也将从此发生变化，真正达到Liam提到的KISS（keep it simple and stupid）原则。数据处理和分析，从来不是一个枯燥无味、烦琐沉闷的工作，每一个Excel工作者都应该从数据和表格中获得极大的乐趣和幸福感。

尽管PQ的使用方式已足够简单，尽管PQ对业务人员已足够"友好"，但当时我和团队对PQ技巧的认知和探索，主要依赖于微软官网的文档和各种英文文章、博客和社群答疑。在国内，关于PQ的作品更多围绕操作细节和按钮解析，针对PQ的运作逻辑，尤其是针对"怎么才算是清理到位了？"这个底层问题，很少有书能给予深入的解答。

2017年，我在简书上读到了BI佐罗对Power BI底层逻辑的文章，他对"什么是表"的理解让我印象深刻，也让我认识了这位"BI布道者"。他用自己深厚的专业知识和对数据分析极高的热忱，多年来笔耕不辍、创作不断，为我们数据分析人员提供更便捷的学习途径。在他的作品中，相比较技术实现，他更关注如何用浅显易懂的语言，让非IT出身的业务人员听懂和理解技术背后的底层逻辑，从而举一反三，应对纷繁复杂的商业场景。他擅长用商业逻辑来映射和类比技术逻辑，有时使用的商业故事和解读，常常让我们这些"老财务"们自愧不如。

作为PQ、PP和Power BI的忠实用户，我由衷地感谢BI佐罗团队能翻译这本书。书中不仅涵盖了PQ的各种使用技巧，更是自始至终地贯穿着Ken和Miguel的设计思考，让读者在掌握技术的同时更能体会每个技术点背后的精妙逻辑。正是这些思考和逻辑，让PQ不仅仅是一个数据清理的工具，更是一个数据处理思维的全新起点。

近几年，越来越多的企业把数字化转型作为重中之重，很多的理念、概念层出不穷，企业也不惜重金进行软硬件的升级改造。然而，在我和财务同行交流工作痛点的过程中，我惊讶地发现，即使在企业的信息化和数字化技术非常成熟的公司，其财务人员的工作状态和效率对比十年前并未显著提升。烦琐重复的流程、手工维护易出错的报告、上下游之间拆分的数据，仍然让财务人员深陷泥潭。在PQ问世10余年后的今天，我调研了几十家企业的财务团队，PQ 的使用人数占比不超过 5%。这让我唏嘘不已。

其实，我们的财务和业务团队中不乏优秀的人才，他们不满足于现状，通过VBA、SQL、Python等技术尝试突围。这往往又造成另外一个困局，就是在一个团队中，只有极少数的人才可以掌握高效的数据处理技术，这些人才往往处于企业的一线，有可能无法拉动整个团队的进步，更甚者，团队里的其他人反而更加依赖他们，从而更加忽略自身能力的提升。这些人才的流失，有可能导致整个团队工作的坍塌，如何长期留住他们成为团队管理者的难题。PQ 的低代码、易上手、全自助的特点，正是这个困局的最佳解决方案！

作为仍奋战在一线的分析人员，我将这本书推荐给每个在工作中与数据打交道的人，不管你是IT人员、财务人员、人力资源、销售人员、运营人员或者研发人员。我建议你不要只用眼睛看，而是跟随书中的案例，亲身体验一下。我相信你一定也会发出惊叹声，我更相信，这本书将成为你职业生涯中的一个转折。

期待我们在PQ新世界会面。

张丹，能源公司CFO

于广州

推荐序 2

这本书的作者是 Power Query 的专家，而这本书也是该领域得到国际范围的爱好者广泛认可的图书。很高兴看到 BI 佐罗团队将这本关于 Power Query 的图书翻译成中文带给国内的读者。

在多年的微软生涯中，从技术支持工程师到管理者的角色转变，我都在围绕着微软的 Azure 在中国的良好运行展开工作。当然，在这期间与数据打交道是不可避免的。数据处理和分析已经成为日常工作中，工程师们帮助客户解决技术难题的基础能力。作为管理者，我需要从不同的角度分析工程师们的日常工作，为团队和业务的规划及发展做出决策。

在数据处理和分析方面，微软的 Excel 和 Power BI 的确是业界一流的工具之一，作为微软内部成员，没有理由不使用它们来提高工作效率。然而，我第一次深度理解 Power BI，还是和 BI 佐罗交流后得到的启发。我意识到 Power BI 将为 IT 团队以及所有业务团队的运行管理带来前所未有的便利。其中，Power Query 作为重要组成部分，为数据能得以顺利分析提供了重要的基础支持。

如果你是一个 Power BI 的小白，就像我刚接触 Power BI 时一样，那么数据 ETL 一定是你入门时的第一道坎。我已经记不清我在学习和使用过程中向 BI 佐罗咨询过多少相关的问题，也记不清他向我分享了多少经验。但是，当我看到这本书的内容时，还是很惊喜，其中的很多应用场景依然可以给我新的启发。我相信这本书能够帮助你在学习 Excel 高级技巧和 Power BI 时，把你从"泥沼"里拉出来，而且少走很多弯路。同时，如果你已经对 Excel 或者 Power BI 有一定了解并且经常使用，我相信这本书的内容也能够填补你的知识盲区，帮助你成为 Power Query 的专家。

微软已经将 Power Query 纳入数据处理的多种平台，这项技术是经过真实用户反馈检验的，可以使业务人员不再依赖 SQL 等技术，掌握数据处理和分析的技能。如果你正准备整理自己的数据，Power Query 是正确的选择，而学习 Power Query，这本书就是正确的选择。

一旦开始阅读，你就能感受到用 Power Query 零代码即可整理数据的魔力。

Kyle，微软中国云（Azure China）技术支持经理

于上海

推荐序 3

这本书能够让普通的零基础小白成为商业分析大师。

我不是一个拥有技术背景的人，但我的工作中涉及大量的销售分析，需从不同的维度（时间周期、销售渠道、门店类型、地理划分等）切入，因此必须寻求一个高效、便捷、易上手的工具使我从海量的数据中找到"通用解决方案"。通过这本书的译者，我认识了Power Query这位"朋友"，从此便深叹相见恨晚。

Power Query对我来说的功能强大和便利性主要体现在以下几个方面。

1. 一次构建，循环使用。前人种树，后人乘凉，使用Power Query将数据处理完毕，后续每次使用只需刷新数据源即可。

2. 方便修改，有迹可循。树木种好，偶需修剪，Power Query相当于自动记录树木种植和生长的过程，日后可在任意地方嫁接。

3. 直通可视化。可直接连接应用到Power BI桌面版，输出各类高级、精美、可联动的图表呈现给老板或同事，让观者为之惊叹。

再说回到这本书，它对于每一个想要学习和使用Power Query的人来说，都具有超凡的指导意义。

1. 理论解读由浅入深。用通俗的语言告诉读者Power Query背后的原理和技术，即使非技术出身的人也能听懂。这些Power Query的"前世今生"对于普通用户来说是枯燥且不被关注的，但稍作了解便会对使用过程中遇到的一些问题豁然开朗。

2. 各阶段操作翔实。步骤清晰，再加以配图，读来不会有距离感，而是会感到对新手友好。对于自己已经会用的部分，能够深度夯实基底；对于之前未接触到的部分，也会觉得通俗易懂可上手。

3. 案例实践丰富。提供案例用于辅助教学，若你跟随本书实践一遍，相信定能轻松自如应对工作中遇到的大多数情况，甚至超出大部分人的日常数据分析与处理工作的需求。

对于学习和运用Power Query，我仍然处于摸索的阶段。我认为可以将这本书和译者的博客，当作产品手册和词典来使用与查询：初读可对Power Query有完整的了解并学会使用，此后再遇到各类问题可据此来寻找答案，裨补阙漏，必能有所广益。

肖伦，LVMH集团数据分析师
于上海

译者序

简而言之，数据准备很难，因为世界上的数据是混乱的。许多分析师用 80% 的时间做数据准备，用另外 20% 的时间抱怨数据准备有多难。

怀着充分尊重原作者的心态，所有作为译者可以说的话都只会出现在这篇译者序中。

这是我主持翻译的第二本书，除了有那种作为读者翘首企盼一本好书的心态，我还真正多了一份不同的责任感，那就是：本书的译文有没有错误，有没有误导；甚至在反思这是不是一本有意义的书，值不值得出版社投入资源，以及现在的你是不是值得花费宝贵的时间来看这些文字。

现在我可以负责任地回答：与数据打交道的小伙伴，人人需要本书。进一步讲，不论这是你第一次了解 Power Query，还是你已自认为熟练掌握相关技艺，本书都是必备的。说白了，对于任何一个 Excel 用户，本书必备。

以下整合自微软官方或 Power Query 官方的内容，在宏观逻辑上对本书进行整体解读，以让读者更好地把握内容并提升兴趣。

背后基因

在"数据时代"，处理数据的能力将同样与计算机、英语、驾驶、演讲等相关的技能一样，成为普适性要求。问题来了：我们不是专业技术人员，也不是程序员，更不是传统意义上的 SQL 数据库专家，我们作为普通业务人员，该如何应对数据时代的数据挑战？

以"赋能全球每一人"为己任的微软，是必然要用实际行动来回答这个问题的，其答案就是你现在看到的：经过 12 年（Power Query 始于 2010 年，作为 Excel 2010 插件）进化的 Power Query（截至 2022 年）。

按照微软的描述，Power Query 是其"首席"自助式数据准备技术，可为非技术用户提供直观且高度可视化的体验，以便轻松连接到数百个数据源，用一致的习惯和方法清理和重塑数据，无缝组合多个数据源在后续场景（例如数据报告、分析、低代码程序等）中使用。

这种强大技术的"设计基因"非常重要。本书作者在前言中提到：Power Query 的定位就是为 Excel 用户而打造，让他们永远完全不需要去学或用 SQL。也就是说，由于其广泛可用性和强大特性，普通业务分析师可以直接获得企业级数据工程师的能力，这就是其变革意义所在。换句话说，在其他人还在学习如何通过 Excel 函数、VBA、SQL 或 Python 处理数据时，选择了 Power Query 的业务伙伴将直接从中获益，并达到最高性价比。

Power Query 团队在微软被称为"Citizen Data Integration Team"（公民数据集成团队），

也可见其定位是要打造人人可用的数据能力工具，并将携带该基因在后续演化中一如既往地立足于业务伙伴。那么，业务伙伴在该工具上的学习，则是一项可持续受益的长期投入。对 Power Query 有些许了解的伙伴都应该知道，最初 Power Query 在 Excel 中以插件形式存在，按需安装。而现在则以原生形态存在于 Excel 的"数据"选项卡中，甚至连著名的 Power Pivot 都没做到，可见 Power Query 之于 Excel 用户的意义之重大。

那么，应该如何更好地学习 Power Query 呢？

本书特色

有很多关于 Power Query 的图书。本书之所以是该领域的经典，不仅因为作者本身的专业程度高，更重要的在于以下 3 个方面。

第一，平衡性。两位作者经验背景互补，是 IT 和业务的完美组合。

本书并非简单粗暴的截图或单击流的罗列，也不是枯燥的 IT 技术名词堆砌或公式排列。在本书中，读者可以深深感受到作者如何照顾业务伙伴的操作想法以及手把手操作的用心。同时，本书还有清晰、专业的解释辅助，这让从小白、业务用户到 IT 用户都能从中获益。这种平衡很难做到，而作者无疑做出了完美示范。业务伙伴读着不难，IT 用户读着有"干货"。

第二，系统性。本书给出了所需的抽象思维框架和系统化思维框架。

本书并非停留在介绍某种效果如何实现的简单表述，所谓"万变不离其宗"，在本书中，作者给出了高屋建瓴的系统化思维框架。例如，第 2 章就直接给出了查询的架构拆分设计思维，让人读之有种成为数据架构师的成就感，并迫不及待想将这些思维赶快"优化"到自己的工作中。

第三，实用性。本书给出了可以直接解决各种问题的解决方案模板。

本书并非简单功能大全或凸显神奇技巧的书，作者汇集了来自企业实战中的精华案例，例如日期表的构建、用宏实现自动刷新等。对照本书，多数内容还配有 Excel 或 Power BI 的实现示例文件，读者可以直接使用。

因此，不论你是小白、业务用户，还是 IT 用户，都可以各取所需。

阅读建议

阅读本书的建议是：作为自己的 Power Query 教程来精读。

如果你想知道 Power Query 的价值，你应该反复阅读作者前言，去感受他们的激情、生活的改变和本书中凝练的情怀；如果你想了解该领域的"大咖"，你应该继续反复阅读作者前言，其中出现的每个名字背后几乎都有一个专业博客，里面都是"宝藏"，可以作为扩展部分，便于你查找本书没有包括的内容。

如果你还在为学习什么工具而纠结（此刻我想你已经不会了），你应该仔细阅读第 0 章。

本书主要内容从框架上可以分为三大部分。

第一部分，第 0 到 14 章，从零开始介绍如何用 Power Query 解决各种数据问题。

第 0、1、2、3、4 章，主打"筑基"，给出了必需的基础知识和通用查询框架，以及怎么纠正你可能会犯下的错误和如何在 Excel 和 Power BI 之间切换。

第 5、6 章，主打导入数据，列举了处理办公文件（如平面文件、Excel 文件）的各种规律，其中一定有你根本想不到的知识。

第 7 章，主打常用转换，列举了"变魔方"的基本操作：透视、逆透视、拆分、筛选、分组等。

第 8、9、10 章，主打合并数据，展示了纵向追加、批量合并、横向合并的三大场景模式。

第 11 章，主打连接数据，展示了如何连接网络数据，但建议仔细阅读 11.4 节。

第 12 章，主打数据库，展示了在公司数据库支持下可以实现的特色功能和优化。

第 13 章，主打转换表格数据，这是本书精华所在，更深入地展示了如何综合使用透视、逆透视、分组来应对多层数据格式。

第 14 章，主打条件逻辑，帮助读者掌握编写条件逻辑语句的技能，从而使用户用更少的步骤执行更复杂的逻辑。

第二部分，第 15 到 18 章，深入 Power Query 的核心 M 语言和引擎。

第 15 章，主打值系统，帮助读者更好地理解各种复杂数据是怎么在 M 语言中被无一遗漏地"安排明白"的。

第 16 章，主打 M 语言，帮助读者更深入地理解查询计算，并借助 M 语言的能力，更直接地实现想法或优化原有解决方案。

第 17 章，掀起高潮，主要介绍参数及构建自定义函数的方法，读者领会后会更加自信。

第 18 章，提供日期表模板礼包，对各种复杂的日期问题全部给出模板（不会不要紧，都能直接使用）。

第三部分，第 19 到 20 章，讲述优化与自动化。

第 19 章，主打查询优化，即对查询的各种细微问题以及如何优化的探讨，帮助读者步入数据处理专家之列。

第 20 章，主打自动化，展示了自动刷新的方法，这样你可以思考省出的时间用来干什么。

三大部分步步推进、层层深入，按照这个脉络学习，你可对整个知识体系了然于胸，你会惊叹于作者把本书安排成如此适合阅读的线性结构。本书的价值除了在于讲解 Power Query，也在于展示了如何系统化地解构一套知识体系。

现在，你就能明白这句话：与数据打交道的小伙伴，人人需要本书。本书不仅讲授知识，更用解构知识体系的实践过程为分析师做了最好的示范。

你是不是已经迫不及待地想象自己即将走上"数据巅峰"，可以解决一切难题了？

在正式开始学习之前，最后要提醒大家的是，自助式商业智能分析的流程大致分 3 个步骤：数据准备，数据建模，数据可视化。Power Query 可以帮助每个人完成好且仅可以完成好第一步，并不是所有的工作都应该在 Power Query 中完成，应该根据场景，把适当的工作放在相应步骤。

忠告大家：数据准备的终极目标在于且仅在于重塑标准或优化的表格，仅此而已。而如何基于标准和优化的表格去发现数据价值的问题，将在数据建模和数据可视化领域研究解决。但这丝毫不影响本书的价值，事实恰好相反，为了构建更强大的数据模型以及实现简洁的数据可视化，你会感谢自己在数据准备阶段花费的每一分精力。不然，你很可能就会成为他们中的一员：用 80% 的时间做数据准备，用另外 20% 的时间抱怨数据准备有多难。

开始旅程

心怀感激，本书凝练了作者以及作者背后整个 Power Query 领域大咖的经验和精华知识。在翻译过程中，我完全可以感受到作者的情感以及想传达给广大读者的知识、体会和智慧。我试着用同样富有感情的文字传达准确的含义，这的确是超乎能力范畴的挑战。在此过程中，我得到了社区小伙伴的帮助，大家一起学习和校对，在此特别感谢大家。但即使如此，受水平所限，我难以完全传达作者之全部精神。任何文字的疏漏和表达的差池都是我的错误，恳请大家用包容的态度阅读，也请你在发现错误时，可以继续帮助我修正它们。

关于本书翻译问题的修正或未能描述详尽的内容，可以在这里找到："excel120.com/#/pq/?f=book"。我们也将基于本书内容，构建 Power Query 精华知识学习体系，欢迎你加入一起学习。

本书可以帮你打开 Power Query 世界的大门，如果你迫不及待地想看到如何完成大量数据处理任务并使其自动化，开玩笑地说就是"一个人干完一堆人的活"（这种能力令人向往和赞叹），就请翻开第一页，开始这一旅程吧。

BI佐罗

2022 年 5 月 7 日

前　言

生活因此而变

肯（Ken）的故事："咖啡和 Power Query"

这是在我 2013 年 11 月 Outlook 日历上的会议名称。当时在一次微软 MVP（most valuable professionals，最有价值专家）峰会期间，该产品的名字刚从 Data Explorer 改成 Power Query，我和 Power Query 团队的米格尔·略皮斯（Miguel Llopis）以及费萨尔·穆罕默德（Faisal Mohamood）一边喝咖啡，一边从 Excel 用户的角度谈论该产品的优点和缺点。

在那次谈话中，我告诉他们："Power Query 很好，但它只是 SQL Server Management Studio（SSMS）的一个糟糕的替代品。"我很清楚地记得这些。我长期使用 SSMS 和 Power Query，但不管怎么做，都发现 Power Query 仅能完成 SSMS 部分工作（不是所有）。这令人沮丧，我一直在试图研究用 Power Query 实现同样效果，但是做不到。

我直言不讳地告诉了他们这些，记得他们当时大概是这么回复的：

"肯，这个工具并不是为了替代 SSMS 而诞生的，它的用户定位是 Excel 用户，我们的目的是让他们永远完全不需要去学或用 SQL。"

熟悉我的人都知道，我很少会被一句话"堵死"，但那次真的如此，这完全打破了我认知世界的平衡。

要知道，我不是一个普通的 Excel 专家，可以说我是 SQL 的"骨灰级玩家"，对 VBA 也非常精通，同时还会用 VB.NET、C#、XML 和其他一些编程语言。虽然我喜欢技术和挑战，但是我能使用众多编程语言的真正原因来自实际应用，由于那些需求常常很复杂，需要有痛苦的深入探索过程让我真正掌握这些技术。

那次谈话彻底地改变了我对 Power Query 的看法。我开始重新思考，并以新的眼光来看待它。我开始按照它的本意来使用它，通过 Power Query 的用户界面驱动一切，尽可能避免编写 SQL 代码。你知道吗？它开始更好地工作，我开始探索出更多"玩法"，发现它实际上可以帮助我实现以前从来做不到的事。

我爱这个工具，不仅仅是因为我可以用它来做什么，更重要的是，它可以让业务专家们零代码轻松地完成各种工作。的确，可以直接使用这个工具内置的编程语言层，但那并不是必须的。这才是让 Power Query 真正与众不同的原因：这个工具定位于业务专家，提供了简单、直接的用户交互设计（在我看来是最好的），只需要简单的单击就可以自动生成代码。业务用户只需简单培训就可以迅速掌握，用之来建立复杂的解决方案，甚至直接带来业务价值。

就我个人而言，Power Query 使我能辞去全职工作，建立自己的事业。我们提供了现场培训（线下或线上），以及打造了 Excel 中的插件（Monkey Tools）来帮助用户在使用 Power Query 和 Power Pivot 时更加轻松。当然，最让我兴奋的是，每次看到有人用这个工具极大改善了他们原有的工作流程、节省大量时间而发出赞叹的时刻。

米格尔（Miguel）的故事：新的旅程

在 2013 年以自由职业者的身份开始创业之前，我在过去的工作中被称为 "超级用户"（the power user）。离职后，我依然带着这个绰号，这也是我将我的个人视频频道和现在的新网站命名为 "超级用户"（The Power User）的原因。

我不是 IT 人员，但我常常是那个将技术落地的人。这是根据我们能用的技术有多先进，以及能从现有的工具中获得多少价值决定的，而且常常就是基于 Excel（甚至不是最新版本）的。使用透视表和 Excel 公式已然成为我的 "第二本能"。

我开始接触 Power Query 是在 2013 年。我不记得我是怎么接触到它的了，只记得用它可以很容易地过滤数据、删除列、提升标题和取消列等，这些操作已经成为我日常工作中的习惯并产生了巨大的影响。因为我没有 VBA 的知识（现在依然没有），所以 Power Query 实际上为我打开了全新的数据处理方法大门。这在以前是不可想象的，我不再需要成为 VBA 或 SQL 专家，我只需要 Power Query 就够了，那些数据准备问题已然可以迎刃而解。

对我来说，Power Query 的用户界面就像一种 "黑科技"。它能让你在操作最重要的数据资源时非常直观地看到结果。然而，它的确是一种新的工具以及内置的编程语言，网上几乎没有关于如何充分利用 Power Query 的内容或信息，所以我决定开始一个新的旅程，去成为这个领域的 "绝对最好"，并开始积累关于它的内容。

通过这些内容创作（博客、视频、电子邮件等），我认识了 Power Query 领域的大咖，像罗布·科利（Rob Collie）和比尔·耶伦（Bill Jelen）以及他们随后介绍我认识的肯。虽然我和肯从未线下谋面，但由于我们的经验背景完全是业务和技术互补，且赞叹于 Power Query 的强大能力，还有成为 "布道者" 的想法，于是我们决定一起合作，开始了一个叫作 PowerQuery.Training 的项目，该项目最终促成了本书的第一版。在编写本书的第一版的那段时间里，甚至在那之前，我们就意识到 Power Query 的真正潜力，以及它能如何更好地改变大多数 Excel 用户的生活。就自助式商业智能分析工具而言，我们认为 Power Query 已经是并会继续是重大的技术突破。

距本书第一版出版已经有一段时间了，许多读者、朋友和同事都提醒其中的一些图片和内容在工具中已经改变了，但是这些内容仍然能为他们打下坚实的基础，让他们大开眼界，看到 Power Query 的潜力。我们的初衷从未改变，就是让这个工具改变人们的生活，正如它改变了我们的生活一样，让数据准备的过程更加简单、直接。

从 2015 年到 2021 年，肯和我从读者那里得到了越来越多的反馈，听到了很多关于

Power Query如何帮助他们改变生活的故事，不管是直接还是间接。每每听到这些，我们都感到非常欣慰，这也是我们决定编写本书第二版的原因。我们希望能做得更好，为此，我们需要等待合适的时机。

作者致谢

与任何图书一样，伙伴们的帮助对本书的出版有相当贡献。如果没有如下伙伴的帮助，本书就不会有如今的结果。

比尔•耶伦，我们不能想象还能有谁比比尔更包容。编写一本书需要花费大量的时间和精力，而平衡这项工作和我们日常业务的关系是很困难的，尤其是当本书是基于像Power Query那样快速变化的技术时。在我们把初稿给他的时候，距离我们最初承诺交稿的时间已经延迟了很久。比尔以平和与理解的态度接受了每一次的延迟和变化，并且定期鼓励我们完成本书。

米格尔•略皮斯，从第一次喝咖啡的时候开始，米格尔就一直是我们在微软的得力合作伙伴，甚至我们开玩笑说，他的全职工作就是回复肯的电子邮件。从第一天起，他就对我们给予了极大的支持，对我们关于功能设计的提问、bug提交等都一一进行回应。

柯特•哈根洛赫（Curt Hagenlocher）、埃伦•冯•莱厄（Ehren Von Lehe）、马特•马森（Matt Masson）以及Power Query/Power BI团队中所有回答过我们的问题和回复过我们的邮件的人们，我们十分感谢你们的帮助，你们的建议对于本书的完成有着不可或缺的功劳。

温•霍普金斯（Wyn Hopkins）、克里斯蒂安•翁焦尔（Cristian Angyal）和马特•阿灵顿（Matt Allington）对一些我们重点关注的内容给予了反馈和意见，并帮助我们使它们正确无误。

还有无数的人在我们的博客和视频中发表评论，参加我们的培训课程，并与世界范围内的其他伙伴分享他们自己解答某些问题的创意、展示不同的和更好的方法。正是因为有了你们，我们在创作本书的过程中不仅探索了新的方法、尝试了新的技巧，还收获了很多乐趣。

肯的致谢

我们的上一本书始于2014年3月6日的一封电子邮件，我认识了米格尔•埃斯科瓦尔（Miguel Escobar）。他有了写一本关于Power Query的书的想法，尽管我们从未见过面，而且几年内都不会见面，但他的想法和激情对我产生了深刻的影响。这促成了本书的第一版 *M is for Data Monkey*，以及一个在线Power Query工作坊和我们的Power Query学院，当然，还有现在本书的第二版。如果没有他的灵感和对这些项目的投入，就不会有现在的结果。他的热情持续推动着我在Power Query方面的进步，特别是在使用M语言的时候。我到现在都很好奇他似乎能做到每天工作24小时。

如果没有我的家人的支持，本书将永远无法完成。我的妻子迪安娜（Deanna）不仅是我的坚强后盾，还对本书的每一页进行了最初的校对（好几遍），修正我的拼写，清理我有时写下的奇怪的措辞（当我的大脑比我的手指更快速运转时）。我还要感谢我的女儿安妮卡（Annika），她教会了我所有关于牛津逗号的知识[包括泰勒•斯威夫特（Taylor Swift）不使用逗号的事实]，我真希望她能在手稿提交的 72 小时之前与我分享这些智慧①。

现在，我们有一个 Excelguru 团队，在我把自己关起来完成本书手稿时，他们坚守岗位。丽贝卡•萨克斯（Rebekah Sax），她优雅地处理着我们扔给她的一切；阿卜杜拉•阿尔哈比（Abdullah Alharbi），为 Monkey Tools 的开发在前期提出过想法并用代码实现；吉姆•奥尔斯（Jim Olse），我的朋友、导师和前经理，现在负责我们的会计工作。没有你们每一个人的努力，我们不可能有现在的成功，也不可能完成本书的创作。

任何在 Excel 团队工作的人都可以告诉你，我对产品的反馈相当热情。我相当肯定，没有人比盖伊•亨金（Guy Hunkin）更能有这种感受了，他的生活就是在 Power Query 和 Excel 中切换，负责这两种技术的整合。盖伊无尽的耐心让我非常吃惊，我不知道怎么感谢他，他总是以专业而非个人的态度对待我的反馈。除了我们的电子邮件和电话之外，我很荣幸曾邀请盖伊来到我们的一些培训现场，他做了大量的记录，其中的一些内容对 Power Query 的优化起到了贡献作用。

最后，我要感谢我们的商业伙伴马特•阿灵顿。他在 2019 年年中加入了米格尔和我的团队，来扩大 Power Query 学院和我们的业务范围。从那时起，我们重新建立了 Skillwave 平台，对外提供相关培训，包括 Power Query、Power Pivot 和 Power BI 等主题。马特多年来一直是我们的朋友，他对本书给出了一些特别重要的关于时间安排和优先次序的建议，这些建议对我们完成本书有很大帮助。

米格尔的致谢

我想感谢正在阅读本书的你。是的，是你！你是我们最关键的人，我们写本书的目的就是给你提供资源，使你能够成为一个"数据英雄"。我想提前感谢你让这个世界变得更美好，至少在数据和商业决策方面。

我还要感谢世界上所有对本书和 Power Query 相关工作表示支持的 Excel 和 Power BI 从业者。我很荣幸能够成为这个全球社区的一部分，我现在邀请你加入我们，一起来使用这个工具。

我从不会忘记我生活中的最重要部分：朋友和家人。当然，你们人太多了，我就不把名字在这里列出来了，万一不小心落下某个人的名字，我就惨了。

并且我需要特别感谢肯，感谢他对我莫大的支持，尤其是他能够听懂我的"西班牙式英语"，还会将它们更清晰地转述出来。

另外，特别感谢 Power Query 团队的柯特•哈根洛赫、埃伦•冯•莱厄、马特•马森和米格尔•略皮斯。自 2013 年以来，我一直在向他们发送关于 Power Query 的问题、错误、"咆哮"、建议、想法和抱怨，直到 2021 年 7 月 4 日，他们仍然没有忽视我或让我闭嘴。

---

① 牛津逗号是一种逗号使用的语法样式，表示这个女儿很严谨，而老爸已经没时间改了，是作者幽默的言辞。——译者注

如果你需要一些关于如何耐心对客户服务的课程，有机会你应该好好和他们聊聊，他们才是真正的MVP。

忠实的支持者

你们当中有很多人于本书在电商平台上架时就预购了它，或在我们的网站中注册了会员，你们每个人都看到了我们要写本书的承诺，并等待了很长时间才收到它。谢谢你们的支持和耐心。我们真心希望你们觉得这漫长的等待是值得的。

最后

感谢帮助我们校对本书的会员伙伴，你们在非常紧张的时间内帮助我们一起校对了本书。我们特别要向塞思·巴伦（Seth Barron）、兰达尔·麦克亨利（Randall McHenry）、斯坦顿·柏林克斯（Stanton Berlinksy）、约翰·哈克伍德（John Hackwood）、米切尔·艾伦（Mitchell Allan）、尼克·奥斯代尔-波帕（Nick Osdale-Popa）、迈克·卡尔达什（Mike Kardash）和莉莲（Lillian）表示感谢，他们每个人都为本书提交了不少拼写和语法方面的修正。

本书是为你写的，目的就是帮助你掌控数据。我们真心希望它能做到，让你发现它是你所购买过的图书中最能帮助你提高生产力的。

我们还要感谢你，你购买了这本书，信任我们的教学方法，并成为了 Power Query 大家庭中的一员。

资源与支持

本书由异步社区出品，社区（https://www.epubit.com）为您提供后续服务。

资源获取

本书提供如下资源：

- 示例文件；
- 思维导图。

要获得以上资源，您可以扫描下方二维码，根据指引领取。

提交勘误

作者和编辑尽最大努力来确保书中内容的准确性，但难免会存在疏漏。欢迎您将发现的问题反馈给我们，帮助我们提升图书的质量。

当您发现错误时，请登录异步社区（https://www.epubit.com），按书名搜索，进入本书页面，点击"发表勘误"，输入勘误信息，点击"提交勘误"按钮即可（见下图）。本书的作者和编辑会对您提交的勘误进行审核，确认并接受后，您将获赠异步社区的 100 积分。积分可用于在异步社区兑换优惠券、样书或奖品。

与我们联系

我们的联系邮箱是 contact@epubit.com.cn。

如果您对本书有任何疑问或建议，请您发邮件给我们，并请在邮件标题中注明本书书名，以便我们更高效地做出反馈。

如果您有兴趣出版图书、录制教学视频，或者参与图书翻译、技术审校等工作，可以发邮件给我们。

如果您所在的学校、培训机构或企业，想批量购买本书或异步社区出版的其他图书，也可以发邮件给我们。

如果您在网上发现有针对异步社区出品图书的各种形式的盗版行为，包括对图书全部或部分内容的非授权传播，请您将怀疑有侵权行为的链接发邮件给我们。您的这一举动是对作者权益的保护，也是我们持续为您提供有价值的内容的动力之源。

关于异步社区和异步图书

"**异步社区**"（www.epubit.com）是由人民邮电出版社创办的 IT 专业图书社区，于 2015 年 8 月上线运营，致力于优质内容的出版和分享，为读者提供高品质的学习内容，为作译者提供专业的出版服务，实现作者与读者在线交流互动，以及传统出版与数字出版的融合发展。

"**异步图书**"是异步社区策划出版的精品 IT 图书的品牌，依托于人民邮电出版社的计算机图书出版积累和专业编辑团队，相关图书在封面上印有异步图书的 LOGO。异步图书的出版领域包括软件开发、大数据、人工智能、测试、前端、网络技术等。

目　录

第 0 章　导言：一场新的革命

0.1　数据分析师的常见场景

　　无论是进行基本的数据输入、建立简单的报告，还是使用VBA、SQL或其他语言设计全面的商业智能解决方案，都会在一定程度上与数据打交道。虽然需要的技能各不相同，但通常要完成的总体工作如下。

1. 从数据源中提取数据。
2. 根据实际需求对数据进行转换。
3. 纵向追加合并数据表。
4. 将多个数据表合并（连接）在一起。
5. 重塑数据结构，以便更好地进行分析。

　　作为信息工作者，无论在正式的工作描述中如何称呼，其工作都是"收集数据""整理数据"并将其转化为信息。这些工作可能并不"高大上"，却是企业中必不可少的，如果这些工作没有正确地进行，任何分析的最终结果都是不可信的。

　　这项工作多年来涉及的工具一直是微软的Excel。虽然像Excel这样的工具有强大的功能来帮助分析师处理数据，但将原始数据转换为可使用的数据——这一课题一直是一个挑战。事实上，很多人经常会在这个问题上花费大量的时间：为分析准备数据，将其转换为合理的表格形式，以便后续的分析和报告使用，如图 0-1 所示。

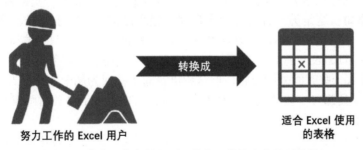

图 0-1　信息工作者的主要工作之一就是奋力处理数据

　　对那些做过类似工作的人来说，他们知道，他们其实不仅仅是信息工作者那么简单，而更像是数据"魔法师"。数据几乎不可能恰好是"干净"的，往往相反，因此可能需要花费数小时清理、过滤和重塑来使数据成为更合理的格式。

　　一旦数据准备就绪，就可以轻松地进行大量强大的分析。处理数据时有很多方式来"施展魔法"，包括条件格式、筛选器、数据透视表、图表和切片器等。

　　当然，准备好干净的数据往往是最困难的部分。通常，起初得到的都是混乱的数据，它们被保存在文本文件或Excel文件（如果非常幸运，可能是一个数据库）中，分析师必须以某种方式清理这些数据，并使它们成为能够使用的合理形式。最终目标很简单：尽快将数据转换成表格形式，同时确保它符合实际的需求，并且是准确的。每个解决方案都需要不同来源的数据的不同组合，而这个过程就需要"魔法"，如图 0-2 所示。

图 0-2 "魔法"：数据在被使用前真正发生的事情

0.2 "魔法"的好处和危险

真正的Excel高手会使用许多不同的技术来实现他们的"魔法"：有时单独使用，有时与其他工具结合使用。

这些"魔法"的类型如下。

1. **Excel公式**：这是"魔法师"使用的首选技术。利用他们的公式知识，使用VLOOKUP、INDEX、MATCH、OFFSET、LEFT、LEN、TRIM、CLEAN等函数。虽然公式可被大多数Excel用户使用，但公式的使用难度因用户的经验和水平而异。

2. **VBA语句**：这种强大的语言可以帮助用户对数据创建强大而动态的数据转换。VBA技术往往被高级用户使用，因为真正掌握它们需要有一定的知识储备和技能。

3. **SQL语句**：这是另一种用于操作数据的强大语言，它对于选择、排序、分组和转换数据非常有用。然而，现实情况是，这种语言通常也只有高级用户才会使用，甚至许多Excel专业人员都不知道从哪里开始使用它。尽管每个Excel专业人员都应该投入一些时间来学习它，但这种语言通常被认为属于数据库专业人员的领域。

所有这些工具都有一些共同点：从本质上说，它们基本上是分析师仅有的可用于数据清理和转换的工具。

尽管这些工具很有用，但其中也有两个严重的弱点：不仅需要花费大量时间来处理问题，还需要花费大量时间来掌握这些工具。

虽然懂得相关技术的"魔法师"确实可以使用这些工具来构建自动化解决方案，并把原始数据处理干净，但这需要多年高级语言编程经验，以及大量的时间来确定、开发、测试和维护解决方案。导入时数据格式的一个小变化就需要调整原有方案，或者增加一个新的数据来源也是十分可怕的，因为相关解决方案十分复杂。

在一个公司里有一个真正的"魔法师"存在，其实反而是一个隐患。这个人可能的确会建立一个很好的解决方案，甚至直到他离职后还能运行、使用。但公司的其他人并不了解这个解决方案，当出现问题时，可能没有人可以搞定它。

从另一个角度看，许多负责数据清理工作的人也没有时间，或没有机会学习这些先进的"魔法"技术。虽然理论上的确可能有一个稳定的系统在维护下不会出现崩溃的问题，但同时可能需要花费几小时、几天、几周、几个月或几年的劳动时间和大量的金钱，来定期进行重复的数据导入和清理。

可以计算一下，公司每月有多少时间只是在 Excel 里执行重复的数据导入和清理任务。将这些时间乘公司的平均工资，再按所处行业在世界范围内的公司数量，这不就算出了世界的整体成本吗？很容易发现，这种成本是惊人的。

所以需要一个更好的方法，一种容易学习的工具，其他人只需接受有限的指导就能掌握和理解。这种工具应该可以让用户自动导入和清理数据，这样用户就可以专注于将数据转化为信息，为公司增加真正的业务价值。

这个工具终于来了，它就是 Power Query。

0.3　未来的改变

Power Query 可解决刚才描述的问题。它非常容易学习，并且拥有极直观的用户界面。同时它很容易维护，因为它显示了操作流程的每个步骤，还可以在后续对之进行查看或修改。而且，在 Power Query 中完成的所有操作都可以通过单击几次鼠标来刷新。

在有了多年使用"魔法"技术构建数据解决方案的经验后，我们发现 Power Query 才是真正改变了游戏规则的工具。原因有很多，其中很明显的一点是学习效果立竿见影。

当涉及导入、清理和转换数据时，用户其实可以比学习 Excel 公式更快地掌握 Power Query，而且它比 VBA 更容易处理复杂的数据源，如图 0-3 所示。

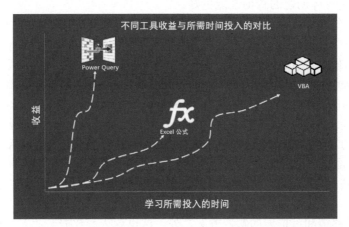

图 0-3　Power Query 被设计成一个易于使用的数据转换和操作工具

Power Query 的易用性解决了许多企业面临的数据"魔法师"陷阱。即使一个高水平的数据"魔法师"在 Power Query 中做了一些复杂的设计，普通用户也可以在短时间内掌握并能够进行维护或修复，这往往只需要几小时，而不是几周。

尽管对真正的 Excel 专业人士来说这很难理解，但许多用户实际上并不想学习复杂的 Excel 公式。他们只想用一个工具连接到他们的数据源，单击几个按钮来清理和导入数据，然后构建他们需要的图表或报告。正是这个原因，Power Query 的用户范围将比那些需要精通公式才能工作的软件的用户范围更广。菜单驱动的界面，使用户在很多情况下不需要学习任何一个公式或一行代码，如图 0-4 所示。

数据转换工具的影响力对比

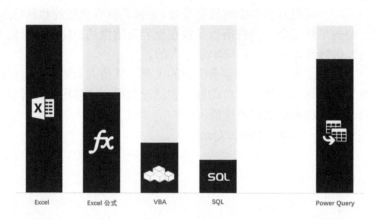

图 0-4　Power Query 的易用性与任何经典工具相比都将影响更多的用户

　　毫无疑问，Power Query 将永远改变 Excel 专业人员处理数据的方式。

　　需要明确指出的是，这里并不是在贬低 Excel 公式、VBA 或 SQL 的价值。事实上，它们是分析师不能缺少的工具。除数据转换用途之外，Excel 公式可以被快速使用，迅速完成许多 Power Query 做不到的事情。VBA 在性能方面也有它的优势，可以让分析师调用其他应用程序，创建程序来读写数据，以及做许多其他事情。而由 SQL 专家编写的 SQL 查询总是比 Power Query 创建的查询性能更好。

　　然而，在简单地连接、清理和导入数据的场景下，Power Query 依然有更高的性价比，可使分析师以更少的时间投入更快地实现自动化。而且随着 Power Query 团队对工具的不断改进，SQL 和 Power Query 生成的查询之间的性能差距也在逐渐缩小。

　　其实，Power Query 是不局限在 Excel 中使用的。以前如果考虑在 Excel 中实现清理、转换和加载数据的功能，那么这些功能就必须保留在 Excel 文件中，或者设计一种 Excel 之外的全新语言来实现，这样做的弊端是无法复用。但是 Power Query 很好地解决了复用问题，同样的 Power Query 技术在 Excel、Power BI 桌面版、Power Automate 和 Power BI Dataflows 中都可以使用。所以，对于在 Excel 中使用 Power Query 构建的解决方案，可以简单地将其导入 Power BI 桌面版中，或者将其复制到 Power BI Dataflows 中进行复用。

　　除了创建可移植和可扩展的解决方案之外，这也意味着数据专业人士可以学习一种新的可移植技术，并在各种不同的软件产品中多次重复使用。如果考虑未来的发展，也许 Power Query 还会超越目前这些范畴。

　　而且，由于 Power Query 与其他软件的集成性，用户可得到更强大的效果。例如，可以用 Power Query 实现类似 SQL 查询，在 Excel 中用 VBA 刷新它，实现自动化；或者通过 Power BI 使用计划刷新功能，将 Power Query 查询直接加载到数据模型或实体中；等等。

0.4　为什么说 Power Query 有"魔力"

在构建强大而稳定的解决方案时，数据专家面临的首要问题是需要一个可以提取（extract）、转换（transform）和加载（load）数据的 ETL 工具，但普通业务用户很可能从未听说过这种工具。ETL 如图 0-5 所示。

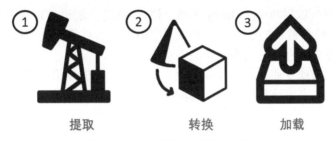

图 0-5　ETL：提取、转换、加载

Power Query 可以被认为是一个 ETL 工具，它可以从几乎所有类型的数据源中提取数据，根据需要对之进行转换，然后加载。这对要处理数据的业务用户来说又意味着什么呢？

0.4.1　提取

提取可以针对一个或多个数据源，包括文本文件、CSV 文件、Excel 文件、数据库和网页页面。此外，Power Query 团队建立了许多可连接到不同数据源的连接器，这些数据源在其他情况下很难获得，如 Microsoft Exchange、Salesforce 和其他几乎让人从未想过的软件即服务（software as a service，SaaS）数据源。当然，还有用于那些还没有被团队覆盖的数据库的 ODBC（open database connectivity，开放式数据库连接）和 OLEDB（object linking and embedding database，对象链接和嵌入数据库）连接器。无论数据现在存储在哪里，都有很大的机会可以用 Power Query 提取和使用。

0.4.2　转换

当谈论转换时，它包括以下各个方面。

1. **数据清理**：包括从数据库中过滤数据，到从文本文件导入中删除空白或"垃圾数据"。其他用途包括将大写字母转换为小写字母，将数据拆分成多列，以及正确地导入不同地区使用的日期格式。无论需要对数据进行怎样的后期使用，首先都必须将数据清理为干净的格式。
2. **数据整合**：如果在 Excel 中使用 VLOOKUP、INDEX、MATCH 或较新的 XLOOKUP 函数，可能需要整合多个表的数据。Power Query 可以以纵向或横向方式连接表，允许纵向追加表（创建长表），或横向合并表（无须写 VLOOKUP 函数），还可以执行其他操作，如分组等。
3. **数据增强**：包括添加新列或对一组数据进行计算。从执行数学计算（如通过销售数量 × 销售价格，创建销售额），到根据日期列转换新的日期格式，这些在 Power Query 中都变得非常简单。事实上，通过 Power Query，可以根据 Excel 单元格、

SQL数据集甚至网页中的值来动态地创建表。如果需要一个从当天算起的 5 年前的动态日期表呢？进一步使用 Power Query 即可。

Power Query 真正令人惊讶的是，许多转换可以通过菜单命令来执行，而不需要写公式或代码来完成。这个工具是为终端用户建立的，不需要任何编码就可以执行在 SQL 或 VBA 中无比复杂的转换。这是一件很棒的事情。

不过，对那种喜欢躲起来"捣鼓"公式或代码的人来说，一样可以得到满足。虽然不需要学习编程，但可以用 Power Query 内部一种叫"M"①的语言记录一切（开玩笑地说，A 到 L 语言命名已经都被占用了，所以轮到了"M"）。而对那些决定使用这种语言的专业人员来说，可以建立更有效的查询，做更多惊人的事情。

无代码、低代码或专业代码：选择完全取决于用户。但无论选择哪种方式，至少在无代码世界中能做这么多事情是很令人震撼的。

0.4.3 加载

由于每个支持 Power Query 的工具都有不同的用途，可以把数据加载到的地方也不同。

1. **Excel**：加载到 Excel 中的表②、Power Pivot 数据模型，或者只保持连接而不加载数据。
2. **Power BI**：加载到数据模型，或只保持连接而不加载数据。
3. **Power Automate（Flow）**：加载到 Excel 工作簿（预计将来会有更多加载选项）。
4. **Power BI Dataflows**：加载到 Azure Data Lake Storage、Dataverse，或只保持连接而不加载数据。

"连接"可能看起来有点儿神秘，但它只是意味着创建一个可以被其他查询进一步使用的查询，本书后文会更充分地探讨它的使用。

数据的加载位置并不是这个 ETL 工具的加载过程的重要部分，重要的是它是如何加载，以及如何再次加载的。

Power Query 的本质是一个宏记录器，当用户通过提取和转换步骤工作时，它可以跟踪用户操作过的每个步骤。这意味着用户只需定义一次查询，并确定想把它加载到哪里。在完成这些之后，只需刷新查询，如图 0-6 所示。

定义一次   随时使用

图 0-6　定义一次转换过程并随时使用

请考虑一下这个问题。导入某个文本文件，这个文件在过去需要每个月花 20 分钟来导入和清理，然后才可以使用。Power Query 使之变得简单，在 10 分钟内完成同样的任务，在第一次使用它时就节省了 10 分钟。然后下个月来刷新一下，就直接有了一个新文件。

至此，不难发现用户不会像以前一样卷起袖子，搞 20 分钟的 Excel"盛宴"，向 Excel 展示自己是可以搞定它的"大师"，每月不停地重复再重复。这种改变，难道不令人兴奋吗？

在这种情况下，只要把新的文本文件保存并覆盖旧的文件，然后在 Excel 中单击"数据""刷新所有"（或者在 Power BI 中单击"主页""刷新"）就可以完成所有工作——这可

---

① M是mashup的简称，mashup的意思是混合，意为将数据有效地混合到一起。——译者注

② 很多人称之为"智能表"。——译者注

是认真的。如果用户已经把文件发布到 Power BI 或者在 Power BI Dataflows 中设置了它，还可以直接安排定时刷新来避免这些麻烦。

这就是 Power Query 的真正力量：易于使用，易于重复使用。它把用户的辛苦工作变成了一种投资，并在下一周期为用户腾出时间来做更有价值的事情。

0.5 Power Query 和产品体验的整合

Power Query 是一项正在改变世界的技术。早在 2010 年，它就作为一个插件正式开始在 Excel 中被使用，现在它已经在超过 8 种不同的产品中被使用，从 Excel 和 Power BI 桌面版，到 SQL Server Integration Services（SSIS）、Azure 数据工厂等，并且就在你阅读本书时，它可能又被集成到新的数据相关产品中了。

Power Query 所产生的影响力是惊人的，它极大地改变了许多使用不同软件产品的分析师的生活。当然，被集成到这么多产品中也是有代价的，Power Query 团队每天面临的困难是在所有这些产品的集成中寻求功能和体验的平衡。他们必须在一致性和承载 Power Query 功能的产品所特有的功能之间找到最佳平衡点。

0.5.1 Power Query 的组件

为了便于理解，可以把 Power Query 想象成一个"洋葱"。它有很多层，这些层实际上是组成 Power Query 的核心组件。

大多数人在观察事物时，都只看到事物的表面。随着本书的进展，你会发现在 Power Query 背后发生的很多事情。这里的 M 代码对用户来说是可见的，但是用户可能永远不会看到 M 引擎。快速浏览一下 Power Query 这个"洋葱"，如图 0-7 所示。

图 0-7 Power Query 的层次结构

在 Power Query 中共有 3 个可能的层，但有些产品的集成可能只有前两个层，这些层如下。

M 引擎：底层查询执行引擎，运行用 Power Query 公式语言 M 的表达式（M 函数与操作符的运算）编写的查询。

M 查询：用 Power Query 公式语言 M 编写的一组命令。

Power Query 用户界面：也被称为 Power Query 编辑器，作为一个图形用户界面，帮助用户进行操作，包括但不限于如下 3 个方面。

1. 通过与用户界面简单交互，创建或修改 M 查询[①]。
2. 将查询和其结果可视化。
3. 通过创建查询组、添加元数据等管理查询。

在最低限度上，一个产品至少有 M 引擎和 M 查询这两层。从表 0-1 中不难看出，并不是每个产品都会包含 Power Query "洋葱"的所有 3 层。

---

① M 函数、M 语言、M 表达式、M 查询含义类似，都是 M 函数不同程度的组合，在文中不同场景不必拘泥于用词，具体应结合上下文来体会其含义。——译者注

表 0-1　并非所有集成 Power Query 的工具都包含其所有 3 层

产品	M引擎	M查询	Power Query 用户界面
Excel	是	是	是
Power BI桌面版	是	是	是
Power BI Dataflows	是	是	是
SSIS	是	是	否

0.5.2　产品体验的整合

如果在 2021 年上半年，用户比较 Power Query 在 Excel 和 Power BI Dataflows 中的体验，的确可能注意到一些差异，如 Power BI Dataflows 利用 Power Query 在线版的用户界面，Excel 和 Power BI 则是基于 Power Query 桌面版的用户界面。虽然用户界面确实有差异，但使用它们的基本操作步骤是相似的。

假如在 2024 年第一季度再来比较，可能会发现这些差距没有以前那么大了。这主要是因为 Power Query 团队正在努力为 Power Query 用户提供一致和统一的核心体验，使所有产品的用户体验和使用方法都是一致的。

当然，内置 Power Query 的不同产品可能仍然有一些独特的功能。例如直接从 Excel 活动工作表中获取数据，这就是在 Excel 中的 Power Query 独有的功能。但在所有这些产品中，核心的体验是基本一致的。其中一些差异来自 M 引擎、M 查询或 Power Query 用户界面，而另一些差异可能只在于用户界面（例如只是图标不同）。

可以肯定的是，在过去几年中，微软已经投入了大量的资金来推动 Power Query 在线版的发展。一旦进行了足够的迭代和测试，就会将这些功能转移到 Power Query 桌面版中进行预览，再进行最终的全面发布。也就是说，如果想尝试 Power Query 的最新和最好的功能，推荐使用 Power Query 在线版，可以通过 Power BI Dataflows 等产品来体验。

这个工具无论是功能的发展还是用户界面的变化都很快，这已经不是什么新鲜事了。根据这一事实得出的结论是，写一本关于 Power Query 的书并附上用户界面的截图，要使截图保持最新，几乎是根本不可能的。事实上，本书的发行被推迟了两年，就是因为在等待 Excel 中用户界面的变化。

本书提供了大量的单击操作步骤，但你应该认识到，实际需要采取的操作步骤可能会略微有所不同——无论是产品体验还是用户界面发生的变化，都可能会影响到实际操作的步骤。但不会改变的是这些案例背后的目标、理论或方案。这就是本书的核心：掌握数据本身，而不局限于所看到的具体用户界面。只有通过这种方式，才能实现本书的使命，即一本能够在未来几年内都可以使用的书。

0.6　Power Query 的更新周期

在正式开始使用 Power Query 之前，先来了解这个工具的更新问题。这似乎有些本末倒置，但这是有原因的。

Power Query 团队每月都会发布更新信息。这里不仅指对 bug 的修复（尽管肯定包括这些在内），而是指新功能的增加和性能的增强。虽然有些变化很小，但有些变化也可能很大：在 2015 年年初，Power Query 发布了一个更新信息，将查询加载时间缩短了 30%；在 2015 年 7 月继续发布新版本，解决了 Power Pivot 刷新时遇到的一些非常严重的问题；在随后的几年里，还发布了连接类型、条件列等功能；特别是在过去的 3 年里，还发布了从示例中添加列①和模糊匹配等功能。

那么，到底如何安装、使用 Power Query 呢？答案是，这取决于使用 Power Query 的场景和目的。

0.6.1　Power Query 在线版

Power Query 在线版是指在如 Power Automate、Power BI Dataflows 等工具中以在线体验的方式使用的 Power Query。这些都是基于 Web（互联网应用）的服务，用户不需要对它们进行任何更新。修复和新功能是持续发布的，用户只需每隔一段时间查看一下增加了什么新东西。

0.6.2　Microsoft 365

用户使用 Excel（或任何其他 Office 产品）的首选方式是通过 Microsoft 365 订阅。如果是订阅用户，软件会根据 Office 版本所使用的"渠道"，定期自动更新功能和进行 bug 的修复。

【注意】
可以在 Microsoft 365 官网了解到这方面的更多信息。

0.6.3　Excel 2016/2019/2021

Power Query 是一个正在不断发展的产品。如果回顾一下 Excel 2016（最初于 2015 年 9 月发布），可发现 Power Query 被集成到了这个版本的 Excel，但它的确存在一些问题，连接类型、条件列和从示例中添加列功能在那时还没有发布。

好消息是，尽管 Excel 2016 和 Excel 2019 产品不是订阅模式，但它们在发布后也有一些 Power Query 的更新。当然这里强烈建议用更新版本的软件来获得与本书案例较为一致的体验。

在系统中获得这些更新的技巧是，确保操作系统在下载其 Windows 更新时也能获得其他 Microsoft 产品的更新。要在 Windows 10/11 中检查这一设置，包含以下 4 个步骤。

1. 按 Windows 键，输入"Windows"。
2. 选择"Windows 更新设置"。
3. 转到"高级选项"。
4. 找到"更新 Windows 时接收其他 Microsoft 产品的更新"，打开下面的按钮（显示"关"字则表示按钮已打开）。

0.6.4　Excel 2010 & 2013

在 Excel 2016 或更高版本中，Power Query 被内置为产品的一部分，而在 Excel 2010

---

① 如 Web 查询的表列推测。——译者注

和 2013 版本中，Power Query 作为插件必须从 Microsoft 官网手动下载和安装。Power Query 在 Excel 2010 和 2013 中的最终更新是在 2019 年 3 月发布的。

0.6.5　Power BI 桌面版

Power BI 桌面版有两种安装路径：如果通过 Microsoft 商店安装它，那么它将自动更新；如果通过 Microsoft Power BI 官网下载和安装它，需要手动下载和安装更新。

> **✎【注意】**
>
> Power BI 最 "酷" 的地方在于，这是用户可以最早看到新的 Power Query 发布的地方。它们通常隐藏在 Power BI 的 "选项和设置" 功能 "选项" 窗口中的 "预览功能" 选项卡下面。但如果想看看 Excel 会有什么新功能，也可以在 "预览功能" 选项卡下查看。新功能通常先发布在 Power BI 桌面版上，然后在 Power BI 桌面版上达到正式发布状态（不再是预览状态）的 2 到 3 个月后再发布到 Excel 中。

0.7　如何使用本书

无论你是使用 Power Query 工具的新手还是经验丰富的 ETL 专业人士，本书旨在从实用的角度成为理解 Power Query 和 M 语言的首选资源。本书的目标是清晰地展示如何使用 Power Query 来解决常见问题。书中还将介绍一些更高级的场景，将 Power Query 和 M 语言的最佳实践贯穿其中，以帮助你不仅了解如何建立 Power Query 解决方案，而且了解如何使它们更好用。

本书中的绝大多数使用场景、插图和案例都将使用 Microsoft 365 Excel 进行展示。除非另有说明，图示的场景在 Excel 或 Power BI 中都可以使用。

使用 Power Query 功能的关键是要知道从哪里开始。

0.7.1　Microsoft 365 Excel

在作为 Microsoft 365 产品的一部分发布的 Excel 中，Power Query 的命令可以在 "数据" 选项卡的 "获取和转换数据" 中找到。虽然有更快捷的方式来获取常见的数据源，但可以在 "获取数据" 按钮下找到所有可用的 Power Query 数据源，如图 0-8 所示。

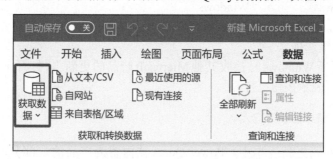

图 0-8　在 Excel 中找到 Power Query 数据源

0.7.2　Power BI 桌面版

在Power BI桌面版中，甚至不需要离开"主页"选项卡，直接单击"获取数据"按钮即可找到进入Power Query的路径，如图 0-9 所示。

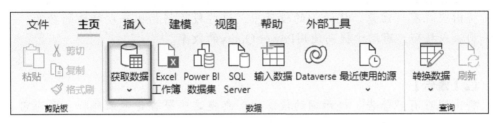

图 0-9　在 Power BI 桌面版中找到进入 Power Query 的路径

0.7.3　以前的 Excel 版本

虽然本书介绍的重点是Microsoft 365 Excel，但它的大部分功能都与早期版本兼容。不过需要认识到的是，该功能可能在不同的Excel选项卡下。

1. **Excel 2019**：在大多数情况下，Excel 2019 的 Power Query基本与Microsoft 365 Excel的相似。本书的图片基于Microsoft 365 Excel截取。
2. **Excel 2016**：与 Excel 2019 或 Microsoft 365 Excel一样的是，Power Query的入口在"数据"选项卡下，不一样的是Power Query的入口在"新建查询"（在"数据"选项卡的中间）按钮下找到，而不是在图 0-8 中看到的"获取数据"按钮下。
3. **Excel 2010/2013**：一旦下载并安装程序后，你会发现在最上面的选项卡栏已经有一个单独的"Power Query"选项卡。书中的步骤会告诉你使用"数据"选项卡上的"获取数据"按钮的所有操作，但如果用这两个版本，需要在"Power Query"选项卡上找到这些命令按钮。

0.7.4　单击"获取数据"按钮

Power Query可以连接到各种各样的数据源，可以通过单击Excel中"数据"选项卡下的"获取数据"按钮或Power BI桌面版中的"主页"选项卡下的"获取数据"按钮来操作。虽然Excel的数据源在菜单子文件夹中进行了分类，但想要在Power BI桌面版中看到子分类列表，需要单击"更多"按钮。

为了保持一致性，本书多数情况的连续单击操作将使用以下方法来描述。

例如，创建一个新的查询，其实际的 Excel 单击步骤如下。

- 转到"数据"选项卡，"获取数据""来自文件""从文本 /CSV"。

这相当于Power BI桌面版中的以下操作。

- 转到"主页"选项卡，"获取数据""更多""文件""文本 /CSV"。

如果还在使用Excel 2016 或更早的版本，这些单击步骤如下。

1. Excel 2016：转到"数据"选项卡，"新查询""从文件""从文本 /CSV"。
2. Excel 2010/2013：转到"Power Query"选项卡，"从文件""从文本 /CSV"。

0.7.5 特殊元素

本书会给出一些带有注意、警告的段落来提醒你一些特别的事项。

> **✎【注意】**
> 将出现在有"注意"提示词的段落中。这些段落将指出一些特殊的功能、用法或技巧，有助于提高使用Power Query的效率。

> **☎【警告】**
> 将出现在有"警告"提示词的段落中。忽视这些警告会带来危险，因为它们将指出潜在的陷阱和问题，你应该注意这些陷阱和问题。

在进一步阅读之前，强烈建议先下载本书中使用的所有示例文件，以便能跟随本书边学边练。

现在是时候深入探索这个神奇的工具了，我们开始吧！

第1章 基础知识

Power Query 的设计目的就是在业务分析师使用数据之前将数据加载到目标区域的表中，收集数据并将其重塑为所需的格式。Power Query 处理数据的基本流程如图 1-1 所示。

图 1-1 Power Query 处理数据的基本流程

当然，可以在任何时候对这个流程的任何部分进行调整。事实上，本书就是在讲解如何这样做。但是在开始时，梳理并理解Power Query 的宏观运行流程还是很有帮助的。

1.1 开始之前

在开始使用 Power Query 之前，建议对 Power Query 界面的默认设置做一些调整。由于 Microsoft 默认关闭了某些功能，而其中一些功能对于更高效地使用 Power Query 是至关重要的，所以，本书会先在这里给出最佳实践。

1.1.1 调整 Excel 默认设置

调整 Excel 中的默认设置。
1. 转到 "数据" 选项卡，"获取数据" "查询选项"。
2. 在 "全局" "数据加载" 下，确保勾选 "快速加载数据" 复选框（这个设置将在刷新过程中锁定 Excel 的用户界面，确保在继续使用数据之前拥有的数据是最新的）。
3. 在 "全局" "Power Query 编辑器" 下，确保这里的每一个复选框都被勾选。特别要确保 "显示编辑栏" 复选框被勾选，勾选这里的每一个复选框是确保拥有在本书中看到的所有选项的前提条件。
4. 单击 "确定"。
虽然还可以进行其他选项设置，但目前这些就足够了。

1.1.2 调整 Power BI 桌面版默认设置

调整 Power BI 桌面版中的默认设置。

1. 转到"文件"选项卡,"选项和设置""选项"。
2. 在"全局""Power Query 编辑器"下,确保这里的每一个复选框都被勾选。特别要确保"显示编辑栏"复选框被勾选,勾选这里的每一个复选框是确保拥有在本书中看到的所有选项的前提条件。
3. 单击"确定"。

> ✎【注意】
> 在 Power BI 桌面版的选项中,你可能还想查看"全局""预览功能"选项卡,看看是否有什么吸引人的新功能。由于新功能首先发布在 Power BI 桌面版上,因此对想要了解 Excel 中的 Power Query 即将出现的功能的读者来说,这是一个很好的地方。

1.2 提取

本节将介绍如何在 Excel 或 Power BI 桌面版中导入一个简单的 CSV 文件到 Power Query 中,并展示 Power Query 是如何处理上述任务的、在用户界面上是如何显示的,以及它在这两个工具中的相同之处。

ETL 过程从提取步骤开始,在这个步骤中有 4 个不同的子步骤,如图 1-2 所示。

图 1-2　数据提取步骤的 4 个子步骤

1.2.1 选择数据

第一步是选择和配置想要使用的数据连接器。在这种情况下,首先通过如下操作创建一个新的查询,使用 Excel 中的"CSV 连接器",如图 1-3 所示。

- 转到"数据"选项卡,"获取数据""来自文件""从文本 /CSV"。

这相当于 Power BI 桌面版中的以下操作。

- 转到"主页"选项卡,"获取数据""更多""文件""文本 /CSV"。

需要注意的是,在这两个工具中,有更直接的方式单击连接到"文本 /CSV"文件。因为"文本 /CSV"文件是非常常见的数据源,所以连接它的功能已经直接在用户界面上给出,不需要进入子菜单再选择。在 Excel 中,会发现这个连接器就在"数据"选项卡上的"获取数据"按钮旁边。而在 Power BI 中,连接器就在"获取数据"菜单栏的第一层子菜单"常见数据源"中,不需要单击"更多"后浏览。但作为一种通用的连接到数据源的方法,这里只是展示了一套完整的操作流程以便于应对各种情况。

图 1-3　在 Excel(左)或 Power BI 桌面版(右)中连接到一个"文本 /CSV"文件

【注意】
Power BI 桌面版实际上可以连接到比 Excel 更多的数据源。开发团队通常将测试版的连接器先发布到 Power BI 中,一旦通过测试阶段,会最终将它们发布到 Excel 中。

一旦选择了需要使用的连接器,就能浏览并找到文件。在这种情况下,将连接到以下示例文件:"第 01 章 示例文件\Basic Import.csv"[①]。

1.2.2　身份验证

对于许多数据源,在连接到它们之前都需要进行身份验证。如果需要连接的数据源属于这种情况,用户会被提示提供身份验证信息。凑巧的是,本例是一个存储在本地文件系统中的 CSV 文件,本机用户肯定有权限访问它,也就意味着已经通过了身份验证。

1.2.3　预览窗口

一旦选择了文件,就会被带到如图 1-4 所示的窗口。
这个窗口用于预览 Power Query 将要处理的数据的内容,允许在 Power Query 开始正式转换过程之前做任何必要的更改。总的来说,很少需要在这里更改任何内容,因为 Power Query 在大多数情况下都能做出正确的默认选择。说到这里,注意在顶部有一些选项,允许切换以下设置。

[①] 每章示例文件都分成了不含有参考答案的用来练习的版本以及包括参考答案在内的完成版本,当打开完成版本时由于路径不一致会导致报错,请读者自行修改为本机对应的文件路径以使其正常运行。——译者注

图 1-4　Power Query 的预览窗口

1. **"文件原始格式"**：这里允许用户更改文件的编码标准，但实际上不太可能需要更改这个设置。
2. **"分隔符"**：这里也是很少需要改变的，因为 Power Query 通常能正确地识别所需要使用的分隔符。然而，如果需要，可以手动将其设置为各种选项之一，包括常用字符、自定义字符或者固定的列宽。
3. **"数据类型检测"**：这个选项允许用户设置如何检测各字段的数据类型，基于前 200 行或基于整个数据集，或根本不检测数据类型。

另一件需要注意的重要事情是，由于大小限制，预览到的是被截断的信息。这一点非常重要，因为在这个窗口中可以显示的数据量是有限的。

1.2.4　查询处理

最后需要说明的是，不太可能在这个预览窗口中更改任何内容。预览窗口的主要目的其实是展示数据的状态和结构，现在来查看这些数据是否为如下 3 种情况之一。

1. 它是否为需要的数据集？如果选错了，请单击"取消"。
2. 它是否已经处于干净的状态？如果是，请单击"加载"。
3. 是否需要重塑或调整？如果是，请单击"转换数据"。

> **✎【注意】**
> 相信绝大多数的数据在使用前或多或少都需要进行某种形式的转换。转换的程度可能很简单（如只是重命名一列），也可能很复杂。然而，无论需要进行什么样的转换，这里的默认操作不应该是单击"加载"，而应该是单击"转换数据"。

对数据进行预览，确定这是需要使用的数据后，单击"转换数据"按钮，来启动 Power Query 编辑器窗口，如图 1-5 所示。

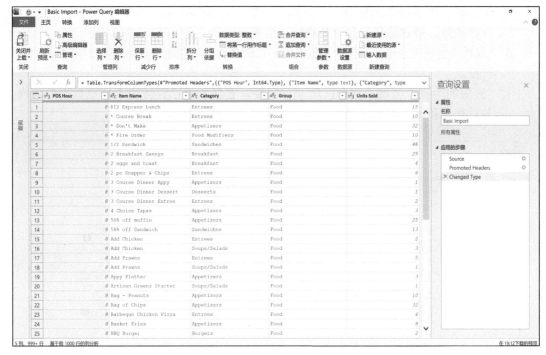

图 1-5　Excel 中的 Power Query 编辑器窗口

1.3　转换

ETL 过程的下一步是转换数据。然而，与 Excel 导入数据的经典方法不同，Power Query 允许用户查看和修改系统在转换过程中的默认转换。这些都是在 Power Query 编辑器窗口中进行的，这个窗口在单击"转换数据"按钮后启动。

1.3.1　编辑器

这里给出 Power Query 编辑器的 7 个主要区域，每一个区域在图 1-6 中都有编号。
这些区域分别介绍如下。

1. 功能区：Power Query 功能区位于屏幕的顶部，有 4 个选项卡"主页""转换""添加列""视图"。
2. "查询"窗格：在 Microsoft 365 Excel 之前版本的 Excel 中，这个窗格默认是折叠的。用户可以单击"查询"一词上方的">"，以将其展开，显示其中所有的 Power Query 查询列表（注意，在 Microsoft 365 Excel 和 Power BI 中，这个窗格默认是展开的，可以通过单击"<"按钮来折叠）。
3. 编辑栏：如果这个区域没有显示出来，说明用户没有遵循在本章前文关于正确调整默认设置的建议。因为编辑栏很重要，所以最好切换到 Power Query 功能区的"视图"选项卡，然后勾选"编辑栏"复选框。
4. 当前视图区域：这个区域是预览数据和执行数据转换的工作区域。虽然它主要用来显示表的预览内容，但在使用其他功能时也可以显示其他内容。

5. 状态栏：位于屏幕的底部，它可显示列数、行数等信息，以及显示列分析统计的行数信息，最右边显示预览数据的最后更新时间。

6. "属性"区域：这里显示当前预览内容的查询名称，与左边"查询"窗格中的查询名称一致。

7. "应用的步骤"区域：这个区域非常重要，它显示了已经应用于预览数据的转换，并且在重新导入数据时会将已有的转换应用于整个数据集。

图 1-6 Power Query 编辑器窗口

1.3.2 默认转换

在第一次从一个文件中提取数据时，了解 Power Query 已经做了什么是很有帮助的。为了做到这一点，应重点关注右侧的"应用的步骤"区域中列出的步骤。这里已经列出了 3 个步骤。

1. "Source"（源）。

2. "Promoted Headers"（提升的标题）。

3. "Changed Type"（更改的类型）。

需要注意的关键是，这些步骤中的每一个步骤都是可修改或可选的，所以可以准确看到 Power Query 在导入文件时到底做了什么[①]。

1.3.3 源

在默认情况下，每个查询的第一步都被称为"Source"（源），无论它来自何种数据源。在"应用的步骤"区域中选择它后，预览结果就会显示 Power Query 对其提取的原始数据的最原始状态，如图 1-7 所示。

---

① 可以单击"文件""选项和设置""查询选项""全局""区域设置""查询步骤"，勾选"始终使用英语"。本书内容均保持查询步骤使用英语以便理解最佳实践，当然这不是必须的，在查询步骤中使用中文对 Power Query 的使用没有任何影响，选择何种语言取决于个人习惯。——译者注

	ABC Column1	ABC Column2	ABC Column3	ABC Column4	ABC Column5
1	POS Hour	Item Name	Category	Group	Units Sold
2	8	$12 Express Lunch	Entrees	Food	15
3	8	* Course Break	Entrees	Food	10
4	8	* Don't Make	Appetizers	Food	32
5	8	* Fire Order	Food Modifiers	Food	10
6	8	1/2 Sandwich	Sandwiches	Food	48
7	8	2 Breakfast Sannys	Breakfast	Food	25
8	8	2 eggs and toast	Breakfast	Food	4
9	8	2 pc Snapper & Chips	Entrees	Food	6
10	8	3 Course Dinner Appy	Appetizers	Food	1
11	8	3 Course Dinner Dessert	Desserts	Food	1

图 1-7　"Source"步骤的可视化显示结果

在 ETL 过程的这个阶段，Power Query 已经确定了原始数据中的每个逗号应该被用作列的分隔符，并且它已经这样做了，但此时还没做进一步的转换。

在提取的过程中，Power Query 的内部算法解析了数据源的内容并以表的形式显示。第 1 行看起来与接下来的几行不同，它看起来像一个标题行。

1.3.4　将第一行用作标题

单击"Promoted Headers"（提升的标题）步骤后，将会看到 Power Query 显示的预览内容。它使用第 1 行的内容作为各自列标题，取代了之前无意义的"Column1""Column2"等列标题，如图 1-8 所示。

	ABC POS Hour	ABC Item Name	ABC Category	ABC Group	ABC Units Sold
1	8	$12 Express Lunch	Entrees	Food	15
2	8	* Course Break	Entrees	Food	10
3	8	* Don't Make	Appetizers	Food	32
4	8	* Fire Order	Food Modifiers	Food	10
5	8	1/2 Sandwich	Sandwiches	Food	48
6	8	2 Breakfast Sannys	Breakfast	Food	25
7	8	2 eggs and toast	Breakfast	Food	4
8	8	2 pc Snapper & Chips	Entrees	Food	6
9	8	3 Course Dinner Appy	Appetizers	Food	1
10	8	3 Course Dinner Dessert	Desserts	Food	1
11	8	3 Course Dinner Entree	Entrees	Food	2

图 1-8　"Promoted Headers"步骤的结果

1.3.5　更改的类型

当前查询的最后一步被称为"Changed Type"（更改的类型），如图 1-9 所示。

	123 POS Hour	ABC Item Name	ABC Category	ABC Group	123 Units Sold
1	8	$12 Express Lunch	Entrees	Food	15
2	8	* Course Break	Entrees	Food	10
3	8	* Don't Make	Appetizers	Food	32
4	8	* Fire Order	Food Modifiers	Food	10
5	8	1/2 Sandwich	Sandwiches	Food	48
6	8	2 Breakfast Sannys	Breakfast	Food	25
7	8	2 eggs and toast	Breakfast	Food	4
8	8	2 pc Snapper & Chips	Entrees	Food	6
9	8	3 Course Dinner Appy	Appetizers	Food	1
10	8	3 Course Dinner Dessert	Desserts	Food	1
11	8	3 Course Dinner Entree	Entrees	Food	2

图 1-9　"Changed Type"步骤的结果

这个步骤背后的逻辑是，Power Query 已经扫描了每一列的前 200 个值，并对这些列的数据类型做出了判断。然后它自动增加了这一步，在将数据加载到目的地之前锁定这些数据类型。会看到的、最常见的数据类型如下。

1. 日期/时间（用日历/时钟图标表示）。
2. 整数（用 123 图标表示）。
3. 小数（用 1.2 图标表示）。
4. 文本（用 ABC 图标表示）。

> **【注意】**
> 实际上，Power Query 中还有很多数据类型，我们将在以后的章节中更详细地讨论这些数据类型。

1.3.6 调整和修改转换

到目前为止，Power Query 已经提供了很大的帮助，并且似乎已经正确地完成了一切。但是，如果想对数据再做一些更改呢？

从删除一个不需要的列开始，如删除 "POS Hour" 列（永远不会在这个层面上分析这个数据集中的这列数据）。要做到这一点，有两个方法。

1. 选择 "POS Hour" 列，右击它并选择 "删除"。
2. 选择 "POS Hour" 列并按 Delete 键。

请注意，这两个方法是等价的，用一种即可。在 "应用的步骤" 区域中会出现一个名为 "Removed Columns"（删除的列）的新步骤，如图 1-10 所示。

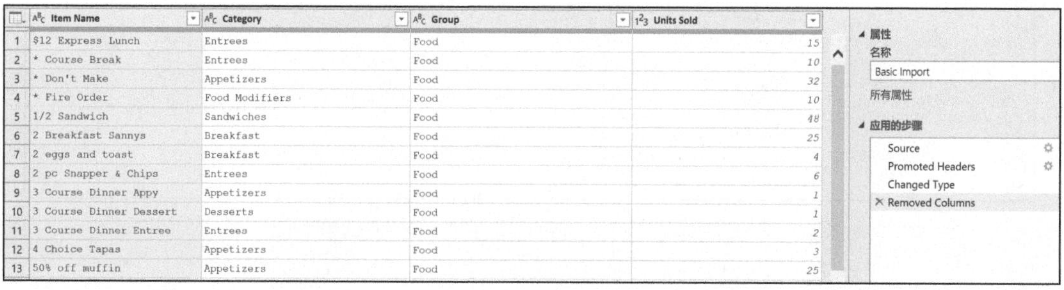

	A^B_C Item Name	A^B_C Category	A^B_C Group	1²₃ Units Sold	
1	$12 Express Lunch	Entrees	Food	15	
2	* Course Break	Entrees	Food	10	
3	* Don't Make	Appetizers	Food	32	
4	* Fire Order	Food Modifiers	Food	10	
5	1/2 Sandwich	Sandwiches	Food	48	
6	2 Breakfast Sannys	Breakfast	Food	25	
7	2 eggs and toast	Breakfast	Food	4	
8	2 pc Snapper & Chips	Entrees	Food	6	
9	3 Course Dinner Appy	Appetizers	Food	1	
10	3 Course Dinner Dessert	Desserts	Food	1	
11	3 Course Dinner Entree	Entrees	Food	2	
12	4 Choice Tapas	Appetizers	Food	3	
13	50% off muffin	Appetizers	Food	25	

属性
名称
Basic Import
所有属性

应用的步骤
Source
Promoted Headers
Changed Type
× Removed Columns

图 1-10 通过 "Removed Columns" 步骤删除了 "POS Hour" 列

但是，等等，如果还是需要那一列呢？没有问题，可以直接删除 "Removed Columns" 步骤。但现在不打算这么做，如果想这么做，可以到 "应用的步骤" 区域，单击 "Removed Columns" 步骤左边的 "×"。这个步骤将被删除，"POS Hour" 列的所有数据将再次可见。基本上可以把这看作 Power Query 的 "撤销" 功能，只是它效果更好。与一般的撤销功能不同的是，当关闭应用程序时，一般的撤销功能将丢失，而 Power Query 的撤销功能会一直存在，直到进行相应修改为止。

> **【注意】**
> 虽然可以撤销功能是非常重要的，但这个功能还有一个更大的意义，它允许用户可以在任何时候单击任何东西，只是为了看看它做了什么。Power Query

总是在数据副本上工作，所以并不会损害真正的原始数据。这给了用户重要的能力，可以肆意尝试任何按钮，并满足"我想知道单击这里会发生什么"的好奇心。单击它，如果不喜欢这个结果，删除这个步骤即可。这就鼓励用户对任何不了解的命令步骤都可以这样做。此时不仅可能会发现新的功能，还能帮助用户理解"应用的步骤"区域中的描述与产生这些描述的功能的对应关系。

现在，回到修改数据步骤，来简化列名，从"Item Name"列开始。

- 右击"Item Name"列，"重命名""Item"。

一个名为"Renamed Columns"（重命名的列）的新步骤将出现在"应用的步骤"区域中。可发现一个规律：每次在Power Query中执行一个操作，都会有一个新步骤被添加到"应用的步骤"区域中。

这其中的含义相当重要。与经典的Excel世界不同，在那里，数据是在完全没有任何跟踪的情况下进行转换的，Power Query提供了一个完整的转换跟踪路径。在默认情况下，通过用户界面执行的每个步骤都会被添加到"应用的步骤"区域中。虽然用户可能不知道驱动这个转换的命令在哪里，但至少可以看到发生了什么类型的转换。如果选择上一步，甚至可以看到应用转换之前的数据状态是什么样子（然后只需选择后面的步骤就可以看到数据转换后的状态）。

现在，如果决定重命名另一列，会发生什么？会再次得到一个新的步骤吗？一起来找答案。就像在Excel中有多种方法处理同一个问题一样，在Power Query中也有多种方法处理同一个问题。这次重命名列，请执行如下操作。

1. 双击"Units Sold"列的标题。
2. 将文本改为"Units"。

注意观察该变化是如何发生的，但是这次没有出现一个新的步骤。仍然只有一个名为"Renamed Columns"的步骤，如图 1-11 所示。

图 1-11　这两个重命名操作已被合并在一个"Renamed Columns"步骤中

请注意，无论是右击并"重命名"列还是双击列重命名，结果都是相同的。当依次执行两个"类似"的操作时，Power Query将把它们合并到一个步骤中。这样做的原因很简单：它使步骤列表更短，更容易阅读。因为许多文件需要进行大量的数据清理操作，所以这对用户来说是合理的。

> **✎【注意】**
>
> 当然，这个功能也有它不好的一面。比方说，假设重命名了6个列，然后意识到不小心错误地重命名了某个列。虽然可以删除这个步骤，但这将删除整个步骤，包括正确的5个重命名操作。还有一个解决方案，可以把列重新命名为原来的名字。或者使用本书后文将讲解的，编辑M代码。

1.4 加载

综上，得到了这样一个查询，它已经执行了如下操作。

1. 连接到CSV数据源。
2. 将第一行提升为标题并设置了数据类型。
3. 删除了一个不相关的列。
4. 重新命名了两列，使它们更加易于理解。

对于这个数据集，这样做就足够了。数据以干净的表格格式展现，它已经准备好被用来驱动商业智能。现在是确定查询并完成查询的时候了。

1.4.1 设置数据类型

在最终确定查询之前，为数据集中的每一列重新定义数据类型是非常重要的。这样做的原因将在后文的章节中讨论，希望用户在Power Query旅程的一开始就能养成良好的习惯。事实上，微软也是这样做的，这就是Power Query默认在每个查询的最后一步添加更改数据类型步骤的原因。

虽然可以单击每一列左上方的图标来选择适当的数据类型，但这可能会花费相当多的时间，特别是当有大量的列需要处理时。一个技巧是让Power Query为所有列设置数据类型，然后覆盖想更改的数据类型。要做到这一点需要进行如下操作。

1. 单击选择任何一列。
2. 按Ctrl+A键（选择所有列）。
3. 转到"转换"选项卡，"检测数据类型"。

这样生成一个新的"Changed Type"步骤，称为"Changed Type1"（更改的类型 1）并被添加到查询中，如图1-12所示。

为什么是"Changed Type1"呢？答案是，查询在步骤列表的前面已经有一个"Changed Type"（Power Query在将第一行提升为标题后自动添加的步骤）。这个步骤有助于强调如下一些更重要的事情，即了解Power Query的工作原理。

1. 查询中的每个步骤名称必须是唯一的。
2. Power Query引擎将在任何已经存在的步骤名称的末尾递增一个数字。
3. 虽然连续执行两个"类似"的操作会产生步骤被合并的效果（就像在"Renamed Columns"步骤中看到的那样），但如果在它们之间有一个不同的步骤，类似的操作将不会被合并到一个步骤中。

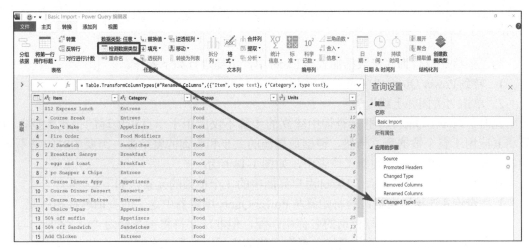

图 1-12 重新设置每列数据类型的效果

是否必须使用这个步骤的名称呢？不是的，虽然通常鼓励用户让步骤保持不变，并学习是哪些用户界面命令生成这些步骤，但如果想做出一些更改，也是可以重命名它们的，方法如下。

1. 右击"Changed Type1"步骤，"重命名"。
2. 将名称改为"Lock in Data Types"（调整数据类型）。

【注意】
唯一不能以这种方式重命名的步骤是"Source"步骤。要重命名"Source"步骤，需要编辑M代码。

1.4.2 重命名查询

在默认情况下，一个查询步骤会使用数据源的名称作为查询的名称。因为"Basic Import"是默认生成的名称，不是很理想，所以要把它改成更符合逻辑的名字，操作如下。

1. 转到"查询"窗格，"属性""名称"。
2. 将名称改为"Transactions"，此时的查询如图 1-13 所示。

	Item	Category	Group	Units
1	$12 Express Lunch	Entrees	Food	15
2	* Course Break	Entrees	Food	10
3	* Don't Make	Appetizers	Food	32
4	* Fire Order	Food Modifiers	Food	10
5	1/2 Sandwich	Sandwiches	Food	48
6	2 Breakfast Sannys	Breakfast	Food	25
7	2 eggs and toast	Breakfast	Food	4
8	2 pc Snapper & Chips	Entrees	Food	6
9	3 Course Dinner Appy	Appetizers	Food	1
10	3 Course Dinner Dessert	Desserts	Food	1
11	3 Course Dinner Entree	Entrees	Food	2
12	4 Choice Tapas	Appetizers	Food	3
13	50% off muffin	Appetizers	Food	25

图 1-13 重命名查询和最后的查询步骤的结果

1.4.3 在 Excel 中加载查询

为了最终完成查询并将数据加载至 Excel 中，需要进行如下操作。

1. 转到 Power Query "主页"选项卡。
2. 单击 "关闭并上载"。

此时，Power Query 将把在查询中建立的步骤不仅应用于一直在处理的预览数据，而且将其应用于整个数据源。当然，根据数据源的大小和查询的复杂性，需要的时间是不同的。完成后，将数据加载到新工作表中，如图 1-14 所示。

在图 1-14 中，突出显示了 Excel 用户界面中的 3 个单独的元素，如下。

1. **"查询＆连接"窗格**：这将始终与 Power Query 编辑器中定义的查询名称相匹配。
2. **表的名称**：这通常与查询的名称相匹配，但非法字符将被替换为 "_"字符，与其他工作表名称冲突的将通过在查询名称的末尾添加数字来解决。
3. **工作表名称**：这通常与查询的名称相匹配，但非法字符将被替换为 "_"字符，名称太长的可能会被截断，与其他现有表格名称冲突的将通过在查询名称的末尾添加带括号的数字来解决。

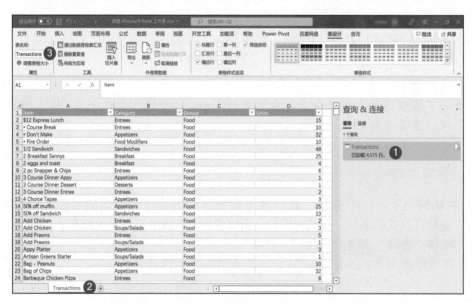

图 1-14　在 Excel 中加载的 "Transactions" 查询

> ✎【注意】
> 这 3 个元素中的每一个都可以被重新命名，并且不需要为了继续工作而彼此保持同步。

1.4.4 在 Power BI 中加载查询

在 Power BI 与 Excel 中加载查询的唯一区别是按钮的名称，操作如下。

1. 转到 Power Query "主页"选项卡。

2. 单击"关闭并应用"。

与 Excel 一样，Power Query 将把查询步骤应用于整个数据源。主要区别在于，在 Power BI 中数据最终将被加载到 Power BI 数据模型中。一旦完成，将会看到表在如图 1-15 所示位置显示出来。

1. "字段"列表。
2. "数据"按钮▦。
3. "模型"按钮▦。

Excel 在"查询 & 连接"窗格中显示了加载的总行数，而 Power BI 则没有。幸运的是，从右边的"字段"列表中选择一个表切换到"数据"区域时，仍然可以看到这些信息。当这样做时，加载的总行数将显示在页面的左下角。

⚙【注意】
与 Excel 不同，Power BI 会默认按第一列对数据进行排序。要在 Excel 中做到这一点，需要在数据加载之前添加一个明确的步骤来对数据进行排序。

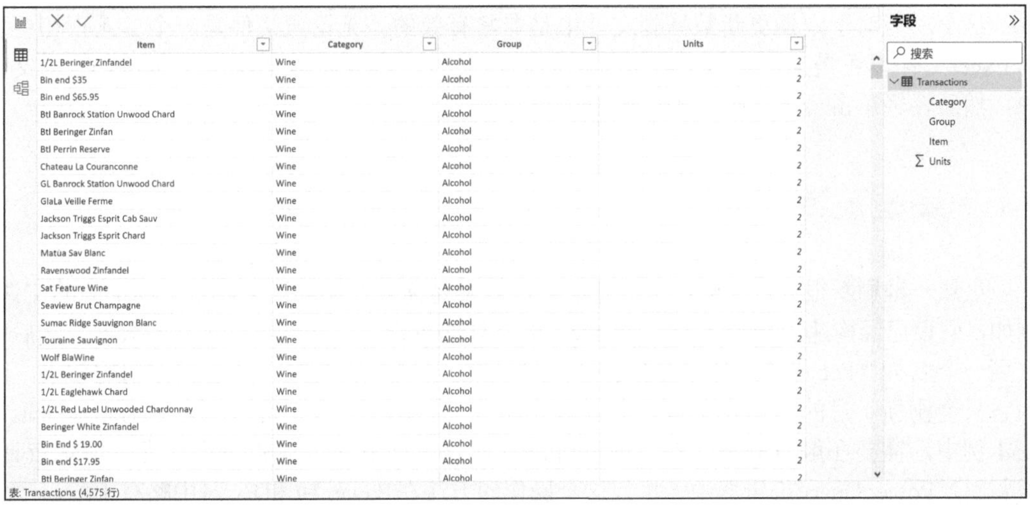

图 1-15　在 Power BI 中加载的"Transactions"表

1.5　刷新查询

随着对 Power Query 功能的进一步了解，你可能会意识到用它来清理数据，会比以前在 Excel 中使用的经典方法有效得多。但真正的好处是，当源数据文件更新时，可以利用 Power Query 刷新查询的功能来进行刷新，不必再执行数据清理工作。此时，Power Query 将针对更新的数据源执行它的每一个步骤，将更新后的结果加载到目的地。最棒的一点是什么呢？是让刷新变得非常容易。

1. Excel：转到"数据"选项卡，"全部刷新"。
2. Power BI：转到"主页"选项卡，"刷新"。

在此之后,剩下的工作就是等待 Power Query 从文件中读取数据,对数据进行处理,并加载到 Excel 表或 Power BI 的数据模型中。

可以看到 Power BI 在加载数据时总是显示一个对话框,但在 Excel 中看到正在进行的刷新可能就不那么明显了,它将显示在状态栏(在 Excel 界面左边的底部)中,但这是非常不明显的,很容易被忽略。观察刷新过程最明显的方法是确保显示"查询&连接"窗格,因为刷新过程会显示在这里列出的查询上。图 1-16 显示了在 Excel 和 Power BI 中分别被刷新的查询。

图 1-16　Excel(左)和 Power BI(右)中的查询加载进度显示

一旦数据加载完毕,Excel 将在"查询&连接"窗格中显示加载的总行数。在 Power BI 中可以通过切换到"列表工具"选项卡并选择相应的表来检查加载的总行数。

这个功能对于定期更新数据到文件中是非常有效的。无论源文件是一个多人正在更新的 Excel 文件,还是某个人每个月末提取的 CSV 文件,只要将数据覆盖保存到之前的文件中,然后轻轻单击一下就可以进行全部刷新。

1.6　编辑查询

虽然一键刷新很神奇,但经常构建的解决方案是需要在刷新前重新指定到不同的文件。例如,假设已经构建了一个名为"Jan.csv"的文件的查询,该文件包含 1 月的数据。然后将收到一个名为"Feb.csv"的新数据文件。显然,仅仅单击刷新并不能达到预期的效果,因为它只会刷新 1 月的"Transactions",而不会刷新"Feb.csv"文件中 2 月的"Transactions"。在本例中,需要在触发刷新之前更改文件路径,这意味着将要编辑查询。为了编辑查询,需要回到 Power Query 编辑器中。执行这个操作的方法在 Power BI 和 Excel 中略有不同。

1.6.1　在 Power BI 中启动查询编辑器

在 Power BI 中,启动 Power Query 编辑器是非常简单的。所需要做的就是转到"主页"选项卡并单击"转换数据"。这将打开 Power Query 编辑器,此时允许修改任何现有的查询(甚至创建新的查询),如图 1-17 所示。

图 1-17　单击"转换数据"按钮来编辑 Power BI 中的查询

1.6.2　在 Excel 中启动查询编辑器

在Excel中，实际上有 3 个方法可以启动Power Query编辑器，其中有两个是依靠处于活动状态的"查询＆连接"窗格来启动。不幸的是，当一个新的Excel文件被启动时，"查询＆连接"窗格需要手动打开，这可能会使人们出错。由于今天建立的绝大多数Excel解决方案都涉及Power Query，打开Excel后的第一个步骤就是显示"查询＆连接"窗格，可以通过如下方式来启动它。

- 转到"数据"选项卡，单击"查询和连接"。

至于如何在Excel中启动Power Query编辑器，是可以自由选择的。

1. 转到"数据"选项卡，"获取数据""启动Power Query编辑器"。
2. 转到"查询＆连接"窗格，右击任意查询，"编辑"。
3. 转到"查询＆连接"窗格，双击任意查询。

✎【注意】

因为大部分时间"查询＆连接"窗格都是打开的，所以通常使用后两种方法。我曾经开玩笑说，两者的区别其实在于，是想"均匀地磨损鼠标按钮"，还是"给鼠标左键施加更多的压力"。

1.6.3　检查步骤

一旦回到Power Query编辑器，就可以选择查询在"应用的步骤"区域中的任意步骤，对查询进行检查。当选择任意一个步骤时，数据预览都将被刷新，来显示给定步骤的结果。

✎【注意】

数据预览确实利用了缓存的优势。如果注意到数据已经过时，或者想确保数据没有过时，则应该强制进行刷新预览。要做到这一点，请单击Power Query"主页"选项卡上的"刷新预览"按钮，如图1-18所示。

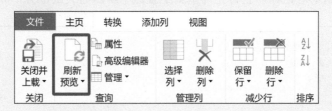

图 1-18　"刷新预览"按钮可以在 Power Query 的"主页"选项卡上找到

1.6.4　重新配置步骤

当回到Power Query编辑器时，完全可以在查询中添加新的步骤、删除步骤，甚至修改步骤。在这个例子中，要做的是重新配置查询路径，使其指向一个新的数据文件。

☎【警告】
如果打开本章的Excel或Power BI示例文件，则会发现它们无法刷新。这是因为"Source"步骤指向的数据文件是系统中的路径。按照本节中的步骤，用户可以重新指定路径，以使用正确的数据文件。

一起来看看当前的查询步骤，如图 1-19 所示。

图 1-19　"Transactions"查询当前的步骤

可以看到一些非常重要的东西，其中有两个步骤名称的右边各有一个齿轮图标。这样的齿轮图标允许用户单击以启用一个用户界面来重新配置当前步骤。

✎【注意】
如果在Power Query中执行某项转换功能，会启动一个界面来辅助配置，配置完毕后就会在相应步骤旁出现一个齿轮图标，它允许用户重新设置这个步骤（如果某操作没有打开辅助配置界面，则很可能看不到齿轮图标）。当然，每条规则都有例外，正如在"Promoted Headers"步骤中看到的那样。

在查看查询时，大家都知道原始数据源必须在查询的最开始被引用，幸运的是，"Source"步骤有一个齿轮图标。

1. 选择"Source"步骤。
2. 单击齿轮图标。

将打开一个新的对话框，它将允许重新配置这个步骤的关键部分，如图 1-20 所示。

逗号分隔的值

⦿ 基本　　○ 高级

文件路径
Aᵇ꜀ | C:\MYD\第 01 章 示例文件\Basic Import.csv　　　　浏览...

文件打开格式为
Csv 文档　　▾

文件原始格式
1252: 西欧(Windows)　　▾

换行符
应用所有换行符　　▾

分隔符
逗号　　▾

确定　　取消

图 1-20　重新配置"Source"步骤

对话框中的"文件路径"恰好是想要更新的,需要进行如下操作。

1. 单击"浏览"。
2. 找到示例文件:"第 01 章 示例文件\New Data.csv"。

> **✎【注意】**
> 当第一次导入数据时,Power Query在配置正确的选项方面做得非常好,所以这里不需要更改任何其他内容。但是,如果它选择了错误的分隔符(如使用逗号而不是制表符)呢?注意到末尾的"分隔符"了吗?如果需要,可以在这里进行更改。

3. 单击"确定"关闭对话框。

如果新旧数据集有显著差异,将在预览窗口中立即看到变化。但在这个案例中,两个文件内容看起来是完全一样的。那么,如何判断这种更改是否有效呢?更复杂的场景是,新旧数据集在前 999 行恰好都一样,后面可能不同。那么,该怎么办?

(先不考虑这些)这里先来加载数据。

> **✎【注意】**
> 虽然可以在"应用的步骤"区域中选择每个步骤来验证程序是否仍然工作,但这里不需要这样做。由于此数据集具有与前一个文件相同的结构,因此将毫无问题地应用每个步骤。没有必要选择它们来检查这一点。

4. 转到"主页"选项卡,"关闭并上载"(Excel)或"关闭并应用"(Power BI)。

数据将被加载,然后可以通过Excel"查询&连接"窗格(或在Power BI的"数据"区域左下角行数位置)验证效果,如图 1-21 所示。

图 1-21　数据已经从 4575 行加载到 4921 行

1.7　Power Query 的价值

一旦习惯使用Power Query,会发现它会对工作流程产生巨大的影响。关于这项令人惊叹的技术,有一些关键的点需要记住,如下。

1. 它可以连接到各种数据源。
2. 它记录用户采取的每个操作,并建立相关步骤。
3. 它永远不会改变源数据,允许用户尝试不同的命令,如删除或重新设置生成的步骤。

4. 可以在将来数据改变时进行刷新。

这种价值是巨大的。考虑这样一个解决方案，构建一个 Power Query 查询来执行一些重要的数据清理，将结果放到 Excel 工作表中。然后，根据该数据表创建一堆图表和报告。过去，当收到一个更新的数据文件时，需要手动重新执行所有的数据清理步骤，然后将清理后的数据复制并粘贴到数据表中。

有了 Power Query，所有的重复工作都不复存在了，只需单击"全部刷新"按钮，就完成了，就是这么简单。它不仅速度更快，而且保证操作步骤每次都能一致地应用，消除了可能导致错误的人为因素。

Power Query 为用户提供了各种各样的操作数据的能力，使数据清理更容易、更快。在本书中，你将了解到，以前可能很复杂的数据清理任务，现在可以轻松地执行，并允许用户更快地进入实质性工作：分析数据。

在这里，需要认识到的最后一点是，这不是在分别学习 Excel 和 Power BI 两种工具，这是在学习一个叫 Power Query 的工具，且其已经被集成在 Excel、Power BI 桌面版，以及 Power BI Dataflows、Power Automate 和其他微软产品和服务中。事实表明微软在其产品中倡导 Power Query，未来其也可能会出现在更多的产品中。虽然学习如何使用一种新工具总会付出时间和精力，但如果该工具大有前途且到处可用，这种学习不也是一项值得的投资吗？

第 2 章　查询结构设计

在深入 Power Query 数据转换的广阔世界之前，最好先确保为将来的成功做好准备。从实际来说，往往一开始的项目或案例都很小，但随着时间的推移，会变得越来越复杂。本章描述的方法将有助于确保随着问题的规模变大和复杂性增加，我们也可以应对。

2.1　使用多查询体系结构

正如在前文所讲，Power Query 可以理解为一种 ETL 工具。正如第 1 章所述，Power Query 实际上在它所创建的每个查询中都执行了完整的 ETL 过程。现在的问题是如何更好地进行维护，以及当问题规模扩大时仍然可控。出于这个原因，将一个查询拆分或设计一些辅助的查询就非常重要。

2.1.1　对 ETL 进行分层

可以在一个查询中执行所有的查询步骤，也可以将一个查询拆分成多层查询，如下。
1. **用于提取"原始数据"的查询层**：这层查询是用来从数据源中提取数据的。这里只做了很少的转换。事实上，在这个步骤中，通常只删除不使用的列或行。最终的目标是得到一个干净的数据集的所有记录表，无论后续是否打算使用它们，都这么做。这就提供了一个操作原始数据的统一位置，在这里可以查看哪些表是可以使用的。
2. **用于"暂存"的查询层**：这层查询专门用来处理 ETL 过程中大多数的转换部分。包括筛选数据，并进行任何需要的清理或转换，创建干净的表供以后使用。虽然"暂存"层应该至少由一个查询组成，当然根据需要也可以将它分解成多个查询。
3. **用于"数据模型"的查询层**：这层查询是 ETL 过程中加载阶段之前的最后一步。这层的查询首先应该设置为希望在 Excel 工作表或数据模型中显示的表的名称，它的主要功能是在加载前执行任何最后步骤。例如，追加或合并"暂存"层中的查询，以及为表中的每一列设置最终的数据类型。

也有人认为这有些矫枉过正，真的需要 3 层独立的查询来提取、转换和加载一个 Excel 表的数据吗？肯和米格尔对此也有不同的看法。

2.1.2　单个查询的好处

米格尔倾向于在单个查询或尽可能少的查询中构建所有步骤。这与其他编程语言中使用的最小化概念相似，即通过删除解决方案中不必要的部分来优化代码及其结果，尽可能地保持简单。以下是这种方法的一些好处。
1. 当查询列表中只有几个查询时，很容易找到需要的查询。由于查询列表没有搜索功能，一个巨大的列表会使用户难以找到所需要的特定查询。

2. 当拥有的查询越多，就越难追踪它们的沿袭[①]，因为 Power Query 没有一个很好的工具来做这个。

3. 有的时候，拆分查询会引发 "Formula.Firewall"（公式防火墙）错误。这可能超级令人沮丧，在某些特别情况下，必须在一个查询中声明所有数据源才能解决这个问题。

4. 在其他使用 Power Query 的平台中，如 SSIS 和 Azure 数据工厂，只支持单个查询。如果未来需要将解决方案移植到这些平台之一，那么使用单个查询是更好的选择。

5. 总是可以看到所有的东西是如何在一个单一的视图中联系在一起的，并可对查询进行最少的修改，从而使转换过程处于最理想的状态。当使用查询诊断工具和检查更高级的特性（如查询折叠和检查查询计划）时，这非常有用。

2.1.3　拆分查询的好处

肯更倾向于每个查询都使用"暂存"查询，他认为"暂存"查询的好处包括但不限于以下这些。

1. 选择"原始数据"查询是非常容易的，看看数据源有哪些数据是可以使用的，并在数据源发生变化时更新相关查询。

2. 可以多次重复使用之前的查询（从"原始数据"到"暂存"），减少不必要的重复工作。

3. 当数据源的文件路径发生变化时，解决方案的维护变得更加容易，因为在解决方案中只有一个文件路径需要更新，无论它被后面的查询引用了多少次。

4. 可以很方便地切换为新的数据源，可以创建一个新的"原始数据"连接，与旧的数据源连接并行存在，只要确保列的命名相同，就可以用它来直接代替原来的连接。

5. 虽然有些情况下需要将数据源保存在一个查询中，以避免出现公式防火墙错误，但也有一些情况下必须将查询分开。

同样，肯认为这种设计还有很多好处。当开始使用 Power Query 为 Power Pivot 或 Power BI 中的维度模型提供数据时，这种设计使得建立良好的事实表和维度表变得更加容易。正是由于这种设计的适配性，某些讲授相关维度建模的课程从一开始就说明了 Power Query 的这种设计方式。

> **【注意】**
>
> Power Query 和 Power Pivot 最大的好处之一是能够快速建立商业智能解决方案的原型，而不必让 IT 部门参与。即使用户将 Excel 表作为基础开始，只要采用这种拆分查询的方式，可以很容易地在未来切换并连接到 SQL 数据库。

2.1.4　关于"暂存"查询的性能

对于"暂存"查询，可能会有一个与性能相关的问题：由于后续查询多次引用"暂存"查询，这种设计会不会导致刷新速度变慢？

---

① 互相引用依赖的关系。——译者注

在 Power BI 和 Excel 2019 及更高版本（包括 Microsoft 365 Excel）中，答案都是否定的。这些版本的 Power Query 利用了节点缓存（node caching）技术，在一次刷新会话中，同一查询第一次执行会被缓存，后续同一查询会复用这个缓存的内容。

假设有一个查询设计，从 CSV 文件中检索数据，如图 2-1 所示。

图 2-1　一个简单的查询链，"暂存"查询的结果被重复使用

假设在"原始数据"查询中的步骤很少，但通过一系列复杂的多步骤操作后，在"暂存"查询中转换为干净格式。从此，"Sales"表和"Customer"表查询都很简短，只是从"暂存"查询中提取数据，然后删除与它们的输出无关的列和行。

当刷新时，"暂存"查询将执行一次并被缓存。"Sales"表查询将引用这个缓存，执行所需要的任何其他转换，并将相关数据加载到最终目的地。接下来，"Customer"表查询也将引用"暂存"查询的缓存，基于这个缓存再执行它自己的任何转换，然后将"Customer"表加载到目的地。这里需要认识的关键是，虽然"暂存"查询的结果被多个查询所使用，但它其实只执行了一次。

可以将其与使用相同数据源的分别设计的方案进行比较，如图 2-2 所示。

图 2-2　尽管从同一数据源调用，但仍有"暂存"的查询链

在这种情况下，当"Sales"表被加载时，它必须从 CSV 文件中调用数据，在"暂存"查询中执行复杂的转换，然后在被加载之前完成"Sales"表查询中的步骤。

接下来是"Customer"表，因为它完全独立于"Sales"表查询链，所以执行相同的工作流程。Power Query 不仅需要从 CSV 文件中调用相同的数据，而且必须处理"暂存"查询的所有步骤，然后才能处理和加载"Customer"表查询的结果。

如你所见，引用查询并重新使用它们实际上可以提高性能，而不是降低性能。

🐵【警告】

在上述情况下，"原始数据"查询和"暂存"查询都不应该设置为可加载的，它们存在的目的就是后续被引用，而不是直接加载。否则，如果这些查询被加载到一个表或数据模型中，不但没有意义，还会消耗更长的加载时间来处理。

2.2 查询的引用

如何设置查询以实现可以被缓存复用呢？可以通过重新创建第 1 章所述的查询来完成这个过程。

2.2.1 创建基础查询

首先，打开一个新的Excel工作簿或Power BI文件，创建一个新的查询，步骤如下。

1. 转到“数据”选项卡，“从文本/CSV”。
2. 浏览并选择“第 01 章 示例文件\Basic Import.csv”，“导入”。
3. 单击“转换数据”，进入Power Query查询编辑器。
4. 通过“查询设置”窗格将查询重命名为“Raw Data”。此时，查询看起来应该如图 2-3 所示。

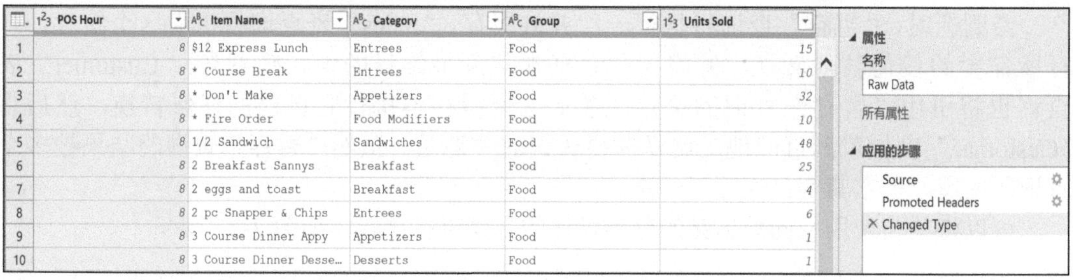

	POS Hour	Item Name	Category	Group	Units Sold
1	8	$12 Express Lunch	Entrees	Food	15
2	8	* Course Break	Entrees	Food	10
3	8	* Don't Make	Appetizers	Food	32
4	8	* Fire Order	Food Modifiers	Food	10
5	8	1/2 Sandwich	Sandwiches	Food	48
6	8	2 Breakfast Sannys	Breakfast	Food	25
7	8	2 eggs and toast	Breakfast	Food	4
8	8	2 pc Snapper & Chips	Entrees	Food	6
9	8	3 Course Dinner Appy	Appetizers	Food	1
10	8	3 Course Dinner Desse…	Desserts	Food	1

图 2-3 在 Power Query 编辑器中“Basic Import.csv”文件的预览效果

很多用户有这样的经验：建立了一个表，但在几个月后，业务变更导致需要调整表的列，如何确保在查询中用到的表包含需要的列呢？这就是本查询要解决的问题之一，可以直接在这一步预览所需的数据。

碰巧的是，通过连接到这个数据集时所记录的默认步骤就能达到这个目的。现在有一个干净的表，显示了数据集中的所有列，以及适合数据预览的所有行。

> **【注意】**
> 对于每个查询中所涉及的“原始数据”查询，都需要根据具体情况进行逐一检查。根据场景需求不同，需要区别对待，有时候可以直接接受Power Query的默认查询，但有的时候需要删除“Changed Type”步骤、筛选数据、展开列等。本书后文会涉及这样的案例。

2.2.2 创建查询的引用

当原始“Raw Data”数据查询建立好之后，是时候引用它并创建第一个“暂存”查询了。要做到这一点，需要将“查询”窗格展开。这在Power BI中很容易，因为该窗格默认就是展开的。但在Excel中，这个窗格一开始总是被折叠起来，需要进行如下操作。

1. 确保“查询”窗格是展开的（如果需要，单击“查询”上面的“>”），如图 2-4 所示。

图 2-4　展开 Excel 中的"查询"窗格

2. 展开"查询"窗格后，就可以看到解决方案中的所有查询，并创建查询。

3. 右击"Raw Data"查询，"引用"。

这将创建一个名为"Raw Data (2)"的新查询。若想把它重命名为"Staging"，有如下 3 个不同的方法可以满足这个需求。

1. 在"查询"窗格中右击"Raw Data (2)"查询，"重命名"，输入新的名称。

2. 在"查询"窗格中双击"Raw Data (2)"查询，输入新的名称。

3. 在"查询设置"窗格的"属性"区域中更改"Raw Data (2)"查询的名称。

上述操作都会使得查询被重新命名。

此时，继续创建最后的查询，将数据加载到最终目的地。

1. 右击"查询"窗格中的"Staging"查询，"引用"。

2. 将新的"Staging (2)"查询重命名为"Sales"。

现在，来看看到目前为止所做的整体效果，如图 2-5 所示。

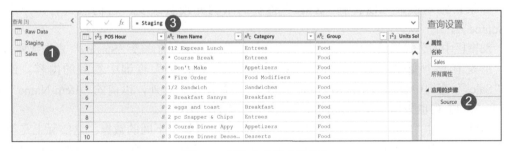

图 2-5　解决方案的当前状态

1. "查询"窗格显示，现在有 3 个查询，其中当前选择的查询是"Sales"。

2. 与原始的"Raw Data"查询不同，"Raw Data"查询有 3 个步骤，而"Sales"只有一个名为"Source"的步骤。

3. 编辑栏显示了"Source"步骤的内容，即"Source"步骤等于"Staging"查询的输出。

在这里，理解编辑栏中内容的含义是非常重要的。"Staging"查询中发生的任何事情都将流向"Sales"查询。进行如下操作来证明这一点。

1. 选择"Staging"查询。

2. 选择"POS Hour"列并按 Delete 键（或右击它并选择"删除"）。

3. 双击"Item Name"列，将其重命名为"Item"。

4. 双击"Units Sold"列，将其重命名为"Units"，"Staging"查询的结果现在应该如图 2-6 所示。

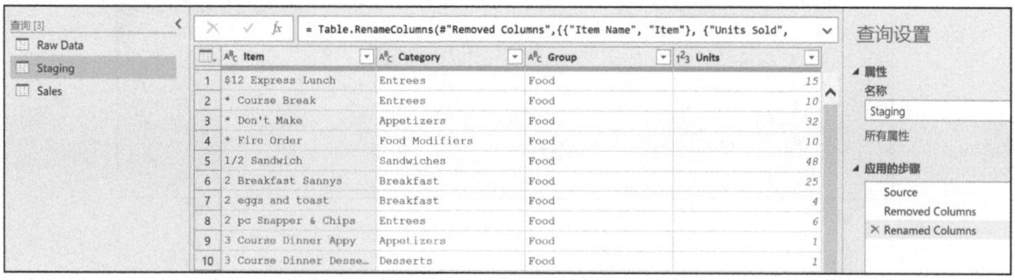

图 2-6　清理完数据后的"Staging"查询

现在，到"查询"窗格中选择"Sales"查询，返回如图 2-7 所示的查询。

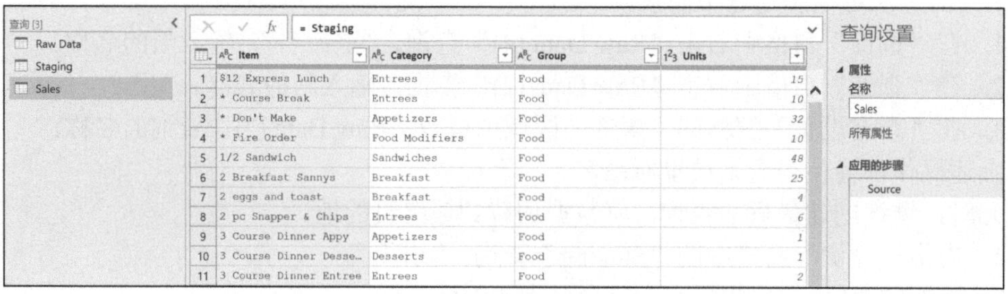

图 2-7　"Sales"查询中有什么变化吗？

如果仔细观察，可以看到"Sales"查询的结构并没有改变：它仍然只有一个步骤（"Source"）。

编辑栏中的公式仍然调用"Staging"查询的结果（就像之前修改"Staging"查询那样）。

但是有一个变化：现在的数据完全反映了在"Staging"查询中看到的内容。最初在"Sales"查询中显示的"POS Hour"列已经不存在了。此外，以前的"Item Name"和"Units Sold"列也采用了在"Staging"查询中定义的名称。

尽管没有对"Sales"查询进行修改，但在这里却看到了不同的数据。这实际上是符合预期的，因为对"Sales"所引用的查询进行了修改。"Staging"查询中发生的任何更改都必定流向"Sales"查询，因为"Sales"查询的"Source"是"Staging"查询。

给"Sales"查询添加一个新的步骤，在最终完成这个查询链之前锁定数据类型。

1. 选择"Item"列，按Ctrl+A键（选择所有列）。
2. 转到"转换"选项卡，"检测数据类型"。

那么，至此就完成将ETL过程重新构建为 3 个独立的查询，它们的关系如图 2-8 所示。

图 2-8　一个 ETL 过程分布在 3 个查询中

再次强调，虽然对一个非常简单的查询来说，这看起来可能是一项艰巨的工作，但为每个阶段创建具有不同步骤的查询链，将使开发人员在未来可以轻松地扩展解决方案。

🖋【注意】

这里的问题是："应该把哪些转换放在哪个查询中？"这个问题的答案是主观的，随着时间的推移，这个问题的经验答案会形成。

2.2.3　查询依赖关系树的可视化

Power Query有一个内置的工具："查询依赖项"查看器通过它就可以看到查询是如何被串联起来的，一起来看看吧！

* 转到"视图"选项卡，"查询依赖项"。

对于这个解决方案，结果如图 2-9 所示。

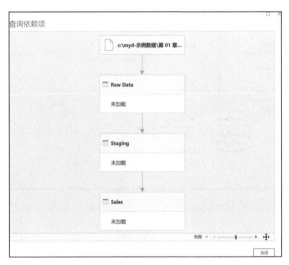

图 2-9　"查询依赖项"查看器

为了更好地利用这个工具，可以单击右下角有 4 个箭头的方框，这个缩放功能用于缩放视图以适应窗口。用户可以使用上述方框旁边的缩放滑块来放大或缩小视图。

☎【警告】

尽管"查询依赖项"查看器乍一看非常有用，但是Power Query发布时附带的该工具版本缺少了一些重要的特性。虽然这些特性在简单的模型中并不非常重要，但对有许多依赖关系的大型模型来说是非常重要的，因此现在这个视图几乎没有用处。微软已经开始在Power Query在线版中解决这个问题，提供了一个更具交互性和更详细的依赖关系查看器，叫作"Diagram View"（图示视图）[1]。

---

① 图示视图是Power Query在线版中的功能，可以更清晰地显示不同查询的引用关系，并提供更丰富的信息。——译者注

2.2.4 使用 Monkey 工具查看依赖关系

如果遇到了一个这样的问题，即有一个复杂的查询结构，需要用工具来跟踪和了解它，这时用户可以使用 Monkey 工具：一个 Excel 插件。肯开发它的部分目的是解决"查询依赖项"查看器的一些问题。虽然它为创建和检查查询提供了许多功能，但一个关键的功能是"QuerySleuth"（查询探测器），它提供了一个强大的查询追踪器，如图 2-10 所示。

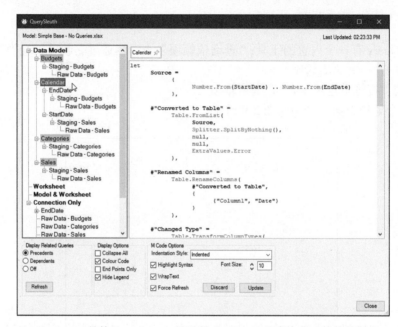

图 2-10　Monkey 工具的 QuerySleuth 显示了"Calendar"查询背后的依赖树和 M 代码

若想了解更多关于这个插件的信息，可在肯的网站上下载此工具的免费试用版体验。

2.3　选择查询加载目的地

全部查询正确创建后，现在是加载它们的时候了。但事实上，只需要将其中的一个查询加载到 Excel 工作簿或 Power BI 模型中，那就是"Sales"查询。"Raw Data"和"Staging"查询只是为了获得最终结果的辅助查询，但用户并不希望或需要在他们的解决方案中存储辅助查询的数据。

在 Power Query 中可以解决这个问题。在 Power BI 中，可以通过禁用查询的加载来实现这一点；而在 Excel 中，可以设置查询以"仅限连接"的方式加载。这些方法的效果是一样的，除非在查询链中被另一个查询调用，否则 Power Query 将永远不会加载这些仅以连接形式存在的查询。在本书中，也称所有"仅限连接"的查询为"暂存"查询，因为这就是"暂存"查询的意义所在："暂存"数据供另一个查询使用。

2.3.1 在 Power BI 中选择加载目的地

在默认情况下，所有的 Power BI 查询将加载到数据模型中。如果想改变这一点，需要进行如下操作。

- 右击"查询"窗格中的"Staging",取消勾选"启用加载"选项。

正如在图 2-11 中看到的,没有被标记为加载的查询是以斜体字显示的。

图 2-11 取消对"Staging"查询的"启用加载"选项的勾选,把它作为一个"暂存"查询

请记住,"启用加载"并不表明查询是否会被刷新。当单击"关闭并应用"(或随后选择刷新查询),"Sales"查询将调用"Staging"查询,而"Staging"查询将调用"Raw Data"查询。但是在这个过程结束时,只有"Sales"查询会被保存在 Power BI 数据模型中。

2.3.2 在 Excel 中选择加载目的地

虽然在 Power BI 中很容易操作,但在 Excel 中就略有些复杂了。

在 Power BI 中可以单独配置每个查询,而 Excel 只允许用户在一个 Power Query 会话中为创建的所有查询选择一个加载目的地(自 Power Query 编辑器可以在 Excel 中使用以来)。但因为现在有 3 个查询,而且只想把其中一个加载到工作表中,另外两个是"暂存"查询,所以就需要稍微复杂一些的操作。

> **【注意】**
> 可以通过创建每个查询,在完成时将其加载到适当的目的地,然后创建下一个查询来避免出现这个问题。但是挑战在于,这将迫使用户在每次查询之后不得不关闭 Power Query 编辑器,从而有可能打乱用户的思维。

既然只能选择一个目的地,就需要做出一个明智的选择,即想使用哪一个加载目的地。

> **【警告】**
> 现在可能做出的最糟糕的决定就是直接转到 Power Query 的"主页"选项卡,然后单击"关闭并上载"按钮。原因是它将把每个新查询加载到新工作表中。换句话说,会生成 3 组新的工作表,用于存放"Raw Data""Staging""Sales"查询的全部内容。

为了避免上述问题，可以选择使用Power Query的非默认加载功能，如图 2-12 所示。

1. 转到"主页"选项卡，单击"关闭并上载"按钮的文本部分（而不是图标部分），"关闭并上载至"。
2. 此时将弹出Excel的"导入数据"对话框，它将让你选择查询的加载目的地，如图 2-13 所示。

图 2-12　此时需要单击"关闭并上载至"按钮

图 2-13　在 Excel 中选择查询的加载目的地

来分析一下这几个选项。

1. **"表"**：将 3 个查询以表格形式加载到当前工作表或新工作表中。
2. **"数据透视表"**：如果有一个单独的查询，这个选项将把数据加载到"数据透视表"中，并在现有/新的工作表中创建一个新的"数据透视表"。这个案例中，有 3 个查询，它会将 3 个表加载到数据模型中，然后在一个新的工作表上创建一个新的"数据透视表"。
3. **"数据透视图"**：遵循与"数据透视表"相同的方法，但创建"数据透视图"而不是"数据透视表"。
4. **"仅创建连接"**：禁用每个查询的加载，直到更改这个设置（或通过另一个查询的引用，调用这个查询）。

> **✎【注意】**
>
> 上面列出的4个选项是互斥的，但可以在使用其中的任何一个选项的同时勾选"将此数据添加到数据模型"复选框。通常不推荐在添加到"表"时勾选"将此数据添加到数据模型"复选框这个组合，推荐的是在添加到"仅创建连接"时勾选"将此数据添加到数据模型"复选框这个组合。

现在是提交查询的时候了。

1. 选择"仅创建连接"。
2. 单击"确定"。

查询都将被创建为"仅限连接"查询，如图 2-14 所示。

图 2-14　3 个查询都是以"仅限连接"的方式载入的

那么，当有多个查询时，为什么要选择"仅创建连接"呢？考虑一下，如果选择将 3 个查询加载到工作表或数据模型中会发生什么情况。不仅每个查询要被创建，而且 Excel 还需要为它们建立新的工作表或数据模型表。而在完成这些任务后，对于这 3 个查询中的每一个，仍然需要等待所有的数据加载。最后，在所有的加载完成后，又要返回设置那两个本应只是连接的表，而因为这个操作删除了不必要的加载数据，需要再次等待 Excel 的加载更新。

选择"仅创建连接"的原因纯粹是为了解决操作效率和速度问题。"仅限连接"查询几乎是即时创建的。宁愿把所有的查询都快速创建为连接，然后只更新那些确实需要加载的查询。事实上，可以更改 Power Query 的默认设置，将新的基于 Excel 的 Power Query 查询默认设置为只加载连接。如果想这样做，可以通过如下步骤进行设置，结果如图 2-15 所示。

1. 单击"获取数据""查询选项""数据加载""默认查询加载设置"。
2. 选择"指定自定义默认加载设置"。
3. 取消勾选"加载到工作表"复选框，你会认为这里会有一个"只创建连接"的选项，但是这里没有。不过，当不勾选图 2-15 所示的两个复选框时，实际上就是选择只创建一个连接。

图 2-15　配置"默认查询加载设置"，只加载连接

☎【警告】

不要忘记取消勾选"加载到工作表"复选框，如果不这样做，就意味着使用了自定义的设置来覆盖默认的加载设置。

2.3.3　更改加载目的地

现在要处理的问题是"Sales"表被加载为"仅限连接"查询，但希望把它加载到工作表中。那么，该怎么做呢？

我遇到的几乎所有 Excel 用户的第一反应都是在 Power Query 编辑器中编辑查询并更改

加载目的地。当看到"关闭并上载至"时，通常会感到非常困惑，因为此时他们发现它是灰色的，无法使用。事实证明，一旦创建了一个 Power Query 查询，就不能在 Power Query 编辑器中更改加载目的地。

要重新配置"Sales"（或任何其他查询）的加载目的地的方法如下，结果如图 2-16 所示。

1. 转到 Excel 的"查询＆连接"窗格。
2. 右击想更改的查询，选择"加载到"。

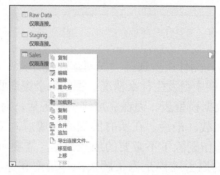

图 2-16　更改 Excel 中现有查询的目的地的方法是右击该查询，选择"加载到"

现在可以从"导入数据"对话框中选择另一个选项，如下所示。

1. 选择"表"、"现有工作表"或者"新工作表"。
2. 单击"确定"。

最终的结果与在第 1 章中看到的输出结果相同，但使用的是更强大和可扩展的查询结构，如图 2-17 所示。

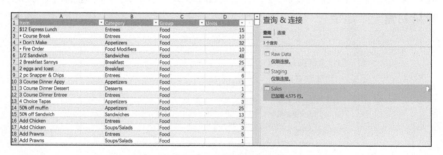

图 2-17　将查询链中的数据加载到工作表中

【注意】

虽然展示了如何从"仅限连接"查询中更改加载目的地，但请注意，可以使用这个功能将任何查询从一个加载目的地更改为另一个。

【注意】

如果不小心把一个查询加载到工作表中，而不是将它加载为"仅限连接"，与其更改加载目的地然后删除工作表，不如先删除工作表。当工作表被删除后，查询将自动改为"仅限连接"，这将节省一个步骤。

2.4 保持查询的条理性

对 Power Query（特别是本章所讲解的方法）越熟悉，最终创建的查询就会越多。不久就会需要一种方法来保持它们的条理性。

Power Query 允许创建文件夹（和子文件夹），以便根据需要对查询进行分组。可以在 Power Query 编辑器中的"查询"窗格找到这个功能，也可以在 Excel 中的"查询&连接"窗格中找到这个功能。

2.4.1 查询文件夹

当创建新的文件夹时，无论是在"查询"窗格中，还是在 Excel 中的"查询&连接"窗格中，都有两种不同的选择。

要创建一个新的（空）文件夹，操作如下。

- 右击任何空白区域，"新建组"。

要把查询移到一个新的组中，动态创建组，操作如下。

1. 选择"查询"（或在单击"查询"时按住 Ctrl 键选择多个查询）。
2. 右击任何选定的查询，"移至组""新建组"。

然后会被提示输入"新建组"的名称，以及输入（可选择）该组的说明，如图 2-18 所示。

在这种情况下，将总共创建如下 3 个新组。

1. "Raw Data Sources"。
2. "Staging Queries"。
3. "Data Model"。

一旦完成，"查询&连接"窗格将如图 2-19 所示。

> ✎【注意】
> 在 Power Query 编辑器中，将鼠标指针悬停在组名上时，会显示组的说明。

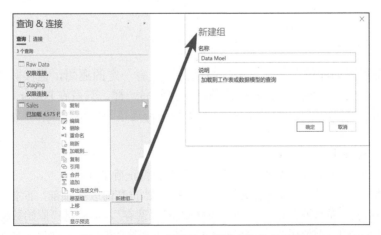

图 2-18 创建一个新组来保持查询的条理性

图 2-19　3 个新的文件夹已准备好供查询使用

2.4.2　将查询分配到文件夹

当然，如果在创建查询时选择将其移入一个特定的文件夹中，那么它们将直接嵌套在该文件夹中。另外，如果是为以后使用而预先设置的组，现有查询将被默认放置在名为"其他查询"的组中。

将查询分配到一个组中，应该像把它们拖放到适当的文件夹中一样容易。不幸的是，虽然在 Power Query 编辑器中的"查询"窗格中是这样的，但"查询＆连接"窗格并不支持拖放操作。要在这个窗格中分配查询，需要执行以下操作。

- 右击查询，"移至组"，选择要放置查询的文件夹。

> ✎【注意】
> 如果使用的是 Excel，可以通过双击任何查询轻松跳转回 Power Query 编辑器。一旦到了那里，展开"查询"窗格，就可以使用拖放功能，使工作变得简单。

2.4.3　排列查询和文件夹

查询组是按照创建的顺序显示的。虽然这样做有一定的逻辑，但实际情况是，需要将查询重新组织成另一种顺序。同样，和移动文件夹一样，只有在 Power Query 编辑器的"查询"窗格中才支持拖放。如果在 Excel 的"查询＆连接"窗格中工作，需要采取的步骤如下。

1. 右击查询或组，"上移（下移）"。
2. 根据需要多次重复这个动作，使查询或组获得正确的顺序。

在这种情况下，想重新为文件夹排序，把最重要的查询放在顶部，而把审查最少的放在底部。换句话说，希望看到的顺序是"数据模型""暂存"，最后是"原始数据"。虽然上面的右击步骤是可行的，但使用 Power Query 编辑器中的拖放功能操作更自然，如图 2-20 所示。

图 2-20　在 Power Query 编辑器中通过拖放更改文件夹顺序

2.4.4　查询子文件夹

要创建子文件夹对查询进行分组，需要进行如下操作，结果如图 2-21 所示。

图 2-21　完整的文件夹结构，用于保存维度模型的查询

- 右击现有文件夹，"新建组"。

【注意】
虽然可以将查询分配给动态创建的新文件夹，但不能动态创建子文件夹层次结构并将查询移动到其中。需要先创建子文件夹，然后移动查询。

2.5　拆分现有查询

当然，许多人刚开始接触 Power Query 的时候，从来没有用过在本章中介绍的方法来整理查询。事实上，大部分用户更可能在一个查询中完成所有的工作。那么如何解决这个问题呢？难道必须从头开始构建整个解决方案才行吗？

当然不需要那样。回顾在第 1 章中构建的查询，其中"Transactions"查询"应用的步骤"区域最后的步骤以如图 2-22 所示结束。

为了使这个查询在结构上等同于本章中创建的查询结构，需要进行如下操作。

1. 选择"Transactions"查询。
2. 右击"Lock in Data Types"步骤，"提取之前的步骤"。
3. 输入"Staging"作为"新查询名称"。
4. 选择"Staging"查询。
5. 右击"Removed Columns"步骤，"提取之前的步骤"。
6. 输入"Raw Data"作为"新查询名称"。

图 2-22　第 1 章中"Transactions"查询的最终结果

最终的结果是一个与之前构建的几乎相同的查询链，如图 2-23 所示。

图 2-23　将第 1 章的解决方案拆分成 3 个独立的查询的结果

这个操作的难点在于，要清楚在哪个步骤把查询拆开。当然，其本质技巧在于理解所选择的步骤之前的所有步骤都将被重新打包、拆分成新的查询。

✎【注意】
现实情况是，在创建查询链的时候，并不总是能知道到什么时应该停止增加一个查询中的步骤，并通过引用这个查询，再启动一个新的查询进行进一步的转换。一个可用的解决方法是，可以先做一个不考虑拆分的完整查询，当发现需要拆分时，通过"提取之前的步骤"功能进行拆分即可。

2.6　关于查询体系结构的最后思考

很明显，将一个查询拆分成多个查询比在一个查询中完成所有工作要花费更多的精力。这样做值得吗，还是说应该坚持使用单一的查询？这个问题的答案取决于项目实际情况。

肯认为，这为重构数据以满足数据模型的方式提供了最终的灵活性。米格尔更倾向于在他的解决方案中保持尽可能少的查询数量。当使用 Power Query 时，每个人会发现适合自己的最佳方案，因为这只是一个风格问题。有人可能会认为，为每个查询配置一个查询、两个查询甚至 8 个查询都有可能是合理的解决方案。不同的场景，需要用不同的方式区别对待。

由于本书的目的是关注数据转换技术本身，出于教学目的，大多数案例使用单个查询的方式，以保持简洁。但当进入现实世界构建解决方案时，应该考虑本章的内容。

有多种选择和灵活性总是好事，可以根据需要以最合适的方式构建每个解决方案。

第 3 章　数据类型与错误

本章专门讨论 Power Query 新手会面临的两个常见问题：如何理解 Power Query 是基于数据类型（而不是数据格式）的工具，以及如何理解和处理 Power Query 查询中的错误。

3.1　数据类型与格式

在现场课程、博客评论和论坛帖子中经常收到的一个问题是："如何在 Power Query 或 Power BI 中格式化数据？"简短的回答是"从没有这个需求"，但想知道更详尽的答案需要理解数据类型与数据格式。

3.1.1　数据格式

为了说明这个问题，快速看一下 Excel 中的一些示例数据"第 03 章 示例文件\Data Types vs Formats.xlsx"，如图 3-1 所示。

Precision	Whole	Currency	Decimal
0	9,553.000000	1,603.000000	1,330.000000
2	3,940.950000	348.920000	1,571.810000
4	9,350.095000	7,703.331800	7,578.778900
6	5,663.684353	2,951.881907	7,028.786416

图 3-1　Excel 中的示例数据

在这里看到的是在 Excel 中已被格式化的数据。虽然表格中显示的每个数值都被四舍五入到第一列中显示的小数位数，但可注意到它们都被格式化为显示 6 位小数。这里需要认识到的关键区别是，"Whole"列中的第一个值是整数数据类型，其值为 9553，已被格式化显示为 9,553.000000 。

为什么这很重要？如果让德国人格式化这样的数据，他们不会选择以同样的方式显示这个值。他们会用 9.553,000000 的格式来显示这个值。数值没有改变，但数据显示的方式改变了。

> **【注意】**
> 格式仅指定数据的显示方式，而不会以任何方式影响数值本身或精度。

3.1.2　数据类型

虽然这种情况在 Microsoft 365 Excel 中已经开始改变，但 Excel 在其历史上一直把数据类型和数据格式当作非常相似的东西。如果查看一下Excel显示的真实数据类型，大概包括下面这些。

1. 数字。
2. 文本。
3. 空白。
4. 错误。
5. 布尔值（True/False）。

日期实际上是数字，代表自1900年1月1日以来的天数，格式化为可以识别的日期。时间也是十进制值（一天的小数部分），格式化为时间格式来显示。

Power Query有5种主要的数据类型，如下。

1. 数值型。
2. 日期和时间。
3. 文本。
4. 布尔型（True/False）。
5. 二进制（文件）。

但在前两个类别中，还存在其他数据子类型。另一件需要注意的事情是，这些数据类型中的每两个之间都是不同的，这将对用户如何从一种数据类型转换到另一种数据类型产生影响，图3-2所示为Power Query的数据类型。

此时，需要认识到的重要一点是，这些数据类型都只与定义数据类型有关，而不是格式化数据。想要理解这一点，看看当将样本数据表导入Power Query时会发生什么。

图3-2　Power Query 的数据类型

1. 转到"查询＆连接"窗格（"数据""查询和连接"）。
2. 双击"DataTypes"查询，打开Power Query编辑器。
3. 选择"Whole"列第3行的单元格。此时，关于查询有如下3点值得注意，如图3-3所示。

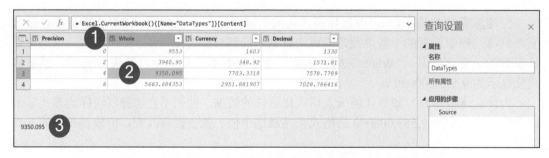

图3-3　怎么把一个会计逼疯？确保小数点没有对齐就可以了

- 列的左上方的数据类型图标都显示为"ABC123"：这是一个在前面的列表中没有被包含的数据类型。这种数据类型的正式名称是"任意"（any），表明该列的数据类型还没有定义，或者说该列中可能有混合的数据类型。
- 此时选择的单元格包含9350.095。尽管这一行的其他数值有4位小数，但只需要3位小数就可以显示出此值真实的数值，这就是Power Query显示数据的方式。

- 选择一个数据单元格，Power Query 在窗口的左下角会显示该单元格的内容预览。这很方便，因为它有更多的空间来显示较长的文本字符串，甚至包含可选择的不可见文本（可让用户发现一个字符串的前后是否有空格）。

在这里要认识到的是，Power Query 展示的是"原始数据"，没有定义任何数据类型。定义这些列的数据类型，从前两列开始。

1. 单击 "Precision" 列上的 "ABC123" 图标，选择 "整数" 类型。
2. 改变 "Whole" 列的数据类型（使用和 1 同样的步骤）。
3. 选择同一个单元格进行预览。

注意到有什么不同吗？比如 9350.095 这个值实际上已经被更改为 9350，不仅是在顶部列中，而且在窗口底部的数据预览中也同样改变了，如图 3-4 所示。

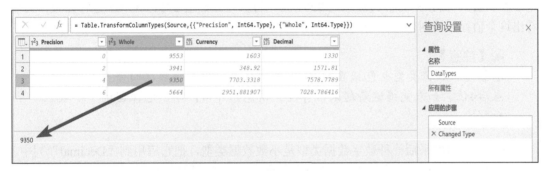

图 3-4　9350.095 已经被四舍五入为整数（无小数位）

通过将数据类型设置为 "整数"，Power Query 将一些数据四舍五入为整数值来更改它们。如果是故意这样做的，那么没有问题。但是，如果仍然需要保留小数点，以获得一定的精度，以便以后得到精确的汇总值，而且这样做只是为了格式化，那么这个操作反而是错的，因为这些值已经失去了该有的精度。

接下来是设置 "Currency" 列的数据类型。

1. 单击 "Currency" 列的 "ABC123" 图标，选择 "货币" 类型（Power BI 中为定点小数位的十进制数）。
2. 选择 "Currency" 列最后一行的单元格进行预览。

关于 "Currency" 列的显示，需要注意：与最初的数值不同，这一列的格式现在是显示 2 位小数。版本不同的 Power Query 的显示略有不同，但在整个列中是一致的，显示 2 位小数。

> **【注意】**
> 有趣的是，在 Power Query 的早期版本中，货币（定点小数）数据类型并不包含特殊的格式化显示。换句话说，1603 的值会在没有小数的情况下直接显示出来，不带小数点。由于社区的用户反馈，微软改变了这一点，不仅应用了数据类型，而且基于 Windows 控制面板中的设置添加了货币格式，如图 3-5 所示。

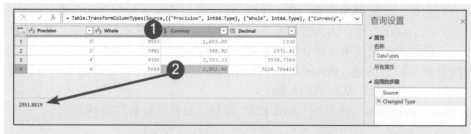

图 3-5　货币数据类型影响精度并增加格式

关于这种数据类型，需要认识的重要一点是，它的主要工作是处理数值的精度，这一点可以在"Currency"列的最后一行中看到。如果检查左下角的数值预览，会发现真实值是 2951.8819，而该列的格式显示为 2951.88。将其与原始值 2951.881907 进行比较，可以看出这个值已经被四舍五入为 4 位小数。

【注意】

尽管货币数据类型也包括显示2位小数的格式，但它将数据四舍五入到小数点后4位。如果觉得这看起来很奇怪，请想想外币汇率，它保留到了小数点后4位。

此时，探讨的最后一种数字数据类型是小数数据类型，把它应用到"Decimal"列中。
1. 单击"Decimal"列的"ABC123"图标，选择"小数"类型。
2. 选择"Decimal"列最后一行的单元格进行预览。

在这种情况下，你可能会注意到数值是以其全部精度显示的，没有四舍五入，也没有任何额外的格式化。小数尾部的 0 都不会显示，只显示出表示数值所需的字符。这可以通过检查每个值的预览看到，并确认在"Decimal"列的每个单元格中看到的值与选择单元格时出现的预览值一致来证明这一点，如图 3-6 所示。

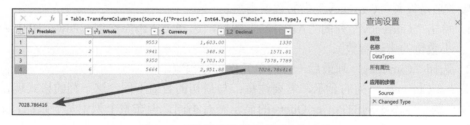

图 3-6　小数数据类型保留了全部小数

这里需要注意的一件重要的事情是，数据格式和数据类型完全不是一回事。
1. **数据格式**：控制值的显示方式，而不实际改变数值本身大小。
2. **数据类型**：控制数据的类型，将更改数值的精度，使之与所设定的数据类型一致。
这显然是一个非常重要的区别，你应该注意到了。设置数据类型可以（而且经常）以某种方式改变基元值，而永远不会改变格式化值。

3.1.3　如何设置数据格式

在 Power Query 中不需要设置数据格式。

在数据类型与数据格式之争中，查询编辑器的主要作用是设置数据类型，而不是数据格式，因为无论如何没有人会在查询编辑器中读取数据。这个工具的作用是获得正确的数据，而不是呈现数据的样子。最终，将会把数据加载到如下两个地方之一。

1. Excel：工作表或 Excel 数据模型。
2. Power BI：数据模型。

数据的格式化应该在展示层中应用。这意味着在以下一个（或多个）地方会被用到。

1. **工作表单元格：** 无论是用表格、数据透视表还是 CUBE 函数[①]，如果它位于 Excel 单元格中，则可以对数据应用数据格式。
2. **度量值格式（如果数据被加载到数据模型中）：** 在 Excel 中，这可以通过在创建度量值时设置默认的数据格式来控制，而在 Power BI 中，通过选择度量值然后在建模标签上设置数据格式来配置。
3. **图表或视觉显示效果：** 在 Excel 中，可以强制数据格式以需要的方式出现在图表中，在 Power BI 的可视化数据格式工具中也有类似的选项。

3.1.4　设置数据类型的顺序

由于数据类型的更改会影响数值的精度，因此 "Changed Type" 步骤的顺序非常重要。为了演示这一点，需要进行如下操作，结果如图 3-7 所示。

1. 确保在 "应用的步骤" 区域中仍然选择了 "Changed Type1" 步骤。
2. 单击 "Whole" 列上的 "123" 图标，更改为 "小数" 类型。
3. 当出现 "Changed Type" 的提示时，选择 "添加新步骤"（而不是 "替换当前转换"）。

通常情况下，当对一个列应用数据类型时，Power Query 只执行操作，根本不会进行提示。如果选择了一个 "Changed Type" 步骤，并试图更改步骤中已经包含的列上的数据类型，将会得到一个选择，要么按照 "替换当前转换" 步骤的配置，要么 "添加新步骤"。这两种选择将产生完全不同的结果。

图 3-7　如果 "Whole" 列中数值现在是小数，那么小数去哪儿了呢？

当选择 "添加新步骤" 时，首先会计算之前 "Changed Type" 的结果，然后根据这些

---

① 一种可以从数据模型中提取值的Excel函数。——译者注

值应用新的数据类型。基于上面采取的步骤，有效地连接到数据，并将"Whole"列中的数值四舍五入为整数，舍去所有小数。然后，将该列的数据类型更改为小数数据类型。但是小数已经不存在了，因为数值已经在上一步被四舍五入转换为整数了。

相反，如果选择的是"替换当前转换"而不是"添加新步骤"，结果将会大不相同。它不会在原来的"Changed Type"中应用整数数据类型，而是将步骤更新为使用小数数据类型，小数将被保留下来。

☻【警告】

需要记住的是，操作步骤的顺序非常重要，在每次导入数据时Power Query都会自动应用"Changed Type"的步骤，所以每次都做检查是一个很好的习惯。在默认情况下，Power Query在设置数据类型时只预览前1000行，这意味着如果数据集中的第一个小数值显示在第1001行，Power Query将选择整数数据类型，在导入时对该列的所有行进行四舍五入。即使在查询后面的一个新步骤中更正了数据类型，此时这些值也已经被四舍五入了。

✎【注意】

为什么Power Query不直接覆盖上一步而是要弹出对话框呢？答案是，有些数据类型在转换成另一种格式之前必须先转换成中间格式。这方面的一个例子是，当想要将基于文本的日期与时间转换为只有日期的情况：如果要将"2012-12-23 12:05 PM"转换为"日期"，必须先将其转换为"日期/时间"，再将"日期/时间"转换为"日期"。

3.1.5 数据类型的重要性

既然无论如何都要在Excel或Power BI中格式化数据，而错误地选择数据类型会影响数据的精确性，那么能不能不在Power Query中设置数据类型呢？

答案是否定的。

需要设置数据类型的第一个原因是，所有的Power Query函数都需要输入特定数据类型，而且，与Excel不同的是Power Query不会隐式地将一种数据类型转换为另一种数据类型。如果有一个已经被设置为数值型数据类型的列，用户试图对其使用一个需要文本输入的命令，由于数据类型不匹配，会收到一个错误提示。

第二个原因是，未定义的数据类型"任意"（显示为"ABC123"图标）允许程序在使用时做出最佳猜测。虽然这在某些情况下可以工作，但在数据类型仍然定义为任意数据类型的情况下，将数据加载到工作表或数据模型中是非常危险的。为什么呢？来看一个查询，以及当数据以未定义数据类型的列加载时会发生什么，如图3-8所示。

查询	工作表	数据模型
Undefined Dates	Undefined Dates	Undefined Dates
1	2020/1/1	43831	2020/1/1
2	2020/1/12	43842	2020/1/12
3	2020/1/13	43843	2020/1/13
4	2020/1/24	43854	2020/1/24

图 3-8　根据加载目的地的不同，可以对数据进行不同的解释

图 3-8 所示查询中有一个 "ABC123" 的未定义数据类型，但 "Undefined Dates" 列看起来像日期。它们甚至是斜体的，这似乎表明它们确实是日期。

如果将数据直接加载到 Excel 工作表中，在没有定义数据类型的情况下，Power Query 会对所需要的数据做出最佳猜测，所以它返回了一列数值（这些表示给定日期的日期序列号）。

然而，如果在数据加载时，勾选数据模型，现在的输出看起来不错，不是吗？可以在 Excel 单元格中看到的问题是，数据是左对齐的，原因是这些数据的类型不是日期类型，而是文本类型。事实上，如果检查数据模型，是可以确认这些日期确实是作为文本加载的。

> **【注意】**
> Power BI 也不能避免这个问题。它利用数据模型来存储数据，所以它将把未定义数据类型的日期加载为文本，就像 Excel 的数据模型一样。

这是未定义数据类型的真正危险所在。Power Query 仍然对使用任意数据类型定义的列应用一种格式，但这并不意味着数据类型已经被定义。无论查看上面的哪个版本，这都不是想要的结果，更糟糕的是，仅仅更改加载目的地就会影响输出的结果。

> **【注意】**
> 在后文，将介绍添加或合并表等转换。这些操作可以将不同数据集中的数据合并到同一列中。如果数据的类型不同，则会发现这时的列会被重置为任意数据类型。

> **【警告】**
> 不要 "引火烧身"，一定要确保任何加载到工作表或数据模型的查询的最后一步都是重新定义数据类型。

3.2　常见的错误类型

在 Power Query 中，有如下两种类型的错误，它们以不同的方式表现出来。

1. **步骤级错误**：这些错误发生在步骤级别，不仅阻止了特定步骤的执行，而且阻止了任何后续步骤的执行。当查询根本无法加载时，将会发现查询中存在步骤级错误。
2. **值错误**：这些错误发生在单元格层面。查询仍将加载，但错误值将显示为空白。

要了解这些错误是如何显示的，以及如何解决这些问题，请打开以下示例文件："第 03 章 示例文件\ErrorTypes.xlsx"。

工作表中有一个漂亮的表格，到目前为止，一切看起来都运行得很好，如图 3-9 所示。

POS Hour	Item Name	Category	Group	Units Sold
8	$12 Express Lunch	Entrees	Food	15
8	* Course Break	Entrees	Food	
8	* Don't Make	Appetizers	Food	
8	* Fire Order	Food Modifiers	Food	
8	1/2 Sandwich	Sandwiches	Food	48
8	2 Breakfast Sannys	Breakfast	Food	25
8	2 eggs and toast	Breakfast	Food	4
8	2 pc Snapper & Chips	Entrees	Food	6

图 3-9　基于"ErrorData"查询的输出表

- 转到"数据"选项卡,"全部刷新"(在 Power BI 中是"刷新")。

将立即得到一个错误提示,表示根本找不到源数据文件,如图 3-10 所示。由于它阻止了文件的加载,此时正在处理一个步骤级错误。

图 3-10　对不起,你不能刷新这个文件

3.3　步骤级错误

在 Power Query 中触发的两个最常见步骤级错误如下。

1. 无法找到数据源。

2. 无法找到列名。

为了使刷新工作正常进行,需要编辑查询,找到显示这个问题的步骤,并找出前面提到的错误类型。只有这样,才能够修复它。

1. 显示"查询&连接"窗格(如果它还没有显示,则单击"数据""查询和连接")。

2. 右击"ErrorData"查询,"编辑"。

> **【注意】**
> 在处理错误时,最好总是单击 Power Query 编辑器"主页"选项卡上的"刷新预览"按钮。这将确保没有使用预览的缓存版本,因为缓存版本不会显示正在查找的错误。

3.3.1　数据源错误

在默认情况下,编辑一个查询时,将默认选择该查询最后一步。此时,步骤级错误变得非常明显,因为如果查询中存在步骤级错误,Power Query 将在主预览区显示一条大的黄色信息,如图 3-11 所示。

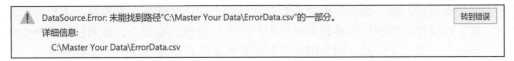

图 3-11　此时导致了步骤级错误

关于这个错误信息，有如下几点需要注意。

1. 它以具体的错误类型开始。在这种情况下，有一个"DataSource.Error"（数据源错误），表明 Power Query 无法找到数据源文件。
2. 它提供了一个详细信息区域，指出导致错误的具体内容。在本例中，它是丢失了文件的完整文件路径。
3. 有一个"转到错误"按钮。若当前步骤不是错误的直接来源，这个按钮就会出现。

在大多数情况下，当单击"转到错误"按钮时，将被直接带入导致错误的步骤。然而，在这种情况下，将转到"Promoted Headers"步骤。而当试图单击齿轮图标来重新配置该步骤时，它提示"我们无法修改此步骤，因为前面的步骤中存在错误。请先解决这些错误。"，如图 3-12 所示。

图 3-12　如果前面的步骤包含步骤级错误，则无法重新配置步骤

这将被归类为一种错误，在练习本书示例时，该类错误会大量出现并被修复。然而，在这种情况发生的时候，需要知道如何处理它。答案是相当直接的，只要持续单击上一步，直到发现是哪个步骤导致错误，或者直到进入查询的第一步，如图 3-13 所示。

图 3-13　查询的第一步表明它导致了错误

这种类型的错误非常常见，特别是在与同事共享 Power Query 解决方案时，因为文件

路径总是硬编码的。像"桌面"和"下载"这样的个性化文件夹在文件路径中包含本机用户名，甚至网络驱动器也可以映射到不同用户的不同盘符。事实上，本书的每一个完成的示例文件都会出现这个问题，因为用户不会把数据文件存储在与我们一样的地方。

实际上有如下 3 个不同的方法可以更新文件路径。

1. 单击"Source"步骤旁边的齿轮图标。
2. 单击错误信息中的"编辑设置"按钮。
3. 转到"主页"选项卡，"数据源设置""更改源"。

> ✎【注意】
> 实际上，无须进入 Power Query 编辑器就可以访问数据源设置对话框。在 Excel 中，可以在"数据"选项卡上的"获取数据"底部附近找到"数据源设置"。在 Power BI 中，可以在"主页"选项卡的"转换数据"区域找到"数据源设置"。

无论选择何种方法，都会被带到浏览和更新文件路径的窗口。现在就这样做吧，找到并选择这里显示的数据文件："第 03 章 示例文件\ErrorData.csv"。

更改完成后，现在应该可以看到预览区域填充了值。

> 🐵【警告】
> 前两种方法只更新所选查询的数据源，而最后一种方法有一个好处，它将更改数据源的所有示例，即使它被用于多个查询中。尽管如此，还需要单击"刷新预览"，以使编辑器认识到数据源已经更新了。

3.3.2　没有找到某列

为了观察这个问题，需要触发另一个步骤级错误。

1. 选择"Promoted Headers"步骤。
2. 双击"Item Name"列，将其重命名为"Item"。
3. 在弹出的"插入步骤"对话框中单击"插入"。
4. 选择"Changed Type"步骤。

注意到了吗，数据预览失败，并看到了一个错误。这是一个步骤级错误，它再次阻止数据加载。然而，导致这一次错误的原因与之前的略有不同，如图 3-14 所示。

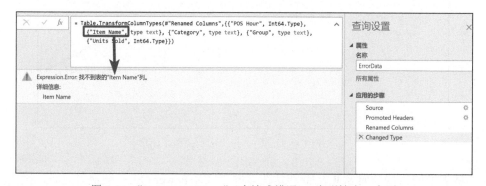

图 3-14　"Expression.Error"（表达式错误），表明缺少一个列

　　在许多方面，这个错误甚至比前面所述的数据源错误更常见。不管它是如何造成的，它表明在这个步骤中提到的某个列在前一个步骤中已经不存在了。在这种情况下，Power Query 试图在 "Item Name" 列上设置数据类型，但是该列已经不存在了，因为它在上一步中已经被重命名为不同的名称了。

　　虽然这类错误可能出现在很多地方，但到目前为止，最常看到它的地方是在 "Changed Type" 步骤中。这是因为 "Changed Type" 步骤将列名硬编码到它的公式中。如果在前面的步骤中发生了任何事情，导致列被重新命名、删除或不再存在，那么在任何使用了硬编码的 "Changed Type" 步骤中，最终都会遇到这个问题。

　　那么如何才能解决这个问题呢？同样，有如下的一些选择。

1. 删除这个步骤，并根据先前步骤的当前状态重新创建它。
2. 调整前面的步骤，以确保列名仍然存在。
3. 删除之前导致列不再存在的任何步骤。
4. 通过公式动态计算，增加或删除列。

　　当用户读完本书时，会掌握最后一个堪称完美的方法，但现在先简单处理。这一步只是为了破坏查询而插入的，所以把它去掉吧，结果如图 3-15 所示。

1. 单击 "Renamed Columns" 步骤旁边的 "×" 来删除它。
2. 选择 "Changed Type" 步骤，来验证数据预览是否有效。

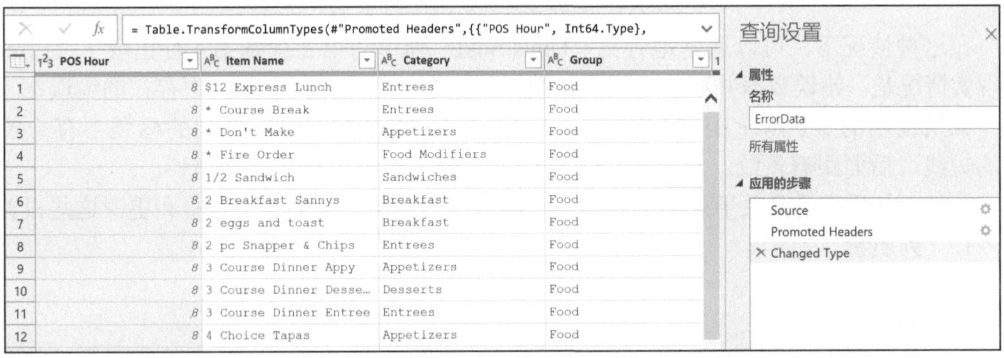

图 3-15　一切看起来都很好

> **【注意】**
> 在绝大多数情况下，删除引发步骤级错误的 "Changed Type" 步骤是安全的。此时，问问自己是否真的需要在它原来的地方重新应用它，或者在查询结束时重新定义所有数据类型是否是一个更好的选择。

3.4　值错误

　　虽然步骤级错误是 Power Query 中最严重的错误，但它们不是用户在 Power Query 中遇到的唯一错误。另一种常见的错误类型是值错误，这种错误实际上可能更危险，因为它们常常并不明显。

最常见的值错误是由以下两种情况之一引起的。

1. 无效的数据类型转换。

2. 用不兼容的数据类型执行操作。

一起来看看触发这些错误有多容易。

3.4.1 发现错误

如果看这个数据集的"Units Sold"列，将会注意到在这个列中遇到了一些挑战，如图 3-16 所示。

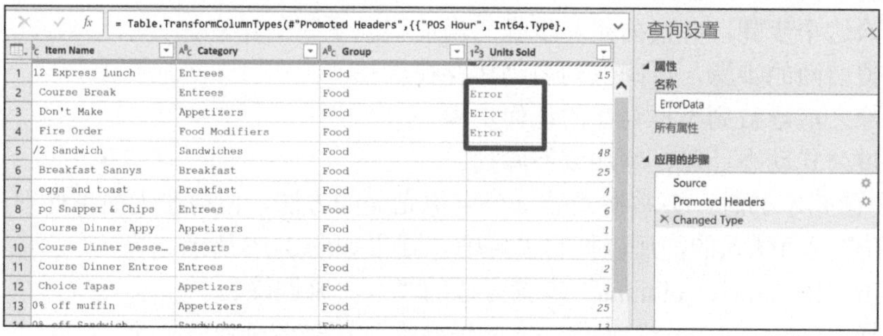

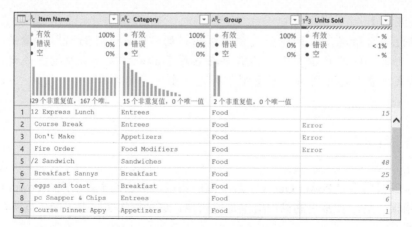

图 3-16 似乎"Units Sold"列中有一些错误

在这种情况下，可以清楚地看到"Units Sold"列中的第 2 行到第 4 行出现了"Error"，但现实情况是，错误数据并不总是显示在数据预览中。那么如何识别列中存在的错误？

如果使用的是 Power BI 或 Microsoft 365 Excel，将会注意到，在列的标题下有一条红色的短线，后面跟着条纹。这是一个视觉提示，表示该列中存在某种错误。

此外，如果想看到关于列的更多细节，可以在"视图"选项卡中查看和更改这些设置。

1. "列质量"。

2. "列分发"。

3. "列配置文件"。

开启这些设置后，会发现在列的顶部有一些简要的统计数据和图表，用户可以据此评估数据质量，如图 3-17 所示。

图 3-17 在列上显示的"列质量"指标

"列质量"设置提供了前 3 个要点；而"列分发"则提供了图表，显示了数据集中不同的（非重复）和唯一（只出现一次）值的数量；最后一个设置"列配置文件"，当选择一整列时，将在屏幕底部提供一个更详细的视图。

> **💈【注意】**
> 如果检查Power Query窗口底部的状态栏，会看到"基于前 1000 行的列分析"这行字。这不是很明显，但这行字是可以单击的，可以更改分析范围为"基于整个数据集的列分析"，而不是默认的前 1000 行。

你可能会注意到，一些统计数据和图表没有显示在"Units Sold"列中。这是预料之中的，因为列中有错误。一旦处理了这些错误，它将显示与其他列类似的统计数据。

> **💈【注意】**
> 由于这些项目往往要占用大量的空间，在工作中通常会取消勾选"列质量"和"列分发"复选框，但勾选（保留）"列配置文件"。这样就可以在需要的时候通过选择单列来查看统计数据，且在数据预览窗口中为数据留下更多的空间。

> **☎【警告】**
> 在Excel 2019或更早的版本中不存在这些特性。如果没有这些视觉提示，需要向下滚动列来查看是否存在错误。

3.4.2　无效的数据类型转换

现在知道在这一列中至少有一个错误，如何才能找出错误原因呢？

这个问题的答案是：选择单元格并检查预览中出现的信息。然而，在这样做之前，需要注意的是：单击单元格位置的不同，其功能也会不同。

1. 如果单击单元格中的"Error"一词，Power Query将为查询添加一个新的步骤，并钻取到该错误。虽然可以看到错误信息，但这样做并不理想，因为会失去预览窗口中的所有其他数据。
2. 相反，如果单击"Error"关键词旁边的空白区域，Power Query将在预览区域下面显示错误信息的详细描述。这种方法的好处是，不会失去查询中其他部分的上下文，并且在修复错误后也没有任何额外的步骤需要管理。

一起来看看是什么导致了这个错误。

- 单击"Units Sold"列中第一个"Error"旁边的空白区域，结果如图 3-18 所示。

> **💈【注意】**
> 如果不小心单击了"Error"关键词，并创建了一个新步骤，只要删除它就可以返回到完整的数据预览窗口。

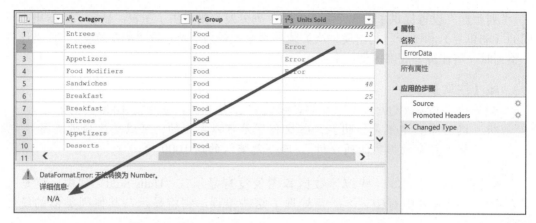

图 3-18　单击"Error"旁边的空白区域来显示结果窗格

错误信息显示在预览区域下方的结果窗格中，并指出它是一个"DataFormat.Error"（数据格式错误）。这有点儿令人失望，因为它与数据格式没有任何关系，而是这些单元格中的数据与选择的数据类型不兼容导致的。

当应用"Changed Type"步骤操作时，Power Query 会尝试获取单元格中提供的值，并根据本机用户的 Windows 区域设置中为该数据类型定义的格式将其转换为整数类型。如果它不能做到这一点，将收到无法转换的错误。虽然在将列设置为文本数据类型时很少出现这种错误，但在将列从文本更改为几乎任何其他类型时，这种错误就很常见了。

如果检查该列的标题，将会发现数据被设置为整数类型（由 123 表示），但因为单元格中的值是"N/A"，因此导致了错误。由于"N/A"不能被表示为数字，因此 Power Query 抛出了一个错误。

现在知道了原因，那么该如何解决这个问题呢？

Power Query 的美妙之处在于，对于解决这个数据错误的问题，实际上有多种选择。

1. 在"Changed Type"步骤之前插入一个新的步骤，用"0"替换"N/A"。
2. 在"Changed Type"步骤之前插入一个新的步骤，用"null"关键词来替换"N/A"。
3. 右击"Units Sold"列，"替换错误"，输入"0"（或"null"）。
4. 选择"Units Sold"列，"主页""删除行""删除错误"。
5. 选择所有的列，"主页""删除行""删除错误"。

🐵【警告】

在删除行之前，建议先浏览整体数据，以确保可以这样做。最谨慎的方法是替换错误，而最强硬的方法是删除任何列中有错误的行。使用哪一种方法完全取决于数据本身。

在查看数据时，"Units Sold"列包含"N/A"似乎触发了错误，考虑到实际的业务，看起来可以删除这些行。这里采用相对谨慎的方式来操作，仅删除这一列的错误，而不是全部列的错误，这样就不会意外地失去任何可能需要的数据。

- 选择"Units Sold"列，"主页""删除行""删除错误"。

现在就得到了一个漂亮、干净的表格，不再有错误，如图 3-19 所示。

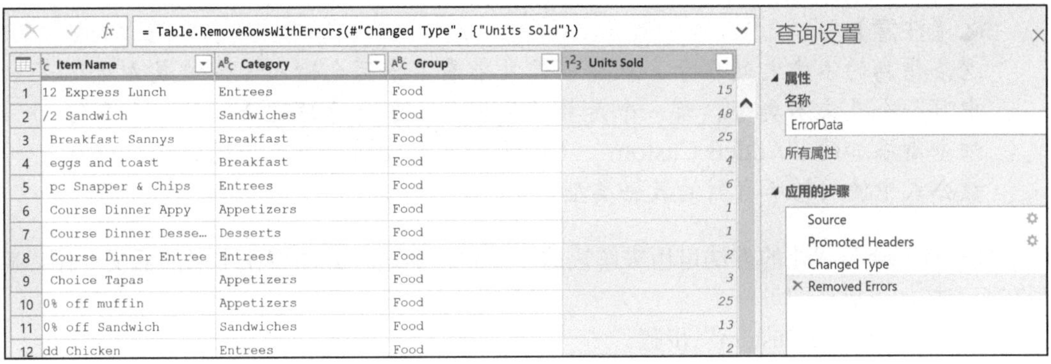

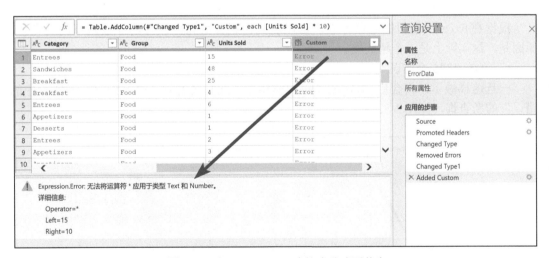

图 3-19 所有的错误都已经从数据集中删除了

3.4.3 不兼容的数据类型

为了快速演示不兼容数据类型的问题，请按照以下步骤创建一个新列，设置为"Units Sold"列乘 10。

1. 将"Units Sold"列的数据类型改为文本。
2. 转到"添加列"选项卡，"自定义列"。
3. 在编辑栏输入以下公式：

```
[Units Sold] * 10
```

4. 单击"确定"。

结果显示的是每一行都是错误的值，如图 3-20 所示。

图 3-20 在 Power Query 中这个公式不兼容

结果窗格显示了表达式错误消息，提示的意思是，不能用数字乘文本。在 Excel 中可能允许这样做，因为 Excel 在"Units Sold"列乘 10 之前，会隐式地将"Units Sold"列转换为数值类型，而 Power Query 则会反馈"不，不能这么做"。

> **⚓【注意】**
>
> 这条信息的不幸之处在于，从错误信息中看不出两个输入（左边或右边）中哪一个是文本类型，哪一个是数值类型。为了弄清楚这个问题，需要仔细查看添加的"Added Custom"（已添加自定义列）步骤中的公式，以及该公式中使用的所有列的数据类型。

虽然有一个公式化的方法可用来解决这个问题，但这种方法将在本书的后文介绍，就现在而言按如下操作即可。

1. 删除"Added Custom"步骤。
2. 删除"Changed Type1"步骤。

现在，返回的应该是一个干净的数据预览结果，没有错误。

3.5 检查查询错误

由于现在已经解决了与数据源缺失有关的步骤级错误和"Units Sold"列中的值错误，那么现在将准备重新加载数据，具体做法如下。

图 3-21 等等，不是已经修复了
所有的错误吗？

- 单击"关闭并上载"（或"关闭并应用"）。

数据应该被加载，但此时得到一个信息，数据总共有4572 行，其中有 345 个错误，如图 3-21 所示。

3.5.1 发现错误的来源

根据在 Excel 中使用的配色方案，可以看到错误计数与加载行的计数是不同的颜色。原因是，这实际上是一个超链接。

- 单击"345 个错误"。

一旦这样做了，将会启动 Power Query 编辑器，此时会看到一个名为"ErrorData 中的错误"的新查询，如图 3-22 所示。

图 3-22 所以这就是错误的来源

暂时不考虑这个查询的具体机制，但能看出它在获取查询时，为表的每一行添加一个行号，然后只保留有错误的行。现在可以很容易地看到，这些错误是从导入的文件的第3882 行开始的。这也解释了为什么之前没有看到它们。

为了避免对计算机造成过重的负担，Power Query 限制了预览窗口中的数据量，并允许用户根据这些预览来建立自己的查询。当选择加载数据时，Power Query 会将用户构建的模式应用于整个数据集。通过这种方式，它避免了必须预先加载所有数据的负担。这一点很重要，因为这让用户可以使用 Power Query 来连接大量的数据集，如果在转换数据之前必须将所有的数据下载到计算机上，这显然不合理。

当预览范围之外的数据出现错误时，这个预览方法的问题就出现了。以前，在"Units Sold"列的前 1000 行内就被提醒有数据问题，而"POS Hour"列中的问题直到第 3882 行才表现出来，所以在数据加载之前不会看到它们。

不管怎么说，通过使用这个查询，现在可以确定正在导入的数据格式已经从简单的整数变成了 21:00 格式的数字。Power Query 可以将 21:00 转换为时间数据类型，但由于":"字符的存在，它不能将其转换为整数。

现在知道了问题的原因，即使是在预览窗口中看不到这个问题，也可以构建一个修复方案。

3.5.2 修复最初查询

要修复最初的查询，需要查看它并检查步骤。按如下步骤可以做到这一点。
1. 展开"查询"窗格。
2. 选择"ErrorData"查询。

然后可以看到最初查询，并在"应用的步骤"区域中查看其步骤。这就是棘手的部分了。在哪里可以修复它？先思考一下这个问题。

1. 此时不希望只是删除这些行。与之前的错误示例不同，这些错误发生在保存有效销售信息的行上，这些信息需要保留。
2. 此时其中一个值显示为 21:00 ，而前面的值是 8 到 20。作为用户凭借此时的界面不会知道 21:00 之后会发生什么。它应恢复到 22，还是继续显示为 22:00 ？
3. 实际的错误很可能是由"Changed Type"操作触发的。

如果在查询触发"Changed Type"操作之前，把":00"从列中的值中删除呢？这应该是可行的，所以来试试看。
1. 选择"Promoted Headers"步骤。
2. 右击"POS Hour"列，"替换值""插入"。
3. "要查找的值"，输入":00"。
4. "替换为"这里什么都不填，默认空白。
5. 单击"确定"。

> ✎【注意】
> 以这种方式修复错误的问题是，用户无法在预览窗口中看到效果。如果这真的造成了困扰，可以在查询中插入一个临时步骤，从数据集中删除最上面指定行数的行。在这种情况下，可以选择删除前3880行，这意味着第一个错误会出现在第2行。请确保在完成查询之前删除这个步骤。

此时，要确保这些更改是有效的。最可靠的方法是重新加载查询，并查看那些错误信息的数量是否已经消失。

- 转到"主页"选项卡，"关闭并上载"（或"关闭并应用"）。

> **【注意】**
> 也可以回到"ErrorData中的错误"查询并强制刷新预览，但仍然需要等待数据集的加载，那不如直接将数据集加载到最终目的地来看结果。

可以从结果中得到以下两个观察结果。

1. 已经成功地去除了错误。
2. 并且"ErrorData中的错误"查询在默认情况下被创建为"仅限连接"查询。

最后一步是特别幸运的，因为确实不希望把所有的错误行加载到一个单独的工作表中，如图3-23所示。

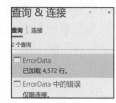

图 3-23　没有错误了

> **【注意】**
> 请记住，每个数据清理动作都是唯一的，在此过程中需要理解所应对的数据格式。如果一些新值以22:01的形式出现，上述步骤将不起作用。在这种情况下，将需要应用一套不同的数据清理步骤。

3.5.3　删除错误查询

一旦最初的查询被修复，没有理由在解决方案中保留"ErrorData中的错误"查询。如果遇到新的错误，还会看到错误计数，到那时再去单击它更合适。

在Excel的"查询＆连接"窗格或Power Query编辑器"查询"窗格中，都可以通过以下操作删除错误查询。

1. 选择"ErrorData中的错误"查询，并按Delete键。
2. 右击"ErrorData中的错误"查询，并选择"删除"。

3.6　关于数据类型与错误的最后思考

本章介绍了Power Query中数据类型的概念，以及识别、跟踪和处理用户将看到的常见错误。这些概念非常重要，不仅可以让你用于调试自己的实际解决方案，而且可以让你有信心尝试本书所演示的技术，并在结果与书中所示不同时进行调试。当然，这只是一个开始。在从处理日期和货币数据的细节问题到筛选掉错误的整个过程中，其实还有可能遇到更多问题。

第 4 章 在 Excel 和 Power BI 间迁移查询

Power Query 可以在 Power BI 或 Excel 中使用，很多人一开始就在想到底在哪个工具中使用 Power Query。其实不必为此纠结，总有一天会意识到需要把查询从一个工具中复制到另一个工具中。这有可能是将查询从一个 Excel 工作簿中复制到另一个 Excel 工作簿中，从 Excel 复制到 Power BI，或者从 Power BI 复制到 Excel。在本章中，将探讨将查询从一个工具快速移植到另一个工具的方法。请记住，虽然本书的重点是 Excel 和 Power BI，但这些步骤对任何承载 Power Query 的工具来说几乎是相同的，即使它包含在其他 Microsoft 产品或服务中。

4.1 在工具之间迁移查询

为了说明如何在工具之间迁移 Power Query 查询，这里先从一个在 Excel 中建立的查询链开始，其结构如图 4-1 所示。

图 4-1 Excel 文件中简单查询链的查询工作流程

然而，在深入研究这个解决方案之前，需要确保数据源被正确地指向并保存在示例文件中。这将防止在探索解决方案之间移动查询的不同选项时，遇到与数据源有关的任何步骤级错误。

需按如下方式更新示例文件。

1. 在 Excel 中打开以下工作簿："第 04 章 示例文件 \Simple Query Chain.xlsx"。
2. 显示"查询&连接"选项卡。
3. 右击"Raw Data"查询，"编辑"。
4. 转到"主页"选项卡，"数据源设置""更改源"，选择"文件路径""浏览"。
5. 更新文件路径，使其指向以下文件："第 01 章 示例文件 \Basic Import.csv"。
6. 在对话框中单击"确定""关闭"。
7. 转到"主页"选项卡，"关闭并上载"。
8. 保存工作簿。

> **【注意】**
>
> 此时用户通常不需要执行上述步骤，因为用户很可能已经在计算机上使用可以访问的数据源建立了查询。但是，如果用户打开一个由其他人建立的解决方案，或者这个解决方案用到的数据源位置已经不同，在将查询复制到另一个位置之前，更新源文件路径是一个好主意。

4.1.1 Excel 到 Excel

让我们从最简单的场景开始：将一个查询从一个Excel工作簿复制到另一个Excel工作簿。

需要做的第一件事是确保Excel的"查询&连接"窗格处于活动状态，因为将在这里找到要处理的查询列表。在这里，用户通常要做的是选择一个或多个他们想要复制的查询。

"查询&连接"窗格支持所有用户所期望的正常的以下鼠标选择方法。

1. 单击选择单个查询。
2. 通过选择第一个查询时，按住Shift键并单击最后一个查询来选择连续的多个查询。
3. 当只选择需要的查询时，可以按住Ctrl键选择非连续的一组查询。

> **【注意】**
>
> 不支持按Ctrl+A键来选择多个查询。

虽然选择查询可能是有意义的，但如果查询有依赖的前序查询，而用户没有选择它们（要么是忘记了，要么是没有意识到），会发生什么？一起来看看吧！

1. 右击"Sales"查询，"复制"（或选择它并按Ctrl+C键）。
2. 转到"文件"选项卡，"新建""空白工作簿"（在新的工作簿中）。
3. 转到"数据"选项卡，"查询和连接"。
4. 右击"查询&连接"窗格中的空白区域，"粘贴"（或者选择它并按Ctrl+V键）。

此时，Power Query不仅粘贴了复制的查询，还粘贴了构成该查询链的任何依赖的前序查询。同时也应该注意到，它也正确地观察到了每个查询的设置的加载目的地，如图4-2所示。

> **【注意】**
>
> 当从一个Excel工作簿中复制到另一个Excel工作簿中时，这个效果符合预期，因为它意味着用户永远不会意外地忘记复制查询基础结构的关键部分。

当用户把整个查询链复制到一个解决方案（或者是复制其他解决方案中的一部分到这个解决方案）中时，这个方法非常有效。但是，如果查询链的一部分已经存在了呢，会发生什么？例如，现在新的工作簿里有"Raw Data"和"Staging"查询。那么，如果现在回去只复制"Sales"查询，会发生什么？当然，它将创建一个新的"Sales"查询副本，指向新工作簿中现有的"Raw Data"和"Staging"查询，不是吗？

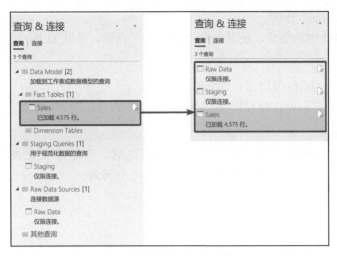

图 4-2　将"Sales"查询复制到一个新的 Excel 工作簿中

1. 回到原来的工作簿中去。
2. 右击"Sales"查询,"复制"。
3. 返回到新的工作簿中。
4. 右击"查询 & 窗格"中的空白区域,"粘贴"(或者选择它并按Ctrl+V键)。

如你所见,Power Query 不是整合现有的查询,而是重新创建整个查询链。如果名字已经用过了,它会在名字后加上带括号的数字,以区分哪些查询是相关的,如图 4-3 所示。

图 4-3　Power Query 重新创建查询链,而不是整合

这可能有点儿令人沮丧,因为用户会更希望有一个选择,可以在复制和粘贴过程中解决此问题。但以这种方式使用复制和粘贴功能时,没有这种选项。

如果用户在这种情况下最终需要"Sales (2)"重新使用来自"Staging"的数据,而不是"Stating (2)",则需更新"Sales (2)"中的"Source"步骤,以便从"Stating"来读取数据而不是从"Stating (2)"读取数据。要做到这一点,需要进行如下操作。

1. 编辑"Sales (2)"查询。

2. 选择"Source"步骤。

3. 更改编辑栏中的公式，使其指向"Staging"查询，公式如下：

```
=Staging
```

4. 关闭 Power Query 编辑器，允许数据更新。

这时可以删除"Raw Data (2)"和"Staging (2)"查询，因为它们将不再被使用。

> **【注意】**
>
> 可以复制查询的源代码，并按上述方法创建它，但这涉及使用"高级编辑器"的问题，将在本书后文的章节中探讨这个问题。

4.1.2 Excel 到 Power BI

现在已经知道了将查询从一个 Excel 文件复制到另一个 Excel 文件的基础知识，接下来就是如何将方案从 Excel 中复制到 Power BI 中。首先，按如下操作准备好。

1. 关闭为前面的例子所创建的新工作簿。

2. 打开 Power BI。

3. 返回到 Excel 中的查询链工作簿。

现在，如你所见，从 Excel 中复制到 Power BI 中的方法与从 Excel 工作簿中复制到另一个 Excel 工作簿中的方法非常相似，如图 4-4 所示。

1. 右击"Sales"查询，"复制"（或者选择它并按 Ctrl+C 键）。

2. 转到 Power BI 文件。

3. 转到"主页"选项卡，"转换数据"。

4. 右击"查询"窗格中的空白区域，"粘贴"。就像在 Excel 中一样，每个查询都将被创建。

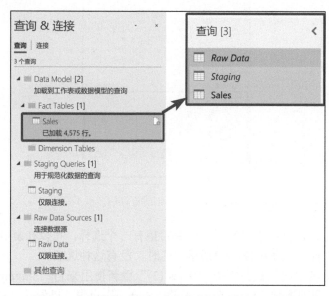

图 4-4 将查询从 Excel（左）复制到 Power BI（右）

此时，所要做的就是单击"关闭并应用"，数据就会开始加载。

🐵【警告】
只要查询是连接到外部数据源的，以这种方式复制的查询就能很好地工作。然而，如果数据源是一个Excel表，那么此时将会遇到挑战，因为Power BI没有自己的工作表。这将会由于无效的数据源而触发一个步骤级错误。如果要移植一个基于Excel表的解决方案，需要导入查询，正如本章后文所讨论的那样。

4.1.3　Power BI 到 Excel

到现在为止，你应已经明白了用 Power Query 解决方案在应用程序之间移动是多么容易。那么，如果在Power BI中有一个查询，但由于某种原因需要在Excel中重新创建呢？没问题。

1. 打开 Power BI 解决方案。
2. 单击"查询"。
3. 复制需要的内容。
4. 切换到 Excel 并显示"查询 & 连接"窗格。
5. 粘贴查询。

将查询从 Power BI 复制到 Excel 和将查询从 Excel 复制到 Power BI 中一样简单，只要查询中没有使用在 Excel 中的 Power Query 不支持的数据源连接器。

实际情况是，Power BI 比 Excel 包含更多的数据源连接器（其中很多都处于测试阶段）。此外，与 Excel 不同的是 Power BI 还支持自定义连接器。

那么，如果把一个依赖于 Excel 中没有的连接器的解决方案复制到 Excel 中，会发生什么？将会得到一个如图 4-5 所示的步骤级表达式错误。

图 4-5　自定义"WooCommerce"连接器在 Excel 中不可用

📞【注意】
不幸的是，在Power Query团队为Excel中的给定连接器添加支持或提供在Excel中使用自定义连接器的方法之前，没有办法解决这个问题。所有建立在这类连接器上的解决方案只能在Power BI中运行。

4.1.4　Power BI 到 Power BI

好消息是，从一个 Power BI 文件中的查询复制到另一个 Power BI 文件中是相当简单的。事实上，对大多数用户来说，由于他们的计算机上只有一个版本的 Power BI，直接将一个 Power BI 文件中有效的查询复制到另一个 Power BI 文件中肯定也会有效。

☎【警告】

有一种情况是：一个用户在计算机上运行多个版本的 Power BI 应用程序（Windows 商店、直接下载和 Power BI 报表服务器版本的组合），那么这类用户可能会遇到从较新版本复制和粘贴到较旧版本的 Power BI 桌面版的问题。这种类型的问题通常只在用户针对一个新的或升级的连接器建立一个解决方案，然后把它复制到旧版本的 Power BI 应用程序时才会出现。如果这种情况发生了，几乎肯定会得到步骤级错误，即某个参数或整个连接器不能被解析。

4.2 导入查询

虽然复制和粘贴查询肯定是将查询从 Excel 复制到 Power BI 中一种有效的方法，但也可以导入查询。那么，为什么有这种模式呢？

那就来比较一下不同的方法以及它们各自能够做什么，如表 4-1 所示。

表 4-1 从 Excel 向 Power BI 导入 Power Query 查询的不同方法

方法	复制粘贴模式	导入模式
原始的 Excel 工作簿	必须为开启状态	必须为关闭状态
复制/导入特定的查询	支持	不支持
复制/导入所有查询	支持	支持
导入数据模型结构	不支持	支持
导入度量值	不支持	支持
连接到 Excel 中的表	不支持	支持，但会将数据复制

如果用户没有在 Excel 中使用 Power Pivot 数据模型，对于引用了原 Excel 工作簿中的表格的查询，应该选择"导入模式"。正如本章前文提到的，将这些查询从 Excel 复制和粘贴到 Power BI 会导致步骤级错误，因为 Power BI 不能识别 Excel 中的作为表格的数据源。当使用"导入"功能时，Power BI 给用户一个选择，即用户可以选择如何处理这些 Excel 中的表。

如果用户选择的导入模式是使用 Excel 数据模型，那么用户会立即看到不仅导入了查询，而且导入了关系、层次结构和度量值。

在本节中，将看 3 个不同的场景，展示不同的数据源如何影响导入过程。

4.2.1 仅外部数据源

首先，来看当用户将一个 Excel 文件导入 Power BI 时，Excel 中查询只依赖于该 Excel 的外部数据源，会发生什么。

1. 打开一个新的 Power BI 桌面文件。
2. 转到"文件"选项卡，"导入""Power Query, Power Pivot, Power View"。

3. 浏览在前面的例子中复制的 Excel 文件的查询结果"第 04 章 示例文件\Simple Query Chain.xlsx",单击"打开"。

4. 单击"启动"。

此时,Power BI 将执行从文件中导入数据的过程,并在完成后显示结果,如图 4-6 所示。

此时,用户以为一切都经完成了,但实际上有几处还需要处理。

1. 单击"关闭"(关闭图 4-6 所示的对话框)。

2. 单击"应用更改"(实际加载数据),如图 4-7 所示。

图 4-6　成功导入 Excel 文件

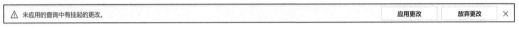

图 4-7　直到告诉 Power BI"应用更改",导入才算完成

按照正常理解,此时 Power BI 应该会执行查询,将数据加载到数据模型中,以便可以构建报告。但实际上这一切并没有发生,根本没有创建任何表,尽管单击了"应用更改"按钮。这到底是怎么回事?

这里不难体会到,虽然在 Excel 工作簿中该查询已经被加载,且已基于此构建了透视表(PivotTables)和透视图(PivotCharts)等,但 Power BI 并不能识别或兼容 Excel 工作簿中 Power Query 加载以后的内容。它也不会对 Power BI 产生任何影响。任何没有加载到Power Pivot 数据模型的 Excel 查询将在 Power BI 中被设置为"仅限连接"。

要解决这个问题,需要编辑查询的"启用加载"设置,如图 4-8 所示。

1. 转到"主页"选项卡,"转换数据"。

2. 右击"Sales"查询,确保"启用加载"被选中。

3. 转到"主页"选项卡,"关闭并应用"。

图 4-8　加载到工作表的查询显示其加载被禁用

这时,表才会被加载到数据模型中。

4.2.2　数据模型的导入

现在是时候导入一个包含数据模型的解决方案了，它的数据也来自主机 Excel 工作簿中的表。图 4-9 所示为 Excel 工作簿的查询依赖链的视图。

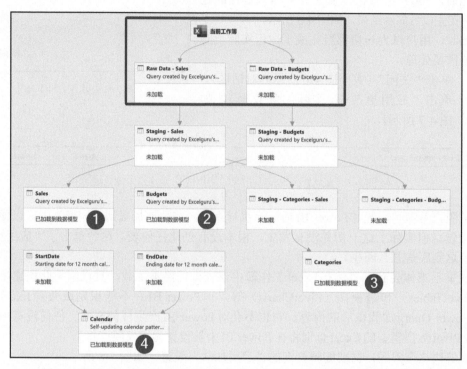

图 4-9　两个 Excel 表和 12 个查询将生成 4 个表，加载到 Excel 的数据模型中

虽然理解这些查询的工作原理并不重要，但重要的是要认识到这两个表（Raw Data - Sales，Raw Data-Budgets）是存储在"当前工作簿"中的，也就是说，数据和查询在同一个 Excel 文件中。

还应该知道，这个文件中的 Power Query 结构作为 ETL 层，为下面的 Power Pivot 数据模型服务，其中包括 4 个指定的表、4 个关系和两个度量值（Sales 和 Budget），如图 4-10 所示。

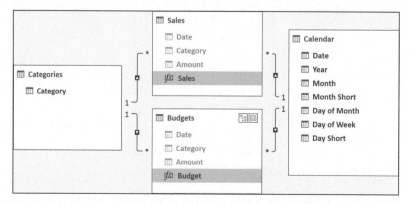

图 4-10　显示的数据模型来源是由 Power Query 结构衍生出来的

最后，文件中有一个名为"Report"的工作表，其中包含基于数据模型的透视图和切片器，如图 4-11 所示。

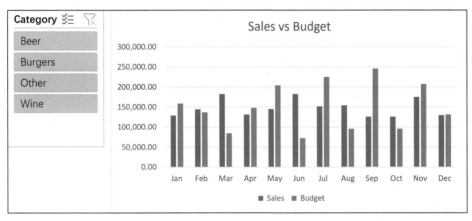

图 4-11　基于 Excel 的"Report"工作表，包含在 Simple Model.xlsx 文件中

这是一个相当简单的基于 Power Query 和 Power Pivot 的解决方案，用户可以建立这个解决方案，它显示了这些工具是如何很好地协同工作的。如果想更详细地了解它，可以在示例文件中找到文件："第 04 章 示例文件\Simple Model.xlsx"。

假设新用户从同事那里拿到这个模型文件，然后用户决定将解决方案转移到 Power BI 中。这将带来一个挑战，所有的数据、查询、数据模型和 Power BI 报告都在同一个文件中，而用户还不知道原同事建立它的所有逻辑。当然，用户可以一次性选择 Excel 文件中的所有查询，然后把它们复制到一个新的 Power BI 文件中，正如本章前文所讨论的。但是，虽然这样做会导入查询，但它不会导入关系和度量值。这样用户就需要手动重新创建，这可能非常痛苦。

4.2.3　导入时复制数据

基于前文讨论的模型的复杂性，要确保尽可能容易地将其从 Excel 转移到 Power BI。
Power BI 的"导入"功能正是为了处理这种情况而建立的，来探讨一下它是如何工作的吧！以如下方法从 Excel 文件中导入内容。

1. 打开一个新的 Power BI 桌面文件。
2. 转到"文件"选项卡，"导入""Power Query, Power Pivot, Power View"。
3. 浏览到以下位置的文件："第 04 章 示例文件\Simple Model.xlsx"。
4. 选择该文件"打开"。

【注意】
从 Excel 工作簿中导入的能力并不依赖于 Excel 程序。

5. 一旦单击出现的对话框中的"启动"选项，将得到一个选择，如图 4-12 所示。
6. 现在，使用默认选项"复制数据"，这将启动查询和数据模型等的导入，如图 4-13 所示。

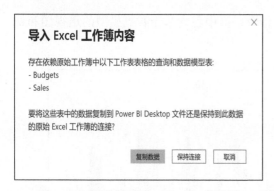

图 4-12 想要如何导入 Power BI 数据呢？   图 4-13 Power BI 已成功导入查询、数据模型和度量值

到目前为止，一切看起来都很好。事实上，如果单击 Power BI 窗口左侧的"模型"按钮。则会看到数据模型结构，包括关系、度量值，甚至字段的可见/隐藏状态都已经正确导入，如图 4-14 所示。

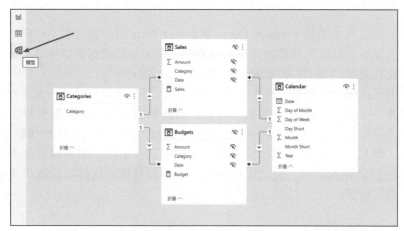

图 4-14 Excel 中的数据模型已经全部导入 Power BI 中

转到 Power BI 报告页面，可以快速复原 Excel 中的图表，如图 4-15 所示。

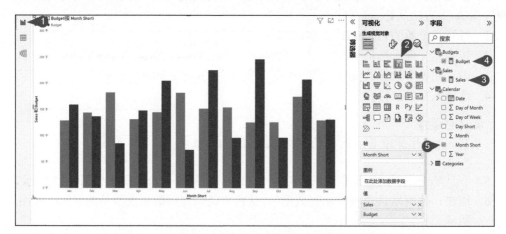

图 4-15 虽然在图片中很难看到，但"Calendar"的确是按照正确的顺序排序的

1. 在 Power BI 窗口的左侧选择报告页面。
2. 转到"可视化"窗格，选择"簇状柱状图"。
3. 转到"字段"列表，展开"Sales"，勾选"Sales"度量值。
4. 转到"字段"列表，展开"Budgets"，勾选"Budget"度量值。
5. 转到"字段"列表，展开"Calendar"，勾选"Month Short"字段。

这是相当惊人的，因为一切看起来都很好。至少，在"刷新"解决方案之前它是这样的。但如果单击"刷新"将会令人失望，如图 4-16 所示。

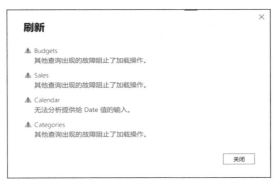

图 4-16　这是怎么回事？

📎【注意】

如果刷新后没有报错，说明和这里的情况有所不同。出于学习目的，建议用户通过本章示例文件来学习，以了解情况。

为了解决这个问题，此时需要编辑这些查询。先看一下其中一个原始数据查询，看看 Power BI 是如何复制 Excel 表的。

1. 转到"主页"选项卡，"转换数据"。
2. 选择"Raw Data-Budgets"。此时可立即发现有些地方不对，如图 4-17 所示。

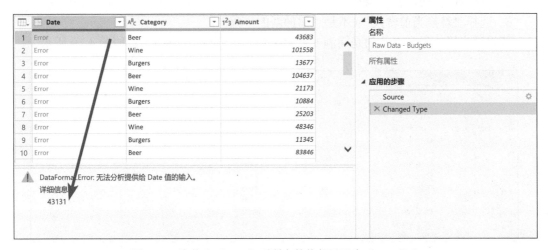

图 4-17　为什么"Date"列所有的值都显示为"Error"？

在阅读错误信息时，可以看到该列正试图将“43131”设置为日期。但是这个数字是怎么来的呢？

- 选择“Source”步骤，单击齿轮图标。

在这里看到的是Power BI在文件中创建的表，这是从Excel中复制数据的结果。有趣的是，它的“Date”列中不包含日期，而是包含一列数值，如图 4-18 所示。

	Date	Category	Amount	+
1	43131	Beer	43683	
2	43131	Wine	101558	
3	43131	Burgers	13677	
4	43159	Beer	104637	
5	43159	Wine	21173	
6	43159	Burgers	10884	
7	43190	Beer	25203	

图 4-18 “Date”列为什么会有这么多数值而不是日期？

在这个特定的步骤中，有如下 3 点一定要注意到。

1. 这个表完全包含在Power BI中，如果需要对源数据做任何更改，必须在这里更新（在“刷新”时，对Excel文件的更新不会流入该文件）。
2. 所有的日期都被复制为日期序列号（自 1900 年 1 月 1 日以来的天数），而不是可识别的日期。
3. 在这一步中，Power BI显示的数据量是有限制的。如果超过了这个限制，Power BI就不允许用户编辑这个表，因为这个表是使用压缩的JSON格式创建的，如果超过了这个限制，就不能直接编辑Power Query公式来增加数值。

虽然查询中是有错误的，但并没报错，这并不是用户操作的问题。

在关闭这个对话框并返回到“Changed Type”步骤后，仍然会遇到这样的错误，它报错称不能将值“43131”设置为日期。所以来重写“Changed Type”步骤。

1. 选择“Date”列并单击“日期”数据类型图标。
2. 将数据类型改为“整数”。
3. 选择“替换当前转换”（不是“添加新的步骤”）。

错误消失了，现在看到的是满满一列的整数（代表日期序列号），如图 4-19 所示。

	1²3 Date	ABC Category	1²3 Amount
1	43131	Beer	43683
2	43131	Wine	101558
3	43131	Burgers	13677
4	43159	Beer	104637
5	43159	Wine	21173
6	43159	Burgers	10884
7	43190	Beer	25203
8	43190	Wine	48346
9	43190	Burgers	11345
10	43220	Beer	83846
11	43220	Wine	50813
12	43220	Burgers	13135
13	43251	Beer	142047

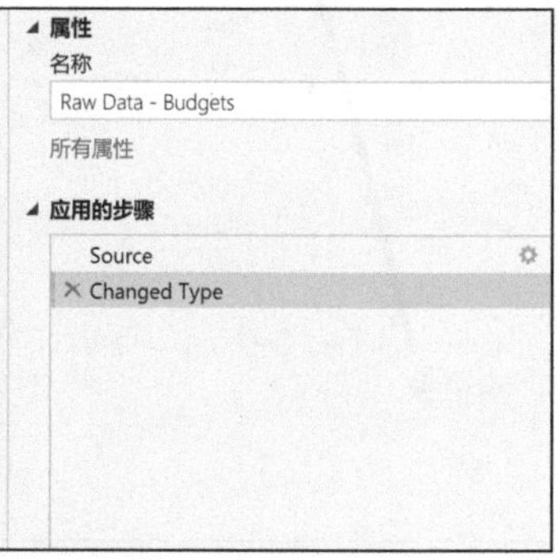

图 4-19 日期序列号

一个奇怪的细微差别是，"Date"列顶部的错误栏可能继续显示为红色。如果发生这种情况，要么暂时忽略它，要么选择另一个查询并返回到"Raw Data - Budgets"查询，以强制它更新。

因此，虽然这是一个进步，但显然仍不理想，因为仍希望将数据类型设置为"日期"。但问题是，如果把"Date"列改为使用日期数据类型，并替换掉包含在"Changed Type"步骤包含的现有数据类型，那么将回到错误开始时的位置。相反，此时需要按如下步骤进行操作。

1. 选择"Date"列并单击"整数"数据类型图标。
2. 将数据类型更改为"日期"。
3. 选择"添加新的步骤"（不是"替换当前转换"）。结果将完全符合要求，如图 4-20 所示。

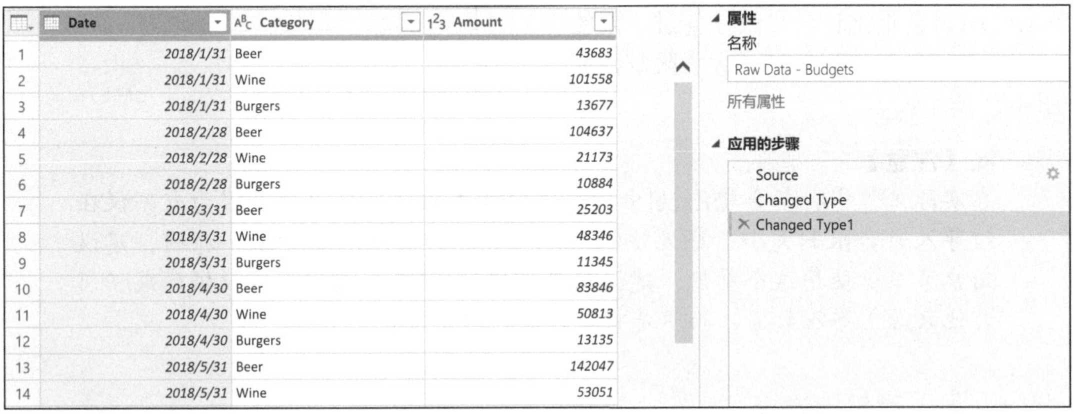

图 4-20　"Date"列数据正常显示

记住，如第 3 章所述，一旦更改了数据类型，任何后续的更改都将基于这个输出。虽然不能将一个"文本"类型的数值改为"日期"类型，但可以将"文本"类型更改为"数值"类型，然后将"数值"类型更改为"日期"。

现在这个步骤已经完成，也需要对"Raw Data - Sales"查询采取同样的步骤。要做到这一点，需要进行如下操作。

1. 选择"Raw Data - Sales"查询。
2. 选择"Date"列并单击"日期"数据类型图标。
3. 将数据类型更改"整数"。
4. 选择"替换当前转换"（不是"添加新的步骤"）。
5. 选择"Date"列（再次）并单击"整数"数据类型图标。
6. 将数据类型更改为"日期"。
7. 选择"添加新的步骤"（不是"替换当前转换"）。

完成此操作后，就可以通过转到"主页"选项卡，"关闭并应用"，让 Power BI 应用这些改变来最终完成查询。然后，数据就会顺利加载。

☜【警告】

Power BI导入Excel表格并将其转换为JSON表格的方法有一个专门与导入日期列有关的错误。在这个错误被修复之前，导入任何一个带有日期列的Excel表格到Power BI，都需要做上述的调整。

尽管在数据类型方面存在缺陷，但这个功能对于从Excel导入数据模型到Power BI中是非常有效的。而且就像原来的Excel解决方案一样，它完全包含在一个文件中，Power BI的解决方案也是如此，这使得它非常容易与别人分享，而无须更新数据源。

尽管如此，使用这种方法也有一些潜在的危险。请记住，当完成后，对源数据进行的任何更新都需要编辑"查询"和更新"Source"步骤。这可能会使事情变得很尴尬，因为不仅要编辑和导航查询结构来编辑源数据，而且它往往很慢，因为必须等待查询预览更新。但即使是这些问题也不是真正的"杀手"，一旦表超过了一定的大小，Power BI就会拒绝让用户做任何进一步的修改，告诉用户该表超过了大小限制，如图 4-21 所示。

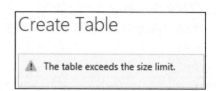

图 4-21　表超过了大小限制，无法修复在"Raw Data – Sales"查询中发现的不正确的记录

☜【注意】

在实际工作中，不会将Excel中的表作为数据库且不再更新，因为表不仅在被导入时会限制大小，还无法很好地对其进行处理。出于这个原因，建议用户尽量少使用这个功能。建议从外部文件（Excel工作簿、数据库或任何其他来源）导入数据，而不是将其存储在同一文件中。

4.2.4　导入时保持连接

前文的示例通过将数据复制到文件中，从Excel中导入了一个数据模型，但这是两种不同的选项之一。另一种方法是，不将数据从Excel文件复制到Power BI文件中，而是与保存数据的Excel文件建立连接。

虽然这确实会产生风险，即用户必须更新外部文件的路径，但它可避免与日期有关的错误，以及无法在数据源中添加行或修改记录的风险。数据将继续存在于Excel文件中，这意味着在Excel文件中进行的任何添加、删除或更新都只需简单的刷新。

来重做之前的例子，但这次选择创建一个与Excel文件的连接，而不是复制数据。步骤如下。

1. 打开一个新的 Power BI 桌面文件。
2. 转到"文件"选项卡，"导入""Power Query, Power Pivot, Power View"。
3. 浏览到以下位置的文件："第 04 章 示例文件\Simple Model.xlsx"。
4. 选择该文件"打开"。
5. 单击"启动""保持连接"。

☜【注意】

虽然默认选项为"复制数据"，但"保持连接"才是更好的方法。

同样，Power BI 将导入数据并创建数据模型、关系和度量值。再一次，可以快速建立前一个例子中的簇形柱状图，如图 4-22 所示。

1. 选择 Power BI 窗口左侧的报告页面。
2. 转到"可视化"窗格，"簇形柱状图"。
3. 转到"字段"列表，展开"Sales"，选择"Sales"度量值。
4. 转到"字段"列表，展开"Budgets"，选择"Budget"度量值。
5. 转到"字段"列表，展开"Calendar"，选择"Month Short"字段。

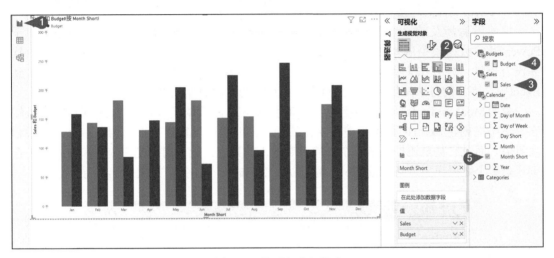

图 4-22　这看起来很熟悉

此时，用户可能会认为所有结果都与前文示例中的结果相同。唯一的区别是，在本例中，数据仍然存在于 Excel 文件中，数据是从那里导入的，而不是复制它并把数据存储在 Power BI 文件中。所以现在，如果 Excel 文件移动了，用户需要通过编辑查询来更新数据源，或者通过以下方式更改数据源：

- 转到"主页"选项卡，"转换数据""数据源设置"。

实际上，这个具体的解决方案与其他方案有一个非常大的区别。Power BI 将查询指向 Excel 文件的结果是，在不需要任何修改的情况下，查询会被刷新，如图 4-23 所示。

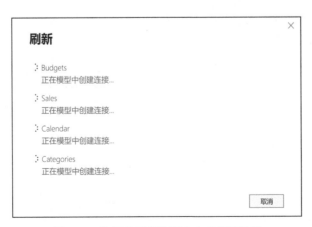

图 4-23　这就是希望从副本中获得的进展

4.3 在工具之间迁移查询的思考

现在你应该已经对在 Excel 和 Power BI 文件之间轻松移动查询的方法有了充分的了解，一般的经验法则如下。

1. 如果想要特定的查询或查询组，并且不考虑数据模型，那么只需复制和粘贴。
2. 如果想把整个解决方案从 Excel 转移到 Power BI 中，请导入它（最好是选择保持与 Excel 文件的连接）。

目前没有涉及的一个解决方案是，从 Power BI 导入 Excel 的方法。不幸的是，由于 Power BI 的数据模型版本比 Excel 的数据模型版本更新，并且支持许多新的功能，微软并没有提供一种方法来实现这一点。乍一看，这意味着要把解决方案从 Power BI 迁移到 Excel 中，唯一的方法是复制和粘贴查询，然后手动重建数据模型。

肯的 Monkey Tools 插件确实包含一个将 Power BI 的数据模型导入 Excel 的功能。虽然它显然不能创建 Excel 的数据模型不支持的项目，但它可以重建查询结构、多对一关系和度量值。而且它甚至还提供了一个未能正确导入的列表。无论用户是想提取和导入单个查询还是整个数据模型，Monkey Tools 都可以轻松完成这一任务，如图 4-24 所示。

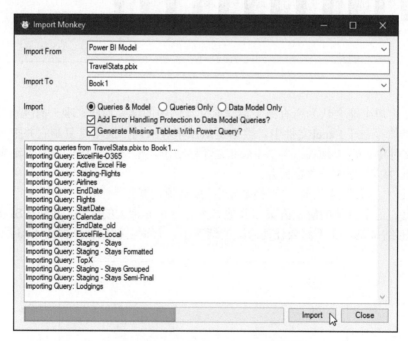

图 4-24　使用 Monkey Tools 将 Power BI 模型导入 Excel 中

【注意】
可以在肯的网站上了解更多关于这个插件的信息，并可以下载一个免费试用版。

© 2012 WALTER MOORE

第5章 从平面文件导入数据

作为一名数据专家，日常工作很可能都是在使用数据之前对其进行导入、操作和转换。可悲的是，许多人都没有机会接触到经过精心部署过数据结构的大数据库。相反，被不断地"喂食"文本文件或CSV文件，并且在开始分析之前，必须经历将它们导入Excel或Power BI中的过程。对用户来说，重要的商业信息往往是以以下格式存储或发送给用户的。

1. 文本文件（以字符分隔）。
2. CSV文件（以逗号分隔）。

这其实是目前的常态，意味着有大量的手动导入和清理过程，但Power Query将改变这种现状。

5.1 了解系统如何导入数据

文本文件和CSV文件是平常所说的平面文件，之所以这样命名是因为它们缺少称为架构（Schema）的元数据层，即描述文件内容的信息。这一点至关重要，因为这意味着当数据被导入另一个工具（如Excel或Power BI）中时，必须对其进行解析。为了真正掌握使用Power Query导入数据，需要清楚在默认情况下会发生什么，以及应该如何（以及何时）控制和修改默认设置。

> **【注意】**
> 虽然文本文件和CSV文件肯定不是仅有的平面文件格式，但它们是迄今为止最常见的平面文件格式。作为一条经验法则，任何表示单个"Sheet"（工作表）数据的文件通常都是平面文件。

5.1.1 设置系统默认值

需要理解的第一件事是，当从平面文件导入数据时，工具会按照Windows"控制面板"中包含的设置进行处理。为了确定（和更改）用户当前的区域设置，需要到Windows用户界面进行配置，以获得期望的设置。

按Windows键打开"开始"菜单，单击"控制面板"。

1. 如果"控制面板"的"查看方式"是"类别"视图，则单击"更改日期、时间或数字格式"。
2. 如果"控制面板"的"查看方式"是"图标"视图，则单击"区域"。这将启动"区域"对话框，用户在这里可以查看（和更改）系统默认值，如图5-1所示。

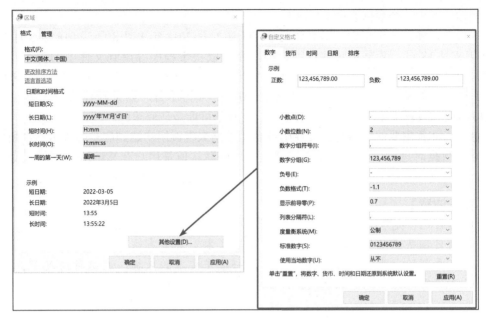

图 5-1　Windows "控制面板"中的"区域"对话框

3. 如果期望各种应用程序默认对日期以 "**yyyy-MM-dd**" 即用短横线连接的方式显示，则需要在这里进行设置。

　　用户可以在这里了解整个计算机系统内容所使用的默认值。在这里将会看到，系统被设置为以 ISO 格式 "**yyyy-MM-dd**" 显示有效日期，而不是加拿大默认的标准日期格式 "**dd-MM-yyyy**"，也不是美国默认的 "**MM-dd-yyyy**"。此外，还对负数格式进行了自定义设置。在欧洲，使用逗号的小数点会显示为句点。

🙈【警告】
　与 Excel 不同，Power Query 是区分大小写的。MM 用于表示月，mm 用于表示分钟。

　　这里需要认识到的重要一点是，这些设置是针对本机的，当在 Power Query 中为一个列声明数据类型时，将看到的是，格式将基于用户 "控制面板" 设置。即使用户建立了解决方案并将其发送给其他人，这也是正确的，其他人将看到他们系统中的格式。

　　现在知道了这些设置的控制位置，来看看为什么在使用 Power Query 时这很重要。

5.1.2　程序如何解析平面数据

　　程序在解析数据时，需要知道如下 3 点。
1. 数据点是否由单个字符、一组字符或一致的宽度分隔。
2. 一个完整的记录和另一个完整的记录是由什么字符或字符列分隔的。
3. 每个单独的数据单元的数据类型是什么。

　　平面文件的问题在于，文件中没有包含定义这些内容的信息。因此，导入程序必须做出一些分析，以试图获得正确的结果。虽然大多数程序在处理前两点时做得很好，但推断数据类型却经常出现问题。

例如，考虑这个数据值："1/8/18"。

这极有可能是一个日期，但具体是哪一天呢？是 2018 年 1 月 8 日、2018 年 8 月 1 日、2001 年 8 月 18 日，甚至是其他日期？答案完全取决于程序导出到文件中的内容，取决于编写导出功能的程序员是如何编写的。如果程序员是美国人，那几乎就肯定是 2018 年 1 月 8 日。但如果是欧洲人，那很可能是 2018 年 8 月 1 日。如果程序员决定从用户的 Windows 区域设置中读取首选的日期格式，它几乎可能是任何东西。

这一点非常重要的原因是，文件中没有元数据来告诉用户这到底是哪种格式，所以程序在导入数据时进行了猜测。而它将试图应用的默认值是用户在 Windows 区域设置中设置的。

> ✎ 【注意】
> 问问自己，是否曾经在 Excel 中打开一个 CSV 文件或文本文件，发现其中一半的日期是正确的，而另一半则显示为文本？如果有这样的经历，实际上已经看到的一半的日期是错误的，另一半是文本的数据。在这种情况下，每年只有 12 天可能是正确的，例如：1/1，2/2，3/3，等等。

来看一个数据集导入的具体例子，其中有以下假设。

1. 数据集被导出到一个文本文件，并使用 "MM/dd/yy" 格式。
2. 用户 "控制面板" 的 "区域" 设置使用的是 "dd/MM/yyyy" 的短日期格式。
3. 用户 "控制面板" 的 "区域" 设置使用 "." 作为十进制分隔符，以 "," 作为数字千分位分隔符。

简而言之，对于文件中的每个数据元素，程序将尝试应用数据类型，然后按照 "控制面板" 的 "区域" 设置中定义的默认值对导入的数据进行格式化，如图 5-2 所示。

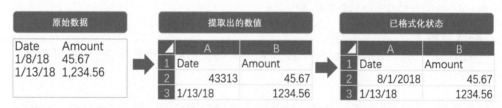

图 5-2　从文本文件到 Excel，可以把日期变得一团糟

背后的真正算法显然要比这里所描述的复杂得多，但可以假设它遵循以下一般流程。

1. 该程序试图将 1/8/18 转换为一个使用 "控制面板" 中定义的 "dd/MM/yyyy" 格式的日期。这样就生成了一个日期序列号为 43313（自 1900 年 1 月 1 日以来的天数）的值。在 Excel 中，这个值将被放置在一个单元格中。
2. 程序试图用 "dd/MM/yyyy" 格式将 1/13/18 转换为一个日期，但由于没有 13 个月，它认为这不可能是一个日期。因此，它将该数据视为文本，并将其放置在一个单元格中。
3. 该程序试图将 45.67 转换为一个值。当转换成功后，该值被放置在一个单元格中（如果转换不成功，它将被视为文本）。
4. 将对文件中的每个数据元素重复这个过程。

一旦所有的数据元素都被转化为数值，程序将对数据套用格式，根据 "控制面板" 的

"区域"设置中定义的偏好来显示数据。

问题出在哪里？2018 年 1 月 8 日的数值，使用系统定义的"MM/dd/yy"格式导出为 1/8/18，被程序错误地解释为"控制面板"认为的 2018 年 8 月 1 日。

而最糟糕的是：一旦它被解释并作为一个值存储在本机程序中，要更改它就太晚了。这一直是将文本文件和 CSV 文件导入 Excel 的问题。这些数据很容易出错，人们甚至都认不出来。

日期在这方面的问题特别多。由于许多流行的数据库软件是由美国软件工程师编写的，他们通常以"MM/dd/yy"的格式输入数据，尽管美国可能是世界上唯一遵循这一日期标准的国家。这可能会给任何遵循不同标准的国家带来问题，例如，在加拿大，这是个令人难以置信的问题。大家开玩笑说，有两种类型的 IT 专家：一种是热衷于本国的标准，将默认日期设置为"dd/MM/yy"；另一种是放弃本国的标准，将默认设置调整为"英语(美国)"和"MM/dd/yy"。好玩的是，最大的挑战是，这两种 IT 专家可能在同一家公司工作，这意味着整个组织的设置可能是混乱的。

同样重要的是，要认识到这不仅仅是一个影响日期的问题。它也影响到数字和货币，因为世界上不同的国家使用不同的货币指标和分隔符。而且随着世界经济的日益全球化，不一致的数据格式正在冲击着越来越多的数据，但这些数据也应该要能被工具处理。

Power Query 允许用户控制导入过程中发生的事情。虽然它将提供基于相同的经典导入逻辑的默认值，但它确实允许用户重新配置这些步骤，并告诉它究竟如何正确解释数据。它不是通过用"Changed Type"步骤来做到这一点，而是通过一个明确的区域设置来更改类型，允许用户定义数据来源的地域。

5.2 导入带分隔符的文件

导入带分隔符的文件，如 CSV 文件或带分隔符的文本文件的过程是相当直接的，并且遵循基本的 ETL 过程：提取、转换和加载数据。事实上，我们已经在第 1 章中看到了这一点，但这次要导入一个有数据的文件，这个文件有点儿具有挑战性。

5.2.1 源数据文件

首先从本章示例文件导入一个名为"Ch05-Delimited.csv"的带逗号分隔符的平面文件。该文件可用记事本打开，看起来如图 5-3 所示。

用户要问自己的第一个问题是，这些日期是什么格式？在这个例子中，假设它们是"MM/dd/yy"的格式。那要怎么确定呢？Power Query 将扫描数据集的前 1000 行，看看它能找出什么规律。除此之外，还需要回到导出数据的程序中去，并进行一些测试，以弄清数据的来源。好消息是，一旦用户这样做了一次，通常可以依赖这样一个事实：每次使用同样的选项运行文件时，系统都会执行相同的操作。

```
Date,Account, Amount
12/01/08,12500, $353.82
12/01/08,12100, $324.48
12/01/08,14400, $(955.82)
12/01/08,11900, $346.24
12/01/08,15000, $(305.44)
12/01/08,14400, $498.03
12/01/08,13900, $164.56
12/01/08,10100, $110.42
12/01/08,12300, $344.67
12/01/08,10100, $(551.54)
12/01/08,12300, $(452.08)
12/01/08,13800, $703.52
```

图 5-3　用逗号分隔的源数据

此时你会注意到，该文件还包含数字格式，这对欧洲的人来说将是一个挑战。它们不仅包含"$"字符，而且数值使用逗号作为千位数的分隔符，使用句点作为小数点。

5.2.2 提取数据

在一个新的工作簿中，执行如下操作。

1. 创建一个新的查询，"来自文件""从CSV/文本"。
2. 选择"第 05 章 示例文件\Ch05-Delimited.csv"文件并"导入"。
3. 单击"转换数据"，进入 Power Query 编辑器。

此时数据预览应该显示类似图 5-4 所示的内容。

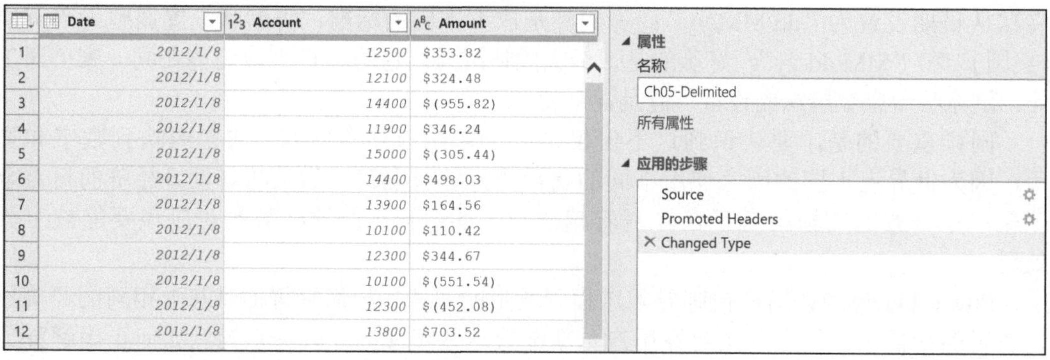

图 5-4　导入带有分隔符的文件到 Power Query 编辑器中

【注意】

请记住，Power Query 会尝试解析数据类型，使用"控制面板"的"区域"设置来识别这些数据元素。你那里显示的数据和数值可能与这里显示的不同。

这在不同系统上的显示可能不同，说明前文所述原理正在起作用，第一个日期显示为 2008 年 12 月 1 日，还是别的什么？"Amount"列中的数值是显示为数值、文本还是错误？欢迎接受在 Power Query 中处理数据的挑战，因为对不同的人来说，答案是不同的，这取决于用户"控制面板"中的设置。

5.2.3 错误的解析

在上面显示的预览中，可以看到数据已经被解释为日期，并且按照用户本机"控制面板"设置，以"yyyy-MM-dd"格式显示。这很好，但日期没有被正确解释，然而没有报错，因为 2008 年 12 月 1 日被解释为 2012 年 1 月 8 日。

为了解决这个问题，需要对"Changed Type"步骤进行明确控制。删除现有的内容，并从头开始重新创建它，这样它就可以适用于世界上任何人的计算机，无论他们的计算机设置如何。

- 删除"Changed Type"步骤（单击步骤名称左边的"×"图标）。

☎【警告】

一旦"Changed Type"步骤被应用，数据类型已经被转换，不会再还原到数据原来的类型。为了覆盖"Changed Type"步骤，以便在导入时强制使用"区域设置"，必须删除这个步骤，或者在现有的"Changed Type"步骤之前插入一个新的步骤。

现在，在应用"Promoted Headers"步骤之后，数据将恢复到它在为列定义任何数据类型之前的状态，如图 5-5 所示。

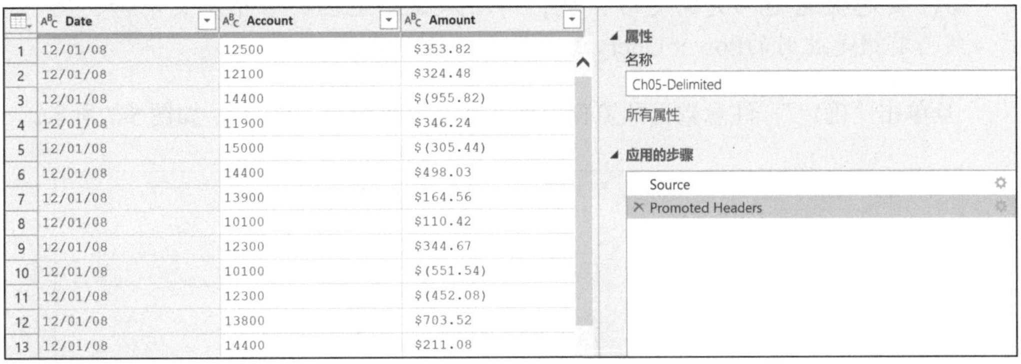

图 5-5　所有的都是文本，所以可以看到正在处理的内容

5.2.4　使用区域设置

此时，希望对"Date"列进行明确的控制，告诉 Power Query 如何解释日期并将其转换为正确的日期序列号。为了做到这一点，将在定义数据的原始区域设置的同时更改数据类型（换句话说，告诉 Power Query 用于生成这些数据的格式）。

1. 单击"Date"列顶部的"ABC"数据类型图标。
2. 选择"使用区域设置"（在菜单的底部）。

然后会出现"使用区域设置更改类型"对话框，在这里可以指定 Power Query 关于数据的原始来源和格式，如图 5-6 所示。

图 5-6　"使用区域设置更改类型"对话框

“数据类型”下拉列表框是相当明确的，但“区域设置”总是以语言为先，国家为后。如果没有所希望的国家也不用担心，例如：无论选择“英语(英国)”还是“英语(澳大利亚)”，都会以“d/M/y”格式解释日期。但是，要担心在做出选择后出现的示例输入值是否会被正确解释。

在这个数据样本的情况下，选择很容易。需要选择“英语(美国)”，因为这是唯一遵循“M/d/y”标准的国家。

【注意】

英语区域的列表是巨大的，因为世界上几乎每个国家都有某种形式的英语。要想快速进入美国英语区域，请输入这个地区的首个英文字母，当然，前提是此时的Power Query正在英文环境下运行①。

一旦单击“确定”，注意数据预览窗口现在按选择来解析“Date”，如图 5-7 所示。

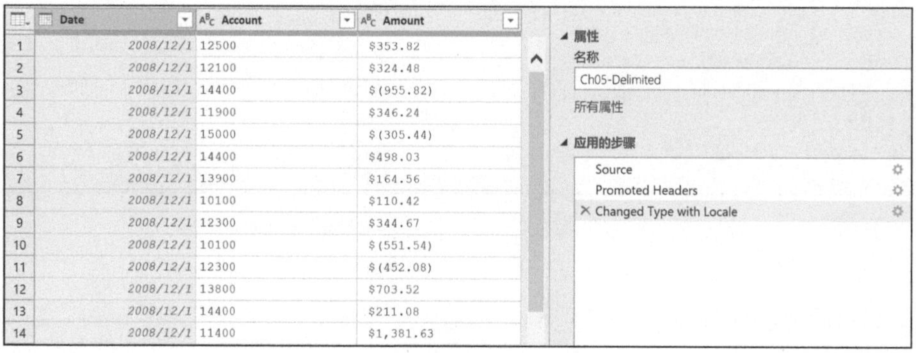

图 5-7　这些日期看起来更像 2008 年 12 月

接下来，要确保文件在被欧洲人刷新时能正确解释“Amount”列。这将再次要求在设置“使用区域设置”时转换该列。

1. 通过“使用区域设置”更改“Amount”列的数据类型。
2. 将数据类型设置为“货币”。
3. 将地区设置为“英语(加拿大)”。
4. 单击“确定”。

此时，数据类型图标显示为货币图标，并且数值被对齐到Power Query单元格的右侧，如图 5-8 所示。

根据以上内容，有 3 个要点需要强调。

1. 每添加一个“Changed Type with Locale”（使用区域设置更改类型）步骤，将在“应用的步骤”区域中得到一个单独的步骤。它们不会被合并成一个步骤。
2. “Amount”列的设置使用的国家与“Date”列设置使用的国家不同。可以这样做的原因是，在这种情况下，选择加拿大货币和美国货币没有区别。这个操作并不会改变货币数据本身，而是告诉Power Query如何读取像$1,000.00 这样的文本并将其转换为合理的数值。

---

① 由于使用了中文环境的Power Query，无法通过输入首字母的方式快速选择区域。——译者注

图 5-8　应用"Changed Type with Locale1"步骤后的数据

3. 数据集中的每一列都可以使用不同的"使用区域设置"进行设置，这使得用户在导入多地区数据时有了巨大的灵活性。

🖊【注意】

记住，用"使用区域设置"转换的整个目标是告诉Power Query如何解释一个基于文本的值，并将文本转换为正确的数据类型。

☎【警告】

如果用户在一个日期和数字格式可能不一致的文化下或公司中工作，强烈建议用户总是用"使用区域设置"来设置日期和货币数据类型。对那些"控制面板"设置与数据完全一致的用户来说，这不会有什么影响，反之，"使用区域设置"的功能就很重要了。

此时，只剩下一列需要处理，那就是"Account"列。将它设置为整数数据类型，并更新查询名称。

1. 将"Account"列的数据类型更改为"整数"。
2. 将查询名称改为"Transactions"。

如你所见，在这个查询中总共有 3 个"Changed Type"的步骤，其中前两个具体定义了每一列的"使用区域设置"，如图 5-9 所示。

▦.	▦ Date	▾	1²3 Account	▾	$ Amount	▾		▲ 属性
1	2008/12/1		12500			353.82		名称
2	2008/12/1		12100			324.48		Transactions
3	2008/12/1		14400			-955.82		所有属性
4	2008/12/1		11900			346.24		
5	2008/12/1		15000			-305.44		▲ 应用的步骤
6	2008/12/1		14400			498.03		
7	2008/12/1		13900			164.56		Source　⚙
8	2008/12/1		10100			110.42		Promoted Headers　⚙
9	2008/12/1		12300			344.67		Changed Type with Locale　⚙
10	2008/12/1		10100			-551.54		Changed Type with Locale1　⚙
11	2008/12/1		12300			-452.08		✕ Changed Type
12	2008/12/1		13800			703.52		
13	2008/12/1		14400			211.08		
14	2008/12/1		11400			1,381.63		
15	2008/12/1		13400			1,139.73		
16	2008/12/1		14400			87.61		

图 5-9　实现通用的查询

现在任何人都可以刷新这个查询了，只要重新配置"Source"步骤，即配置"Ch05-Delimited.csv"文件的路径，就可以刷新这个查询。

最后一步是关闭并加载数据到用户选择的目的地。

> **✎【注意】**
> 如果需要覆盖"使用区域设置"，可以选择在Excel工作簿或Power BI文件中这样做。在Excel中，进入"获取数据""查询选项"当前工作簿的"区域设置"，在那里定义"区域设置"。所有新的连接都将使用该"区域设置"作为默认值来创建。在Power BI桌面版中，需要进入"文件""选项""选项和设置"。Power BI在全局或当前文件层面都有"区域设置"选项，这取决于用户希望将更改应用到的范围。

5.3 导入无分隔符的文本文件

一旦习惯了"使用区域设置"，导入带分隔符的文件的过程就相当简单了。当然，有时原始数据看起来可能会很乱，至少这个功能已经可以很好地将数据分成几列。另外，如果用户不得不导入和清理无分隔符的文本文件，就知道这有多痛苦。它们通常有一些默认的名字，如"ASCII.txt"，并且基本上是一个字符一个字符地表示输出时应该是什么样子。这意味着它们可能包含各种"疯狂"的问题，包括（但不限于）以下几点。

1. 字符按位置对齐，而不是按字符分隔。
2. 不一致的对齐方式。
3. 非打印字符（如换行符等）。
4. 重复的标题行。

对许多Excel专业人员来说，他们工作的一个主要部分就是将这些信息导入Excel并进行清理。而这些工作，实际和业务无关，也不能创造任何商业价值。

如果用户有过这样的经历，就会知道这个过程遵循如下的基本流程。

1. 通过"从文本/CSV"将文件导入Excel。
2. Excel提供了一个在很小的窗口中进行拆分列的功能。
3. 结果会被转入一个工作表中，再人工将之转换成一个Excel表格。
4. 需要对该表进行排序和筛选，以删除"垃圾行"。
5. 需要对列中的文本进行清理和调整。

最重要的是，下个月当用户拿到新的数据文件时，还需要再次重复这个"令人兴奋"的过程。如果有一个可以重复的自动化方法该多好！而Power Query可将一切完美实现。

5.3.1 连接到文件

连接到一个没有分隔符的文本文件的方式与连接到其他文本文件的方式相同。
1. 创建一个新的查询，"获取数据""来自文件""从文本/CSV"。
2. 浏览"第05章 示例文件\GL Jan-Mar.txt"，"导入"。

3. 单击"转换数据"。

这样做之后，会看到 Power Query 将数据放在一个单列中，如图 5-10 所示。

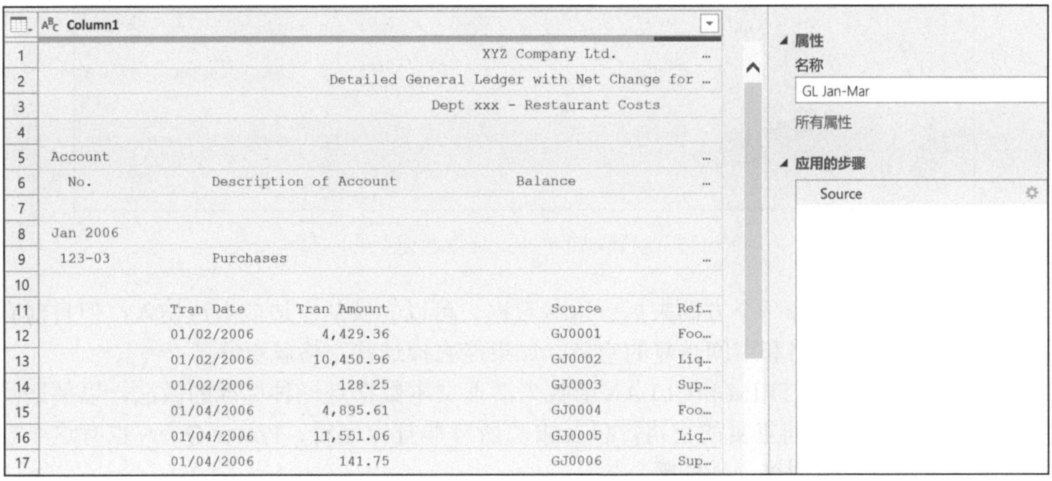

ABC Column1					
1			XYZ Company Ltd.		...
2			Detailed General Ledger with Net Change for ...		
3			Dept xxx - Restaurant Costs		
4					
5	Account				...
6	No.	Description of Account		Balance	...
7					
8	Jan 2006				
9	123-03	Purchases			...
10					
11		Tran Date	Tran Amount	Source	Ref...
12		01/02/2006	4,429.36	GJ0001	Foo...
13		01/02/2006	10,450.96	GJ0002	Liq...
14		01/02/2006	128.25	GJ0003	Sup...
15		01/04/2006	4,895.61	GJ0004	Foo...
16		01/04/2006	11,551.06	GJ0005	Liq...
17		01/04/2006	141.75	GJ0006	Sup...

属性
名称
GL Jan-Mar
所有属性

应用的步骤
Source

图 5-10 无分隔符文本文件在 Power Query 中的视图

【注意】

注意到一些行的末尾有"..."了吗？这表明该单元格中文本的数量超过了适合该单元格目前可以显示的数量。如果列太窄，只需将鼠标指针放在列标题的右侧，按住并将其拖宽。

【注意】

如果文字都挤在一起，可以转到"视图"选项卡，确保勾选"等宽字体"和"显示空白"选项。在清理这样的文件时，需要打开这些选项。

在浏览预览窗口时，你会注意到该文件没有用任何一致的分隔符进行分隔，而且，Power Query 没有对数据进行任何猜测，在"应用的步骤"区域中也只有"Source"这个步骤。它把整个后续转换过程留给了你，鉴于这个文件的状态无法预处理，与其胡乱处理，不如留给你定义。

在深入研究这个问题之前，应该注意到有很多方法来完成这个任务，没有哪种方法是正确的或错误的。本章中的例子已被设计为通过用户界面展示大量的转换，以及一个 Excel 专业人员处理这项任务的典型路线。随着经验的增加，你会发现从更短的路径到达最终目标是很有可能的。

5.3.2 清理无分隔符文件

当开始清理一个无分隔符文件时，第一件事是将数据转换成含有一列的表。在本例中，由于前 10 行没有什么价值，可以删除，从第 11 行开始才是表中的列数据。

- 转到"主页"选项卡，"删除行""删除最前面几行"，在"行数"下面填写"10"。

这些行被删除且不会被导入最终的解决方案中，如图 5-11 所示。

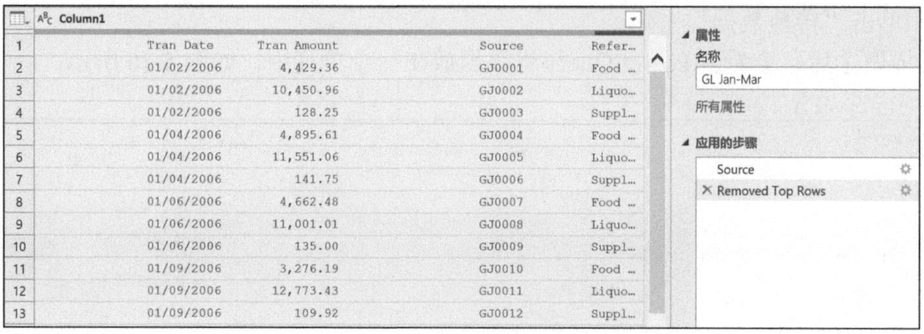

图 5-11 删除顶部的行，使标题更接近顶部

接下来，需要选择一个方向来拆分这些数据。可以尝试从左边或右边切入，但目前有一大堆额外的前置空格和中间重复的空格。如果能去掉这些空格就更好了。

在 Excel 中，通过 TRIM 和 CLEAN 函数来清理文本数据是一种标准的做法，以便删除所有开头、结尾和中间重复的空格，以及去除所有非打印字符。Power Query 也有这个功能，所以现在就来应用这个功能吧！

1. 右击"Column1"，选择"转换"菜单下的"修整"。

2. 右击"Column1"，选择"转换"菜单下的"清除"。

数据看起来好多了，如图 5-12 所示。

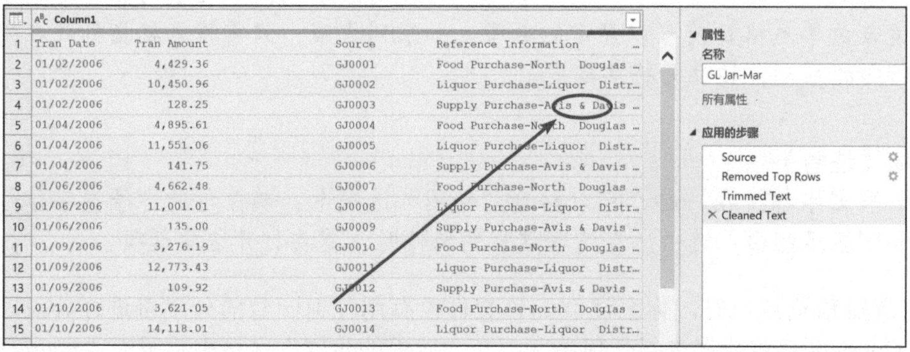

图 5-12 "修整"和"清除"后的数据

Power Query 的"修整"功能与 Excel 的"修整"功能不太一样，Excel 的 TRIM 函数可以删除所有开头和结尾的空格，并将数据中间重复的空格替换成一个空格，而 Power Query 的 TRIM 函数并不做最后这一部分。它只"修整"开头和结尾的空格。

Power Query 中的 CLEAN 函数功能与 Excel 中的 CLEAN 函数功能一样，只不过这个函数的运行难以让人看到视觉上的效果。在 Excel 的用户界面中，非打印字符被显示为一个方框中的小问号。在 Power Query 中，它们显示为一个空格。如果在"Trimmed Text"（去除的文本）步骤和"Cleaned Text"（清除的文本）步骤之间来回切换，会看到"Avis & Davis"周围的空格已经被"Cleaned Text"步骤清理掉了。

5.3.3 按位置拆分列

下一步是开始拆分列。此时，基本的方法是按字符数进行拆分，对所需的字符数做一个有根据的猜测，然后验证这个猜测。由于日期中的字符数是"10"个，先尝试"12"个字符。

- 转到"主页"选项卡，"拆分列""按字符数"，在弹出的对话框"字符数"中填写"12"，在"拆分"下面选择"重复"，"确定"。

这显然是行不通的，日期列可能没问题，但其他列肯定不行，如图 5-13 所示。

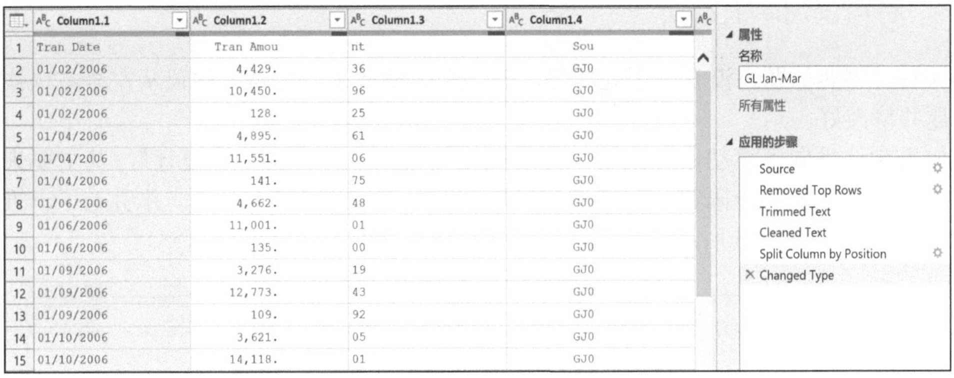

图 5-13　数据没有像预期的那样拆分

这不是问题，再试一次就可以了。

1. 删除"Changed Type"步骤。
2. 单击"Split Column by Position"（用位置分列）步骤旁边的齿轮。
3. 把"字符数"改为"15"，单击"确定"。这样就好多了，结果如图 5-14 所示。

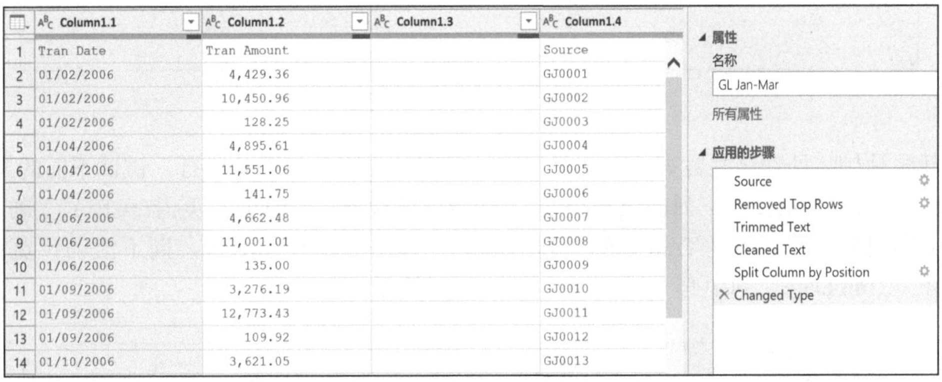

图 5-14　对数据进行了更有启发性的观察

【注意】

还值得一提的是，在拆分列时没有任何东西强迫用户选择"重复"设置。如果文件不一致，用户可以选择从左边或右边拆分一次。这允许用户在每一列的基础上进行非常细粒度的控制。

现在可以再做两个更改。

因为"Changed Type"的步骤只是将所有的列声明为文本（当完成后，它们不应该是文本），所以可以删除"Changed Type"的步骤，因为它无关紧要。然后可以将第一行提升为列标题。

1. 删除"Changed Type"步骤。
2. 转到"转换"选项卡，单击"将第一行用作标题"，选择"将第一行用作标题"（另一个选项是"将标题用作第一行"）。

5.3.4 利用查询中的错误

此时，虽然标题还没有完全处理好，但已经规整多了。接着，建议从左至右依次检查列标题并修改好。

如果在这里向下滚动鼠标滚轮，会发现这些数据中有大量"垃圾行"，其主要来自文件中重复的列标题和分隔符。出现这些问题的第一个位置在第 40 行，并引入了一堆"丑陋"的东西，如图 5-15 所示。

	Tran Date	Tran Amount		Source
38	01/30/2006	11,612.20		GJ0038
39	01/30/2006	122.14		GJ0039
40	null	null	null	null
41	Feb 2006	null	null	null
42	123-03	Purchases		
43	null	null	null	null
44	Tran Date	Tran Amount		Source
45	02/01/2006	4,395.03		GJ0040
46	null	null	null	null
47	March 20,2009	2:08pm		
48	XYZ Company Ltd	.		Pg 2
49	Detailed Genera	1 Ledger with N	et Change for A	ug 2004 to Mar
50	Dept xxx - Rest	aurant Costs	null	null

图 5-15　不相关的行与真实数据混在一起

问题是如何处理这些数据。有些是日期，有些是文本，有些是空行。试试下面的操作。

- 更改"Tran Date"列的数据类型，"使用区域设置""日期""英语(美国)""确定"。

立即可以看到，在"Tran Date"列的标题中弹出一个红色的条，向下滚动预览窗口，发现在"Tran Date"列中有一堆错误，如图 5-16 所示。

	Tran Date	Tran Amount		Source
39	2006/1/30	122.14		GJ0039
40	null	null	null	null
41	2006/2/1	null	null	null
42	0123/3/1	Purchases		
43	null	null	null	null
44	Error	Tran Amount		Source
45	2006/2/1	4,395.03		GJ0040
46	null	null	null	null
47	2009/3/20	2:08pm		
48	Error	.		Pg 2
49	Error	1 Ledger with N	et Change for A	ug 2004 to Mar
50	Error	aurant Costs	null	null

图 5-16　由于试图转换为日期而产生的错误

在第 3 章中，讨论了在假定所有错误都是无意义的错误的情况下，如何修复错误。但是没有提到的是，与其他程序不同的是，在 Power Query 中，错误是真正令人兴奋的，原因是用户可以控制它们，并对它们做出反馈。

如果仔细观察这些数据，会发现"Error"只发生在那些恰好是用户无论如何都要筛选掉的行中。此外，每一条在"Tran Date"列中出现"null"的行都在后续的列中保持"null"值，这些也是用户希望剔除掉的交易数据的一部分。所以，把这两个都去掉。

1. 选择"Tran Date"列，"主页""删除行""删除错误"。
2. 筛选"Tran Date"列，单击"Tran Date"列右边的下拉按钮，在弹出的列表中，取消勾选"(null)"，"确定"。

结果令人开心，现在已经有了一个从上到下都是有效的日期的"Tran Date"列，如图 5-17 所示。

	Tran Date	Tran Amount		Source
39	2006/1/30	122.14		GJ0039
40	2006/2/1	null	null	null
41	0123/3/1	Purchases		
42	2006/2/1	4,395.03		GJ0040
43	2009/3/20	2:08pm		
44	2006/2/1	12,834.54		GJ0041
45	2006/2/1	135.00		GJ0042
46	2006/2/3	4,185.74		GJ0043
47	2006/2/3	12,223.37		GJ0044
48	2006/2/3	128.57		GJ0045
49	2006/2/6	5,240.14		GJ0046
50	2006/2/6	13,699.94		GJ0047

图 5-17 从上到下显示有效日期的"Tran Date"列

【警告】

如果用户的数据在第 42 行末尾出现了一个错误，那是因为用户以相反的顺序应用了最后两个步骤。在试图筛选某一列之前，处理该列中的错误是至关重要的。如果用户对一个包含错误的列应用筛选器，它将会截断数据集。

尽管已经取得了进展，但似乎有一些行还是有问题的。面临的挑战是，用户并不想筛选掉这些日期，因为其中有些日期可能是有效的。

先看看后面的列，看看是否能在那里解决这些问题。

1. 双击"Tran Date"列，重命名为"Date"。
2. 双击"Tran Amount"列，重命名为"Amount"。
3. 更改"Amount"列的数据类型，"使用区域设置""货币""英语(美国)""确定"。

现在用户将会看到 Power Query 试图将"Amount"列所有数据设置为数值类型，但再次触发一些错误。经过检查，它们都是不需要的行，进行如下操作即可。

1. 选择"Amount"列,"主页""删除行""删除错误"。
2. 筛选"Amount"列,单击"Amount"列右边的下拉按钮,在弹出的列表中取消勾选"(null)","确定"。

此时检查第 40 行左右(或者再往后)的数据,将会发现所有的"垃圾行"都消失了。

5.3.5 删除"垃圾列"

删除多余的列是非常简单的,只是想在这样做的时候遵循一个过程,以确保它们确实是空的。这个过程很简单,如下。

1. 筛选该列。
2. 确保筛选的列表中显示的所有值都是空值或"null"。

或者,如果通过"视图"选项卡打开"列质量"和"列分发"功能,那么用户将会在列的标题中得到一个图表。如果列中存在不同的值,用户可以在预览中看到,以预知在加载数据时会得到的内容,如图 5-18 所示。

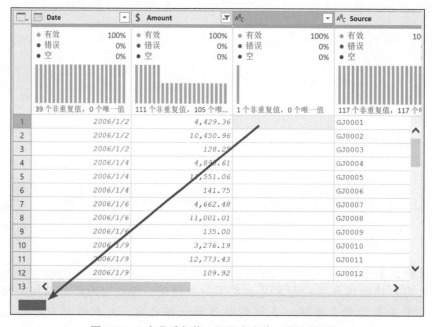

图 5-18 1 个非重复值,但没有空值,是这样吗?

在这一列可以看到,虽然有一个值,但它没有填充空格。由于这个文件充满了空格,并根据宽度进行拆分,每个单元格都包含 15 个空格(可以通过单击单元格并在左下方的值预览中选择字符来确认)。这并不是真正的空值,但它是不必要的。

检查数据集中的每一列,可以看到第 3 列(有一个空白的标题)似乎只包含空值。那这一列可以删除。

同样地,如果滚动到窗口的右边,"Column9"列只保留了"null"值。这样的列也可以删除。

1. 选择第 3 列,按 Delete 键。
2. 选择"Column9"列,按 Delete 键。

5.3.6　合并列

此时，很明显最初对列的拆分有点儿激进。似乎有 4 列被错误地拆分了，如图 5-19 所示。

	ABC Reference Infor	ABC mation	ABC Vendor Name	ABC Column8
1	Food Purchase-N	orth Douglas	Distributors	null
2	Liquor Purchase	-Liquor Distri	bution Branch	null
3	Supply Purchase	-Avis & Davis	Distributors I	nc
4	Food Purchase-N	orth Douglas	Distributors	null
5	Liquor Purchase	-Liquor Distri	bution Branch	null
6	Supply Purchase	-Avis & Davis	Distributors I	nc
7	Food Purchase-N	orth Douglas	Distributors	null
8	Liquor Purchase	-Liquor Distri	bution Branch	null
9	Supply Purchase	-Avis & Davis	Distributors I	nc
10	Food Purchase-N	orth Douglas	Distributors	null
11	Liquor Purchase	-Liquor Distri	bution Branch	null

图 5-19　列被错误地拆分

幸运的是，这里并没有失去一切，当然不需要回到最初的位置重新开始。只需要把它们重新组合起来。

1. 选择 "Reference Infor" 列，按住 Shift 键，选择 "Column8" 列。

2. 右击其中一个列的标题，"合并列"。

然后，可以选择使用分隔符，并为（新）列提供一个新的名称。但在这种情况下，不需要任何类型的分隔符。因为马上就要以不同的方式来拆分这一列，所以名称在此时并不重要。

3. 单击 "确定"。

列就重新组合起来了，如图 5-20 所示。

	t	ABC Source	ABC 已合并
1	4,429.36	GJ0001	Food Purchase-North Douglas Distributors
2	10,450.96	GJ0002	Liquor Purchase-Liquor Distribution Branch
3	128.25	GJ0003	Supply Purchase-Avis & Davis Distributors Inc
4	4,895.61	GJ0004	Food Purchase-North Douglas Distributors
5	11,551.06	GJ0005	Liquor Purchase-Liquor Distribution Branch
6	141.75	GJ0006	Supply Purchase-Avis & Davis Distributors Inc
7	4,662.48	GJ0007	Food Purchase-North Douglas Distributors
8	11,001.01	GJ0008	Liquor Purchase-Liquor Distribution Branch
9	135.00	GJ0009	Supply Purchase-Avis & Davis Distributors Inc
10	3,276.19	GJ0010	Food Purchase-North Douglas Distributors
11	12,773.43	GJ0011	Liquor Purchase-Liquor Distribution Branch

图 5-20　合并列后的效果

5.3.7　通过分隔符拆分列

根据重新组合的数据，很明显新的列是由 "-" 字符分隔的。要把它分成几个部分，需要考虑到的一件事是，不知道是否有供应商在他们的公司名称中使用了"-"字符，所以不希望在拆分时过于激进。

1. 右击合并后的列（"已合并"列），"拆分列""按分隔符"。
2. 在"选择或输入分隔符"下面选"-- 自定义 --"，并输入一个"-"（短横线）。
3. "拆分位置"选择"最左侧的分隔符"进行拆分，单击"确定"。

> ✎【注意】
> 在按分隔符进行分隔时，并不局限于单个字符的分隔符。实际上，如果想按整个单词分隔，可以输入该单词作为分隔符。

然后，数据被拆分成 2 个独立的列："已合并.1"和"已合并.2"，把它们重新命名为更加合理的名称。

1. 双击列"已合并.1"的名称，更改为"Category"。
2. 双击列"已合并.2"的名称，更改为"Vendor"。

这样就得到了一个几乎完美的数据集，如图 5-21 所示。

	A^B_C Source	A^B_C Category	A^B_C Vendor
1	GJ0001	Food Purchase	North Douglas Distributors
2	GJ0002	Liquor Purchase	Liquor Distribution Branch
3	GJ0003	Supply Purchase	Avis & Davis Distributors Inc
4	GJ0004	Food Purchase	North Douglas Distributors
5	GJ0005	Liquor Purchase	Liquor Distribution Branch
6	GJ0006	Supply Purchase	Avis & Davis Distributors Inc
7	GJ0007	Food Purchase	North Douglas Distributors
8	GJ0008	Liquor Purchase	Liquor Distribution Branch
9	GJ0009	Supply Purchase	Avis & Davis Distributors Inc
10	GJ0010	Food Purchase	North Douglas Distributors
11	GJ0011	Liquor Purchase	Liquor Distribution Branch
12	GJ0012	Supply Purchase	Avis & Davis Distributors Inc

图 5-21　现在的数据集几乎是完美的

5.3.8　修剪重复的空格

在这个数据集中需要做的最后一件事是处理"Vendor"列中单词之间的重复空格。由于不能依靠 Power Query 的"修剪"功能，因此看起来必须自己来处理这个问题。

1. 右击"Vendor"列标题，"替换值"。
2. 将"要查找的值"设置为 2 个空格。
3. 将"替换为"设置为 1 个空格，单击"确定"。

现在有一个完全干净的数据集，可以加载到表中。

> ✎【注意】
> 不幸的是，没有一个简单的功能可以从文本字符串中删除内部的空格。如果怀疑有一些示例有两个以上的空格，可能不得不多进行几次这个修剪过程，以便完全清理数据。

终于到了可以最终确定查询并从中建立一个报告的时候了。当然，我们将通过创建一个"数据透视表"来做到这一点。

1. 将查询名称改为"Transactions"。
2. 转到"主页"选项卡，"关闭并上载至""表""新工作表""确定"。

5.3.9　Power Query 的闪耀时刻

此时，应该暂停并认识到一些重要的事情。目前数据是干净的，与使用 Excel 的标准方法从文本文件中导入数据不同，不需要进一步清理。数据是在一个专用于该流程的用户界面中加载、清理和转换的。现在所处的位置可以实际使用数据。

单击表格中的任何地方，选择插入一个新的"数据透视表"并将其放在当前工作表的 G2 中。设置方法如下。

1. 行放"Date"，按月分组。
2. 行放"Vendor"，按组排列。
3. 列放"Category"。
4. 数值放"Amount"。

完成以上操作后，"数据透视表"应该看起来如图 5-22 所示。

求和项:Amount	列标签			
行标签	Food Purchase	Liquor Purchase	Supply Purchase	总计
⊟1月	54904.19	158292.64	1664.94	214861.77
Avis & Davis Distributors Inc			1664.94	1664.94
Liquor Distribution Branch		158292.64		158292.64
North Douglas Distributors	54904.19			54904.19
⊟2月	67719.29	186132.13	1848.72	255700.14
Avis & Davis Distributors Inc			1848.72	1848.72
Liquor Distribution Branch		186132.13		186132.13
North Douglas Distributors	67719.29			67719.29
⊟3月	104769.36	242315.79	3383.58	350468.73
Avis & Davis Distributors Inc			3383.58	3383.58
Liquor Distribution Branch		242315.79		242315.79
North Douglas Distributors	104769.36			104769.36
总计	227392.84	586740.56	6897.24	821030.64

图 5-22　从文本文件构建的"数据透视表"

很多人会提出问题，到目前为止，本章中完成的所有工作都完全可以用标准的 Excel 来完成。那么为什么需要 Power Query 呢？是因为有很大的预览窗口吗？这是一个因素，但不是关键。

Power Query 之所以如此重要，在于其处理数据后可以刷新以获取新的数据。例如：下一个季度数据改变后，用户可以刷新得到新文件。在传统的 Excel 专业人员世界，那则意味着又需要烦琐的一下午工作，来导入、清理和重新调整格式。有了 Power Query，这一切都变得自动化了。

1. 转到"获取数据"选项卡，"数据源设置"。
2. 选择"当前工作簿中的数据源"，"更改源""浏览"。
3. 更新文件路径为"第 05 章 示例文件\GL Apr-Jun.txt"。
4. 单击"确定""关闭"。
5. 转到"数据"选项卡，"全部刷新"。

查询的输出将更新表格，但需要刷新"数据透视表"。所以需要再次进行最后一步。

6. 单击"数据透视表"任意单元格，"数据""刷新"。

✎【注意】
数据加载到数据模型（在Excel或Power BI中）只需要一次更新，就可以更新数据以及针对数据模型创建的所有透视表或透视图。

这就是使用Power Query的好处，此时结果如图5-23所示。

求和项:Amount 行标签	列标签 Food Purchase	Liquor Purchase	Supply Purchase	总计
⊟4月	55196.09	191992.54	1660.94	248849.57
Avis & Davis Distributors Inc			1660.94	1660.94
Liquor Distribution Branch		191992.54		191992.54
North Douglas Distributors	55196.09			55196.09
⊟5月	68516.29	177125.03	1841.22	247482.54
Avis & Davis Distributors Inc			261.07	261.07
Liquor Distribution Branch		177125.03		177125.03
North Douglas Distributors	62668.47			62668.47
ACME&Co Supply Haus LLC			1580.15	1580.15
Sysco	5847.82			5847.82
⊟6月	102759.26	226607.59	3376.48	332743.33
Liquor Distribution Branch		226607.59		226607.59
ACME&Co Supply Haus LLC			3376.48	3376.48
Sysco	102759.26			102759.26
总计	226471.64	595725.16	6878.64	829075.44

图 5-23　数据透视表更新为下一季度的数据

新的供应商，新的交易，新的日期，所有的工作都没有问题。这是革命性的，用户会疑惑在没有它时，自己是如何完成这些工作的。

✎【注意】
如果只是在旧文件上保存新文件，甚至不需要编辑"Source"步骤来更新文件路径。相反，用户只需要转到"数据"选项卡，"全部刷新"或"刷新"来更新解决方案。

©2012 WALTER MOORE

第 6 章 从 Excel 导入数据

毫无疑问，对开始就以表格形式处理数据的人来说，最简单的方法之一是打开 Excel 并开始在工作表中记录数据。虽然 Excel 并不真正打算充当数据库的角色，但这正是实际发生的事情，因此 Power Query 将 Excel 文件和数据视为有效数据源。

与所有数据都存储在一个工作表中的平面文件不同，Excel 文件和数据则有更细微的差别。在 Excel 中一个文件不仅包含多个工作表，而且有不同的方式来引用这些工作表中的数据，包括通过整个工作表、一个已定义的表或一个已命名的范围来引用。在处理 Excel 数据时，一般有如下两种方法。

1. 连接到存放在当前工作簿中的数据。
2. 连接到存储在外部工作簿中的数据。

在本章中，将分别探讨这些细微的差别，因为用户可以访问的内容实际上是根据所使用的连接器的不同而不同的。

6.1 来自当前工作簿的数据

要探讨的第一种情况是数据存储在当前工作簿中的情况。

> **【注意】**
> 本节中的示例必须在 Excel 中运行，因为 Power BI 没有自己的工作表，所以 Power BI 是不支持这种方式的。尽管如此，还是建议 Power BI 的读者关注本节，因为这种连接方式是非常重要的。

当从当前（活动）工作簿中导入数据时，Power Query 只能从以下几个地方读取。

1. Excel 表。
2. 命名区域（包括动态命名区域）。

这与连接到正式的 Excel 表不同，将连接到仅仅是以表格形式存在的数据，但还没有应用表格格式。将要使用的数据位于"第 06 章 示例文件\Excel Data.xlsx"中，它包含 4 个工作表，每个工作表中有相同的数据[1]。

1. "Table"（其中的数据在名为"Sales"的表中已预先格式化）。
2. "Unformatted"。
3. "NamedRange"。
4. "Dynamic"（其中也包含一个公式，在单元格 H2 中）。

后文将使用这 4 个工作表来演示 Power Query 是如何通过不同方式连接到数据的。

---

[1] 表，这个名词在 Excel 中会大量出现，本节作者用 4 个工作表介绍了 5 种模式，分别是：表（Table），按 Ctrl+T 键创建的结构化对象；区域（Range），矩形范围的一片单元格；命名区域（Named Range），对区域进行命名；动态区域（Dynamic Range），由 Excel 公式计算给出的单元格范围；工作表（Sheet），Excel 工作簿中的某个页面。——译者注

6.1.1 连接到表

先从最容易导入的数据源开始：Excel 表（Table）。

1. 打开"第 06 章 示例文件\Excel Data.xlsx"文件。
2. 转到"Sales"工作表。

会看到其中的数据已经被格式化为一个漂亮的 Excel 表格，如图 6-1 所示。

		Fred's Pet Store				
1						
2		Sales Listing For Month of:				
3		2014/6/30				
4						
5	Date ▼	Inventory Item ▼	Sold By ▼	Cost ▼	Price ▼	Commission ▼
6	2014/6/26	Tubby Turtle	Fred	8.00	30.00	0.90
7	2014/6/26	Talkative Parrot	Jane	17.00	32.00	0.96
8	2014/6/20	Rambunctious Puppy	Fred	9.00	30.00	0.90
9	2014/6/21	Lovable Kitten	John	12.00	45.00	1.35
10	2014/6/28	Cranky Crocodile	Fred	10.00	35.00	1.05
11	2014/6/14	Slithering Snake	Fred	13.00	30.00	0.90
12	2014/6/2	Talkative Parrot	Fred	17.00	32.00	0.96
13	2014/6/23	Cranky Crocodile	Mary	10.00	35.00	1.05

图 6-1　在 Excel 中名为"Sales"工作表的数据

下面将这些数据导入 Power Query。

1. 单击表格中的任意一个单元格。
2. 创建一个新的查询，"获取数据""自其他源""来自表格/区域"。

> ✎【注意】
> 在 Microsoft 365 Excel 之前的 Excel 版本中，"来自表格/区域"按钮被称为其他名字。无论名称如何，它都可以在"数据"选项卡上的"获取数据"按钮附近被找到，为用户节省几次单击的时间。

与其他许多数据连接器不同，此时将立即进入 Power Query 编辑器，打开预览窗口。这很有意义，因为用户已经看到了想导入的数据，如图 6-2 所示。

	Date ▼	A^BC Inventory Item ▼	A^BC Sold By ▼	1²3 Cost ▼	1²3 P
1	2014/6/26 0:00:00	Tubby Turtle	Fred	8	
2	2014/6/26 0:00:00	Talkative Parrot	Jane	17	
3	2014/6/20 0:00:00	Rambunctious Puppy	Fred	9	
4	2014/6/21 0:00:00	Lovable Kitten	John	12	
5	2014/6/28 0:00:00	Cranky Crocodile	Fred	10	
6	2014/6/14 0:00:00	Slithering Snake	Fred	13	
7	2014/6/2 0:00:00	Talkative Parrot	Fred	17	
8	2014/6/23 0:00:00	Cranky Crocodile	Mary	10	
9	2014/6/9 0:00:00	Rambunctious Puppy	Mary	9	
10	2014/6/12 0:00:00	Hilarious Hamster	Mary	31	
11	2014/6/2 0:00:00	Tubby Turtle	John	8	
12	2014/6/1 0:00:00	Hilarious Hamster	Jane	31	
13	2014/6/24 0:00:00	Slithering Snake	Jane	13	

属性
名称
Sales
所有属性

应用的步骤
Source
✕ Changed Type

图 6-2　数据被直接导入 Power Query 中，打开预览窗口

> ✎【注意】
> 如果将Power Query在"应用的步骤"区域中记录的步骤与CSV文件中记录
> 的步骤进行比较，会注意到从表导入时，没有"Promoted Headers"步骤。
> 这是因为Excel表的元数据包括表的标题信息，所以"Source"步骤已经知
> 道标题是什么。

与任何数据源一样，当从Excel表导入时，Power Query将获得数据，然后尝试为每一列设置数据类型。应该注意到，在这个过程中，Excel工作表中的数据格式被忽略了。如果它看起来像一个数字，Power Query将应用小数或整数数据类型。这通常不是大问题，但是当涉及日期时，Power Query总是将这些数据设置为日期/时间数据类型，即使底层的日期序列号被四舍五入到0位小数，变成了一个不存在的精度级别，所以需要调整它（以及用货币数据类型覆盖最后3列）。

1. 更改"Date"列的数据类型，选择"Date"左边的日期/时间数据类型图标，选择"日期"，在生成的对话框中单击"替换当前转换"。
2. 选择"Cost"列，按住Shift键后选择"Commission"列，右击所选列的任意一个标题，"更改类型""货币""替换当前转换"。

此时，数据已经准备好，可进行进一步清理或重塑。由于这个示例的目的是演示连接器，因此先忽略这一点。另外还需要关注查询的名称，该查询自动继承了数据源的名称"Sales"。问题是，当把查询加载到工作表中时，创建的表将以查询的名字命名"Sales"。由于表名在工作簿中必须是唯一的，已经有一个名为"Sales"的表，因此这将产生冲突。因为Power Query从不更改数据源，所以新的表名将被更改为一个不冲突的名称，从而创建一个名为"Sales_2"的表。

> ☎【警告】
> 当Power Query创建一个新的表并由于冲突而重新命名输出表时，它不会更
> 新查询的名称来匹配。这可能会使以后追踪查询变得困难。

为了避免潜在的命名冲突，就在把这个查询加载到工作表中之前更改它的名称。
1. 将查询的名称更改为"FromTable"。
2. 单击"关闭并上载至""表""新工作表""确定"。

> ✎【注意】
> 在这个过程中，几乎没有理由不进行任何转换就创建一个表的副本。显示
> 这个过程只是为了说明如何从Excel表连接和加载数据。

6.1.2 连接到区域

要探讨的下一种变化是，数据是以表格形式出现的区域（Range），但没有被格式化为正式的Excel表格格式。可以在"Unformatted"工作表中找到这个示例，如图6-3所示。

要导入这些数据，要做和第一个示例相同的事情。

```
                   Fred's Pet Store
              Sales Listing For Month of:
                      2014/6/30

Date       Inventory Item    Sold By  Cost      Price    Commission
2014/6/26  Tubby Turtle      Fred       8.00     30.00     0.90
2014/6/26  Talkative Parrot  Jane      17.00     32.00     0.96
2014/6/20  Rambunctious Puppy Fred      9.00     30.00     0.90
2014/6/21  Lovable Kitten    John      12.00     45.00     1.35
2014/6/28  Cranky Crocodile  Fred      10.00     35.00     1.05
2014/6/14  Slithering Snake  Fred      13.00     30.00     0.90
 2014/6/2  Talkative Parrot  Fred      17.00     32.00     0.96
2014/6/23  Cranky Crocodile  Mary      10.00     35.00     1.05
 2014/6/9  Rambunctious Puppy Mary      9.00     30.00     0.90
2014/6/12  Hilarious Hamster Mary      31.00     45.00     1.35
 2014/6/2  Tubby Turtle      John       8.00     30.00     0.90
```

图 6-3　这些数据与第一个示例的相同，但没有应用表格格式

1. 单击 "Unformatted" 工作表数据范围内的任意
   （单个）单元格。
2. 创建一个新的查询，"获取数据" "自其他源" "来
   自表格/区域"。

此时，Excel 将自动开始创建一个正式的 Excel 表格的
过程，提示用户确认表格的边界和数据集是否包括标题，
如图 6-4 所示。

图 6-4　如果 Power Query 提供了
这个选项，请单击 "取消"

🐵【警告】

如果用户单击 "确定"，Excel 将把数据转换成一个表，但它会为这个表选
择一个默认的名称（如 Table1），然后立即启动 Power Query，而不会给用
户机会将表名更改为更符合逻辑或更具有描述性的名字。问题在于，原始
名称被硬编码到查询中，当用户以后更改表名时，查询就会中断。这就使
用户不得不在查询的 "Source" 步骤中手动编辑公式来更新表名，尽管这
看起来很有帮助，但建议用户直到微软提供可以在这个对话框中定义表名
的功能之前，单击 "取消" 并自己设置表名。

如果不小心单击了 "确定"，请关闭 Power Query 编辑器并丢弃该查询。本书的意图是
让用户在这里获得长期的成功，所以在将它加载到 Power Query 之前，先把它格式化为表
格格式。

1. 单击数据区域内的任意（单个）单元格。
2. 单击 "开始" "套用表格格式"，选择一种颜色风格（如果用户对默认的蓝色没有
   意见，也可以按 Ctrl+T 键）。
3. 转到 "表设计" 选项卡。
4. 将 "表名称"（在最左边）改为 "SalesData"（没有空格）。

为什么要这样做？因为表名是工作簿导航结构的一个重要组成部分。每个表和命名的
范围都可以从编辑栏旁边的 "名称框" 中选择，并直接跳到工作簿中的数据。想想看，如
果只用表 1、表 2、表 3……来命名表时情况将会非常糟糕，那么恰当地命名表格是非常
有用的操作，可以快速跳转到解决方案中的关键位置，如图 6-5 所示。

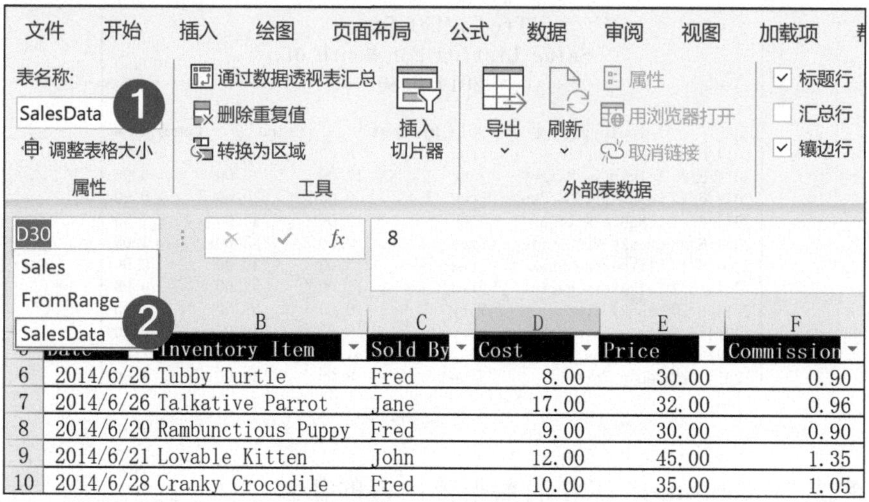

图 6-5　名称框中已经填充了 3 个项目

现在，随着表的设置完成，是时候创建查询了，按如下操作即可。

1. 转到名称框，选择"SalesData"（这将选择整个表）。
2. 选择"数据"选项卡，"获取数据""自其他源""来自表格/区域"。
3. 更改"Date"列的数据类型，选择"Date"列左边的"日期/时间"图标，更改数据类型为"日期"，"替换当前转换"。
4. 选择"Cost"列，按住 Shift 键后选择"Commission"列，右击所选列的标题之一，"更改类型""货币""替换当前转换"。
5. 将查询的名称改为"FromRange"。
6. 单击"关闭并上载至""表""新工作表""确定"。

尽管这个功能很好、很有帮助，但也有点儿令人沮丧，因为它强制在数据上使用表格格式。除了表和区域，这种方法是否可以从其他的 Excel 数据对象中获得数据呢？

6.1.3　连接到命名区域

将 Excel 数据以表或区域的形式导入 Power Query 是最简单的方法，但并不是唯一的方法。

应用表格格式所面临的挑战是，它锁定列标题（打破了由公式驱动的动态表列标题的做法），应用颜色带并对工作表进行其他风格上的更改，而用户可能不希望这样。考虑这样一种情况：用户花了大量的时间来构建一个分析，并且用户不希望在数据范围内应用表格格式。

好消息是，也可以连接到 Excel 命名区域，只需要做一些工作就可以了。秘诀是在数据上定义一个命名。现在就来使用同一数据的另一个示例来研究这个问题。

按如下步骤开始。

1. 转到"NamedRange"工作表。
2. 选择单元格"A5:F42"。
3. 转到名称框，输入名称"Data"后按 Enter 键。

此时结果如图 6-6 所示。

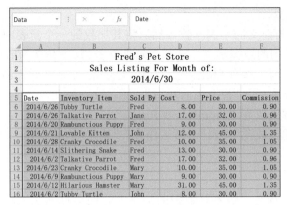

图 6-6 命名区域

🐾【注意】
提交后，可以使用下拉按钮选择这个名称。无论此时在工作簿中的哪个位置，它都会将跳到这个工作表，并选择 "NamedRange" 中的数据。

接下来的步骤非常关键。
1. 在名称框中选择 "Data"。
2. 创建一个新的查询，转到 "数据" 选项卡，"获取数据""自其他源""来自表格/区域"。

🐾【注意】
如果在使用 "来自表格/区域" 命令时，"NamedRange" 被选中并显示在名称框中，Power Query 将避免对数据强制使用表格格式，而是直接引用命名区域中的数据。

这时的 Power Query 界面更类似于导入带分隔符的文件，而不是与 Excel 表的连接，如图 6-7 所示。

	Date	Inventory Item	Sold By	Cost	
1	2014/6/26 0:00:00	Tubby Turtle	Fred	8	
2	2014/6/26 0:00:00	Talkative Parrot	Jane	17	
3	2014/6/20 0:00:00	Rambunctious Puppy	Fred	9	
4	2014/6/21 0:00:00	Lovable Kitten	John	12	
5	2014/6/28 0:00:00	Cranky Crocodile	Fred	10	
6	2014/6/14 0:00:00	Slithering Snake	Fred	13	
7	2014/6/2 0:00:00	Talkative Parrot	Fred	17	
8	2014/6/23 0:00:00	Cranky Crocodile	Mary	10	
9	2014/6/9 0:00:00	Rambunctious Puppy	Mary	9	
10	2014/6/12 0:00:00	Hilarious Hamster	Mary	31	
11	2014/6/2 0:00:00	Tubby Turtle	John	8	
12	2014/6/1 0:00:00	Hilarious Hamster	Jane	31	

属性
名称
Data
所有属性

应用的步骤
Source
Promoted Headers
✕ Changed Type

图 6-7 通过命名区域导入的数据

Excel 表的一个特点是有一个预定义的标题行，由于命名区域不存在这个功能，Power Query 必须连接到原始数据源，并运行其分析，来确定如何处理数据。

与处理平面文件的方式类似，它确定了一个似乎是标题的行，对其进行了提升，然后尝试对列应用数据类型。

为了使这些数据与前文的示例一致，然后将其加载到一个新表中，将进行如下操作。

1. 修改"Date"列的数据类型，选择"日期"类型，"替换当前转换"。
2. 选择"Cost"列，按住 Shift 键后选择"Commission"列，右击所选列标题之一，"更改类型""货币""替换当前转换"。
3. 将查询的名称更改为"FromNamedRange"。
4. 单击"关闭并上载至""表""新工作表""确定"。

6.1.4 连接到动态区域

Excel 表的一大特点是，随着新数据的加入，它们会自动在纵向或横向上扩展。但同样的，挑战在于它们携带了大量的格式化内容。然而，使用命名区域会缺乏自动扩展能力，而动态区域的自动扩展能力可以神奇地解决这个问题。

其方法是创建一个动态命名的区域，它将随着数据的增长而自动扩展。

这种方法不能通过单击按钮来实现，需要在开始之前设置一个动态名称，可以按如下操作。

1. 选择"Dynamic"工作表。
2. 转到"公式"选项卡，"名称管理器""新建"。
3. 将名称改为"DynamicRange"。
4. 设置以下公式：

```
=Dynamic!$A$5:INDEX(Dynamic!$F:$F,MATCH(99^99,Dynamic!$A:$A))
```

5. 单击"确定"。

【注意】

如果用户不愿意输入整个公式，可以在动态工作表的单元格 H2 中找到它。请确保不要复制单元格内容开头的字符。

现在动态区域应该包含在"名称管理器"的名称列表中，如图 6-8 所示。

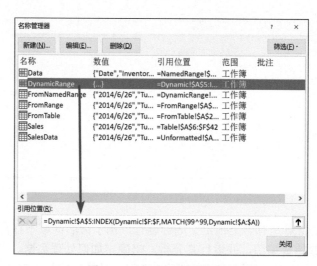

图 6-8 已创建新的动态区域

现在面临的挑战是，可以在公式中引用这个命名的范围，但是由于它是动态的，所以不能从Excel编辑栏左边的名称框中选择它。那么，如果不能选择它，怎么能用Power Query连接到它呢？

秘诀是创建一个空白查询，并告诉Power Query要连接到哪个范围。

1. 创建一个新查询，“数据”“获取数据”“自其他源”“空白查询”。
2. 在编辑栏中，输入以下内容：

```
= Excel.CurrentWorkbook ()
```

> **【注意】**
> 如果在Power Query功能区和数据区域之间没有看到编辑栏，请转到“视图”选项卡，勾选“编辑栏”复选框。

按Enter键后，会看到一个表格，其中列出了这个工作簿中所有可以连接的Excel对象，如图 6-9 所示。

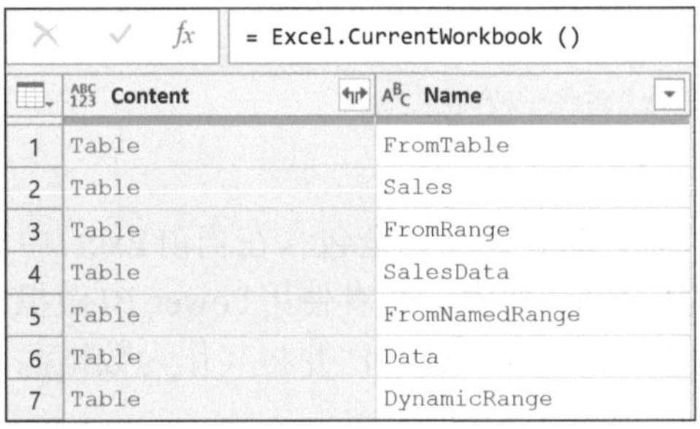

	Content	Name
1	Table	FromTable
2	Table	Sales
3	Table	FromRange
4	Table	SalesData
5	Table	FromNamedRange
6	Table	Data
7	Table	DynamicRange

图 6-9　Power Query 在当前 Excel 工作簿中可以连接的所有对象的列表

在底部的是刚刚创建的“DynamicRange”对象。单击“Content”列中的绿色文本“Table”（在“DynamicRange”的左边），它将向下钻取到如图 6-10 所示的范围。

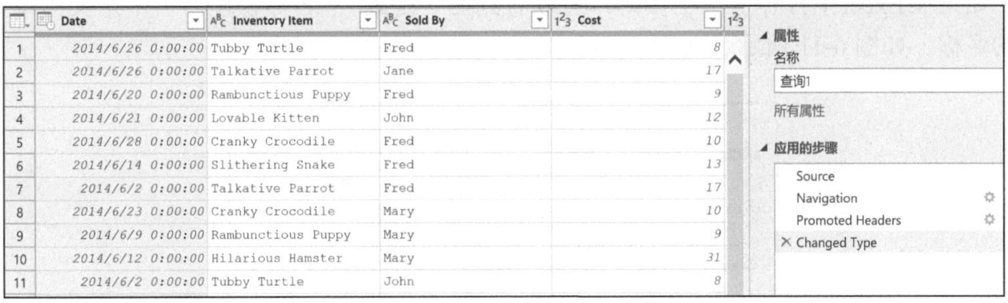

	Date	Inventory Item	Sold By	Cost
1	2014/6/26 0:00:00	Tubby Turtle	Fred	8
2	2014/6/26 0:00:00	Talkative Parrot	Jane	17
3	2014/6/20 0:00:00	Rambunctious Puppy	Fred	9
4	2014/6/21 0:00:00	Lovable Kitten	John	12
5	2014/6/28 0:00:00	Cranky Crocodile	Fred	10
6	2014/6/14 0:00:00	Slithering Snake	Fred	13
7	2014/6/2 0:00:00	Talkative Parrot	Fred	17
8	2014/6/23 0:00:00	Cranky Crocodile	Mary	10
9	2014/6/9 0:00:00	Rambunctious Puppy	Mary	9
10	2014/6/12 0:00:00	Hilarious Hamster	Mary	31
11	2014/6/2 0:00:00	Tubby Turtle	John	8

图 6-10　表“DynamicRange”展开后的视图[①]

可以看到“应用的步骤”区域中的步骤如下。

1. 连接到数据源（Excel工作簿）。
2. 导航到“DynamicRange”表。

① “Promoted Headers”和“Change Type”步骤是自动生成的，当提及“应用的步骤”区域中的步骤时，并不一定每次会写这两个步骤，视情况而定，此提示本书通用。——译者注

此时，Power Query 再次做了一些关于数据的假设，并自动地应用了几个步骤来提升列标题和设置数据类型。此时，要做的就是调整数据类型并将数据加载到工作表中，按如下操作即可。

1. 更改"Date"列的数据类型，单击左边的"日期/时间"图标，选择"日期"类型，"替换当前转换"。
2. 选择"Cose"列，按住 Shift 键后选择"Commisssion"列。
3. 右击所选列标题之一，"更改类型""货币""替换当前转换"。
4. 将查询的名称改为"FromDynamicRange"。
5. 单击"关闭并上载至""表""新工作表""确定"。

6.1.5 连接到工作表

不幸的是，无法从当前工作簿中获取整个工作表数据。然而，可以通过在工作表的大部分地方定义一个"Print_Area"来设计一个变通方案。由于"Print_Area"是一个命名的范围，用户就可以通过名称框选择它，并使用连接到命名区域中数据的方法从那里获取数据。

6.2 来自其他工作簿的数据

虽然上述的所有技术都有助于建立完全包含在当前 Excel 中的解决方案，但如果数据每月都会出现在一个新的 Excel 文件中，或者使用 Power BI 做报告，那该怎么办？在这两种情况下，用户都需要连接到外部 Excel 文件并将其作为数据源，而不是在同一工作簿中构建解决方案。

在这个例子中，将连接到"第 06 章 示例文件\External Workbook.xlsx"。其中包含两个工作表（"Table"和"Unstructured"）。虽然每个工作表都包含相同的销售信息，但"Table"工作表上的数据已被转换为一个名为"Sales"的表。"Unstructured"工作表包含一个静态命名区域，一个动态区域，以及一个打印区域。

如果在 Excel 中打开这个工作簿，可以看到在"公式""名称管理器"中定义的每个元素的名称，如图 6-11 所示。

图 6-11 在"External Workbook.xlsx"文件中存在的元素的名称

6.2.1 连接到文件

首先，来看看当连接到一个外部Excel文件时，会发生什么。在一个新的工作簿（或Power BI文件）中按如下操作。

1. 确保"External Workbook.xlsx"处于关闭状态。
2. 创建一个新的查询，转到"数据"选项卡，"获取数据""来自文件""从Excel工作簿"。

☎【警告】

Power Query不能从一个打开的工作簿中读取数据。在尝试连接它之前，请确保关闭它，否则将会收到一个错误提示。

会弹出一个查询"导航"窗口，允许用户选择想导入的内容，如图 6-12 所示。

会注意到，用户可以连接到以下每个对象。

1. **表**：（Sales）。
2. **工作表**：（Table和Unstructured）。
3. **命名区域**：（_xlnm.Print_Area和NamedRange）。

但是用户没有看到动态区域（"DynamicName"）。虽然通过这个连接器可以连接到工作表，但不幸的是，失去了从外部文件中读取动态区域数据的能力。

此时，如果选择任何一个数据，Power Query 都将启动 Power Query 编辑器并向下钻取到该数据。但是用户如果想要同时获得多个数据呢？

非常诱人的是"选择多项"旁边的复选框。的确，这将会起作用，并且将会为选择的每个数据分别创建一

图 6-12 在"External Workbook.xlsx"文件中的可用对象

个不同的查询。问题是，这将为每个查询创建一个与文件的连接。虽然用户可以通过"数据源设置"对话框一次性更新它们，但用户可能更愿意采取的方法是建立一个与文件的单个连接，然后引用该连接来提取用户所需要的任何其他数据。这样，用户就可以通过"数据源设置"对话框或通过编辑原始数据源查询中的"Source"步骤来更新数据源。

在这个例子中，将采取后一种方法，建立一个连接到文件的查询，然后引用该表来钻取一个表、一个工作表和一个命名区域。按以下步骤连接文件。

1. 右击文件名，"转换数据"。
2. 将新查询的名称更改为"Excel File"。

现在将看到一个表示文件内容的表格，如图 6-13 所示。

	A^B_C Name	Data	A^B_C Item	A^B_C Kind	Hidden
1	Table	Table	Table	Sheet	FALSE
2	Unstructured	Table	Unstructured	Sheet	FALSE
3	Sales	Table	Sales	Table	FALSE
4	NamedRange	Table	NamedRange	DefinedName	FALSE
5	_xlnm.Print_Area	Table	Unstructured!_xlnm.Prin...	DefinedName	FALSE

属性
名称
Excel File
所有属性
应用的步骤
Source

图 6-13 "External Workbook.xlsx"文件中的内容

在预览窗口中，有如下几点需要注意。

1. "Name" 列显示了每个 Excel 对象的名称。

2. "Data" 列显示的是 "Table"，其中包含需要检索到的特定对象的内容。

3. "Item" 列显示了对象名称的更详细的表示（包括打印区域的工作表名称）。

4. "Kind" 列显示数据列中的表包含的是哪种对象。

5. "Hidden" 告诉用户该对象是否可见。

需要注意的另一点是，"Data" 列中显示的 "Table" 对象与其他预览数据的颜色不同。这表明这些项是可以单击的，而且用户可以对它们进行钻取。

6.2.2 连接到表

为什么不先从连接到另一个工作簿中的表时所看到的内容开始呢？再建立一个新的查询，让它引用 "Excel File" 查询，如图 6-14 所示。

1. 展开左边的 "查询" 窗格（单击 "查询" 上面的 ">" 按钮）。

2. 右击 "Excel File" 查询，"引用"。

3. 双击 "查询" 窗格中的 "Excel File (2)" 查询，将其重命名为 "Table"。

4. 单击 "Sales" 表的 "Table" 关键词（"Data" 列的第 3 行）。

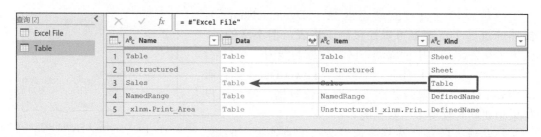

图 6-14　向下钻取到 "Sales" 表的位置

现在可以看到，从外部工作簿中导入的表与从同一工作簿中导入的表的处理方式非常相似，如图 6-15 所示。

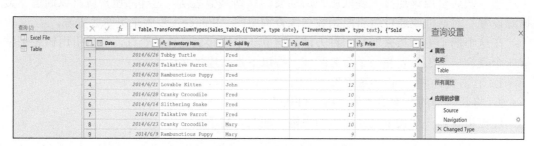

图 6-15　连接到外部工作簿中的一个表

【注意】

有趣的是，外部工作簿的数据类型似乎更好，因为它将 "Date" 显示为日期数据类型，而不是日期/时间数据类型。

需要注意的是，用户从预览窗口选择一个表或者同时选择多个表，"应用的步骤"区域中的步骤都是相同的。另外，当连接到一个外部工作簿时，Power Query 总是先导航到该工作簿的路径，再导航到用户所选择的对象，然后连接到工作簿中。与这里不同的是，"Source"步骤将直接指向文件，而不会引用"Excel File"查询。

6.2.3　连接到命名区域

按如下步骤连接到一个命名区域，结果如图 6-16 所示。
1. 转到"查询"窗格，右击"Excel File"查询，"引用"。
2. 双击"查询"窗格中的"Excel File (2)"查询，将其重命名为"Named Range"。
3. 单击"NamedRange"表的"Table"关键词（"Data"列的第 4 行）。

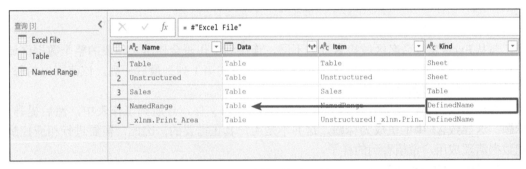

图 6-16　连接到命名区域

此时，结果应该不出意外。由于命名区域包含非结构化工作表上记录的标题和数据，但没有被格式化为正式的 Excel 表，Power Query 导航到该对象，假设第一行是标题，然后设置数据类型。

实际上，除了"Date"列被设置为日期数据类型外，与数据在同一工作簿中的情况几乎没有区别，如图 6-17 所示。

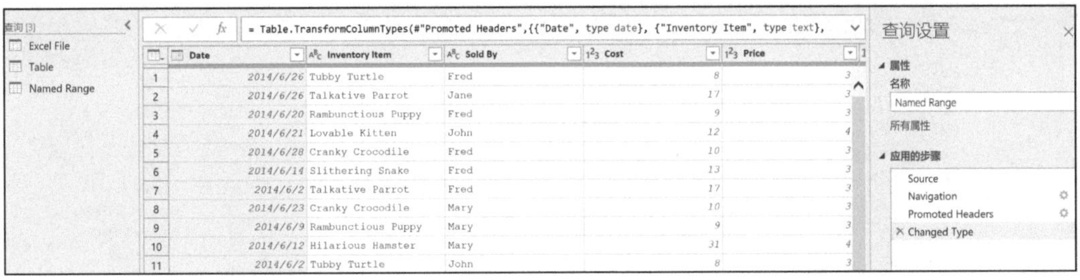

图 6-17　从外部工作簿中的命名区域导入

6.2.4　连接到工作表

现在，来尝试导入整个工作表的内容。
1. 转到"查询"窗格，右击"Excel File"查询，"引用"。
2. 双击"查询"窗格中的"Excel File (2)"查询，将其重命名为"Worksheet"。

3. 选择 "Worksheet" 查询, 单击 "Unstructured" 表的 "Table" 关键词 ("Data" 列的第 4 行)。

这一次, 结果看起来并不太理想, 如图 6-18 所示。

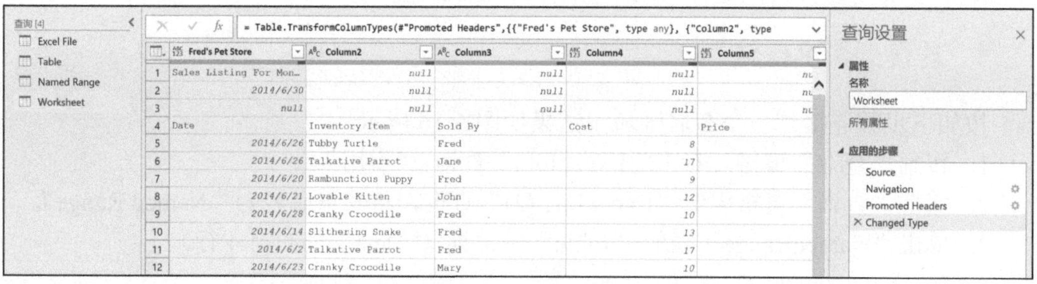

图 6-18　这些 "null" 值是怎么回事?

与从 Excel 表或命名区域检索数据不同, 连接到工作表会使用工作表的整个数据区域, 包括数据区域的第 1 行到最后一行, 以及数据区域的第 1 列到最后一列。该范围内的每个空单元格都将被填入 "null"。

在这里, 将会注意到连接器已经连接到了 Excel 文件, 导航到工作表中, 然后提升了标题。这导致 A1 中的值成为标题, 这并不是用户真正需要的。因此, 需要进行相应控制, 把数据清理成用户希望看到的样子。

1. 删除 "Changed Type" 步骤。
2. 删除 "Promoted Headers" 步骤。
3. 转到 "主页" 选项卡, "删除行" "删除最前面几行", 在出现的对话框中 "行数" 下面填 "4", "确定"。
4. 转到 "主页" 选项卡, "将第一行用作标题" (此时会自动生成一个 "Changed Type" 步骤)。

完成后, 数据看起来更干净, 如图 6-19 所示。

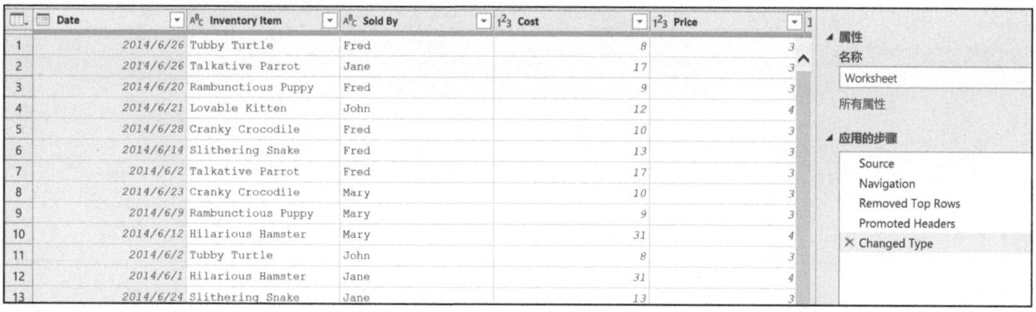

图 6-19　数据清理成比较干净的样子

唯一的问题是, 如果一直滚动到数据预览窗口的右边, 会发现一个名为 "Column7" 的列, 里面全是 "null" 值。在原 Excel 中, 其并不被包括在命名区域内, 但从工作表中读取时, 它就显示出来了。如果该列充满了 "null" 值, 可以直接选择该列并将其删除。但是思考一下, 这里是不是可以直接将它删除呢?

此时，有必要来讨论一下可能会发生的问题，并避免将来由"Changed Type"步骤引起步骤级错误。

注意，当提升标题时，Power Query 自动为该列添加了一个数据类型，将列名硬编码到步骤中，如图 6-20 所示。

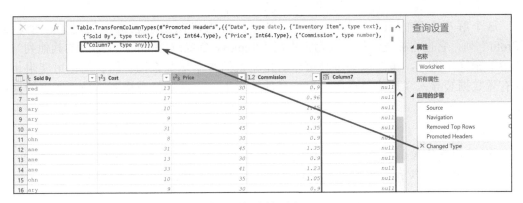

图 6-20　为什么不能直接删除"Column7"？

这可能会带来一些潜在的问题，这取决于未来发生的事情，当用户进行如下操作，就会触发错误。

1. 在"Commission"列旁边创建一个"Profit"列。在这种情况下，"Profit"将作为列标题出现，而不是"Column7"。
2. 删除表中那一列存在的无关的数据。在这种情况下，"Column7"根本就不会出现。
3. 通过删除数据集中所有多余的列和行，重新设置 Excel 的数据范围。如果这是一个由 Excel 中使用的数据范围中额外单元格所引发的问题，那么列"Column7"将不再出现。

在上述情况下，查询将触发一个步骤级错误，因为在"Changed Type"步骤中硬编码的列"Column7"将不再存在。

> **✎【注意】**
> 本例通过在 Excel 中使用不同数据范围来演示这一点，通常用户不会在自己的 Excel 中加入各种无效数据。但是本例还是非常有用的，如果是从某系统导出的 Excel 文件，并且可能更改列数，也可能会引发同样的问题。

在未来可能会遇到这个问题，为了减少将来发生步骤级错误的可能性，而不是碰运气，为此，应该只保留用户需要的命名列，而且"Column7"列永远不会被记录在 Power Query 步骤中，需要进行如下操作。

1. 删除"Changed Type"步骤。
2. 选择"Date"列，按住 Shift 键后单击"Commission"列，右击任何一个被选中的列标题，"删除其他列"。
3. 重新选择所有的列，如果它们没有被选中。
4. 转到"转换"选项卡，"检测数据类型"。

通过使用"删除其他列"而不是删除指定的列，可以确保只保留用户知道将来会用到的列，而不会硬编码一个可能更改或消失的列。

要检查的最后一点是，在数据集中是否有大量的空行。如果有，可以通过以下操作来删除它们。

1. 选择数据集中的所有列。
2. 转到"主页"选项卡，"删除行""删除空行"。

这个解决方案的最后一个注意事项是：如果用户在电子表格中创建了一个新的"Profit"列，它也将被过滤掉，因为它将在"Remove Other Columns"（删除的其他列）步骤中被删除。因此，虽然这些步骤可以防止无效的数据扰乱查询，但它们也可能阻止新的有效数据被导入（这就是在用户有选择的情况下，宁愿选择表格而不是工作表的原因之一）。

> **【注意】**
> 如果用户能控制数据集，并且知道列的数量不会发生改变，那么这些步骤就不需要了。只有当数据集在横向上增多或者减少时，用户才需要关注。

在建立了每种类型的连接示例后，用户现在可以将所有查询加载到工作表（或Power BI模型）。不幸的是，在Power Query的一个会话中建立了所有查询，用户只能在Excel中选择一个加载目的地。由于用户希望它们中的大部分都能加载到工作表中，因此可以按以下方式来处理。

1. 选择"关闭并上载至"，"表""新工作表""确定"。
2. 右击"Excel File"工作表标签，选择"删除"。

现在，这些查询将分别加载到自己的工作表中，"Excel File"查询被设置为"仅限连接"。

> **【注意】**
> 如果在Power BI中工作，只需在选择"关闭并应用"之前，取消勾选"Excel File"查询的"启用加载"复选框。

6.3 关于连接到 Excel 数据的最后思考

在可能的情况下，最好是根据Excel表而不是命名区域或工作表来构建解决方案。它比其他方法更容易设置，更容易维护，而且对数据的存储位置相当透明。当然，在有些情况下（比如通过自动化创建文件）不能使用表。在这些情况下，确实可以选择使用其他技术。

在Excel文件中构建解决方案时，要考虑的另一件事是应该把数据存储在哪里，是把查询和数据放在同一个文件里，还是把源数据放在一个单独的Excel文件里，并把它作为数据源连接到该文件中。

在本书的许多例子中，都是在数据所在的同一文件中构建查询。

这纯粹是为了解决方案的方便和可移植性，因为它可避免用户为每一个打开的完整示例文件更新数据源。尽管如此，这使得在现实世界中分享和共同编写解决方案变得更加困难。

将Excel数据源保存在一个单独的文件中有以下一些好处。

1. 有能力让多个用户更新数据（甚至在共同创作时同时更新）。

2. 当数据量变得更大需要将数据移植到数据库中时，可以很容易升级解决方案（移动数据，并更新查询以指向新的数据源）。

3. 能够在同一个 Excel 数据源上构建多个解决方案。

4. 能够直接从工作表中读取数据。

拆分文件的缺点如下。

1. 不支持从动态区域读取数据。

2. 需要为不同的用户管理和更新文件路径。

3. 在编辑查询时，无法共同修改同一套逻辑。

最终，用户需求将决定最适合的解决方案。然而，根据经验，我们更倾向于将数据源与业务逻辑分开，除非有特殊的原因。

第 7 章　常用数据转换

分析师面临的普遍问题是，无论从哪里获得数据，大部分情况下数据都是不能立即使用的。因此，不仅需要时间把数据加载到文件中，还要花更多的时间来清理数据，改变数据的结构，以便后续做分析的时候能更好地使用数据。

7.1　逆透视

考虑以下这个经典的 Excel 场景，用户需要每天跟踪销售情况，并以如图 7-1 所示的格式将数据发给分析师。

Sales Category	Sales in Units							
	2014-01-01	2014-01-02	2014-01-03	2014-01-04	2014-01-05	2014-01-06	2014-01-07	Total
Beer	103	243	101	137	103	185	111	983
Wine	175	223	138	57	66	199	83	941
Liquor	162	207	103	179	150	147	180	1,128
Total	440	673	342	373	319	531	374	3,052

图 7-1　已经被透视过的数据

虽然已有报告，但用户希望做出不同的分析，而这些数据已经是"数据透视表"的形式。这也是数据分析中典型的常见问题。

构建数据透视表是为了快速获取数据表格，并将其转化为用户能够使用的报告。挑战在于，用户是以透视表的格式来思考问题的，而不是以表格格式来思考问题的，所以习惯基于"数据透视表"的形式来进一步构建后续分析，而不是以表格的形式来构建分析[①]。

一些用户认为对数据进行简单的转置就可以，但这只是改变了数据的外观，而并没有真正将数据转换成标准的表格结构，如图 7-2 所示。

透视的数据				逆透视的数据		
Category	Beer	Wine	Liquor	Category	Date	Units
2014-01-01	103	175	162	Beer	2014-01-01	103
2014-01-02	243	223	207	Beer	2014-01-02	243
2014-01-03	101	138	103	Beer	2014-01-03	101
2014-01-04	137	57	179	Beer	2014-01-04	137
2014-01-05	103	66	150	Beer	2014-01-05	103
2014-01-06	185	199	147	Beer	2014-01-06	185
2014-01-07	111	83	180	Beer	2014-01-07	111

图 7-2　透视的数据（左）与逆透视的数据（右）

---

① 透视表（PivotTable）和表格（Tabular）都是表（Table），由于中文词汇的相似性，导致对解释较为模糊。表格形式的表又俗称一维表，但难以给出精确的定义描述，这里试着给出精确的定义，并称之为标准表：以表形式存储记录的列表。列表是同类记录的集合，列表中的行有同样的结构，并由完全不同的属性构成。从透视表的表头来看，它并不具备属性不同的特质。值得注意的是：标准表往往具备一个重要的特性，那就是随着时间的推移，只会纵向扩展，而不会横向扩展，这源自其记录结构的稳定性，不会增加新的列。相关讨论已经超出本书的范畴，但这里给出以便读者对"表"这一概念有较深理解，并对其不同结构形成系统的认识。——译者注

最糟糕的部分是，没有任何工具可以轻松地将数据从透视形式转换为非透视形式，这导致需要花费大量的时间来处理这部分工作，至少到目前为止是这样的。

看看 Power Query 是如何真正改变用户数据清理的方式的。打开"第 07 章 示例文件 \UnPivot.xlsx"文件，并对数据进行逆透视。

7.1.1 准备数据

打开文件后，会发现文件中的数据已经存储在一个名为"SalesData"的干净的表中，这使得无论是在同一个工作簿中、不同的工作簿或者在 Power BI 中连接到它都变得很容易。

> ✎【注意】
>
> 为了便于演示这个解决方案所具有的扩展性，此处使用了 Excel。但要注意，这些概念对于逆透视过程是通用的，无论使用哪个工具来操作这个过程，都是一样的。

接下来将数据加载到 Power Query 中。
- 创建一个新的查询，单击"第 07 章 示例文件 \UnPivot.xlsx"任意有数据的单元格，"数据""自其他源""来自表格/区域"。

此时，数据被加载到 Power Query 中并创建两个查询步骤："Source"和"Changed Type"，如图 7-3 所示。

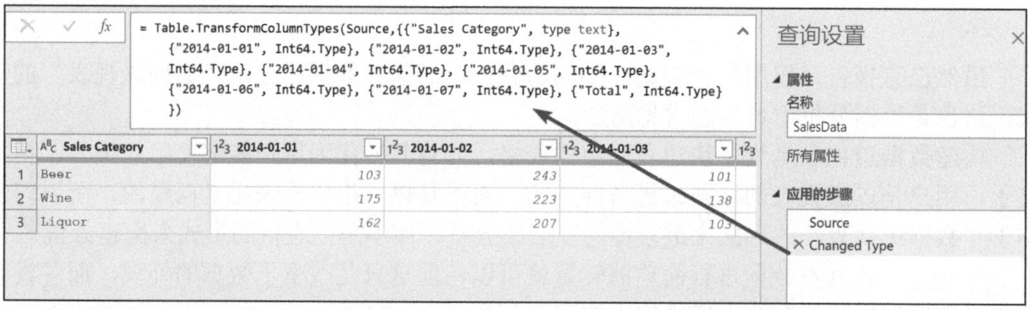

图 7-3　该查询自动添加了一个"Changed Type"步骤

在构建任何解决方案时，首先要考虑将来更新这些数据时会发生什么。在构建逆透视解决方案时，这一点至关重要。问问自己下个月会发生什么，数据中还会有 1 月 1 日的列，还是会在 2 月 1 日重新开始？明年呢？可能仍然有 1 月 1 日，但它仍然是 2014 年还是会进入新的一年呢？

这个问题之所以如此重要，是因为"Changed Type"步骤已经将当前的列名硬编码到解决方案中。如果这些列在未来不存在，用户最终会收到一个步骤级错误，该错误会阻止数据的加载，因此需要解决。根据经验，人们构建逆透视解决方案是为了让数据在超过一个时期的时候可以继续使用，所以这成为一个大问题。本书的建议是，除非用户特别需要在逆透视数据之前设置数据类型，否则删除前面的全部"Changed Type"步骤，这些步骤硬编码的列名在未来可能不存在。这将为以后省去很多麻烦。

在这里的总体目标是逆透视数据，但还有一列是不需要的。从原始数据源导入的"Total"列可以被删除，因为可以简单地用"数据透视表"（或者Power BI中的"矩阵"）重建它。现在来清理这些数据，确保在未来不会遇到上述问题。

1. 删除"Changed Type"步骤。
2. 选择"Total"列（未显示），按Delete键。

现在只剩下关键数据："Sales Category"列和每一天的列。

7.1.2 逆透视其他列

现在是时候展示逆透视其他列能力背后的"魔力"了。

- 右击"Sales Category"列，"逆透视其他列"。

【注意】

对于这个数据集，只需要在每一行上重复"Sales Category"，但用户应该知道，在数据"逆透视其他列"之前，也可以选择多个列。只需按住Shift或Ctrl键，来选择在输出的每一行上需要的列，然后选择"逆透视其他列"。

结果简直令人震惊，它已经完成了，如图 7-4 所示。

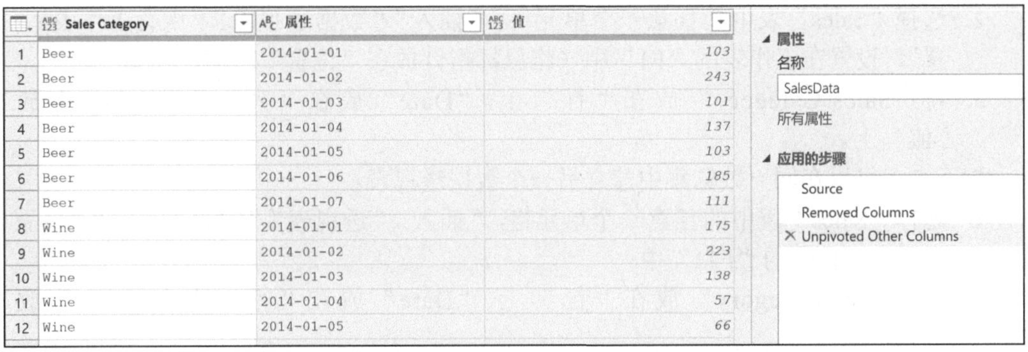

图 7-4 "逆透视其他列"的"魔法"

能想象这有多容易吗？用户只需要在这里再做一些修改，数据集就处理完毕。

1. 将"属性"列和"值"列的名称分别更改为"Date"和"Units"。
2. 将"Sales Category""Date""Units"列的数据类型分别设置为"文本""日期""整数"。
3. 将查询重命名为"Sales"。

【注意】

在这个示例中不需要使用"使用区域设置"来更改数据类型。由于数据已经存在于Excel中，无论用户本机的"区域设置"是什么，Power Query都能正确识别这些数据。

完成后，数据看起来应该如图 7-5 所示。

图 7-5　事实上，这非常容易

7.1.3　重新透视

数据现在已经非常干净，可以直接使用。现在来加载它，然后使用数据建立几个数据透视表。

1. 将"Sales"加载到一个新的工作表中（"主页""关闭并上载至""表""新工作表""确定"）。
2. 选择"Sales"表中的任意一个单元格，"插入""数据透视表""现有工作表""位置"，设置在工作表的"F1"中（将鼠标指针放在"位置"下面，选择"F1"）。
3. 将"Sales Category"放在"行"上，"Date"放在"列"上，"Units"放在"值"上。

接下来，可以在同一数据集中建立另一个数据透视表。

1. 选择"Sales"表中的任意一个单元格，"插入""透视表""现有工作表""位置"，设置在工作表的"F11"中。
2. 将"Sales Category"放在"行"上，"Date"放在"行"上，"Units"放在"值"上。
3. 右击"F12"单元格，单击"展开/折叠"来折叠整个字段。

现在有两个完全不同的透视表，来自同一个未透视的数据集，如图 7-6 所示。

	A	B	C	D	E	F	G	H	I
1	Sales Category	Date	Units			求和项:Ur	列标签		
2	Beer	2014/1/1	103			行标签	2014/1/1	2014/1/2	2014/1/3
3	Beer	2014/1/2	243			Beer	103	243	101
4	Beer	2014/1/3	101			Liquor	162	207	103
5	Beer	2014/1/4	137			Wine	175	223	138
6	Beer	2014/1/5	103			总计	440	673	342
7	Beer	2014/1/6	185						
8	Beer	2014/1/7	111						
9	Wine	2014/1/1	175						
10	Wine	2014/1/2	223						
11	Wine	2014/1/3	138			行标签	求和项:Units		
12	Wine	2014/1/4	57			⊞Beer	983		
13	Wine	2014/1/5	66			⊞Liquor	1128		
14	Wine	2014/1/6	199			⊞Wine	941		
15	Wine	2014/1/7	83			总计	3052		
16	Liquor	2014/1/1	162						

图 7-6　两个不同的透视表由一个未透视的数据集生成

7.1.4 应对变化

此时，保存文件并把它发回给用户，让用户继续更新它，分析师可能会感到相当舒服。毕竟，Power Query 解决方案可以在任何时候刷新。

当然，分析师会这样做，用户进行了更新，然后将更新的文件发回给分析师。打开文件后，分析师看到用户做了一些只有终端用户才能接受的事情，如图 7-7 所示。

Sales Category	2014-01-01	2014-01-02	2014-01-03	2014-01-04	2014-01-05	2014-01-06	2014-01-07	Total	2021/1/8
Beer	103	243	101	137	103	185	111	983	34
Wine	175	223	138	57	66	199	83	941	86
Cider						78	92	170	47
Liquor	162	207	103	179	150	147	180	1,128	23
Total	440	673	342	373	319	609	466	3,222	

图 7-7 终端用户返回的表

纵观这些变化，会惊奇地发现以下问题。

1. 新的一天被添加到"Total"列之后。
2. 一个新的销售类别已经出现，被放入了数据源。
3. 用户没有计算新列的"Total"值。

问题是，在这些变化的情况下，刷新将如何进行？来找出答案。

- 转到"Sales"工作表，"全部刷新""刷新"（第一个用于刷新查询，第二用于刷新数据透视表）。

结果是非常惊人的，如图 7-8 所示。

Sum of Units	列标签									
行标签	2014/1/1	2014/1/2	2014/1/3	2014/1/4	2014/1/5	2014/1/6	2014/1/7	2014/1/8	总计	
Beer	103	243	101	137	103	185	111	34	1017	
Liquor	162	207	103	179	150	147	180	23	1151	
Wine	175	223	138	57	66	199	83	86	1027	
Cider						78	92	47	217	
总计	440	673	342	373	319	609	466	190	3412	

行标签	Sum of Units
⊞Beer	1017
⊞Liquor	1151
⊞Wine	1027
⊟Cider	217
2014/1/6	78
2014/1/7	92
2014/1/8	47
总计	3412

图 7-8 数据不仅全部显示出来了，而且显示在正确的地方

用户向分析师提出的每个问题都得到了处理。"Total"值在那里，数据的顺序是正确的，历史值也已经得到更新。

7.1.5 逆透视之间的区别

在 Power Query 的"转换"选项卡中，实际上有 3 个逆透视的功能："逆透视列"、"逆透视其他列"以及"仅逆透视选定列"。

根据用户界面的术语，如果用户最初采取这些操作，会期望发生什么？

1. 选择"2014-01-01"列，按住 Shift 键后选择"2014-01-07"列（此时所有的日期列被选中）。

2. 转到"转换"选项卡,"逆透视列"。

答案是,用户将得到一个名为"Unpivoted Columns"(逆透视列)的新步骤,它提供的结果与在"Sales Category"列上使用"逆透视其他列"命令时的结果相同。但是如果用户使用这个命令,会期望当添加 1 月 8 日的数据时它能正常刷新,但是它能正常刷新吗?

事实证明,确实如此。虽然用户可能认为 Power Query 会记录一个"Unpivoted Only Selected Columns"(仅逆透视选定列)的步骤,但情况并非如此。Power Query 实际做的是查看数据集中的所有列,并确定有(至少)一列没有被选中。它不会为用户建立一个特定的"Unpivoted Columns"步骤,而是根据用户没有选择的列建立一个"Unpivoted Other Columns"(逆透视其他列)步骤。

好消息是,这使得当新的日常数据列被添加到数据源时,很难触发错误或者出现不可控制的情况。从本质上讲无论是使用"逆透视列"还是"逆透视其他列",都会得到一个可以兼容未来变化的解决方案,并假设未来新增的列将始终会被逆透视。

但是,如果用户想锁定一个特定的"仅逆透视选定列"步骤,从而使添加到数据集中的新列不会被逆透视呢?这正是"仅逆透视选定列"的作用。它将记录"Unpivoted Only Selected Columns"步骤,而不是"Unpivoted Columns"步骤,该步骤指定了将来要逆透视的唯一列。

> **【注意】**
> 本书建议使用"逆透视其他列"或"仅逆透视选定列"步骤。这样的话,用户就不会失去任何功能,但会在"应用的步骤"区域中得到一个明确的步骤名称,当用户以后查看数据转换过程时,这个步骤名更容易阅读。

7.2 数据透视

无论是使用"数据透视表""矩阵"还是其他可视化功能,大多数数据集都需要以未透视的格式提供数据。但也有一些时候,需要对数据进行透视。请看如图 7-9 所示的示例数据,其可以在"第 07 章 示例文件\Pivot.xlsx"文件中找到。

Category	Date	Measure	Units
Beer	2021/1/1	Actual	200
Beer	2021/1/1	Budget	150
Beer	2021/1/2	Actual	50
Beer	2021/1/2	Budget	200
Beer	2021/1/3	Actual	100
Beer	2021/1/3	Budget	0
Wine	2021/1/1	Actual	200
Wine	2021/1/1	Budget	200

图 7-9　完全未透视的数据

这些数据是完全没有透视的。但是,如果想将之变成一种别的格式,将"Actual"和"Budget"设置为单独的列呢?这就是"透视列"功能的用武之地。接下来就来探讨这个问题。

1. 单击"第 07 章 示例文件\Pivot.xlsx"有数据的区域任意一个单元格,创建一个新的查询,"数据""获取数据""自其他源""来自表格/区域"。

2. 更改"Date"列的数据类型，单击"Date"左边的"日期/时间"图标，选择"日期"，"替换当前转换"。

3. 将查询名称更新为"Sales"。

随着前期工作的完成，现在是时候更改它了，这样就可以通过以下操作得到"Actual"和"Budget"单独的列。

1. 选择"Measure"列。

2. 转到"转换"选项卡，"透视列"。

然后，会看到"透视列"对话框，如图 7-10 所示。

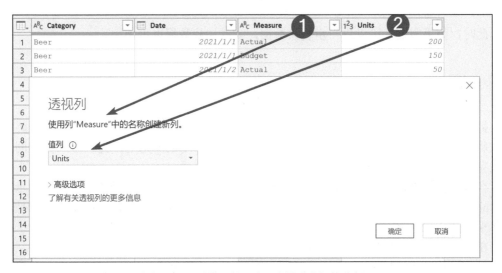

图 7-10 配置"透视列"时所需进行的选择

切记要确保在启动"透视列"命令前，选择希望用于"透视列"的列标题，因为一旦进入对话框，就会提示用户选择包含想根据列标题进行汇总的列，用户不能在对话框中更改它。

🐵【警告】

"透视列"对话框中的"值列"总是默认为数据集中的第一列，这很少是用户需要的。不要忘了更改它。

🖊【注意】

如果单击"高级选项"左边的展开按钮，会发现也可以更改数值的聚合方式。就像在 Excel 数据透视表中一样，会发现默认值是数字列的"求和"和基于文本列的"计数"。但与 Excel 不同的是，还会发现一个"不要聚合"的选项，在本书第 13 章中将使用这个选项。

为了完成"透视列"，操作如下。

1. 在"值列"选择"Units"。

2. 单击"确定"。

此时的结果是已经将"Actual"和"Budget"提取到单独的列中，如图 7-11 所示。

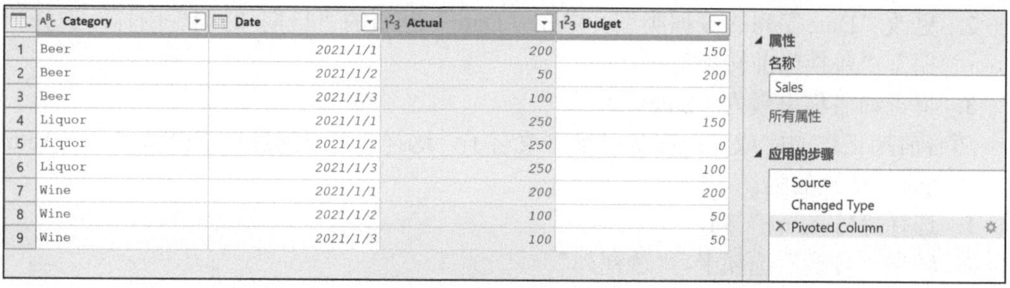

	AᴮC Category	▾	Date	▾	1²₃ Actual	▾	1²₃ Budget	▾
1	Beer		2021/1/1		200		150	
2	Beer		2021/1/2		50		200	
3	Beer		2021/1/3		100		0	
4	Liquor		2021/1/1		250		150	
5	Liquor		2021/1/2		250		0	
6	Liquor		2021/1/3		250		100	
7	Wine		2021/1/1		200		200	
8	Wine		2021/1/2		100		50	
9	Wine		2021/1/3		100		50	

属性
名称
Sales
所有属性
应用的步骤
Source
Changed Type
× Pivoted Column ⚙

图 7-11　现在有了"Actual"和"Budget"单独的列

此时，如果需要，可以进一步转换数据，或者加载数据以供使用。

7.3 拆分列

拆分列，是另一种常用操作（特别是在从平面文件导入时），是指根据某种分隔符或模式将数据点从单个列中拆分出来。幸运的是，Power Query 为用户提供了一些不同的选项来完成这个工作，这取决于用户对最终数据的输出需求。

在这个示例中，将看到的是一些相当奇怪的数据。这些数据包含在"第 07 章 示例文件\Splitting Data.txt"文件中，当通过"从文本/CSV"连接器导入 Power Query 编辑器时，看起来如图 7-12 所示。

在这个文件中，有如下两个问题需要考虑。

1. 厨师职位 Grill、Prep 和 Line 都在一列中，用"/"分开。
2. 在"Days"列中包含一周中的多天。

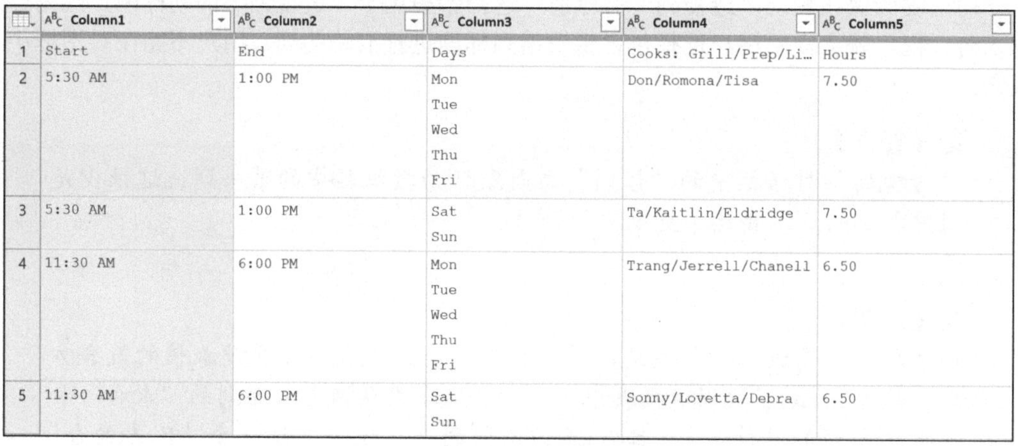

	AᴮC Column1	▾	AᴮC Column2	▾	AᴮC Column3	▾	AᴮC Column4	▾	AᴮC Column5	▾
1	Start		End		Days		Cooks: Grill/Prep/Li…		Hours	
2	5:30 AM		1:00 PM		Mon		Don/Romona/Tisa		7.50	
					Tue					
					Wed					
					Thu					
					Fri					
3	5:30 AM		1:00 PM		Sat		Ta/Kaitlin/Eldridge		7.50	
					Sun					
4	11:30 AM		6:00 PM		Mon		Trang/Jerrell/Chanell		6.50	
					Tue					
					Wed					
					Thu					
					Fri					
5	11:30 AM		6:00 PM		Sat		Sonny/Lovetta/Debra		6.50	
					Sun					

图 7-12　"丑陋"的东西，如何将其规范化？

为什么有人会以这种方式设置他们的数据？这超出了用户的工作范围。但现实是，清理这些数据的工作是留给用户的。用户的目标是建立一个每天一行的表格（继承适当的开始和结束时间，以及小时）。此外，要求的规范是将"Cooks: Grill/Prep/Line"列不同职位拆分成单独的列。

7.3.1　将列拆分为多列

将从"Cooks: Grill/Prep/Line"列开始，因为这看起来相当简单。

- 右击"Cooks: Grill/Prep/Line"列，"拆分列""按分隔符"。

将出现的对话框的关键部分如图 7-13 所示。

图 7-13　"按分隔符拆分列"对话框

在这个对话框中，有如下几点需要注意。

1. Power Query 会扫描它认为是分隔符的内容，并且在大多数情况下，会得到正确的结果。然而，如果它做出了一个错误的选择，用户可以简单地更改它（就目前而言，"/"作为分隔符是完美的）。

2. 下拉列表框提供了几种常见的分隔符，但如果发现需要的分隔符不在这个列表中，则有一个"-- 自定义 --"选项。由于"/"字符不像逗号或制表符那样常见，Power Query 在这种情况下将其设置为"-- 自定义 --"。

3. "-- 自定义 --"分隔符的选项并不局限于单个字符。事实上，用户可以使用整个单词，如果这在所使用的数据集中是必要的。

在分隔符选项下面，会发现还可以选择应用拆分动作的"拆分位置"。可以在只出现一个分隔符（"最左侧的分隔符"或"最右侧的分隔符"）的位置进行拆分，或通过"每次出现分隔符时"进行拆分。在示例中，想按"每次出现分隔符时"进行拆分，因为在"Cooks: Grill/Prep/Line"列下面每一个单元格中都有 3 个职位。

在确认了默认值后，将新拆分的列重命名为"Grill""Prep""Line"后，输出结果如图 7-14 所示。

图 7-14　现在，不同职位厨师已经被分成了单独的列

当然，这仍然留下了"Days"列的问题，所以接下来就来处理这个问题。

7.3.2 将列拆分为多行

要做的下一步是拆分"Days"列，来将每天分开。做到这一点的一个方法是将每天拆分成新的列，然后对这些列使用"逆透视列"功能。但也可以利用"拆分列"的一个选项，在一个步骤中完成这一工作。

● 右击"Days"列，"拆分列""按分隔符"。

这一次，需要对"按分隔符拆分列"选项进行更多的控制，在这个对话框中从上到下操作如下。

1. "分隔符"是换行符，这需要使用一个特殊的字符代码来实现。幸运的是，Power Query 已经为用户在对话框中设置了字符代码模块。

2. 仍将通过"每次出现分隔符时"进行拆分。请注意，与"Cooks: Grill/Prep/Line"列不同的是，"Cooks: Grill/Prep/Line"列的每行总是有 3 个值，而"Days"这一列里每行中有时有 2 个值，有时有 5 个值。

3. 在默认情况下，"按分隔符拆分列"功能会将数据将分成几列。需要在这里重新选择默认选项，强制 Power Query 将数据拆分成行而不是拆分成列。

4. "使用特殊字符进行拆分"的选项被选中（由于换行符的存在）。如果用户发现需要一个特殊的字符，比如制表符、回车符、换行符或重复的空格，都可以通过勾选如图 7-15 所示的"使用特殊字符进行拆分"复选框，并从"插入特殊字符"下拉列表框中选择。

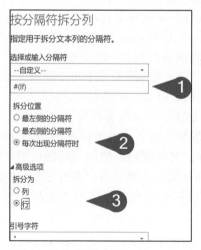

图 7-15　这一次，对话框的"高级选项"区域被展开了

> ❧【注意】
> 在这里，将会注意到的第一件事是，对话框在打开时，"高级选项"区域已经展开了。这样做的原因实际上完全是基于 Power Query 为这些数据确定的分隔符：换行（回车）符。如果这是一个简单的逗号，用户将不得不自己展开"高级选项"。

【警告】

"使用特殊字符进行拆分"可能是一件让人痛苦的事，因为用户可能不会马上就清楚地知道需要使用哪些字符进行拆分，而且在回车符和换行符的情况下，用户可能需要正确的字符或字符的组合。如果Power Query最初没有提供正确的分隔符，事情就不会按照预期的方式进行，那么处理这个问题的唯一方法就是通过反复试验重新配置这个对话框。

总的来说，需要对Power Query默认设置进行的唯一更改是将"拆分为"的"列"改为"行"。一旦这样做，数据就会很好地拆分成新的行，如图 7-16 所示。

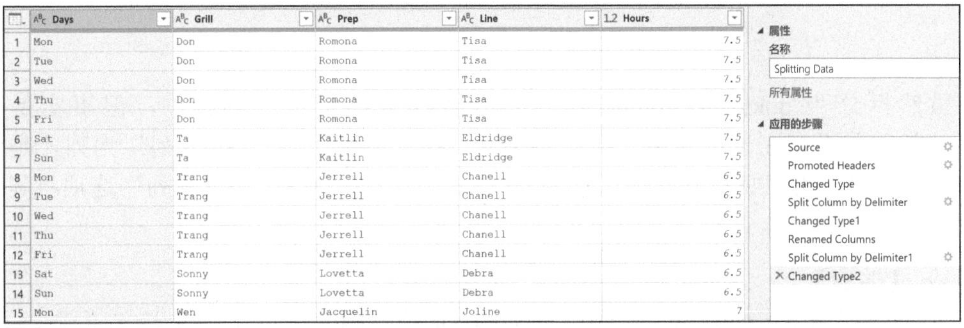

	Days	Grill	Prep	Line	Hours
1	Mon	Don	Romona	Tisa	7.5
2	Tue	Don	Romona	Tisa	7.5
3	Wed	Don	Romona	Tisa	7.5
4	Thu	Don	Romona	Tisa	7.5
5	Fri	Don	Romona	Tisa	7.5
6	Sat	Ta	Kaitlin	Eldridge	7.5
7	Sun	Ta	Kaitlin	Eldridge	7.5
8	Mon	Trang	Jerrell	Chanell	6.5
9	Tue	Trang	Jerrell	Chanell	6.5
10	Wed	Trang	Jerrell	Chanell	6.5
11	Thu	Trang	Jerrell	Chanell	6.5
12	Fri	Trang	Jerrell	Chanell	6.5
13	Sat	Sonny	Lovetta	Debra	6.5
14	Sun	Sonny	Lovetta	Debra	6.5
15	Mon	Wen	Jacquelin	Joline	7

图 7-16　每天都有对应的厨师

如果这些是真正的需求，那么现在是时候加载数据了。

7.3.3　拆分后逆透视与拆分到行

来看看与最初的要求有何不同，比如说用户已经决定，不想数据中的"Cook"呈现在这样透视的结果。为了在尽可能少的单击中做到这一点，可以进行如下操作。

1. 选择"Grill"列，按住Shift键后选择"Line"。
2. 右击所选列之一，"逆透视列"。
3. 将"属性"列重命名为"Cook"。
4. 将"值"列重命名为"Employee"。

结果如图 7-17 所示。

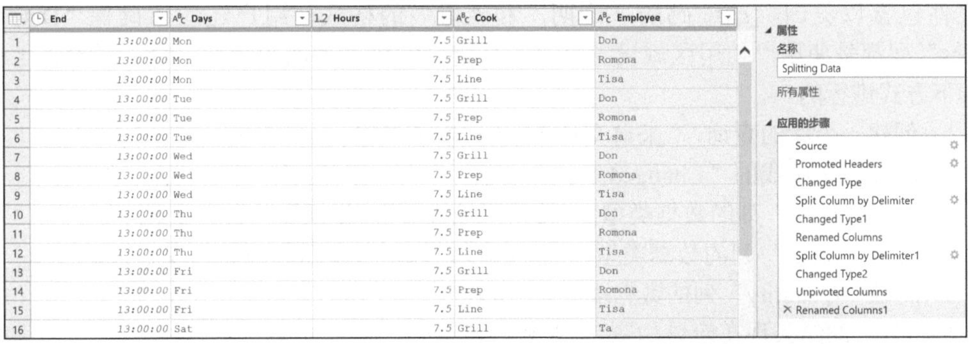

	End	Days	Hours	Cook	Employee
1	13:00:00	Mon	7.5	Grill	Don
2	13:00:00	Mon	7.5	Prep	Romona
3	13:00:00	Mon	7.5	Line	Tisa
4	13:00:00	Tue	7.5	Grill	Don
5	13:00:00	Tue	7.5	Prep	Romona
6	13:00:00	Tue	7.5	Line	Tisa
7	13:00:00	Wed	7.5	Grill	Don
8	13:00:00	Wed	7.5	Prep	Romona
9	13:00:00	Wed	7.5	Line	Tisa
10	13:00:00	Thu	7.5	Grill	Don
11	13:00:00	Thu	7.5	Prep	Romona
12	13:00:00	Thu	7.5	Line	Tisa
13	13:00:00	Fri	7.5	Grill	Don
14	13:00:00	Fri	7.5	Prep	Romona
15	13:00:00	Fri	7.5	Line	Tisa
16	13:00:00	Sat	7.5	Grill	Ta

图 7-17　真正逆透视的数据集

那么，在这个过程中，用户是否可以为自己省去这一堆的单击次数呢？与其把
"Cooks: Grill/Prep/Line"列分成必须重新命名的几列，然后把结果逆透视，再重新命名这
几列，不如直接把原来的"Cooks: Grill/Prep/Line"列分成新的几行。

可以这样做，只是会丢失一个关键信息：厨师的类型。原因是什么？该信息只包括在
列标题中，而不在数据内容中，如图 7-18 所示。

图 7-18　请记住，这里只是根据标题知道"Don"是一名烧烤（Grill）厨师

虽然拆分"Cooks: Grill/Prep/Line"列为多行会把员工放到行中，但事实是"厨
师"的类型并不存在于记录中，所以会丢失。在这种情况下，"拆分列"为列才是正确
的，因为它允许用户将标题改为"Type Of Cook"，然后通过"逆透视列"选项将其带入
数据。

> 🖎【注意】
> 当然，上面的步骤假设"厨师"总是以正确的顺序输入。如果情况并非如
> 此，就需要采取不同的方法。此时，最可能的方法是将员工拆分成几行，
> 然后通过与另一个表合并来检索位置，这一点将在本书第 10 章介绍。

好消息是，有多种方法来实现用户的最终目标，有时确实需要执行一些额外的步骤，
来生成解决方案所需的所有数据。

7.4　筛选和排序

在大多数情况下，筛选对 Power Query 的用户来说是相当容易的，因为使用过 Excel 其
他办公软件的人对筛选是相当熟悉的。在本节中，将探讨 Power Query 中筛选和排序的一
些不同选项（以及潜在的麻烦）。

在开始之前，需要从"第 07 章 示例文件\FilterSort.csv"文件中导入数据。由于这
个文件包含以美国标准编码的"日期"和"值"的格式，用户还应该确保"Date"和
"Sales"列都是使用"使用区域设置"来具体定义数据类型的。因此，最初的导入工作是
按如下方式进行的。

1. 创建一个新的查询，"来自文件""从文本 /CSV"。
2. 删除默认生成的"Changed Type"步骤。
3. 更改"Date"列的数据类型，"使用区域设置""日期""英语 (美国)"。
4. 更改"Sales"列的数据类型，"使用区域设置""货币""英语 (美国)"。
5. 更改"Quantity"列的数据类型，"整数"。

初始导入的结果现在应该如图 7-19 所示。

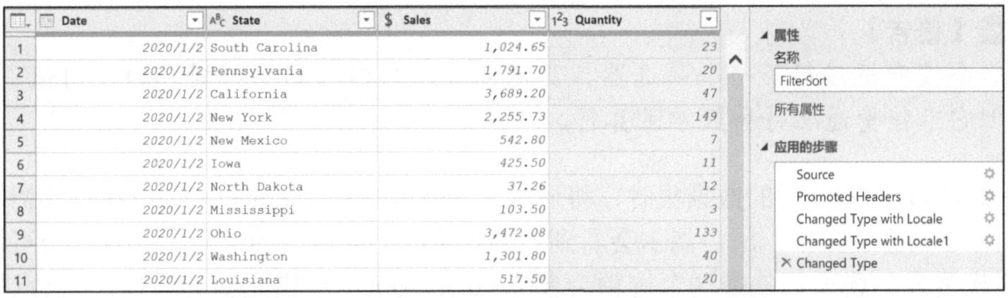

图 7-19 "FilterSort.csv"文件的初始导入结果

这里显示了数据的前 11 行。事实证明，这个文件的时间跨度从 2020 年 1 月 1 日到 2026 年 5 月 31 日，包含 53500 多行，实际上客户只需要用到其中一小部分数据。

7.4.1 按特定值筛选

筛选特定值相对简单。只需单击该列列标题的下拉按钮，取消勾选不需要保留的项目，或取消勾选"（选择所有搜索结果）"复选框，勾选需要的项目。甚至还有一个方便的搜索框，允许用户输入项目的一部分来筛选表，如图 7-20 所示。

图 7-20 将"State"列筛选为包含"ia"的状态

这个搜索框显然是相当方便的，因为用户可以迅速将列表中的项目缩减到只有一部分，取消勾选"（选择所有搜索结果）"复选框，然后只勾选需要保留的项目。

【注意】
如果用户进行了如图7-20所示的筛选，Power Query会添加一个新的步骤，将数据筛选为包括任何含有字母"ia"的状态。

☎【警告】

这个搜索框应用了一个筛选器，显示包含用户输入的字符模式的任何值。

但它不接受通配符和数学运算符。

在处理超过 1000 行的数据集时，将遇到一个挑战。由于 Power Query 在默认情况下只扫描预览窗口中的数据，用户偶尔会看到"列表可能不完整"的信息，并有一个可以单击的"加载更多"选项。单击这个选项会要求 Power Query 扫描更多的数据，它会这样做，直到它扫描达到 1000 个唯一值为止，因为这是可以在下拉列表中显示的最大值。此时，会看到一个脚注，说明已经达到了 1000 个值的上限，如图 7-21 所示。

这里可能出现的挑战是，当需要筛选的值不在预览的前 1000 行之内。此时，无法让它显示在筛选器的搜索区域，从而无法通过筛选器窗格进行选择。

图 7-21　"Sales"列有超过 1000 个唯一值

如果发生这种情况，先不要失望，只需要手动创建筛选器。尽管数据集没有显示出这个问题，先假设它表现出了这个问题，需要设置一个手动筛选器，操作如下。

- 筛选"State"列，"文本筛选器""包含"。

此时界面会弹出一个如图 7-22 所示的"筛选行"对话框，允许用户手动创建筛选器，即使要筛选的数据不存在于可视化筛选器窗格中。

图 7-22　手动创建一个包含"ia"的筛选器

当用户不能在筛选器列表中看到数据时，或者需要为筛选器配置一些更复杂的条件如"且"和"或"时，"筛选行"对话框的"基本"视图非常有用。当单击"高级"按钮时，它将变得更加有用，如图 7-23 所示。

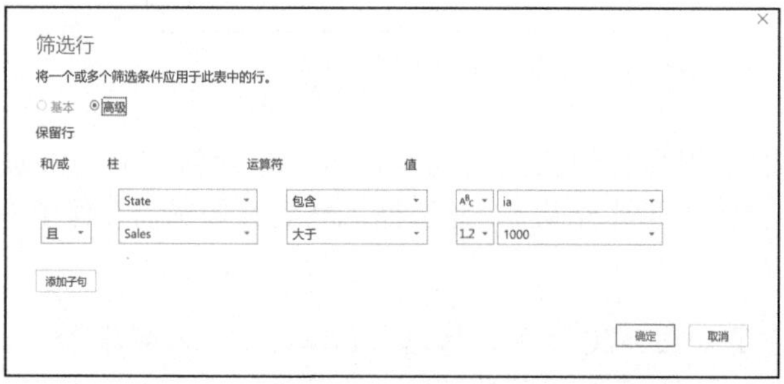

图 7-23　"筛选行"对话框的"高级"视图

"基本"视图中的筛选器应用于用户所选择的原始列，而"高级"视图允许用户一次将筛选器应用于多个列，添加更多的筛选层（通过"添加子句"按钮），并以任何用户认为合适的方式混合和匹配筛选器。请注意，"且"筛选器用于两者同时成立的情况，而"或"筛选器用于任意一者成立的情况，如图 7-24 所示。

【注意】
如果用户需要重新配置筛选器来删除或重新排序子句，可以通过把鼠标指针放在子句右侧的"..."上并单击来完成。

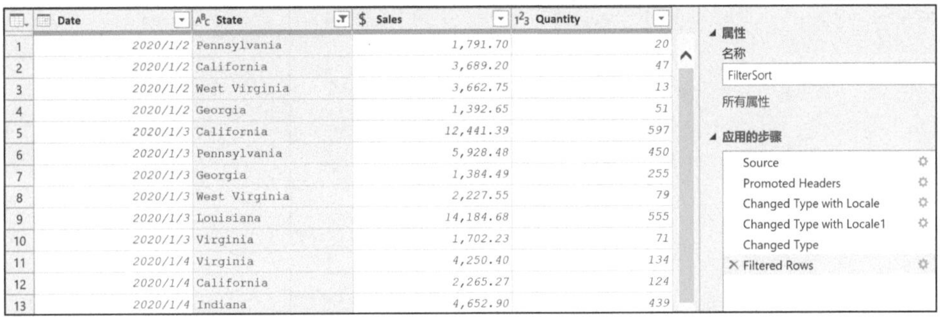

图 7-24 对"State"列应用筛选器为包含"ia"，且"Sales"要大于 1000

【警告】
当配置多列的筛选器时，将创建一个单一的应用步骤，当选择这个步骤时，只有最初的一列显示出活动的筛选器图标。如果想要留下一个更清晰的检查线索，需要将每个列的筛选器作为单独的步骤来应用。

7.4.2 按上下文筛选

乍一看，无论用户试图筛选哪一列，筛选器的下拉列表看起来都非常相似。它们的长度是一致的，而且在筛选区显示可选择的值。但如果仔细观察，会发现搜索框上方的菜单会根据列的数据类型来命名，并提供特定于该数据类型的筛选器。如下所示。

1. 对于文本类型，会看到"文本筛选器"，其选项包含"等于""开头为""结尾为""包含"，以及其中每一种的"不"版本。
2. 对于数字数据类型，会变成"数字筛选器"，其选项包含"等于""不等于""大于""大于或等于""小于""小于或等于""介于"。

虽然每种数据类型都有自己的筛选器选项，但此时想关注其中筛选选项最多的一个，即"日期筛选器"，如图 7-25 所示。

这个列表看起来令人生畏，其实许多选项会帮助用户完成所期望的事情。操作如下。

1. 将数据筛选为"一月"，只显示"月份"为 1 月的日期。当然，如果有 6 年的数据，会有 6 个不同年份的 1 月结果，这可能是或者可能不是用户想要的数据结果。
2. 将数据集筛选为"最早"，只筛选与所选列中最早的日期相匹配的行。
3. 使用"介于"筛选器将允许用户对开始日期和结束日期范围进行硬编码。

但是在使用上下文敏感的"日期筛选器"时，最棘手的部分是理解"在接下来的""在之前的"的实际含义。与其他"数字筛选器"不同，这些筛选器是相对于系统中的当前日期/时间的。

假设有这样一个场景：现在是 2021 年 12 月 1 日，用户设置了一个对"Sales"数据进行筛选的解决方案，使用"今年"（在"年"子菜单下找到"今年"）。

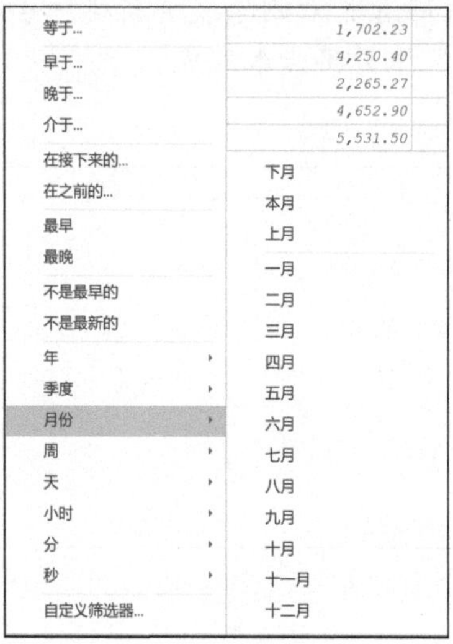

图 7-25　这么多的日期筛选选项

2022 年 1 月 5 日，用户在休息一段时间后回到办公室，打开报告来查看 2021 年的销售数据，此时将看到报告数据结果从 600 万美元下降到 1 万美元以下。为什么？因为现在对应"今年"的年份是 2022 年，而不是 2021 年。

此外 Excel 的默认筛选器允许用户选择"年"、"月"或"日"，即使数据集中只有一个日期列。与此不同，Power Query 的筛选器没有这种分层功能。用户不能在"年"子菜单下找到特定的数字年份。那么，在这种情况下，如何筛选才能只得到 2021 年的日期？一种方法是使用"介于"过滤器。

1. 筛选"Date"列，"日期筛选器""且"。
2. 按如图 7-26 所示，设置筛选器。

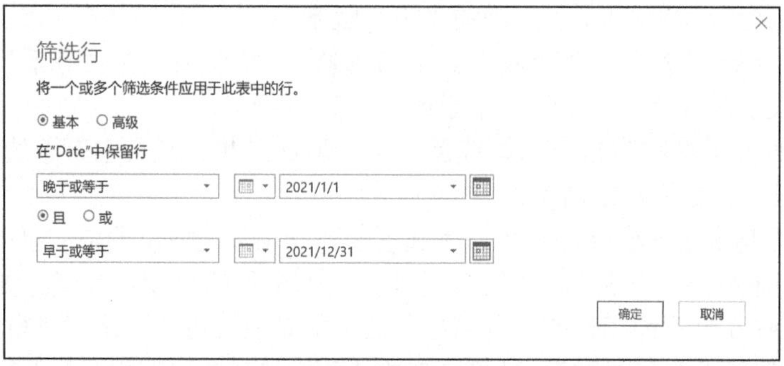

图 7-26　筛选出 2021 年内的日期

> ✎ **【注意】**
> 或者，也可以添加一个新的列，提取年份，然后筛选到特定年份。要做到这一点，可以选择"Date"列，"添加列""日期""年""年"，然后筛选需要的年份。

以这种方式设置筛选器的一个缺点是，它们不是动态的。当需要强制它们筛选 2022 年时，需要编辑查询并手动更改。

7.4.3 数据排序

在本章中，要探讨的最后一项技术是排序。继续 7.4.2 小节的内容，用户希望对"State"列进行数据升序排列，然后按日期对数据进行升序排列，但将其作为"State"的一个子排序。换句话说，这些排序需要相互叠加，而不是相互取代。

做到这一点的步骤如下。

1. 单击"State"列上的筛选箭头"升序排序"。
2. 单击"Date"列上的筛选箭头"升序排序"。

而结果正是用户所期望的，如图 7-27 所示。

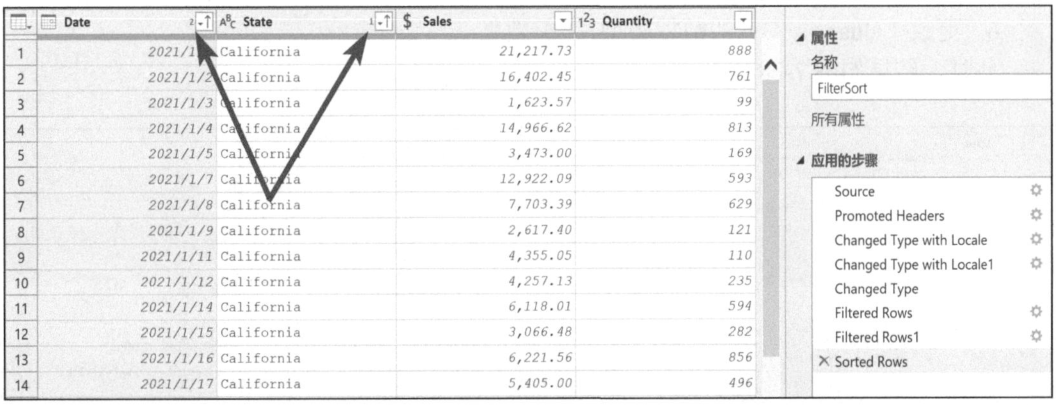

图 7-27　Power Query 首先按"State"列排序，然后按"Date"列排序

如你所见，Power Query 默认应用连续排序，与 Excel 不同。它甚至在筛选器图标旁边放置了一个微妙的指示器，显示应用排序的顺序。

> ✎ **【注意】**
> 在 Excel 中使用该模式时，排序顺序的图标几乎不可见，但它们确实存在。

虽然排序很有用，并且可以让用户在查看原始数据时感到非常舒适，但也需要认识到，这是以牺牲性能为代价的。用户应该问问自己，是否真的需要对数据进行排序。有时候，为了正确地塑造数据，它确实是必需的。但如果将数据模型加载到 Excel 或 Power BI 中是为了后续制作透视表，那么对输出进行排序是不必要的，因为可以在展示层再进行排序来解决这个问题。

7.5 数据分组

另一个挑战是数据量过大。以前文的示例文件为例。它包含 53513 行交易数据，涵盖 7 年和 48 个州。如果用户只想看到按年份划分总销售额和总数量呢？

当然，用户可以导入所有的源数据，并将其拖拽到"数据透视表"或可视化矩阵中，但如果用户永远不需要钻取到细节行中呢？用户真的需要导入全部数据吗？

幸运的是，Power Query 有一个分组功能，允许用户在转换过程中对行进行分组，使用户能够以所需要的精确粒度导入数据。这对于减小文件的大小非常有用，因为它可以避免导入过多不需要的细节行。

现在使用与上一个例子中相同的原始数据文件。在一个新的工作簿或 Power BI 文件中进行如下操作。

1. 创建一个新的查询，"来自文件""从文本/CSV"。
2. 选择"第 07 章 示例文件\FilterSort.csv"，"导入""转换数据"。
3. 删除默认生成的"Changed Type"步骤。
4. 更改"Date"列的数据类型，"使用区域设置""日期""英语(美国)""确定"。
5. 更改"Sales"列的数据类型，"使用区域设置""货币""英语(美国)""确定"。
6. 更改"Quantity"列的数据类型，"整数"。

此时，结果如图 7-28 所示。

	Date	A^B_C State	$ Sales	1²3 Quantity
1	2020/1/2	South Carolina	1,024.65	23
2	2020/1/2	Pennsylvania	1,791.70	20
3	2020/1/2	California	3,689.20	47
4	2020/1/2	New York	2,255.73	149
5	2020/1/2	New Mexico	542.80	7
6	2020/1/2	Iowa	425.50	11
7	2020/1/2	North Dakota	37.26	12
8	2020/1/2	Mississippi	103.50	3
9	2020/1/2	Ohio	3,472.08	133
10	2020/1/2	Washington	1,301.80	40
11	2020/1/2	Louisiana	517.50	20

属性
名称
FilterSort
所有属性

应用的步骤
Source
Promoted Headers
Changed Type with Locale
Changed Type with Locale1
× Changed Type

图 7-28 "FilterSort.csv"文件初始导入结果

这次的报告目标并不是特别关注按天或按月分析数据，所以把"Date"列转换为年。

- 选择"Date"列，"转换""日期""年""年"。

这样就好了，但现在仍然有超过 53000 行数据，现在来解决这个问题。

1. 选择"Date"列，"转换""分组依据"。
2. 单击"高级"按钮。

此时，会进入"分组依据"对话框的"高级"视图，如图 7-29 所示。

图 7-29 "分组依据"对话框的"高级"视图

【注意】
此时直接转到“高级”视图的原因是，这个视图提供了“添加分组”和“添加聚合”的选项。

如你所见，用户在分组前选择的“Date”列已经被放到了“分组依据”区域。如果需要，用户也可以在这里更改或添加新的分组。就我们的目标而言，按年份分组将完全可行。

【注意】
当用户把鼠标指针放在“分组依据”对话框中的字段上时，会注意到一个小的“...”菜单弹出，变得可见。这个菜单隐藏了“上移”和“下移”字段的功能，以及如果用户需要删除分组或聚合时，也可以使用“删除”功能删除它们。

现在已经配置好了数据分组方式，接下来看看如何对数据进行聚合。在默认情况下，Power Query会通过计算表的行数对所选的字段进行计数。这不是用户需要的，所以需要把它改成按“Date”列和“Sate”列来计算总销售额和总销售数量。在对话框底部的聚合部分进行如下操作。

1. 将“新列名”从“计数”更改为“Total Sales $”。
2. 将“操作”从“对行进行计数”更改为“求和”。
3. 将“柱”[①]从“Date”改为“Sales”。
4. 单击“添加聚合”。
5. 在“新列名”输入“Total Quantity”，“操作”选择“求和”，“柱”选择“Quantity”。

完成后，对话框如图 7-30 所示。

单击“确定”按钮后，数据将被立即汇总，共产生 7 行数据（对于这个数据集），结果如图 7-31 所示。

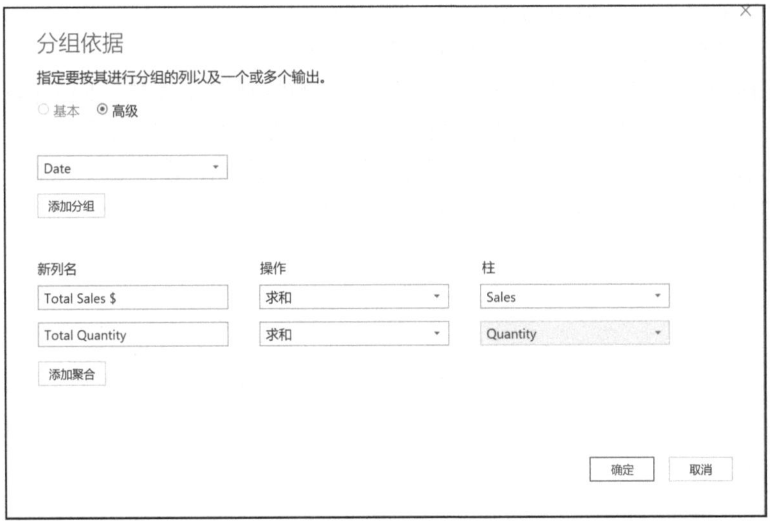

图 7-30　按年份（“Date”列）对数据进行分组并返回销售额和销售数量的求和值

① “柱”在Power Query工具中的英文版为“Column”，界面文字用“列”更合适。——译者注

	1²3 Date	1.2 Total Sales $	1.2 Total Quantity
1	2020	51582296.33	2358840
2	2021	56790122.76	2536553
3	2022	61269318.83	2702834
4	2023	76817470.11	3678432
5	2024	25605823.37	1226144
6	2025	25605823.37	1226144
7	2026	25605823.37	1226144

图 7-31　分组后的数据集共产生了 7 行数据

这非常酷，但是关于这个功能需要注意以下几点。

1. 没有包括在分组或聚合区域（"State"列）的源数据列会被删除。在进行分组操作之前，不需要删除它们。
2. 虽然可以在对话框中定义聚合区域中使用的列，但不能在这个对话框中重命名分组级别。它们必须在分组前或分组后重新命名。
3. 虽然在这个示例中"操作"选项只使用了"求和"功能，但用户在"操作"选项中可以使用的选项包括"平均值""中值""最小值""最大值""对行进行计数""非重复行计数""所有行"等功能。

> **✎【注意】**
> 在"分组依据"对话框中还有一个聚合选项可用，即"所有行"。这个神秘的选项将在第 13 章进行探讨。

现在是时候完成这个数据集并将其加载到目的地了。

1. 将"Date"列重命名为"Year"。
2. 将查询重命名为"Grouping"。
3. 转到"主页"选项卡，"关闭并上载"来加载数据。

自助式商业智能专家最常见的问题之一是，他们经常导入大量他们不需要的数据。在导入数据时，挑战一下自己，看看是否可以减少携带细节的列和行的数量。请记住，如果过度缩减数据，总是可以回到分组步骤并删除它（或重新配置它）。当数据集变得更小，解决方案将更加稳定，性能会更好。

第 8 章　纵向追加数据

数据专业人员经常做的工作之一是将多个数据集合并到一起。无论这些数据集是包含在一个Excel工作簿中，还是分布在多个文件中，它们都需要被纵向追加到一个表中。

类似这一需求的一个常见场景是，每月从中央数据库中提取的数据需要合并用来进行从年初至今的分析。在 2 月，用户提取了 1 月的数据，并将其发送给分析师。然后在 3 月的时候，用户又将 2 月的数据发送给分析师，分析师将数据添加到解决方案中，如此循环，按月添加数据，持续一年。

处理这种需求的经典 Excel 流程最初通常可以归结为以下几点。

1. 将 1 月的文件导入并转换为表格格式。
2. 将数据转化为正式的 Excel 表格。
3. 根据 Excel 表格建立分析报告。
4. 保存该文件。

然后，在每月的基础上进行如下操作。

1. 导入并转换新收到的数据文件。
2. 复制新的数据，并将其粘贴到原始表格的末尾。
3. 刷新报告和视觉显示效果。

虽然可以这样做，但这个过程显然是不够完美的，因为这里有一些非常明显的问题。本章不会解决用户在转换中触发错误的问题（以后的章节会解决），但会向用户展示 Power Query 如何合并两个或更多的数据集，而不必担心用户把最后几行的数据粘贴过来导致数据重复。

8.1　基本追加

本章的示例文件包含 3 个CSV文件："Jan 2008.csv""Feb 2008.csv""Mar 2008.csv"。本节将介绍导入和追加每个文件的过程。

导入文件非常简单，步骤如下。

1. 创建一个新的查询，"来自文件""从文本 /CSV"。
2. 浏览"第 08 章 示例文件\Jan 2008.csv"，"导入""转换数据"。

Power Query 将打开该文件，并为该数据源自动执行以下步骤。

1. 将第一行提升为标题，显示列为"Date""Account""Dept""Amount"。
2. 数据类型分别自动转换为"日期""整数""整数""小数"。

为了使数据类型的转换更加稳妥，不再依赖于系统默认的自动转换，这里删除"Changed Type"步骤，并重新创建它，迫使"Date"根据它的数据源格式（美国标准）导入。

1. 删除"Changed Type"步骤。

2. 更改 "Date" 列的数据类型，"使用区域设置" "日期" "英语(美国)" "确定"。

3. 更改 "Amount" 列的数据类型，"使用区域设置" "货币" "英语(美国)" "确定"。

4. 更改 "Account" 列的数据类型，"整数"。

5. 更改 "Dept" 列的数据类型，"整数"。

此时，查询如图 8-1 所示。

	Date	Account	Dept	Amount
1	2008/1/2	61510	150	-26.03
2	2008/1/2	61520	150	-55.07
3	2008/1/2	61530	150	-10.60
4	2008/1/2	61540	150	-0.29
5	2008/1/2	61550	150	-48.02
6	2008/1/2	61560	150	-1.35
7	2008/1/2	61570	150	-77.04
8	2008/1/2	62010	150	-305.95
9	2008/1/2	62020	150	-95.15
10	2008/1/2	62099	150	8.79
11	2008/1/2	62510	120	-56.74

▲ 属性
名称
Jan 2008
所有属性

▲ 应用的步骤
Source
Promoted Headers
Changed Type with Locale
Changed Type with Locale1
× Changed Type

图 8-1　加载前的 "Jan 2008" 查询

由于用户的目标不是只报告 1 月的销售情况，因此此时把这个查询只作为一个连接来加载，为以后追加数据做准备。

✎【注意】
在 Power BI 中，可以右击查询，取消勾选 "启用加载" 复选框，而在 Excel 中，需要转到 "主页" 选项卡，"关闭并上载至" "仅创建连接" "确定"。

现在用完全相同的步骤导入 "Feb 2008.csv" 和 "Mar 2008.csv" 文件，导入完成后应该有如下 3 个新查询，每个都作为一个连接加载。

1. Jan 2008。

2. Feb 2008。

3. Mar 2008。

3 个查询都应该在 Excel 的 "查询 & 连接" 窗格中，或在 Power Query 编辑器的 "查询" 窗格中，如图 8-2 所示。

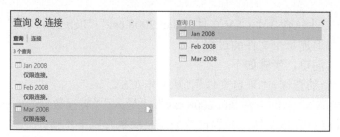

图 8-2　这些查询显示在 Excel 的 "查询 & 连接" 窗格（左）和在 Power Query "查询" 窗格（右）中

8.1.1　追加两个表

下一项工作是创建用于后续分析的整个表，这需要将上述表格合并在一起。在 Excel

中完成这项工作的一个方法是，右击"查询&连接"窗格中的任意一个查询，并选择"追加"。此时将弹出如图 8-3 所示的对话框。

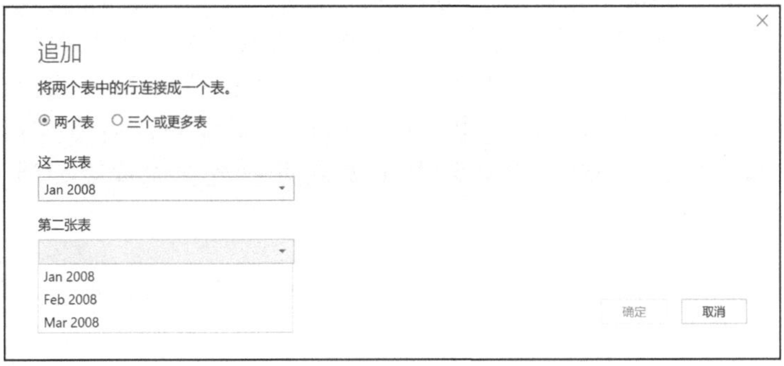

图 8-3　"追加"对话框

虽然这看起来相当容易，但实际上建议用户不要使用这个功能来追加表。是的，它允许用户追加两个查询（如果有需要，的确可以将一个查询追加到自身）。它甚至允许用户一次性追加多个表，只需要切换到"三个或更多表"视图进行操作。但这里有一些注意事项。

1. 在 Power BI 中没有"查询&连接"窗格，建议用户学习一种能在多个程序中都适用的方法来追加表。
2. 这将创建一个名为"Append 1"的新查询，它将所有合并的表合并到"应用的步骤"区域中的"Source"步骤中，使得检查更加困难。

与其使用这种功能，更建议用户学会对第一个表进行引用，然后在 Power Query 编辑器里面执行追加操作。这些方法的主要区别在于，这个方法可以在任何拥有 Power Query 的工具上工作，而且它还会为追加到查询的每个表记录一个不同的"Appended Query"（追加的查询）步骤。有了不同的步骤，以后检查查询变得非常容易，而不是把未知数量的查询都合并到"Source"步骤中。

选择"Jan 2008"查询作为最初的数据，并向它追加"Feb 2008"查询。

1. 右击任意一个查询，"编辑"，然后展开"查询"窗格。
2. 右击"Jan 2008"查询，"引用"。
3. 将"Jan 2008"查询重命名为"Transactions"。
4. 转到"主页"选项卡，"追加查询"。
5. "要追加的表"选择"Feb 2008"，"确定"。

此时的结果如图 8-4 所示。

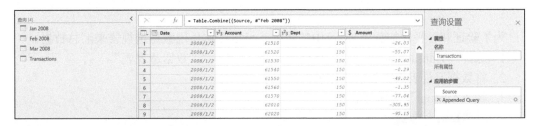

图 8-4　将"Feb 2008"查询追加到"Transactions"查询的结果

此时，用户可能很想向下滚动查询，看看是否所有的记录都在那里。不幸的是，并没有显示全部数据，因为 Power Query 实际上并不会在窗口加载所有的数据，而是显示数据的预览。它显示的行数随用户添加的数据而变化，可以在 Power Query 编辑器的左下角看到这一点，如图 8-5 所示。

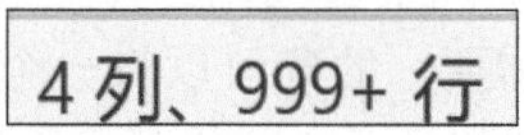

$$4\ 列、999+\ 行$$

图 8-5　Power Query 向用户显示了它现在可以处理的预览行数

当然，这里存在一个问题：如果用户不能看到所有的数据，那怎么知道数据是否成功追加了呢？答案是加载查询。把数据加载到一个工作表中，看看能得到什么，结果如图 8-6 所示。

图 8-6　"查询 & 连接"窗格显示，"Transactions"查询有 3887 行记录

为了验证和可视化加载到 Excel 中的数据，可以在这里用数据透视表来汇总数据。
1. 选择"Transactions"表中的任何单元格，"插入""数据透视表"。
2. 将数据透视表放在当前工作表的 F2 单元格中。
3. 将"Amount"拖到"值"。
4. 将"Date"拖到"行"。
5. 右击 F3 单元格，"组合""月（仅）""确定"。

一旦完成，会看到有一个数据透视表，显示"Jan 2008"表和"Feb 2008"表确实合并为一个表了，如图 8-7 所示。

1	Date ▼	Account ▼	Dept ▼	Amount ▼			
2	2008/1/2	61510	150	-26.03		求和项:Amount	
3	2008/1/2	61520	150	-55.07		1月	89790.94
4	2008/1/2	61530	150	-10.6		2月	56211.14
5	2008/1/2	61540	150	-0.29		总计	146002.08
6	2008/1/2	61550	150	-48.02			
7	2008/1/2	61560	150	-1.35			

图 8-7 "Jan 2008"和"Feb 2008"交易数据现在在一个数据透视表中

8.1.2 追加额外的表

此时，用户想把 3 月的记录也追加到"Transactions"查询中。这就是那些在"查询 & 连接"窗格中使用"追加"功能的 Excel 用户的苦恼所在。他们的本能是右击"Transactions"查询，然后将 3 月的数据追加到它上面。这种方法的问题是，它将创建一个新的查询，而不是将这一步骤添加到"Transactions"查询中。由于数据透视表是基于"Transactions"表的结果，因此此时需要在"Transactions"查询中添加新的"追加"步骤，而不是添加一个新的查询步骤。

为了将 3 月的数据添加到现有的"Transactions"查询中，需要编辑"Transactions"查询。此时，用户需要做出选择。是编辑现有的"Appended Query"步骤，还是添加一个新的步骤呢？这个问题的答案实际上取决于随着时间的推移，用户将向解决方案添加的数据量，以及用户希望检查跟踪此查询的清晰程度。

比方说，用户将在一段时间内添加 12 个追加项，并且不希望有一个很长的步骤列表。在这种情况下，按如下操作即可。

1. 单击"Appended Query"步骤旁边的齿轮，在弹出的"追加"对话框中选择"三个或更多表"。
2. 选择需要追加的每个表，单击"添加"。

此时结果如图 8-8 所示。

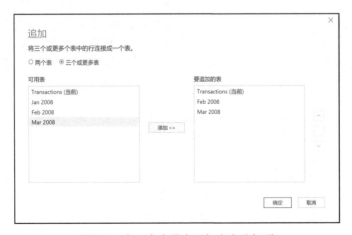

图 8-8 在一个步骤中添加多个追加项

或者，如果想要一次执行一个查询，并专注于创建一个易于使用的检查跟踪路径，那么可以在每次向数据源添加一个新的查询时采取如下操作。

1. 右击"Transactions"查询，"编辑"。
2. 转到"主页"选项卡，"追加查询"。
3. 选择新增加一个"追加查询"。

此时结果如图 8-9 所示。

图 8-9 一次添加一个查询，创建不同的步骤

事实上，用户如果想让检查线索更加清晰，可以右击步骤名称并选择"属性"，来修改步骤名称并提供鼠标指针在悬停时显示的注释。此时结果如图 8-10 所示。

要自定义步骤名称并添加工具提示，只需右击步骤并选择"属性"。这将允许用户修改默认的步骤名称，并添加一个自定义的描述，在鼠标指针悬停在图标上时显示出来。

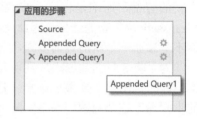

图 8-10 设置步骤名称与工具提示描述

☎【警告】

除了"Source"步骤之外的所有步骤都可以用这种方式重命名。要重新命名"Source"步骤，需要学会编辑查询的底层M代码。

✎【注意】

关于编辑默认查询名称有两种观点。虽然编辑每个步骤的名称以使其更具描述性是很诱人的，但对一个真正的Power Query专家来说，挑战在于他们现在需要花更多的时间来检查每个步骤，来理解公式有何意义。本书建议使用默认的步骤名称并与它们的实际操作联系起来，而可以使用"描述"（"说明"）功能来记录关于操作意图的注释。

无论用户决定用哪种方式将 3 月的表追加到数据集上（通过编辑现有的步骤或创建一个新的步骤），现在都是时候加载数据并验证 3 月数据的追加是否真的成功了。

现在，要重新考虑Power Query在加载到Excel表格时的一个不幸的问题。当用户查看包含数据透视表的工作表时，可以看到"Transactions"查询（也就是Excel表），确实保存了所有的 6084 行数据，之前 3 个月数据的总和。然而，数据透视表并没有改变，如图 8-11 所示。

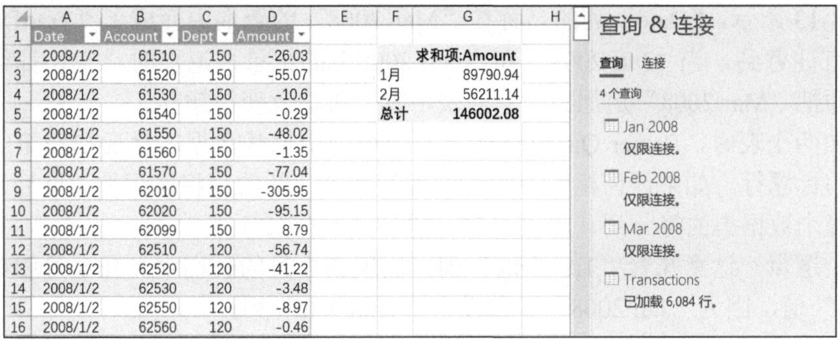

图 8-11　"Transactions"表已经更新，但数据透视表却没有更新

这不是什么大问题，只是一个小小的不便和提醒。如果用户把数据加载到一个 Excel 表中，然后把它放入一个数据透视表中，需要刷新数据透视表，以便让更新的数据流入数据透视表。

- 右击"数据透视表"，"刷新"。

此时，数据透视表确实更新了，如图 8-12 所示。

图 8-12　1 月到 3 月的记录现在显示在一个数据透视表中

【注意】
记住，如果查询被加载到 Excel 或 Power BI 的数据模型中，单击一次"刷新"就可以更新数据源和任何透视或可视化对象。

显然，每月编辑文件来添加和转换新的数据源，然后将其追加到"Transactions"查询中，这种方法很快就会过时。在第 9 章中，将展示一种更简单的方法。但事实如这里所示，追加和编辑单独的追加项，是一项重要的技能，你必须掌握它，才能熟练地使用 Power Query。

8.2　追加列标题不同的数据

在"追加"查询时，只要被合并的查询的列标题是相同的，第二个查询就会按用户所期望的那样被追加到第一个查询上。但是，如果这些列没有相同的列标题呢？

如图 8-13 所示，"Date"列的名称在"Mar 2008"的查询中变成了"TranDate"，而分析师并没有注意到。当"Jan 2008"和"Feb 2008"的记录被追加时，一切都很正常。但是当分析师把"Mar 2008"追加到记录的表中时，事情就变得糟糕。

当追加两个表时，Power Query 将从第一个查询中加载数据。然后扫描第二个（和后续）查询的标题行。如果任何标题不存在于现有列中，新的列将被添加。然后，它将适当记录填入每个数据集的每一列，用"null"值填补所有空白。

按这个逻辑，这意味着"TranDate"列（出现在 3 月的查询中）在 1 月和 2 月中被填充为"null"值，因为"Jan 2008"查询没有"TranDate"列。

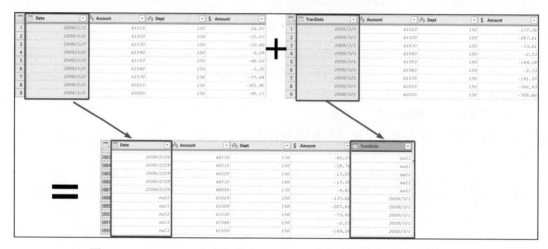

图 8-13　Power Query 如何知道"TranDate"列值应该进入"Date"列呢？

另一方面，由于源文件中的列名改变了，"Mar 2008"查询没有"Date"列，而是拥有"TranDate"列。"Date"列为 3 月的每个记录填充了"null"值，而"TranDate"列则保存了本应在"Date"列中出现的值。

解决这个问题的方法如下。

1. 编辑"Mar 2008"查询，将"TranDate"列重命名为"Date"。
2. 编辑"Transactions"查询。
3. 转到"主页"选项卡，"刷新预览"。

公平地说，预览应该自己刷新，但上面的单击步骤强制执行了这一点。

🖎【注意】

想自己试试吗？"编辑"其中一个月的查询，并将其中任何一列重命名为不同的名称。返回到"Transactions"查询，此时将看到新命名的列。

8.3　在当前文件中追加表和区域

虽然从外部文件中检索和追加数据是很常见的，但 Excel 用户也会使用这种功能来追加同一工作簿中的数据表。

当追加少量的表时，只需要使用上面描述的方法。

1. 为每个数据源创建一个“暂存”（“仅限连接”）查询。
2. “引用”表。
3. 追加其他的数据。

但是，如果用户想构建一个体系，其中Excel就像一个准数据库一样，用户按月创建一个新表，在工作簿中保存该月的交易数据，会发生什么？分析师真的想手动调整查询来每月追加一个新表吗？并非如此。能否设置一个解决方案，在刷新时自动包含所有新表？

这个问题的答案是肯定的，它涉及利用在第 6 章中使用的Excel.CurrentWorkbook函数来读取动态命名区域。

来看一些具体的例子，从“第 08 章 示例文件\Append Tables.xlsx”开始。

这个特定的文件包含 3 个表，其业务表示某水疗中心每月发放的礼品券。每个工作表都以月和年命名，并用空格隔开，每个工作表都包含一个表格。虽然每个表格也以年和月命名，但这些日期部分是用“_”分隔的（Jan_2008、Feb_2008 等），因为表格名称中不允许有空格。

每个月，记账员都会勤奋地创建和命名一个新的工作表，并设置和命名该表作为他们月末工作的一部分。他们似乎忽略了一件事，就是把礼品券的发放日期或到期日期放在表中，如图 8-14 所示。

	A	B	C
1	Gift Certificates Issued - Jan 2008		
2			
3	Cert Number	Value	Service
4	1001	459	Massage
5	1002	201	Pedicure
6	1003	291	Pedicure
7	1004	319	Pedicure
8	1005	286	Pedicure

图 8-14　1 月礼品券信息的示例数据

那么，如何才能建立一个解决方案，使它自动包含记账员添加的所有新表，而不必教记账员如何编辑Power Query呢？

8.3.1　合并表

不幸的是，Excel中没有按钮可以对当前工作簿中的可见对象创建查询，所以需要从头开始创建整个查询，操作如下。

1. 创建一个新的查询，“数据”“获取数据”“自其他源”“空白查询”。
2. 将查询重命名为“Certificates”。
3. 在编辑栏中输入以下内容：

```
=Excel.CurrentWorkbook()
```

此时可以看到表格列表，而且是利用在前几章学到的技巧，用户可以单击“Content”列中“Table”单词旁边的空白处来预览数据，如图 8-15 所示。

如果仔细观察“Content”列的右上角，会发现它有一个图标，看起来像两个指向不同方向的箭头。这是一个很酷的功能，本质上允许用户“展开”每一个表，所有的操作都是一次性完成的。这个功能被称为展开操作，最有价值的地方是，因为“Name”适用于表“Content”列中的每一行，展开后它将与此前对应的每一行相关联。

按如下步骤进行操作。

1. 单击展开按钮，展开"Content"列。
2. 取消勾选"使用原始列名作为前缀"复选框，"确定"。

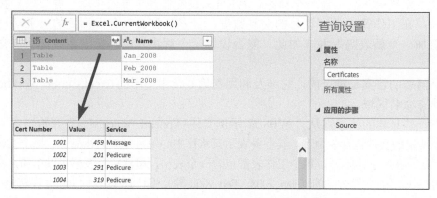

图 8-15 预览"Jan_2008"表内的记录

数据很好地展开了，保持了"Name"列的细节，如图 8-16 所示。

图 8-16 子表已经被展开

🖎【注意】

请记住，列名和数据将根据8.2节中所涉及的规则进行展开，所以，如果此时列命名不一致，则会看到一些列中有空值。

要做的下一件事是将"Name"列转换为有效的月末日期列。由于"Jan_2008"不是一个有效的日期，需要用一个小技巧把它变成一个有效的日期，然后更改成月末日期。

1. 右击"Name"列，"替换值"。
2. 将"_"字符替换为"1"（空格 1 空格）①。
3. 选择所有列，"转换""检测数据类型"。
4. 选择"Name"列，"转换""日期""月份""月份结束值"。
5. 右击"Name"列，"重命名""Month End"。

现在，完成的查询看起来如图 8-17 所示。

这里一切看起来都很好，然而当选择"关闭并上载"时，会看到触发了一个错误，这很奇怪。单击查询旁边的刷新按钮，会看到错误的数量发生了变化，错误增加到了 63 个，如图 8-18 所示。这是什么原因？

---

① 为了构成日期格式形态及后续转换。——译者注

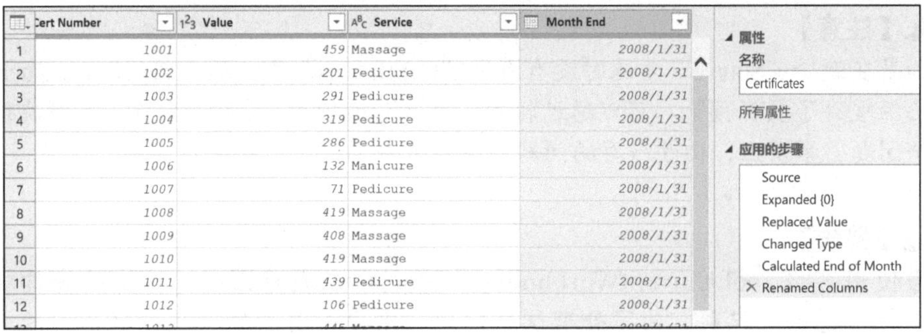

图 8-17 完成查询，准备就绪

图 8-18 63 个错误？但它看起来如此之好

那么发生了什么？回去检查这个查询。但在这之前，请确保将"Certificates"工作表移动到工作簿的最后，如图 8-19 所示。

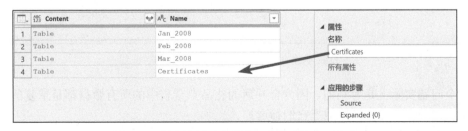

图 8-19 "Certificates"工作表，现在是标签中的最后一个

🖋【注意】
通常情况下，由于有点儿麻烦，可以不用移动这个工作表，但移动后有助于确保用户在与本书相同的位置看到错误。

- 移动工作表之后，右击"Certificates"查询，"编辑"，选择"Source"步骤。

此时，将会注意到比之前多列出了一个表，作为这个查询的输出而创建的"Certificates"表，如图 8-20 所示。

图 8-20 新查询显示在所有工作簿查询的列表中

【注意】

如果在选择"Source"步骤时没有看到"Certificates"表，那是因为PowerQuery已经缓存了数据预览。可以通过转到"主页"选项卡，"刷新预览"来解决这个问题，事实上，由于缓存的问题，在调试查询时，总是应该刷新。

【警告】

当使用"=Excel.CurrentWorkbook()"来列举表或范围时，输出的查询在刷新时也会被识别。为了处理这个问题，需要一些新的步骤，有不同的方式，这取决于用户如何构建查询。

现在应该逐步执行查询的每个步骤，查看发生了什么。

当进入"Replaced Value"（替换的值）步骤时，是否注意到这里有什么危险的事情发生？如图 8-21 所示。

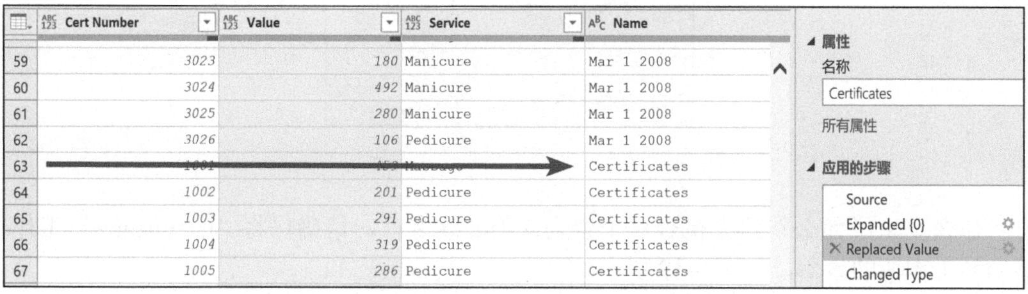

图 8-21　假设下一步是将"Name"列的数据类型转换为"日期"

接下来是检查"Changed Type"步骤，它试图将"Name"列的数据类型转换为"日期"，但这显然不能用于"Certificates"数据。相反，这导致每个包含该文本的单元格会产生一个"Error"，如图 8-22 所示。

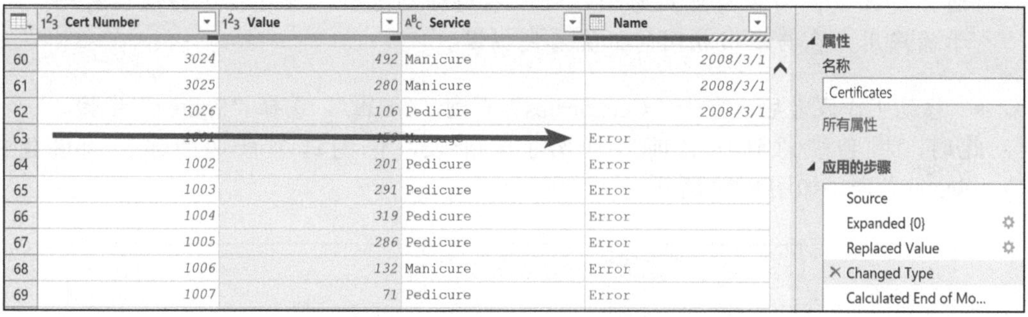

图 8-22　将无效日期转换为"Error"

这个问题实际上是有利的，因为合并后的礼品券全表中的所有数据都是重复的。对这些出现错误的行，可以简单地把它们筛选掉。

1. 确保"Changed Type"步骤被选中。
2. 选择"Name"列，"主页""删除行""删除错误"。

3. 在弹出的对话框"插入步骤"中，单击
   "插入"。

4. 转到"主页"选项卡，"关闭并上载"。

完成筛选后，会从 Power Query 中得到一个正
面的结果，只加载 62 行数据，没有任何错误，如
图 8-23 所示。

这个解决方案现在应该工作得很好，因为它
加入了表名遵循"月_年"格式的任何新表，但筛

图 8-23　从 3 个合并的表中加载 62 行数据

选掉了任何其他表。唯一的挑战是什么？现在要依靠记账员记住正确命名这些表。鉴于它
不是最明显的元素，这可能是危险的。

8.3.2　合并区域或工作表

现在，如果工作表没有表，而是由职员命名工作表呢，会怎么样呢？可以合并所有的
工作表吗？是可以的，但正如第 6 章所提到的，没有内置函数可以从活动工作簿的工作表
中读取数据。相反，必须利用命名区域——一个特定的命名区域对话的能力。诀窍是定义
一个打印区域，因为它有一个动态名称，可以通"Excel.CurrentWorkbook()"公式枚举到
这个名称。

1. 选择"Jan 2008"工作表，转到"页面布局"选项卡，"打印标题"。
2. 在"打印区域"框中输入"A:D"，"确定"。
3. 对"Feb 2008"和"Mar 2008"工作表重复这一过程。
4. 创建一个新的查询，"自其他源""空白查询"。
5. 将该查询重命名为"FromWorksheets"。
6. 在编辑栏中输入以下内容：

```
= Excel.CurrentWorkbook()
```

现在会看到所有的表格和命名区域的列表，包括打印区域，如图 8-24 所示。

	123 Content		A_C Name
1	Table		Jan_2008
2	Table		Feb_2008
3	Table		Mar_2008
4	Table		Certificates
5	Table		'Feb 2008'!Print_Area
6	Table		'Jan 2008'!Print_Area
7	Table		'Mar 2008'!Print_Area

图 8-24　使用 Excel.CurrentWorkbook 函数显示打印区域

由于目前有两个表格和打印区域，现在来筛选并展开列，看看可以得到什么。

1. 筛选"Name"列，"文本筛选器""结尾为""Print_Area""确定"。
2. 将"Name"列中的"!Print_Area"文字替换为空（"替换为"不输入任何东西）。
3. 将"Name"列中剩余的文本（"'"）替换为空。
4. 展开"Content"列（取消勾选"使用原始列名作为前缀"复选框）。

注意，这里的情况有所不同。此时已经成功地创建了一个从工作表中读取数据的"黑科技"——在打印区域中读取每一列，如图 8-25 所示。

偕 Column1	▼	偕 Column2	▼	偕 Column3	▼	偕 Column4
1	Gift Certificates Issued - ...		null		null	
2		null		null		null
3	Cert Number		Value		Service	
4		2001		498	Massage	
5		2002		448	Massage	
6		2003		249	Manicure	
7		2004		284	Manicure	
8		2005		229	Pedicure	
9		2006		498	Pedicure	
10		2007		356	Pedicure	

属性
名称
FromWorksheets
所有属性

▲ 应用的步骤
Source
Filtered Rows
Replaced Value
Replaced Value1
✕ Expanded (0)

图 8-25　原始的工作表

这显然意味着需要进行更多的数据清理，以便汇总这些范围并将其转换成干净的表格，但好消息是可以做到这一点。

需要注意的是，在应用这种技巧的场景中，将第一行提升为标题是有风险的，因为如果有人不关心日期列，他们可能会删除"Feb 2008"这一列，这就会导致出错。出于这个原因，这里采用手动重命名列的方法，通过设置数据类型触发错误，然后将这些错误筛选掉。

因此，清理这个特定数据集的步骤如下。

1. 删除"Column4"（因为它是空的）。
2. 将列分别重命名为"Certificate""Value""Service""Month End"。
3. 右击"Month End"列，"替换值"，在"要查找的值"下面输入一个空格，"替换为"输入"1,"[①]。
4. 设置"Certificate"列的数据类型为"整数"。
5. 设置"Value"列的数据类型为"整数"。
6. 设置"Service"列的数据类型为"文本"。
7. 设置"Month End"列的数据类型为"日期"。
8. 选择所有列并转到"主页"选项卡，"删除行""删除错误"。
9. 筛选"Certificate"列，取消勾选"(null)"值。
10. 选择"Month End"列，"转换""日期""月份""月份结束值"。
11. 转到"主页"选项卡，"关闭并上载"。

完成后，会发现它提供的行数（以及数据）与之前构建的"Certificates"查询结果完全相同，如图 8-26 所示。

在处理打印区域时，尽量将打印区域限制在所需要的行和列，这是一个很好的建议，原因有二：第一是更多的数据需要 Power Query 处理的时间更长；第二是每一列在处理后会自动形成一堆形如"Column#"的列，导致很多无意义的空列被纳入，还需要再删除。

图 8-26　两种方法，同样的结果

---

① 没错，是"1,"，而不是"1"。——译者注

8.3.3 Excel.CurrentWorkbook

在使用Excel.CurrentWorkbook函数构建解决方案时，需要记住的最重要的一点是这个函数会读取当前文件中的所有对象。因为这会影响计算链，所以会受到递归效应的影响，这意味着随着新表的构建，Power Query会识别它们并将它们也作为潜在的内容来读取。

当查询试图加载自身时，这种情况会在刷新时出现，从而在输出中包含重复数据。当使用这种方法时，重要的是记住这一点并加以防范。

在这里，防止出现问题的策略包括筛选关键列上的错误，以及为输入和输出列使用标准命名，从而筛选掉不需要的列。

【注意】
无论用户选择哪种策略，请确保在将其发布到生产环境之前通过刷新进行多次测试。

8.4 关于追加查询的最后思考

本章讲述的功能意义重大，假设用户有 3 个独立的文件，导入并将它们合并到一个单一的"Transactions"表中，并基于这些数据建立一个数据透视表或Power BI可视化。这就是一个基于 3 个独立文件的商业智能解决方案。

而当用户想刷新这个解决方案时，只需要单击"全部刷新"按钮就可以。Power Query将启动对"Transactions"表的刷新，这将启动对 3 个单独的数据表的刷新，为它提供数据。

假设现在这个解决方案是建立在没有特定日期的文件上，而它们是"Product 1"、"Product 2"和"Product 3"。用户已经通过加载CSV文件构建了解决方案，这些文件包含相关的数据，并针对它们建立了商业智能报告。然后，下个月来了，IT部门给分析师发送了替换文件，为每个产品提供新的交易数据。

用户把新的"Product 1"文件覆盖到旧的文件上，对"Product 2"和"Product 3"做同样的处理。然后单击"全部刷新"，此时就已经完成了。

没错，只需要单击刷新，一切就完成了。

另外，追加查询的功能不仅能用于处理外部文件，也可以将当前工作簿中的所有表格或打印区域结合起来合并，创建一个用于分析的表。

利用Power Query的纵向追加数据功能，原有的工作时间可被大幅缩短，并且不存在用户意外地复制、粘贴数据导致数据重复的风险。这里根本不需要复制、粘贴，只需要将一组数据追加到另一组，删除重复的标题。利用这种方式，可以构建同时拥有速度和一致性两重优点的解决方案。

至此，已经探索了用外部数据源的手动追加方法，以及如何为工作簿中的数据生成自动更新系统。有没有可能把这些合并起来，创建一个系统，可以推广到合并一个文件夹中的所有文件，而不必在Power Query中手动添加每个文件呢？答案是肯定的，我们将在第 9 章讨论这个问题。

第 9 章　批量合并文件

合并来自多个文件数据的传统方法是极其烦琐和容易出错的。每个文件都需要经历导入、转换、复制和粘贴的过程。根据转换数据量的大小和复杂程度、文件的数量以及解决方案运行的时长,这些问题可能形成可怕的积累效应。

从前文可知使用Power Query后不再需要复制、粘贴,尽管它能够逐一导入和追加文件,但还是有一些问题要应对。

1. 手动导入多个文件是很麻烦的。

2. 手动重复复杂的转换步骤很容易出错。

幸好,Power Query也有办法来解决这两个问题。

9.1　示例文件背景介绍

在这一章中,将研究如何为一家制造公司导入、逆透视和追加一系列的季度零件需求数据。生产区域每季度提交一份以区域命名的数据报告,这些数据报告被存储在一个文件夹中,结构如图 9-1 所示。

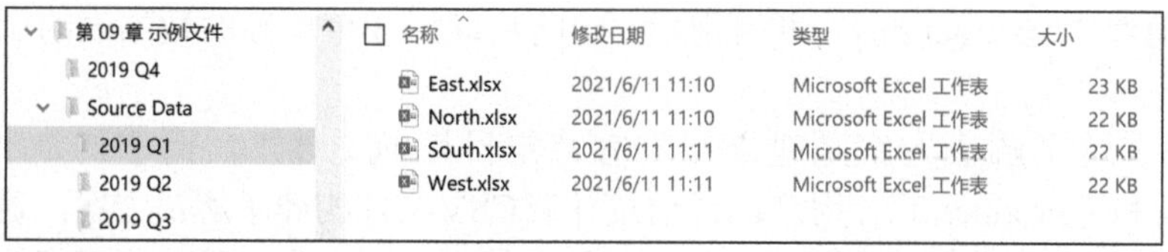

图 9-1　每个季度有 4 个文件,包含在"第 09 章 示例文件\Source Data"文件夹中

在每个工作簿中都有一个名为"Forecast"的工作表,其中包含如图 9-2 所示的透视的数据结构。这里最大的问题是,这些数据的格式像Excel表格,但它实际上只是一个区域,尽管文件中也存在另一个名为"Parts"的表格。

Production Forecast
For the quarter ending Mar 31, 2019

Units to Produce	1,797	1,781	1,790	1,410	1,287	1,353	6,778

Parts needed by product

Part Nbr	Product A	Product B	Product C	Product D	Product E	Product F	Total
Part 1	-	-	-	4,230	2,574	1,353	4,230
Part 2	3,594	1,781	-	7,050	5,148	6,765	12,425
Part 3	3,594	8,905	-	4,230	6,435	-	16,725
Part 4	-	5,343	3,580	5,640		-	14,563
Part 5	3,594	8,905	8,950	1,410	2,574	-	22,859
Part 6	1,797	8,905	5,370	4,230	1,287		20,302
Total	12,579	33,839	17,900	26,790	18,018	8,118	91,108

图 9-2　在"2019 Q1\East.xlsx"工作簿的"Forecast"工作表数据

目标是创建一个可刷新的自动化解决方案，以如图 9-3 所示的格式返回数据。

Name	Year	Quarter	Products	Part	Units
East	2019	Q1	Product A	Part 2	2
East	2019	Q2	Product A	Part 3	2
East	2019	Q3	Product A	Part 5	2
East	2019	Q4	Product A	Part 6	1
East	2019	Q1	Product B	Part 2	1
East	2019	Q2	Product B	Part 3	5
East	2019	Q3	Product B	Part 4	3

图 9-3　被要求生成的表

这很棘手，因为此时面临以下问题。

1. 这些文件都存储在"第 09 章 示例文件\Source Data"文件夹的子文件夹中。
2. 每个文件的内容需要逆透视才能被追加。
3. 不是所有的区域都会生产相同的产品，所以文件的列数也不相同。
4. 文件名中的区域名称必须被保留。
5. 需要从子文件夹名称中保留日期（例如"2019 Q4"）。
6. 当以后添加一个新的子文件夹时，用户需要能够刷新解决方案。

然而，即使有这些挑战，用户最后也会发现 Power Query 可以完成这项任务。

9.2　过程概述

在深入探讨构建解决方案的结构之前，需要快速浏览一下 Power Query 如何处理这项任务。

9.2.1　合并文件的标准流程

合并文件的过程遵循以下标准步骤。

1. 步骤 0：连接到文件夹。
2. 步骤 1：筛选文件。
3. 步骤 2：合并文件。
4. 步骤 3：转换示例文件。
5. 步骤 4：通过主查询进行数据清理。

这一章，将展示这个标准步骤的每一步是如何工作的，以及为什么这些步骤很重要。然而，在这之前，理解将要构建的内容体系结构是很重要的。

9.2.2　合并文件的通用架构

让许多用户感到害怕的事情之一是，Power Query 并不只是通过使用单一的查询来合并文件的。相反，当单击"合并文件"按钮时，它会要求用户选择一个"示例文件"，然后创建 4 个新的查询来完成这项工作。如果用户没有发现这一点，这可能会让用户感到有点儿困惑。

假设已经创建了一个名为"FilesList"（文件列表）的特定查询来显示想合并的文件，

以及一个包含合并文件的结果（将在本章后文讨论）的"Master Query"（主查询），查询体系结构最终将看起来如图 9-4 所示。

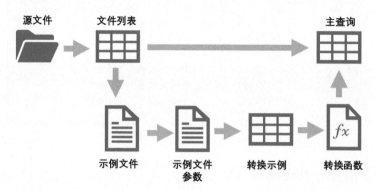

图 9-4　当合并文件时，将创建 4 个新的查询（显示在下半部分）

虽然每个新查询都是这个过程中的关键组成部分，但其中 3 个查询将被放在一个"帮助程序查询"文件夹中，用户不需要创建它们。它们很容易被识别为以下内容。

1. 它们将储存在一个名为"帮助程序查询"的文件夹中。
2. 它们用一个看起来不像表格的图标来表示。

如果仔细看图 9-4，会注意到列出的 3 个查询显示为表格图标。

1. 文件列表：这个查询只包含用户希望合并的文件列表。正如在后文将了解到的，它可以是一个独立的查询，也可以是主查询的一部分。无论采取哪种方法，这都是合并文件的地方。
2. 转换示例：在合并步骤中，用户会被要求选择一个文件作为示例文件，这个查询将引用该示例，向用户显示选择的文件内容。它的目的是让用户在将所有文件追加到单个表之前，对单个文件执行数据转换（用户在这里执行的步骤会在转换函数中自动照搬运行并合并，以便它们可以应用于文件夹中的所有文件）。
3. 主查询：这个查询的目的是将文件列表中包含的每个文件，传递给转换函数（基于"转换示例"中的步骤），并返回每个转换结果。然后，展开这些表格，将它们追加到一个长的数据表中，并允许用户在必要时做进一步的转换。

这听起来可能有点儿复杂，但正如看到的，它提供了令人难以置信的灵活性，而且一旦理解了它是如何合并在一起的，实际上使用起来非常简单。最重要的是，这种设置遵循如下流程。

1. 在表被添加前进行数据转换。
2. 在表被添加后进行数据转换。
3. 保留文件属性，包括名称或日期。

> ✎【注意】
> 这种方法不仅适用于Excel文件，也适用于Power Query中的任何其他文件类型（CSV文件、文本文件、PDF文件和更多文件类型）的连接器。

现在开始，把这个概述应用于示例数据。

9.3 步骤 0：连接到文件夹

需要做的第一件事是连接到数据文件夹。如果还记得第 1 章的内容，每次连接到一个数据源时，Power Query 都要经历如图 9-5 所示的 4 个不同的步骤。

图 9-5 连接到数据源

从设置开始，在这里选择和配置需要使用的连接器，来连接到相应的文件夹。接下来，Power Query 会检查用户是否需要对数据源进行验证（如果需要，会提示用户进行验证）。在验证了用户可以访问数据源之后，用户会得到初始预览窗口，此时用户可以选择"加载数据"，或者在加载前到 Power Query 编辑器中重新塑造数据。

这里再次提到这一点的原因，以及本标准流程有步骤 0 的全部原因是，实际上有多个不同的连接器可以用来从一个文件夹中读取数据，这取决于用户存放文件的系统。虽然根据系统的类型（Windows、SharePoint、Azure 等），入口是不同的，但如果用户进入数据预览窗口，为合并文件而建立的解决方案都采用相同的模式，如表 9-1 所示。

表 9-1 任何"从文件夹"解决方案背后的信息

列	包含
内容	对实际文件内容的引用
文件名称	给定文件的名称
扩展名	文件类型
访问日期	文件最后一次被访问的日期
修改日期	文件最后修改的日期
创建日期	文件创建的日期
属性	文件大小、可见性状态等项的记录
文件夹路径	文件夹的完整路径

因此，一旦完成了特定数据源的配置和身份验证步骤，会发现本章中显示的步骤可以应用于各种不同的数据源。

9.3.1 连接到本地 / 网络文件夹

到目前为止，最容易创建"从文件夹"的场景是，将文件组合在本地计算机或映射的网络驱动器的文件夹中。由于 Windows 已经对文件夹访问进行了验证，因此不会提示用户填写任何凭据。

在本章中，将使用这种方法来连接到"第 09 章 示例文件\Source Data"文件夹。按如下步骤即可做到这一点。

1. 创建一个新的查询，"来自文件""从文件夹"。
2. 浏览并选择"文件夹名称"（"第 09 章 示例文件\Source Data"），"打开"。

此时，会弹出预览窗口，其中不仅显示了用户选择的文件夹中的所有文件，而且显示了子文件夹中的文件，如图 9-6 所示。

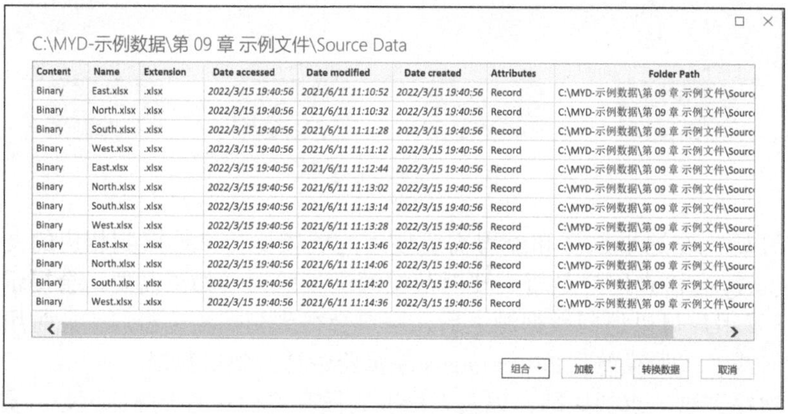

Content	Name	Extension	Date accessed	Date modified	Date created	Attributes	Folder Path
Binary	East.xlsx	.xlsx	2022/3/15 19:40:56	2021/6/11 11:10:52	2022/3/15 19:40:56	Record	C:\MYD-示例数据\第 09 章 示例文件\Sourc
Binary	North.xlsx	.xlsx	2022/3/15 19:40:56	2021/6/11 11:10:32	2022/3/15 19:40:56	Record	C:\MYD-示例数据\第 09 章 示例文件\Sourc
Binary	South.xlsx	.xlsx	2022/3/15 19:40:56	2021/6/11 11:11:28	2022/3/15 19:40:56	Record	C:\MYD-示例数据\第 09 章 示例文件\Sourc
Binary	West.xlsx	.xlsx	2022/3/15 19:40:56	2021/6/11 11:11:12	2022/3/15 19:40:56	Record	C:\MYD-示例数据\第 09 章 示例文件\Sourc
Binary	East.xlsx	.xlsx	2022/3/15 19:40:56	2021/6/11 11:12:44	2022/3/15 19:40:56	Record	C:\MYD-示例数据\第 09 章 示例文件\Sourc
Binary	North.xlsx	.xlsx	2022/3/15 19:40:56	2021/6/11 11:13:02	2022/3/15 19:40:56	Record	C:\MYD-示例数据\第 09 章 示例文件\Sourc
Binary	South.xlsx	.xlsx	2022/3/15 19:40:56	2021/6/11 11:13:14	2022/3/15 19:40:56	Record	C:\MYD-示例数据\第 09 章 示例文件\Sourc
Binary	West.xlsx	.xlsx	2022/3/15 19:40:56	2021/6/11 11:13:28	2022/3/15 19:40:56	Record	C:\MYD-示例数据\第 09 章 示例文件\Sourc
Binary	East.xlsx	.xlsx	2022/3/15 19:40:56	2021/6/11 11:13:46	2022/3/15 19:40:56	Record	C:\MYD-示例数据\第 09 章 示例文件\Sourc
Binary	North.xlsx	.xlsx	2022/3/15 19:40:56	2021/6/11 11:14:06	2022/3/15 19:40:56	Record	C:\MYD-示例数据\第 09 章 示例文件\Sourc
Binary	South.xlsx	.xlsx	2022/3/15 19:40:56	2021/6/11 11:14:20	2022/3/15 19:40:56	Record	C:\MYD-示例数据\第 09 章 示例文件\Sourc
Binary	West.xlsx	.xlsx	2022/3/15 19:40:56	2021/6/11 11:14:36	2022/3/15 19:40:56	Record	C:\MYD-示例数据\第 09 章 示例文件\Sourc

图 9-6 显示文件夹（和子文件夹）中所有文件的预览窗口

需要认识到的重要一点是，这个视图遵循前文显示的模式，所有列出的列的顺序完全相同。只要连接到一个本地文件夹就行了，剩下的唯一选择是确定加载数据的位置。由于要控制输出，将选择通过"转换数据"按钮来编辑查询。

【注意】

"从文件夹"连接器可用于从个人计算机上的本地文件夹、映射的网络驱动器的文件夹，甚至从通用命名约定（universal naming convention，UNC）路径中读取数据。

9.3.2 连接到 SharePoint 文件夹

如果用户将数据存储在 SharePoint 站点中，应该知道，有如下两个方法可以连接到数据。

1. 如果将该文件夹同步到本地计算机上，则可以使用前文描述的本地文件夹连接器。
2. 如果连接到云端托管版本的 SharePoint 文件夹，则可以用一个 SharePoint 专用连接器来实现。

与连接到本地文件夹相比，SharePoint 连接器的运行速度较慢，因为在执行查询时需要下载文件，但不需要将文件存储在本地计算机上。按如下步骤来设置它。

1. 创建一个新的查询，"来自文件""从 SharePoint 文件夹"。
2. 输入"站点 URL"的根目录（不是本地库或文件夹路径）。

挑战在于，与使用本地文件夹不同，用户不能直接连接到一个子文件夹，而是必须连接到根目录，然后向下查找，直到找到需要的文件夹。那么，如何找到这个根目录呢？

最简单的方法是通过用户喜爱的网络浏览器登录 SharePoint 站点，然后检查 URL，如

图 9-7 所示。将单词"Forms"左边的第二个"/"开始前面的 URL 复制到"站点 URL"。

```
https://<SharePointDomain>/sites/projects/rockets/Forms/AllItems.aspx
<----------- connect to this ----------->|<---- ignore all this ---->
```

图 9-7　提取 SharePoint 站点的根目录

因此，如果域名是 https://monkey.sharepoint.com，那么将连接到 https://monkey.sharepoint.com/sites/projects。

> **✎【注意】**
> 如果用户的公司使用 Microsoft 365，SharePoint 域名将采用".sharepoint.com"的格式；如果用户的 SharePoint 由 IT 部门管理，它可能是任何东西。

确认根目录后，如果用户以前从未连接到该网，则会提示用户进行身份验证。此时，用户需要用适当的凭据登录，如图 9-8 所示。

图 9-8　连接到 Microsoft365 上的 SharePoint

成功浏览此对话框的关键是确保选择正确的账户类型进行登录。由于 SharePoint 的配置方式不同，无法完全预测用户需要使用哪种认证方式，但以下内容应有助于提高首次选择正确登录方法的概率。

1. 如果 SharePoint 托管在 Microsoft 365 上，则必须选择 Microsoft 账户，用 Microsoft 365 的电子邮箱地址登录。
2. 如果 SharePoint 是由 IT 部门管理，用户甚至都不需要登录就可以匿名访问。当然，如果这不起作用，则需要使用 Windows 凭据登录。

> **✎【注意】**
> 如果用户的公司是使用 Microsoft 365 且域名是以 sharepoint.com 结尾的，那么选择 Microsoft 账户，并输入常规工作电子邮箱凭据。

> **☎【警告】**
> 凭据会存储在用户计算机上的一个文件中，所以选择错误的凭据会让用户进入无法连接的状态。要管理或更改凭据，需要转到"数据"选项卡，"获取数据""数据源设置""全局权限""清除权限"。然后在下次尝试连接时，会被提示输入"站点 URL"。

一旦用户凭据通过验证，Power Query 将尝试连接到文件夹。如果输入的是一个有效的 URL，它将展示预览窗口。但如果没有输入 URL 或者提供的 URL 不是根目录，那么将会得到一个错误信息，并需要再次尝试。

> **🔧【注意】**
>
> 连接到 SharePoint 还有一个细微的差别，那就是人们实际上也可以在 SharePoint 域的根目录中存储文件。要连接到这些文件，仍然要使用"从 SharePoint 文件夹"连接器，但要输入 https://（没有尾部的文件夹）的 URL。请注意，这并不会枚举各站点的内部数据。

9.3.3 连接到 OneDrive for Business

OneDrive for Business 的"最大秘密"是，它实际上是一个在 SharePoint 上运行的个人网站。这意味着，用户在连接 OneDrive for Business 的文件夹时，与连接 SharePoint 站点时有相同的选择：通过"来自文件"选项（如果它同步到用户的桌面），或通过"从 SharePoint 文件夹"。

它的诀窍在于理解如何连接到正确的 URL，因为它与 SharePoint 的"站点 URL"不同。当通过"从 SharePoint 文件夹"选项进行连接时，用户需要输入以下格式的 URL：

```
https://<SharePointDomain>/personal/<email>
```

用户还应知道，电子邮箱地址中的"."和"@"字符都将被替换为下画线字符。

> **🔧【注意】**
>
> 如果用户的公司使用 Microsoft 365，SharePoint 域名将采用"-my.sharepoint.com"的格式；如果用户的 SharePoint 由 IT 部门管理，它可能是任何东西。到目前为止，获得正确 URL 的最简单方法是在网络浏览器中登录 OneDrive for Business，并将所有内容复制到电子邮箱地址的末尾，因为这将为用户获取正确的 URL。

9.3.4 连接到其他文件系统

前文虽然已经介绍了最常见的连接器，但也有其他连接器在连接时返回相同的文件夹模式，包括（但不限于）Blob Storage、Azure Data Lake Gen 1 和 Azure Data Lake Gen 2。每个连接器都需要通过自己的特定 URL 进行连接，并要求进行身份验证。一旦完成，就会进入与前文列出的那些连接器相同的界面。

但是，如果用户在不同的在线存储系统中存储文件呢？也许把文件保存在 Google Drive、Dropbox、Box、OneDrive（个人版），或者其他几十个存储解决方案中的任何一个。即使不存在与该系统的特定连接器，只要供应商提供一个应用程序，可以将文件同步到用户本地计算机上，用户就可以通过"从文件夹"连接器连接到这些文件。

9.4 步骤 1：筛选文件

在选择适当的步骤 0 并在连接到数据文件夹后，可以查看到该文件夹下以及任何子文件夹中的所有文件的列表。问题是存储在这个文件夹中的任何文件都将被包括在内，但 Power Query 一次只能合并一种类型的文件。

为了防止由于合并多种文件类型而产生错误，需要确保将文件列表限制为单一的文件类型。即使用户在文件夹中只看到一种类型的文件，也应该这样做，因为用户永远不知道会计部的乔伊（Joey）什么时候会决定把他的 MP3 收藏文件和需要合并的 Excel 文件存放在同一个文件夹里。更大的问题是，Power Query 还会区分字母的大小写，所以如果将列表限制为".xlsx"文件，当乔伊将文件保存为".XLSX"时，它们会将被筛选掉。

9.4.1　标准步骤

步骤 1 是关于筛选想合并的文件，并在将来针对不相关的文件对解决方案进行校对。它可以被总结成一个标准步骤，看起来如下。

1. 筛选到适当的子文件夹级别（如有必要）。
2. 将扩展名转换为小写字母。
3. 将扩展名筛选限定为同一种文件类型。
4. 在名称中通过筛选排除临时文件（文件名以"~"开头的文件）。
5. 执行任何需要的额外筛选。
6. 可选操作：将查询重命名为"FilesList"，并将其作为一个仅限连接的加载（无须实际加载数据）。

接下来将更详细地探讨。

9.4.2　应用于示例场景

当使用本地"从文件夹"连接器连接到一个文件夹时，能够直接连接到一个特定的子文件夹。这是很方便的，因为用户通常可以直接输入目标文件夹的直接路径。另一方面，如果使用的是一个从 SharePoint 或 Azure 中提取数据的连接器，就没有这么幸运了，需要向下筛选到相应的子文件夹。这可以通过筛选"Folder Path"列来完成，但这里有一点需要注意：每个文件的整个文件夹路径都包含在这些单元格中。虽然在本地文件系统中很容易阅读，但在 SharePoint 解决方案中，每个文件名前面都有整个网站的 URL。为了解决这个问题，本书建议用户采取以下方法来筛选文件列表，只保留所需的子文件夹。

1. 右击"Folder Path"，"替换值"。
2. "要查找的值"，在"<原始文件夹路径或站点 URL>"加上文件夹分隔符。
3. "替换为"什么都不填。

因此，在本地文件夹解决方案的情况下追加如下路径数据："C:\MYD\第 09 章 示例文件\Source Data"。

把下面的内容替换为空（"替换为"什么都不填）："C:\MYD\第 09 章 示例文件\Source Data\"。单击"确定"后结果如图 9-9 所示。

如果用户连接的是一个本地文件夹，并且需要在子文件夹级别进行连接，不用担心，根本不需要这样做。但如果用户使用 SharePoint、OneDrive 或 Azure 工作，通过这个技巧可以更容易看到和筛选到适当的子文件夹。事实上，对于更深层的文件路径或有大量文件的场景，用户可能要重复这个过程几次，以便进入需要的子文件夹。

	essed	▼		Date modified	▼		Date created	▼		Attributes	↑ᵗ↑	A^Bc Folder Path
1	3/13 16:34:44			2021/6/11 11:10:52			2022/2/20 12:36:33		Record			2019 Q1\
2	3/13 16:34:44			2021/6/11 11:10:32			2022/2/20 12:36:34		Record			2019 Q1\
3	3/13 16:34:43			2021/6/11 11:11:28			2022/2/20 12:36:34		Record			2019 Q1\
4	3/13 16:34:43			2021/6/11 11:11:12			2022/2/20 12:36:34		Record			2019 Q1\
5	3/13 16:34:43			2021/6/11 11:12:44			2022/2/20 12:36:34		Record			2019 Q2\
6	3/13 16:34:43			2021/6/11 11:13:02			2022/2/20 12:36:35		Record			2019 Q2\

图 9-9　在 "Folder Path" 列现在只显示子文件夹名称

1. 将 "当前" 文件夹路径替换为空 ("替换为" 什么都不填)。
2. 筛选到下一个子文件夹级别。
3. 为了找到正确的文件夹,可以多次转到步骤 1。

一旦向下钻取到包含用户预期文件的特定文件夹或子文件夹,需要确保将列表限制为只有一种文件类型。在这个过程中,需要确保永远不会被大小写敏感问题所困扰,而且筛选掉临时文件也是一个很好的做法,特别是如果正打开着 Excel 文件。按如下步骤即可做到这一点。

1. 右击 "Extension" 列,"转换""小写"。
2. 筛选 "Extension" 列,"文本过滤器""等于"。
3. 单击 "高级"。
4. "柱" 选择 "Extension","运算符" 选择 "等于","值" 输入 ".xlsx"。
5. "柱" 选择 "Name","运算符" 选择 "开头不是","值" 输入 "~"。

此时结果如图 9-10 所示。

图 9-10　通过限制有效的 .xlsx 文件,来验证解决方案是可行的

> ✎【注意】
> 在本地硬盘上打开 Excel 文件时,会在文件夹中创建一个文件名以 "~" 字符开头的副本。当 Excel 被关闭时,该文件会自动消失,但在崩溃的情况下,并不总是这样的。通过筛选删除以 "~" 开头的文件,可以避免这些文件出现。如果不合并 Excel 文件,可以跳过这一步,但无论如何,做这一步没有任何负面影响或问题。

此时,应该仔细检查列表中保留的文件。为了合并这些文件,它们不仅需要有相同的文件类型,而且必须有一致的内部结构。如果仍然有混合的文件(如销售报告、财务报告和预算准备文件等),可能需要在这个阶段做一些额外的筛选,来限制列表中只有那些想要合并并且具有一致结构的文件。

> **【注意】**
>
> 请记住，用户可以根据需要对文件名、文件夹甚至日期进行筛选。然而，到目前为止，确保只包括相关文件的最简单方法是事先建立一个清晰的文件夹结构，以可预测和可筛选的方式收集文件。

对于这个场景，现在处于一个很好的情况，查看任意Excel文件的列表。尽管这些文件仍在源数据文件夹的子文件夹中，但也可以这样做，并继续下一步。

筛选文件标准步骤的最后一步是可选的。

1. 将查询重命名为"FilesList"。
2. 将查询加载为"仅限连接"查询。

肯更喜欢构建"从文件夹"解决方案的方式，因为它有以下两个优点。

1. 它构建了一个非常明显的结构，在那里可以查看哪些文件被合并，而不必通过查询的一部分来确定细节。
2. 它只在解决方案中硬编码一次文件路径。

虽然解决方案将使用这种方法进行说明，但请注意，可以跳过它，继续进行下一步，无论如何一切都会顺利进行，如图 9-11 所示。

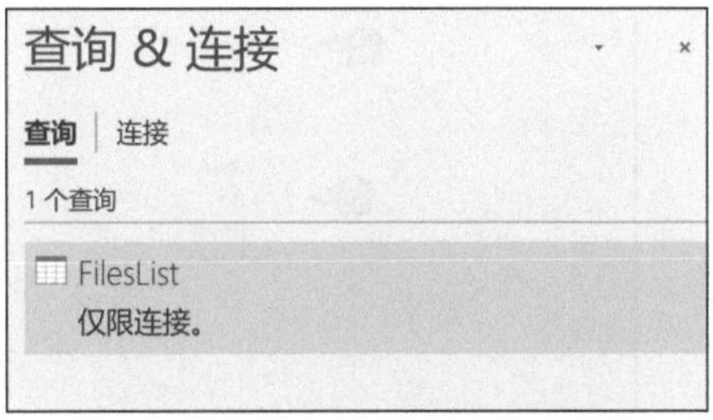

图 9-11 将"FilesList"查询作为"暂存"查询加载

9.5 步骤 2：合并文件

现在是时候对文件进行合并了。

9.5.1 标准步骤

步骤 2 包括以下操作。

1. 可选操作：单击"引用""FilesList"查询来创建主查询。
2. 重命名主查询。
3. 单击"合并文件"按钮。
4. 选择"示例文件"。

此时，Power Query将运用它的"魔法"，创建 4 个新的查询，并在主查询中添加一系列步骤。

9.5.2 应用于示例场景

强烈建议用户在进行"合并文件"过程之前，一定要重新命名主查询，因为主查询的名称可能会被用于一些创建的文件夹和查询的名称中（如果用户最终在同一个解决方案中合并了多个不同的文件夹，这将更容易管理）。这里的关键是提供一个描述性的名字，不要太长，而且是用户乐意加载到工作表或数据模型中的。在示例场景中，试图出一个需要订购的零件清单，所以像"Parts Required"或"Parts Order"这样的名称可能是有意义的。在这个示例中，为保持简短和干净，把主查询称为"Orders"。

那么，到底哪个查询是主查询？这取决于用户是否决定进行创建专用"FilesList"暂存查询的可选步骤。

1. 如果加载了"FilesList"查询作为暂存查询，主查询将被称为"FilesList (2)"，并通过"引用""FilesList"查询（右击"引用"）来创建。
2. 如果没有把"FilesList"查询作为一个暂存查询加载，那么"FilesList"查询就是主查询，一旦确定哪个查询是主查询，就可以开始"合并文件"的过程。
3. 选择主查询并将其重命名为"Orders"。
4. 单击"Content"列顶部的合并文件（双箭头）按钮（图 9-12 中的 1）。

此时，会弹出一个预览窗口。在这个预览窗口中，用户会被要求选择作为"示例文件"的文件（图 9-12 中的 2）。一旦选择"第一个文件"，还会看到"示例文件"中的全部内容（图 9-12 中的 3）和所选择对象的数据预览（图 9-12 中的 4）。

图 9-12　合并一个 Excel 文件中的文件夹

> **【注意】**
>
> 使用单独的"FilesList"查询的一个缺点是，只能选择"第一个文件"作为这里的示例文件选项。如果使用引用后的文件，文件夹中的任何文件都可以被选为示例文件使用。当然，这不是问题，用户会发现还是有技巧使用任何文件作为示例文件，只需要返回到"FilesList"查询并进行排序或筛选，来获得想要的文件作为"第一个文件"，再将它作为示例文件。

在这些工作簿的示例文件中，会注意到它们中有一个名为"Parts"的表格，以及"Forecast"和"Matrix"工作表。不幸的是，虽然"Parts"表很好、很"干净"，但这实际上是作为"Forecast"表上所包含的数据范围的查询表。因此，看起来需要导入的表包含不太"整洁"的数据，即"Forecast"工作表，不得不执行一些手动清理。现在就开始。

- 选择"Forecast"工作表，"确定"。

Power Query 运行一小段时间，然后合并文件，结果如图 9-13 所示。

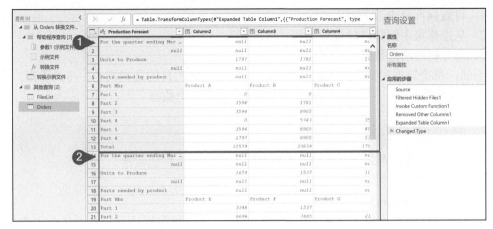

图 9-13 突然间，主查询中出现了 4 个新查询和 5 个新步骤

这里有很多需要注意的地方。

实际上，这里发生的事情是，Power Query 创建了一个"帮助程序查询"集合，然后在主查询中添加步骤来使用它们。在左边，会看到一个叫作"帮助程序查询[3]"的文件夹，它包含"参数 1（示例文件）""示例文件""转换文件"功能。在这下面，还有一个非常重要的"转换示例文件"。

用户还应该注意，查询预览仍然停留在主查询上，可以进一步在此窗口进行合并文件操作。在本章的步骤 4 中，将进一步解释右边的步骤，但要认识到的重要事情是，Power Query 基本上已经提取了每个文件的"Forecast"内容，并将它们追加到后面。现在，如果数据已经处于纵向追加的目标状态，就算完成了，但是如果看一下图 9-13 中显示的第一个和第二个文件，会注意到 Power Query 实际上追加了两个透视表结构的数据集，而且每个数据集的标题都不同。

一旦阅读并掌握了整本书的内容，就会意识到，用一个查询来处理这样的透视表结构罗列的数据集其实也是可能的。话虽如此，但这样做过于复杂。如果能在追加数据之前对这些数据进行逆透视，从而避免令人头痛的问题，那不是很好吗？好消息是，可以做到。更好的消息是，利用这些帮助程序查询是非常容易的。

> **✎【注意】**
> 虽然看起来在合并步骤中只能访问每个文件中的一个对象，但实际上并非如此。如果需要合并多个工作簿中的多个工作表，或者是每个工作簿中的第二个工作表，都是完全可以做到的。只要选择"转换示例文件"的"Source"步骤，这将提取一个列出所有工作簿对象的表格，类似于第 6 章和第 8 章中所示的 Excel.CurrentWorkbook 函数的示例。

9.6 步骤 3：转换示例文件

在触发原始合并之后，要做的下一件事是清理数据。这一步的总体目标是做以下工作，来创建一个规范化的数据集。

1. 将数据拆分成若干列。
2. 从数据集中删除"垃圾行"和"垃圾列"。
3. 为分析而清理数据。

当然，每个数据集需要处理的方式都不同，但最终的目的是相同的：将其重塑为具有描述性标题的数据表，并且每行和每列的交叉点都有一个数据。

9.6.1 使用转换示例文件的原因

在这个扩展的查询集合中，在如下两个地方用户可以重塑数据。
1. "转换示例文件"。
2. 主查询（Orders）。

本书鼓励用户尽可能多地在"转换示例文件"中进行数据清理，而不是在主查询中。"转换示例文件"的主要好处是，用户可以根据一个"示例文件"构建查询，从而使数据清理更加容易。完全避免了追加数据集的混乱，因为在数据被追加之前，转换会被应用到数据集上。在像透视、逆透视或分组这样的操作中，这可能会对降低复杂性产生巨大影响。

更棒的是，当用户在"转换示例文件"中执行数据清理时，这些步骤都会同步到转换文件函数中。然后在追加之前，对文件列表中的所有其他文件调用这个函数，并且它会自动神奇地执行。

> **【注意】**
> 经验法则是尽可能地使用"转换示例文件"。

9.6.2 使用转换示例文件的方法

使用"转换示例文件"来清理其中一个工作表。单击"查询"窗格中的"转换示例文件"查询，会被带入如图 9-14 所示的视图。

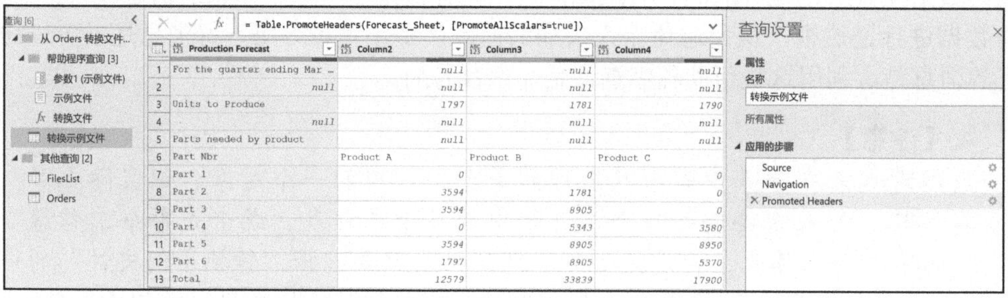

图 9-14 基于"FilesList"查询的第一个文件使用"转换示例文件"的所有 13 行

当用户第一次转到"转换示例文件"时，理解 Power Query 自动创建的步骤很重要。在这种情况下，应用步骤如下。
1. "Source"：包含 Excel 文件中所有可用对象的原始表。
2. "Navigation"：导航到表示"Forecast"工作表的表格中去。
3. "Promoted Headers"：将第一行提升为标题。

在仔细观察数据时，被提升标题的那一行似乎并没有什么价值，接下来的 5 行数据也是如此。用户想要的列标题实际上包含在文件的第 7 行中（假设第一行没有被提升为标题）。按如下操作解决这个问题。

1. 删除"Promoted Headers"步骤。
2. 转到"主页"选项卡，"删除行""删除最前面几行""6"。
3. 转到"主页"选项卡，"将第一行用作标题"。

此时，Power Query 做了一件非常危险的事情，如图 9-15 所示。发现它了吗？

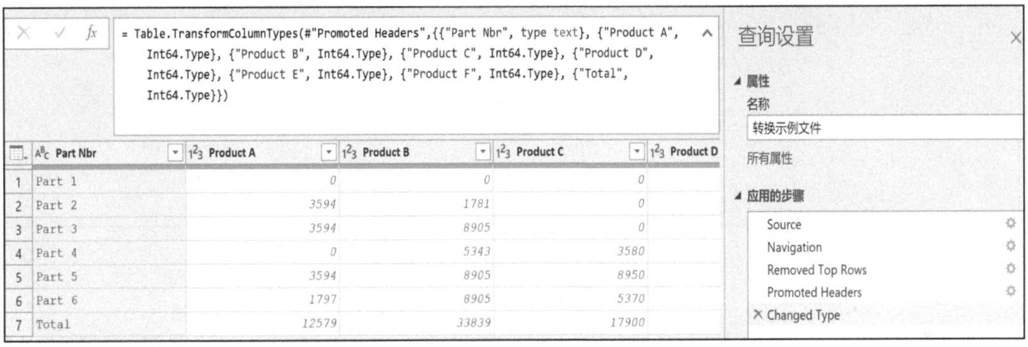

图 9-15　"Change Type"步骤不是用户自己构建的

每当一行被提升到标题时，Power Query 都会帮助用户自动判别并转换数据类型。虽然这很有用，但它也将列的名称硬编码到步骤中。问题出在哪里？在本章开头的案例背景中提到过这个问题：并非所有的区域都生产相同的产品，所以列的数量因文件而不同。

那么，当用户遇到另一个不生产产品"A""B"或"C"的区域时会发生什么？如图 9-16 所示的"North.xlsx"文件的部分界面，将发生步骤级错误。

Part Nbr	Product E	Product F	Product G	Total
Part 1	3,348	1,537	-	4,885
Part 2	6,696	7,685	2,118	16,499
Part 3	8,370	-	1,059	9,429
Part 4	-	-	-	-
Part 5	3,348	-	3,177	6,525
Part 6	1,674	-	-	1,674
Total	23,436	9,222	6,354	39,012

图 9-16　"North.xlsx"文件的部分界面

【注意】

在更改"转换示例文件"时要小心，特别是在文件之间列名可能不同的情况下。只有在确保在所有情况下都会存在同样的列名时才能硬编码。

事实上，在这个阶段，并不需要声明数据类型，而需要继续准备数据，以便进行逆透视，但要以安全的方式进行。

1. 删除"Changed Type"步骤。
2. 筛选"Part Nbr"列，取消勾选"Total"。
3. 找到"Total"列并删除。

4. 右击“Part Nbr”列，“逆透视其他列”。

结果如图 9-17 所示。

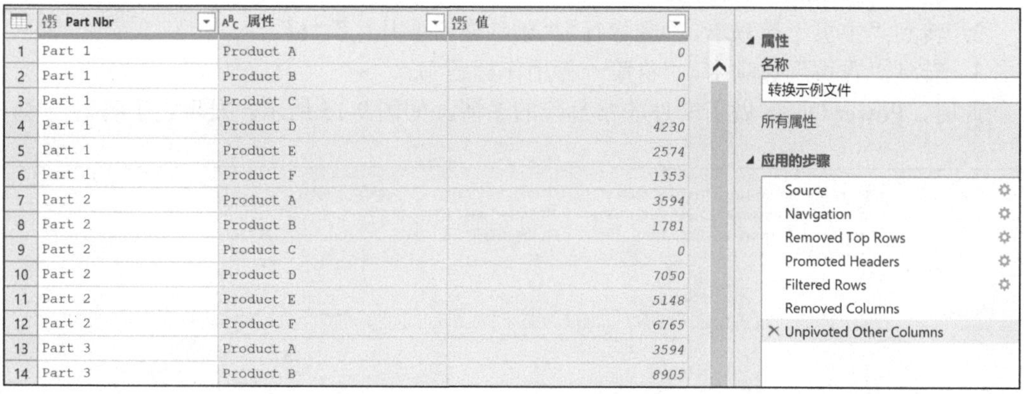

	Part Nbr	属性	值
1	Part 1	Product A	0
2	Part 1	Product B	0
3	Part 1	Product C	0
4	Part 1	Product D	4230
5	Part 1	Product E	2574
6	Part 1	Product F	1353
7	Part 2	Product A	3594
8	Part 2	Product B	1781
9	Part 2	Product C	0
10	Part 2	Product D	7050
11	Part 2	Product E	5148
12	Part 2	Product F	6765
13	Part 3	Product A	3594
14	Part 3	Product B	8905

图 9-17　逆透视的数据集

【注意】

等一下，刚刚在删除“Total”列的时候，不是已经把它的名字硬编码了吗？的确，是这样做了。但是这样做安全吗？这里的答案有点儿微妙，但既然它似乎在东部和北部的数据范围内都出现了，那么也许可以假设它将出现在所有的数据集中。如果没有，我们可以通过将它留在数据中进行逆透视，然后从“属性”列中筛选掉“Total”来解决这个问题，即使那时不存在“Total”，也不会产生任何错误。

随着数据被正确地逆透视，此时可以更改列名，设置数据类型，按如下操作即可。

1. 重命名“属性”列为“Product”。
2. 重命名“值”列为“Units”。
3. 选择所有列，“转换”“检测数据类型”。

此时结果如图 9-18 所示。

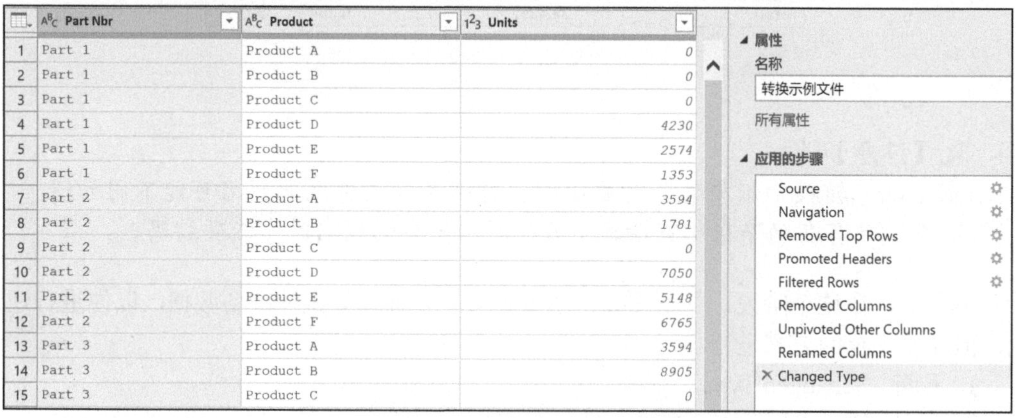

	Part Nbr	Product	Units
1	Part 1	Product A	0
2	Part 1	Product B	0
3	Part 1	Product C	0
4	Part 1	Product D	4230
5	Part 1	Product E	2574
6	Part 1	Product F	1353
7	Part 2	Product A	3594
8	Part 2	Product B	1781
9	Part 2	Product C	0
10	Part 2	Product D	7050
11	Part 2	Product E	5148
12	Part 2	Product F	6765
13	Part 3	Product A	3594
14	Part 3	Product B	8905
15	Part 3	Product C	0

图 9-18　“示例文件”生成的 36 行最终输出的一部分

忽略 "Forecast" 硬编码列名的潜在问题所带来的挑战，当把它保持在单个文件的范围内时，这是一个相当直接的逆透视工作。如果试图在主查询中这样做，那就会复杂得多。

🐵【警告】

如果在运行合并时未能预料到问题，并在其中一个文件中出现步骤级错误，会发生什么？当然，用户需要调试它，回到 "FilesList" 并插入临时步骤，保留前几行或删除前几行，直到用户找到是哪个查询导致错误。一旦把它作为 "FilesList" 中的第一个查询，就可以在 "转换示例文件" 中调试它，看看哪里出了问题。

9.7　步骤 4：通过主查询进行数据清理

现在，回到主查询，看看目前的效果。当这样做时，会看到一个步骤级错误。

9.7.1　修复主查询中的错误

不幸的是，这看起来很熟悉，如图 9-19 所示。

⚠ Expression.Error: 找不到表的 "Production Forecast" 列。
　详细信息:
　　　Production Forecast

图 9-19　这到底是怎么回事？

发生这个错误的根本原因是主查询的 "Changed Type" 步骤。还记得 Power Query 的 "Promoted Headers" 步骤吗？这生成了 "Production Forecast" "Column 2" 等标题列，而由于 Power Query 在主查询中也硬编码了一个 "Changed Type" 步骤，这些列名会在这一步自动使用。可以在编辑栏中去掉那个列名，只将其他列名提升为标题。

这个错误非常常见，只要删除主查询中的 "Changed Type" 步骤就可以轻松解决。此时结果如图 9-20 所示。

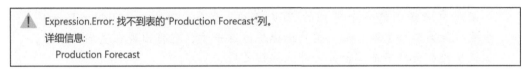

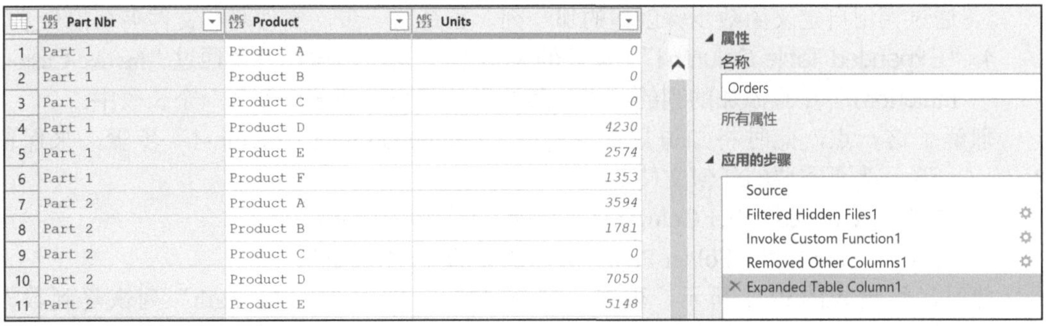

图 9-20　步骤级错误消失

✎【注意】

有经验的用户提前知道要在"转换示例文件"中会重命名列，可以提前在
主查询中删除"Changed Type"步骤。

9.7.2 保存文件属性

虽然"转换示例文件"最后包含 36 行的预览，但这里的预览窗口显示 288 行，表明
它将数据转换模式应用于文件列表中的每个文件，然后将它们追加到一个长表中。这真是
太棒了，但仍有一个问题。

提交的每个文件都属于不同的区域，但区域名称并不包含在文件本身中。相反，该文
件是使用区域的名称命名的。挑战在于，似乎在这个过程中的某个地方丢失了名字。此
外，虽然原文件包含季度末的日期，但这些数据被保存在通过"转换示例文件"删除的前
几行中。能够对这些原文件采取一些方法来解决，让每个部门都存储在一个子文件夹中，
并以"yyyy-qq"格式命名。但是，在这个过程中，似乎也丢失了文件夹名称。那么如何
把这些信息找回来呢？

在这一点上，回顾一下 Power Query 合并文件时在主查询中生成的步骤是有帮助的，
其中第一个步骤是"Filtered Hidden Files1"。

✎【注意】

如果用户选择创建一个单独的"FilesList"查询，"Filtered Hidden Files1"
步骤将是第二个步骤。如果用户选择跳过这一步，它将出现在查询的后面，
但将紧接在用户单击"合并文件"按钮之后。

下面是后续步骤的内容。

1. "Filtered Hidden Files1"（**筛选的隐藏文件 1**）：添加一个筛选器，从文件列表中
   删除任何隐藏的文件（是的，Power Query 也会列出存储在文件夹中的隐藏文件和
   系统文件）。
2. "Invoke Custom Function1"（**调用自定义函数 1**）：添加一个新的列，该列利用
   基于"转换示例文件"中的操作而生成的转换文件函数。这一步的作用是创建一
   个列，生成从每个文件转换后的表。
3. "Removed Other Columns1"（**删除的其他列 1**）：此步骤删除了所有的列，除了
   通过调用自定义函数步骤创建的那一列。正是这一步，文件名和文件夹名消失了。
4. "Expanded Table Column1"（**展开的表列 1**）：这个步骤展开了通过"Invoke Custom
   Function1"步骤添加的列的结果。其结果是每个表都被追加到一个长表中。

理解了这一点，此时将知道只需要修改"Removed Other Columns1"步骤，来保留
Power Query 认为不需要的任何文件属性。

1. 选择"Removed Other Columns1"步骤，单击齿轮图标。
2. 勾选"Name"和"Folder Path"旁边的复选框，"确定"。

此时，结果如图 9-21 所示，现在已经将"Name"和"Folder Path"列恢复到数据
集中。

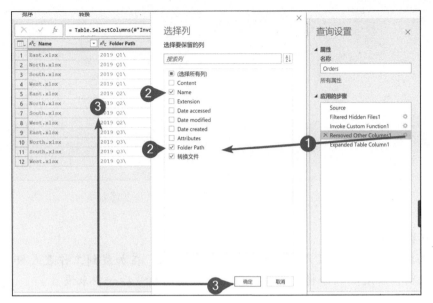

图 9-21　修改 "Removed Other Columns1" 步骤，使关键列重新出现

9.7.3　添加更多的步骤

现在，可以对需要应用于所有文件的操作的查询做进一步的修改。将采取的具体操作如下。

1. 选择 "Expanded Table Column1" 步骤（只是为了避免在下面的每个操作上都被提示插入一个新的步骤）。
2. 将 "Name" 列重命名为 "Division"。
3. 右击 "Division" 列，"替换值""要查找的值"，输入 ".xlsx"，"替换为"什么都不填，"确定"。
4. 右击 "Folder Path" 列，"拆分列""按分隔符""最左侧的分隔符""确定"。

🐵【警告】
在拆分列时，Power Query会自动添加一个 "Changed Type" 步骤。用户应该考虑一下这是否有必要。如果它可能会在将来引起问题，那么请删除它，并在加载到最终目的地之前将数据类型作为最后一步来应用。

由于 "Changed Type" 在这里似乎没有必要，因此删除它，即使它不会引起任何问题。

1. 删除 "Changed Type" 步骤。
2. 将 "Folder Path.1" 列重命名为 "Year"。
3. 将 "Folder Path.2" 列重命名为 "Quarter"。
4. 右击 "Quarter" 列，"替换值""要查找的值"，输入 "\"，"替换为"什么都不填，"确定"。
5. 选择所有列，"转换""检测数据类型"。

此时，主查询已经完成，对数据进行逆透视并追加，同时保留文件名和文件夹的部分内容来增加分析所需的关键元素，如图 9-22 所示。

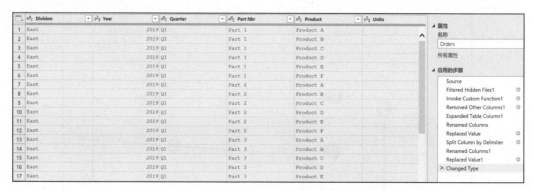

图 9-22　逆透视数据集的前 4 列是由文件夹和文件名驱动的

😾【警告】
数据类型永远不会从"转换示例文件"中继承。在加载到工作表或数据模型之前，一定要确保将更改数据类型作为查询的最后一步来设置。

随着数据的成功转换，现在是时候加载它，以便用户可以使用它来做报告。这一次将把它加载到数据模型中，步骤如下。

1. 在 Power BI 中，只需单击"关闭并应用"。
2. 在 Excel 中，转到"主页"选项卡，"关闭并上载至"，选择"仅创建连接"，同时勾选"将此数据添加到数据模型"复选框，如图 9-23 所示。

图 9-23　加载数据到数据模型

此时将会注意到，尽管在一个会话中创建了多个查询，但只有主查询被加载到目的地。所有的辅助查询，包括"转换示例文件"，在默认情况下都是作为"暂存"查询仅保持连接的。

9.8　更新解决方案

随着数据的加载，现在可以构建一些可重复使用的商业智能解决方案。

9.8.1　使用数据

为了演示从导入到刷新的完整过程，需要使用"矩阵"或"数据透视表"建立一个快速报告。创建这个对象的步骤取决于用户使用的是哪种工具。

如果使用的是 Power BI。

● 在报告页面，转到"可视化"窗格，"矩阵"。

如果使用的是 Excel。

1. 在一个空白工作表上选择单元格 B3，"插入""数据透视表"。
2. 选择"来自数据模型"，"确定"。

一旦创建了这个对象，从右边的"Orders"表中拖动以下列到字段区域。

1. **值**："Units"。
2. **行**："Part Nbr"。
3. **列**："Year""Quarter"。

结果（在 Excel 和 Power BI 中）如图 9-24 所示。此时 Power BI 中展开到了季度级别来显示季度数据。

以下项目的总和:Units	列标签 ▼			总计
	2019			
行标签 ▼	Q1	Q2	Q3	
Part 1	32577	37021	36415	106013
Part 2	64475	69373	68647	202495
Part 3	54568	56851	54715	166134
Part 4	42019	44117	44117	130253
Part 5	58306	63370	62305	183981
Part 6	52367	53309	52898	158574
总计	304312	324041	319097	947450

Year	2019				总计
Part Nbr	Q1	Q2	Q3	总计	
Part 1	32577	37021	36415	**106013**	106013
Part 2	64475	69373	68647	**202495**	202495
Part 3	54568	56851	54715	**166134**	166134
Part 4	42019	44117	44117	**130253**	130253
Part 5	58306	63370	62305	**183981**	183981
Part 6	52367	53309	52898	**158574**	158574
总计	**304312**	**324041**	**319097**	**947450**	947450

图 9-24　比较 Excel（左）和 Power BI（右）的结果

9.8.2　添加新文件

现在是时候探索一下在解决方案中添加新数据时会发生什么了。

如果在 Windows 资源管理器中打开"第 09 章 示例文件"文件夹，会发现它不仅包含连接的示例数据文件夹，还有一个"2019 Q4"文件夹，它包含不同区域的更新数据。将该文件夹拖入"Source Data"文件夹中，这样在驱动解决方案的文件夹中就有 4 个季度的文件夹，如图 9-25 所示。

图 9-25　现在是时候向解决方案添加一些新的数据了

移动文件夹后，返回解决方案并单击"刷新"。

1. Power BI：转到"主页"选项卡，"刷新"。

2. Excel：转到"数据"选项卡，"全部刷新"。

几秒后，可以看到数据结果已经包括第 4 季度的数据，如图 9-26 所示。

Sum of Units 列标签					总计		Year						总计
	2019						Part Nbr	Q1	Q2	Q3	Q4	总计	
行标签	Q1	Q2	Q3	Q4	总计		Part 1	32577	37021	36415	33502	**139515**	**139515**
Part 1	32577	37021	36415	33502	139515		Part 2	64475	69373	68647	65198	**267693**	**267693**
Part 2	64475	69373	68647	65198	267693		Part 3	54568	56851	54715	52745	**218879**	**218879**
Part 3	54568	56851	54715	52745	218879		Part 4	42019	44117	44117	41923	**172176**	**172176**
Part 4	42019	44117	44117	41923	172176		Part 5	58306	63370	62305	59113	**243094**	**243094**
Part 5	58306	63370	62305	59113	243094		Part 6	52367	53309	52898	50602	**209176**	**209176**
Part 6	52367	53309	52898	50602	209176		总计	**304312**	**324041**	**319097**	**303083**	**1250533**	**1250533**
总计	304312	324041	319097	303083	1250533								

图 9-26 数据已更新

这是多么令人难以置信，不仅可以很容易地追加多个文件，而且刚刚创建了一个可刷新的商业智能报告，当加入新的数据时，只需单击几下就可以更新文件，这就是现在的解决方案。

在这里，需要真正要认识到的是，用户可以根据接收数据的方式选择构建和更新解决方案。考虑一下如图 9-27 所示的图表，它显示了在更新外部文件上的解决方案时可用的灵活性和更新方法。

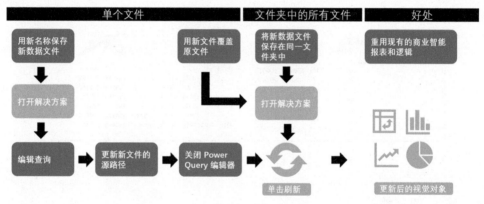

图 9-27 更新连接到外部文件的解决方案

无论是用户直接用同一文件覆盖旧文件，还是想建立一个不断增长（或滚动）的积累文件的解决方案，Power Query 都能满足这些需求。

9.8.3 只用最后几个文件以提升速度

尽管"从文件夹"的解决方案很神奇，但用户需要考虑，如果只是不断向源数据文件夹添加新的文件，它最终会变慢。处理 100 个文件的时间要比处理 10 个文件的时间长，这也是合理的。特别是考虑到 Power Query 不能被配置为只更新新的或数据发生改变的文件。每次用户单击"刷新"按钮时，Power Query 都会重新加载文件夹中所有文件的所有数据。

想象一下，把以前构建的解决方案，保持运行 10 年。每年有 16 个数据文件（4 个区域×4 个季度），从 2020 年到 2030 年，将会处理超过 176 个文件。现在，公平地说，这些文件是相当小的，但如果每个文件需要 5 秒来刷新呢？现在需要超过 14 分钟来刷新解决方案，这个时间比较长。

在构建这些解决方案时，用户必须问自己的第一个问题是，是否真的需要所有数据。在 2030 年，真的会关心 2019 年的数据吗？如果要与前一年的数据进行比较，可能最多需要 32 个文件。那么，为什么不限制文件来做到这一点呢？

限制文件的秘诀是回到查询的文件列表部分，按如下步骤操作。

1. 按日期降序对文件进行排列。
2. 使用"保留最前面几行"来保留需要的前几个文件。

诀窍实际上是要弄清楚哪一个字段要用于日期排序。在这个示例中，可以使用"Folder Path"列，因为用户是按照逻辑顺序来命名这些文件的。如果没有这样的结构，那么可能想依靠"创建日期"或"修改日期"字段中的一个。

【注意】

请记住，保存的文件数量可以在一个合理范围的任何数量之间变化。根据过去多个项目的经验，一般只保留过去24个滚动月的数据。

【警告】

如果用户只是把新的数据文件复制和粘贴到一个文件夹中，在排序时使用"创建日期"属性应该是安全的，但是，要注意"创建日期"字段可能比"修改日期"要新。其原因是，通过复制和粘贴创建的文件在粘贴时将被"创建"，尽管它在源文件最后一次被修改时已经被修改。依靠"修改日期"也可能是危险的，因为仅仅是打开某些文件就可能算修改。

第 10 章　横向合并数据

用户经常需要将两个独立的数据表进行合并，以便后续制作透视表。虽然SQL专业人员可以很轻松地通过不同的方式实现，但如果仅用传统Excel公式，用户需要使用复杂的VLOOKUP或INDEX+MATCH组合函数，才能将数据从一个表中匹配到另一个表中。当Power Query出现后，用户可以不用学习SQL连接、Excel复杂公式或者学习如何建立关系数据库结构，就可以使用一种轻松的方式将两个表合并在一起。

10.1　合并基础知识

在这个案例中：同一个Excel工作表中有两个独立的数据源，一个是销售表"Sales"，另一个是包含产品细节的"Inventory"表。连接两个表的重点在于选择两个表之间正确的连接字段。

这个案例的问题在于，"Sales"表有"Date"列、"SKU"列、"Brand"列和"Units"列，但缺少关于产品的"Price"或"Cost"等其他信息。然而这些以及更多的信息是包含在"Inventory"表中的，如图10-1所示。

Date	SKU	Brand	Units
2021-03-12	510007	Budweiser	64
2021-03-12	510010	Canadian	45
2021-03-12	510014	Canterbury	62
2021-03-12	510019	Corona Extra	64
2021-03-14	510019	Corona Extra	24
2021-03-12	510021	Corona Grande	38
2021-03-14	510021	Corona Grande	31
2021-03-12	510032	Granville Islar	24
2021-03-13	510032	Granville Islar	30
2021-03-14	510032	Granville Islar	48
2021-03-12	510037	Guinness	73

SKU	Brand	Type	Unit	Pack Siz	Price	Cost	Margin
510007	Budweiser	Lager	Cans	15	29.5	24.4	5.1
510010	Canadian	Lager	Cans	6	12	9.95	2.05
510014	Canterbury	Ale	Cans	6	11.5	9.5	2
510019	Corona Extra	Lager	Bottles	6	13.5	11.25	2.25
510021	Corona Grande	Lager	Bottles	1	4.5	3.7	0.8
510032	Granville Isl	Ale	Bottles	6	13	10.95	2.05
510037	Guinness	Stout	Cans	4	13	10.99	2.01
510038	Heineken	Lager	Bottles	6	14.5	11.95	2.55
510046	Kokanee	Lager	Tall Can	6	15.5	13.05	2.45
510057	Miller	Lager	Bottles	12	24	20.2	3.8
510059	OK Springs	Lager	Bottles	6	13	10.99	2.01
510065	OK Springs	Ale	Bottles	6	13	10.99	2.01

图 10-1　在 Excel 中的 "Sales" 表和 "Inventory" 表

通常需要把这两个表合并在一起，来得到一个完整的产品清单以及相关详细信息。

10.1.1　创建 "暂存" 查询

无论是选择直接打开"第10章 示例文件\Merging Basics.xlsx"文件，并在同一个Excel工作簿中执行这项任务，还是从Excel中创建一个外部链接数据源，或者使用Power BI从Excel表中读取数据，以下方法都是可以的。现在需要做的是先为这两个数据表各创建一个"暂存"查询。

1. 创建一个新的查询，连接到"第10章 示例文件\Merging Basics.xlsx"文件中的两个表。
2. 将每个查询保存为"暂存"查询（设置为"禁用加载"或"仅限连接"）。

✎【注意】

为了在 Excel 中合并或追加查询，查询必须存在。仅仅在 Excel 工作簿中放置最终合并好的表并不是最好的方式，应该分别放置"暂存"查询再进行显性的合并操作。

操作完成后，应该有两个简单的查询可以使用，如图 10-2 所示。

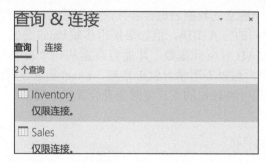

图 10-2　现在"Sales"查询和"Inventory"查询可以进行合并

10.1.2　执行合并

和追加查询一样，Excel 用户可以通过右击"查询&连接"窗格中的"Sales"查询来合并查询。同样，与追加查询一样，这将导致在 Power Query 用户界面上出现一个名为"Source"的步骤，并将两个查询合并。由于这很难被快速理解，请选择右击并"引用"查询，这样就可以把每个步骤看作查询中的一个单独的行项目。

1. 右击"Sales"查询，"引用"。
2. "重命名"为"Transaction"。
3. 转到"主页"选项卡，"合并查询""合并查询"（不是"将查询合并为新查询"）。

✎【注意】

"将查询合并为新查询"命令将复制在 Excel 的"查询&连接"窗格看到的过程，创建一个新的查询并在第一步中执行合并。

此时，会弹出"合并"对话框，在这里可以选择要与哪个表进行合并。

在这个对话框中，当前活动的查询（在这个例子中，"Transactions"源于"Sales"查询）将显示在表格的顶部。在这个查询的数据预览下方，有一个下拉菜单，可以选择解决方案中的任何查询，即用户希望与当前数据合并的表。

✎【注意】

"合并"对话框也允许用户对查询本身进行合并，这是一种高级技术，将在第 14 章探讨。

由于查询的当前状态是基于"Sales"表的查询数据，因此选择针对"Inventory"表进行合并。

1. 在下拉菜单中选择"Inventory"表。

2．将默认的连接类型设为"左外部(第一个中的所有行，第二个中的匹配行)"。

3．不勾选"使用模糊匹配执行合并"复选框。

奇怪的是，在做出所有的配置后，"确定"按钮并没有亮起，如图 10-3 所示。

图 10-3　已经选择了表，但是为什么不能继续呢？

因为 Power Query 不知道要用哪些字段来进行"合并"。

为了进行"合并"，最好有一个列，且这个列在表中能识别唯一的值，在另一个表中可以有重复的记录，这被称为一对多关系结构，该结构是确保最终得到的结果与所期望的结果一致的最好方法。

✎【注意】

Power Query 还支持一对一和多对多的连接。

在本例中，"SKU"列在"Inventory"表中包含唯一值，而在"Sales"表中有重复记录，使用这一列连接两表。

1．分别单击"Inventory"表和"Sales"表中的"SKU"列标题。

2．单击"确定"。

现在进入 Power Query 编辑器，在"Sales"表的右边有一个新的表列，如图 10-4 所示。

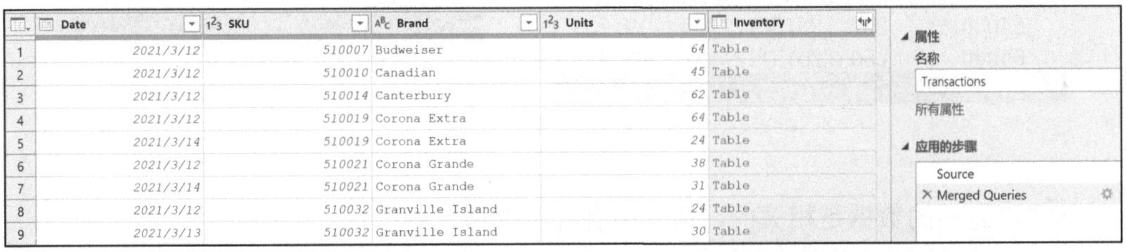

图 10-4　一个新的表列，包含匹配的"Inventory"表

前文已经学习如何展开表列，这里唯一的问题是要明确需要哪些列。因为"SKU"列和"Brand"列已经存在于"Sales"表中，所以在展开时将这两列排除在外。

1. 单击展开按钮（"Inventory"列标题的右侧）。
2. 取消勾选"SKU"列和"Brand"列的复选框。
3. 取消勾选"使用原始列名作为前缀"复选框，单击"确定"。

现在，已经把产品细节合并到了"Sales"表中，如图 10-5 所示。

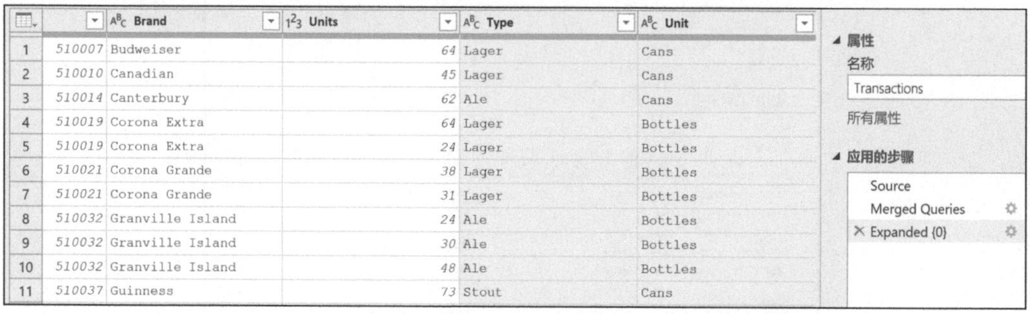

		A^B_C Brand	1²₃ Units	A^B_C Type	A^B_C Unit	
1	510007	Budweiser	64	Lager	Cans	
2	510010	Canadian	45	Lager	Cans	
3	510014	Canterbury	62	Ale	Cans	
4	510019	Corona Extra	64	Lager	Bottles	
5	510019	Corona Extra	24	Lager	Bottles	
6	510021	Corona Grande	38	Lager	Bottles	
7	510021	Corona Grande	31	Lager	Bottles	
8	510032	Granville Island	24	Ale	Bottles	
9	510032	Granville Island	30	Ale	Bottles	
10	510032	Granville Island	48	Ale	Bottles	
11	510037	Guinness	73	Stout	Cans	

属性
名称
Transactions
所有属性
应用的步骤
Source
Merged Queries
× Expanded (0)

图 10-5 此时"Inventory"表的详细信息被合并到了"Sales"表中

一共有 20 条记录，在原来的"Sales"表中每笔交易都有一条记录，这样就完全实现了 Excel 的 VLOOKUP 精确匹配或 SQL 左外部连接的相同功能。

10.2 连接类型

作为 SQL 专家们多年来知道的常识，连接数据实际上有多种不同的方法。遗憾的是，这一事实对 Excel 专业人员来说却并不熟悉，因为在 Excel 中通常只看到左外部连接（VLOOKUP）的例子。然而，在 Power Query 中，可以通过"合并"对话框支持多种不同的连接类型。这些连接类型不仅可以找到匹配的数据，还可以找到不匹配的数据，这对任何试图匹配或汇总记录的用户来说都是非常重要的。

考虑一下如图 10-6 所示的两个表格。

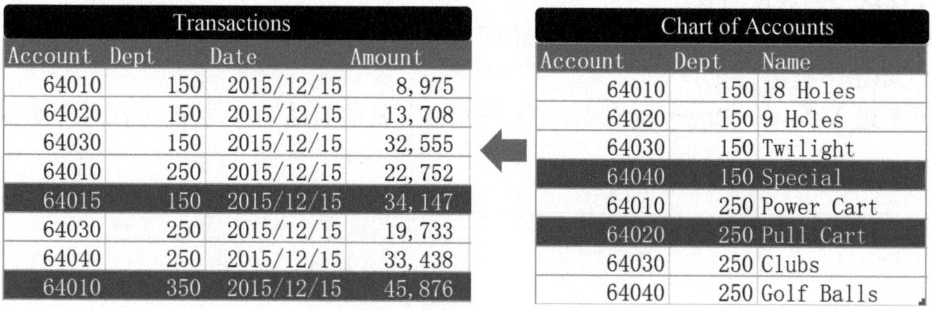

Transactions			
Account	Dept	Date	Amount
64010	150	2015/12/15	8,975
64020	150	2015/12/15	13,708
64030	150	2015/12/15	32,555
64010	250	2015/12/15	22,752
64015	150	2015/12/15	34,147
64030	250	2015/12/15	19,733
64040	250	2015/12/15	33,438
64010	350	2015/12/15	45,876

Chart of Accounts		
Account	Dept	Name
64010	150	18 Holes
64020	150	9 Holes
64030	150	Twilight
64040	150	Special
64010	250	Power Cart
64020	250	Pull Cart
64030	250	Clubs
64040	250	Golf Balls

图 10-6 这些记录能匹配吗？

这些表之间的数据是相关的，但其中有几个细微差别。

第一个细微差别是右边的"Chart of Accounts"表。这个列表提供了系统中所有

"Account"的独立列表，但需要结合"Account"和"Dept"字段，生成唯一的标识符。仔细观察，会发现"Account"列前 4 行的数值在接下来的 4 行中重复，所以很明显存在重复的情况。同样地，"Dept"列的前 4 行都包含 150，而后 4 行包含 250。如果用分隔符连接，就会得到每个都是唯一值，如"64010-150、64020-150、64010-250"等。在左边的"Transactions"表中也可以看到类似的情况。

这意味着可以通过匹配"Transactions"表中的数据来获得"Chart of Accounts"表中的"Name"，前提是可以根据两个表之间的组合来进行匹配，如图 10-7 所示。

图 10-7　此时目标是根据两个表的"Account"列和"Dept"列的组合来匹配"Name"列

第二个细微差别是阴影行。在前文图中，可以看到在"Chart of Accounts"表中没有"64015-150"或"64010-350"组合的条目。而在"Transactions"表中也没有叫"Special"或"Pull Chart"的账户。

就这一问题而言，又分为不同的情况，其问题严重性也不同。"Chart of Accounts"表是一个包含"Transactions"表中可以被记入的账户的表格。因此，如果存在一个从未使用过的账户，这其实不是一个大问题。但在另一方面，如果一笔交易被记入一个不存在的账户，或是账户部门组合，这就是一个大问题了。

【注意】
这个问题不仅限于会计数据，它存在于任何需要在两个列表之间进行匹配、比较或调整的场景。例如客户与信用额度，销售人员与订单，零件与价格，有无数种可能出现该问题的场景。

现在看一下这两个表之间可以进行的 7 种具体的连接配置，可以用于合并数据，或提取感兴趣的部分。

【注意】
在合并数据时，数据类型是非常重要的。在执行合并之前，始终确保用于连接的列已经使用正确的数据类型，并且和与之连接的列的数据类型是一致的。

到现在为止，用户应该对创建"仅限连接"的"暂存"查询相当熟悉了，所以不再详细介绍这个过程。可以打开"第 10 章 示例文件\Join Types.xlsx"文件，其中已经包含"Transactions"表和"COA"表（即"Chart of Accounts"表）的"暂存"查询，如图 10-8 所示。

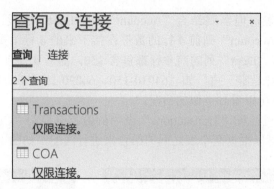

图 10-8　关于"Transactions"和"COA"的"暂存"查询

10.2.1　左外部连接

该功能在 Power Query 叫作"左外部(第一个中的所有行,第二个中的匹配行)"。
左外部连接如图 10-9 所示。

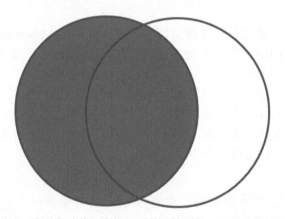

图 10-9　左外部连接:所有记录从左边开始,匹配从右边开始

第一个"连接种类"是默认的连接类型:左外部连接。这种连接的工作方式是返回左表(顶部)的所有记录,以及右表(底部)的匹配记录。右表(底表)中没有匹配的记录将被忽略。

创建步骤如下。

1. 确定哪个表是左表(本例中使用"Transactions"表)。
2. 右击左表的查询,"引用"。
3. 将查询重命名为"Left Outer"。
4. 转到"主页"选项卡,"合并查询"。
5. 选择右表(即"COA"表)。

此时,必须暂停并处理之前讨论的第一个细微差别。合并两个表的关键是,需要以"Account"字段和"Dept"字段的组合为基础。虽然可以通过使用分隔符合并列,但实际上没有必要这样做。先单击"Left Outer"表的"Account"列,按住 Ctrl 键并选择"Dept"列。在"COA"表重复这个操作即可,如图 10-10 所示。

图 10-10　以组合方式来合并表

连接列的顺序将按照用户选择它们的顺序用 1、2……来表示。请记住，只要选择顺序一致，数据列在查询之间不需要相同的顺序。

🪝【注意】

虽然在视觉上没有创建连接，但这些列是使用隐含的分隔符连接的。这一点很重要，因为如果有产品1到11和部门1到11，Power Query将正确连接数据。使用隐含的分隔符可以避免基于111键的模糊连接，而是将这些值视为1-11或11-1。

🐵【警告】

预览底部的指示器提示，根据Power Query的数据预览，会给出一个预估匹配情况。虽然这个数字在这个例子中是正确的：左表的8条记录中只有6条与右表相匹配，但要记住，预览可能被限制在每个表的1000（或更少）行。这意味着，完全有可能看到一个匹配度不高的预估数据，而实际上在完整执行时是完全匹配的。

1. 单击"确定"确认连接，将生成名为"COA"的新列（"COA"是作为连接的右表的表名）。为了便于说明，将按如下方式展开列。
2. 单击"COA"列上的展开按钮，勾选"使用原始列名作为前缀"复选框，"确定"。

结果如图 10-11 所示。

	1^2_3 Account	▾	1^2_3 Dept	▾	📅 Date	▾	1^2_3 Amount	▾	1^2_3 COA.Account	▾	1^2_3 COA.Dept	▾	A^B_C COA.Name	▾
1	64010		150		2015/12/15		8975		64010		150		18 Holes	
2	64020		150		2015/12/15		13708		64020		150		9 Holes	
3	64030		150		2015/12/15		32555		64030		150		Twilight	
4	64010		250		2015/12/15		22752		64010		250		Power Cart	
5	64030		250		2015/12/15		19733		64030		250		Clubs	
6	64040		250		2015/12/15		33438		64040		250		Golf Balls	
7	64015		150		2015/12/15		34147		null		null		null	
8	64010		350		2015/12/15		45876		null		null		null	

图 10-11　左外部连接的结果

这里需要注意的关键点如下。

1. 前 6 行包含来自左边"Transactions"表的结果，以及来自右边"COA"表的匹配细节。

2. 第 7 行和第 8 行显示来自"Transactions"表的结果，但显示"COA"表的匹配结果为空。

3. 当数据被加载到工作表或数据模型时，所有的"null"值将被加载为空值（什么都不显示）。

在正常的情景中为了避免重复，不会在右表中展开"Account"列和"Dept"列。这里保留是为了演示这些列不包含值，因为在"COA"表中没有找到匹配的记录。

10.2.2　右外部连接

该功能在 Power Query 叫作"右外部(第二个中的所有行，第一个中的匹配行)"。

右外部连接如图 10-12 所示。

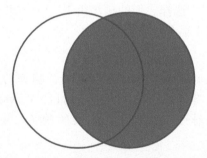

图 10-12　右外部连接：所有记录从右边开始，匹配从左边开始

如前所述，左外部连接是默认的。现在来看看右外部连接。

对于这个连接，将使用与左外部连接几乎完全相同的步骤，如下。

1. 确定希望哪个表成为左表（本例中使用"Transactions"表）。

2. 右击左表的查询，"引用"。

3. 将查询重命名为"Right Outer"。

4. 转到"主页"选项卡，"合并查询"。

5. 选择右表（即"COA"表）。

6. 按住 Ctrl 键，依次选择每个表中的"Account"列和"Dept"列。

7. 将"连接种类"选择为"右外部"，"确定"。

此时，可能会发生一件奇怪的事情：数据中的某一行可能会显示所有列的空值，除了包含匹配右表对象的那一列（即"COA"列），如图 10-13 所示。

	1^2_3 Account ▼	1^2_3 Dept ▼	Date ▼	1^2_3 Amount ▼	COA
1	64010	150	2015/12/15	8975	Table
2	64020	150	2015/12/15	13708	Table
3	64030	150	2015/12/15	32555	Table
4	64010	250	2015/12/15	22752	Table
5	null	null	null	null	Table
6	64030	250	2015/12/15	19733	Table
7	64040	250	2015/12/15	33438	Table

图 10-13　第 5 行显示有一堆空值

虽然它看起来很奇怪，但这是完全可以预料到的。这只是意味着在右表中的条目在左表中没有匹配。可以展开这个表来查看。

1. 单击 "COA" 列上的展开按钮，勾选 "使用原始列名作为前缀" 复选框，"确定"。
2. 结果看起来如图 10-14 所示。

	1^2_3 Account ▼	1^2_3 Dept ▼	Date ▼	1^2_3 Amount ▼	1^2_3 COA.Account ▼	1^2_3 COA.Dept ▼	A^B_C COA.Name ▼
1	64010	150	2015/12/15	8975	64010	150	18 Holes
2	64020	150	2015/12/15	13708	64020	150	9 Holes
3	64030	150	2015/12/15	32555	64030	150	Twilight
4	64010	250	2015/12/15	22752	64010	250	Power Cart
5	null	null	null	null	64040	150	Special
6	64030	250	2015/12/15	19733	64030	250	Clubs
7	null	null	null	null	64020	250	Pull Cart
8	64040	250	2015/12/15	33438	64040	250	Golf Balls

图 10-14　右外部连接的结果

这一次，"COA" 列都填入了数值，但是由于 "Special" 和 "Pull Cart"（显示在第 5 行和第 7 行）没有交易被匹配，所以这些列显示为空值。

10.2.3　完全外部连接

该功能在 Power Query 叫作："完全外部 (两者中的所有行)"。

完全外部连接如图 10-15 所示。

图 10-15　完全外部连接：两个表中的所有记录

在相同的数据上使用完全外部连接类型时会得到什么？再一次使用相同的步骤，只改变 "连接种类"，如下。

1. 确定需要用哪个表作为左表（本例中使用 "Transactions" 表）。
2. 右击左表查询，"引用"。
3. 将该查询重命名为 "Full Outer"。

4. 转到"主页"选项卡,"合并查询"。

5. 选择右表(即"COA"表)。

6. 按住 Ctrl 键,选择每个表中的"Account"列和"Dept"列。

7. 将"连接种类"选择为"完全外部","确定"。

8. 单击"COA"列上的展开按钮,勾选"使用原始列名作为前缀"复选框,"确定"。完全外部连接完成后结果看起来如图 10-16 所示。

	1²₃ Account	1²₃ Dept	Date	1²₃ Amount	1²₃ COA.Account	1²₃ COA.Dept	Aᵇᵧ COA.Name
1	64010	150	2015/12/15	8975	64010	150	18 Holes
2	64020	150	2015/12/15	13708	64020	150	9 Holes
3	64030	150	2015/12/15	32555	64030	150	Twilight
4	64010	250	2015/12/15	22752	64010	250	Power Cart
5	null	null	null	null	64040	150	Special
6	64030	250	2015/12/15	19733	64030	250	Clubs
7	null	null	null	null	64020	250	Pull Cart
8	64040	250	2015/12/15	33438	64040	250	Golf Balls
9	64015	150	2015/12/15	34147	null	null	null
10	64010	350	2015/12/15	45876	null	null	null

图 10-16　完全外部连接的结果

在这个例子中,注意不仅有表之间匹配的记录,还有通过左外部连接暴露的所有不匹配的结果(第 9 行和第 10 行),以及右外部连接暴露的所有不匹配的结果(第 5 行和第 7 行)。当试图了解两表的差异时,这种方式可以非常方便查看到数据不一致的地方。

✎【注意】
这种"连接种类"还说明了为什么在比较两个表时,用户经常希望从连接所基于的右表展开列。如果与左表不匹配,则键[①]只出现在连接右侧的结果中。

10.2.4　内部连接

该功能在 Power Query 叫作:"内部(仅限匹配行)"。

内部连接如图 10-17 所示。

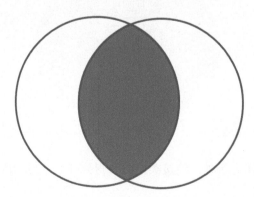

图 10-17　内部连接:只有在两个表中都有匹配的记录

---

① 合并两个数据时使用的关键词段为"键"。——译者注

对于这个连接，依然使用与前文的查询相同的步骤，当选择内部连接后，结果如图 10-18 所示。

	1²₃ Account	1²₃ Dept	Date	1²₃ Amount	1²₃ COA.Account	1²₃ COA.Dept	Aᴮ꜀ COA.Name
1	64010	150	2015/12/15	8975	64010	150	18 Holes
2	64020	150	2015/12/15	13708	64020	150	9 Holes
3	64030	150	2015/12/15	32555	64030	150	Twilight
4	64010	250	2015/12/15	22752	64010	250	Power Cart
5	64030	250	2015/12/15	19733	64030	250	Clubs
6	64040	250	2015/12/15	33438	64040	250	Golf Balls

图 10-18　内部连接的结果

这个连接产生的数据显然比之前所有的连接要少得多，是因为它只返回两个表之间可以匹配的记录的结果。

10.2.5　左反连接

该功能在 Power Query 叫作："左反 (仅限第一个中的行)"。

左反连接如图 10-19 所示。

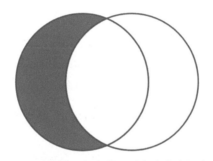

图 10-19　左反连接：左表的记录在右表中没有匹配值

到目前为止，所探讨的连接主要是针对匹配的数据。当对比两个数据列表的差异时，人们实际上更关心不匹配的数据而不是匹配的数据（具有讽刺意味的是，人们在会计领域花了大量的时间来识别匹配的数据，目的只是为了删除它们，人们真正关心的是那些不匹配的数据）。

图 10-20 显示的结果是按照与前文几种连接类型所使用的完全相同的步骤产生的，但"连接种类"选择的是"左反"。

	1²₃ Account	1²₃ Dept	Date	1²₃ Amount	1²₃ COA.Account	1²₃ COA.Dept	Aᴮ꜀ COA.Name
1	64015	150	2015/12/15	34147	null	null	null
2	64010	350	2015/12/15	45876	null	null	null

图 10-20　左反连接的结果

注意只有两条记录：两笔交易在"COA"表中没有对应的"Account"列和"Dept"列的组合。

✎【注意】
如果唯一的目标是识别左表中没有在右表中匹配的记录，就没有必要展开合并的结果，而且可以直接删除右边的列，因为无论如何每条记录都会返回空值。

10.2.6 右反连接

该功能在 Power Query 叫作:"右反(仅限第二个中的行)"。

右反连接如图 10-21 所示。

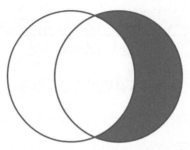

图 10-21 右反连接:右表中的记录在左表中没有匹配值

使用到目前为止一直使用的相同步骤,但"连接种类"选择"右反",结果如图 10-22 所示。

	1²₃ Account	1²₃ Dept	Date	1²₃ Amount	1²₃ COA.Account	1²₃ COA.Dept	Aᴮ꜀ COA.Name
1	null	null	null	null	64040	150	Special
2	null	null	null	null	64020	250	Pull Cart

图 10-22 右反连接的结果

从图 10-22 可知,只有"Special"和"Pull Cart"账户存在,因为这是"COA"表中仅有的两个没有交易的项。

> **【注意】**
> 每次创建正确的右反连接时,连接的结果将显示一行空值,并在最后一列中显示一个嵌套表。这是意料之中的,因为左表中没有匹配项,导致每列的值为空。如果只查找不匹配的项,可以右击包含合并结果的列,然后选择"删除其他列",再进行展开操作。

10.2.7 完全反连接

完全反连接如图 10-23 所示。

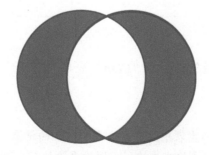

图 10-23 完全反连接:所有记录均不匹配

另一种非常有用的连接类型是完全反连接，特别是试图识别两个列表之间不匹配的项时。坏消息是，这不是通过用户界面提供的默认连接类型来完成的。但好消息是，它很容易创建，如下所示。

1. 创建左反连接查询。
2. 创建右反连接查询。
3. 单击"引用"、左反连接查询来创建新查询。
4. 转到"主页"选项卡，"追加查询"，追加右反连接查询，"确定"。

结果与内部连接结果完全相反，因为完全反连接显示两个表之间不匹配的所有项，如图 10-24 所示。

	^{123} Account	^{123} Dept	$\square$ Date	^{123} Amount	^{123} COA.Account	^{123} COA.Dept	$^{A^B_C}$ COA.Name
1	64015	150	2015/12/15	34147	null	null	null
2	64010	350	2015/12/15	45876	null	null	null
3	null	null	null	null	64040	150	Special
4	null	null	null	null	64020	250	Full Cart

图 10-24 完全反连接：显示无法匹配的数据

如图 10-24 所示，第 1 行和第 2 行显示了左反连接查询的结果，表示左表中的记录在右表中没有匹配项。在它们下面的第 3 行和第 4 行中，可以看到右反连接中的项，这表示右表中的记录在左表中没有匹配项。此连接非常有用，因为它是所有未匹配项的完整列表。

✎【注意】
追加查询时，主查询中不存在的列将被添加并用空值填充。如果删除了左反连接和右反连接中的空列，此模式仍然有效，前提是右反连接中的名称与左反连接生成的名称是一致的。

10.3 笛卡儿积（交叉连接）

无论是将其称为交叉连接、多对多连接，还是笛卡儿积，这种连接类型都包括从两个表中获取单个值并创建一组包含所有可能的组合。此处显示了此类连接的一个简单示例，需要一份所有产品的列表以及颜色，如图 10-25 所示。

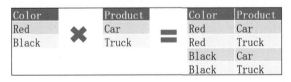

图 10-25 "Color"表和"Product"表之间产生笛卡儿积的结果

10.3.1 方法

在 Power Query 中创建笛卡儿积可以通过一个简单的方法完成，该方法如下。
1. 在每个要合并的表中：

- 连接到数据源并执行任何所需的清理步骤；
- 转到"添加列"选项卡，"自定义列"；
- 使用"MergeKey"作为列名，公式输入"=1"。
2. 右击其中一个表，"引用"。
3. 使用基于"MergeKey"列的左外部连接与另一个表合并。
4. 删除"MergeKey"列。
5. 从新创建的列中展开除"MergeKey"之外的所有列。

> **✎【注意】**
> 可以使用不需要添加"MergeKey"列的方法，通过添加自定义列，公式等于另一个表的名称即可。虽然可以这样做，但使用"MergeKey"方法运行得更快（大致可以减少 30% 的时间）。

10.3.2 示例

有了上面的方法，现在就使用"第 10 章 示例文件\Cartesian Products.xlsx"中的数据来学习这一点。本例的目标是获取一个包含每月固定费用的表，并为一年中的每个月分别创建一个预算表，如图 10-26 所示。

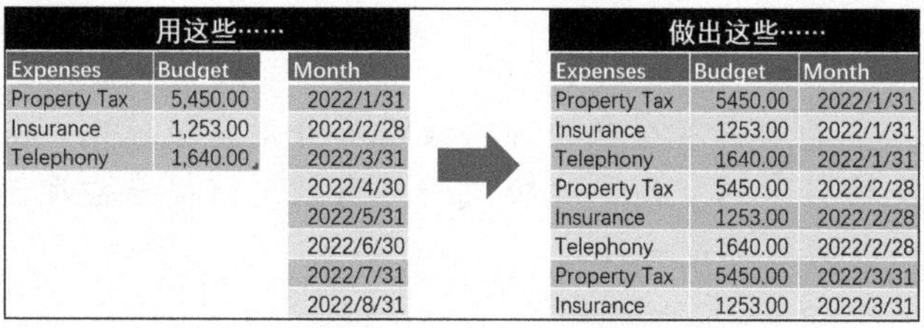

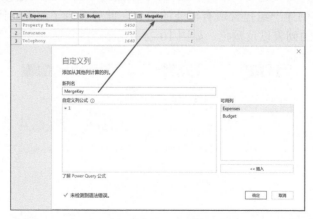

图 10-26 快速创建预算表

使用上面的方法，从准备各自的数据开始。从"Expenses"表（如图 10-26 左侧所示）开始，进行如下操作，如图 10-27 所示。

图 10-27 在"Expenses"查询中创建"MergeKey"列

1. 连接到数据源。
2. 转到"添加列"选项卡,"自定义列"。
3. 将列名设置为"MergeKey",公式为"=1","确定"。
4. 将查询加载为"仅限连接"查询。

然后,执行相同的步骤来设置"Month"表,添加"MergeKey"列,然后将其加载为"限仅连接"查询,如图 10-28 所示。

	Month	ABC 123 MergeKey
1	2022/1/31	1
2	2022/2/28	1
3	2022/3/31	1
4	2022/4/30	1
5	2022/5/31	1
6	2022/6/30	1
7	2022/7/31	1

图 10-28 此时"Month"表已正确准备好

此时,只需确认要将哪个表作为左表(希望输出中的左边有哪些列)并执行合并。本例中把"Expenses"表作为左表,以便复制最初的目标。

1. 右击"Expenses"查询,"引用"。
2. 转到"主页"选项卡,"合并查询"。
3. 选择要合并的"Month"查询,在每个表中选择"MergeKey"列,"确定"。
4. 删除"MergeKey"列。
5. 从"Month"列展开(取消勾选"MergeKey"复选框)该列以外的所有列,取消勾选"使用原始列名作为前缀"复选框,"确定"。

现在有了一个完整的表格,其中每个月的费用类别都被记录在"Month"表中,如图 10-29 所示。

	A^B_C Expenses	ABC 123 Budget	Month
1	Property Tax	5450	2022/1/31
2	Property Tax	5450	2022/2/28
3	Property Tax	5450	2022/3/31
4	Property Tax	5450	2022/4/30
5	Insurance	1253	2022/1/31
6	Insurance	1253	2022/2/28
7	Insurance	1253	2022/3/31
8	Insurance	1253	2022/4/30
9	Telephony	1640	2022/1/31
10	Telephony	1640	2022/2/28
11	Telephony	1640	2022/3/31

图 10-29 一个预算表已经完成

此后，向"Month"表添加新月份，或向"Expenses"表添加新预算类别和金额，都可以通过一次刷新进行更新。

> **✎【注意】**
>
> 如果"Expenses"表中的值在每个月都保持一致，则此方法非常有效。在实际编制预算时，会有许多不符合这种结构的费用，但这不是问题。可以创建一个或多个单独的查询，并规范化为相同的列结构，然后追加到一个主表中。

10.3.3 意外问题

上一个例子显示了使用笛卡儿积可能非常有用的地方。不幸的是，在实际操作中可能由于意外创建出一个不希望存在的笛卡儿积。考虑这样一个场景，其中有人将 2021 年 1 月添加到"Month"表中两次。在刷新后，将得到两个 2021 年 1 月的"Property Tax"结果、两个"Insurance"结果和两个"Telephony"结果，因为每个日期都与"Expenses"表中的每个项目组合。

在这种情况下，解决这个问题的方法非常简单：在"Month"表中，右击"Month"列并选择"删除重复项"。这样做应该是安全的，因为同一个月不应该出现两次预测。

但是，在合并之前删除重复项也应谨慎。在本章的第一个示例中，尝试基于"Brand"列（存在于两个表中）合并"Sales"和"Inventory"表将创建笛卡儿积"Product"，从而在输出中产生重复的"Sales"表中的数据行。原因是虽然希望"Sales"表中有重复的行，但"Inventory"表中的"Brand"列中也有重复的项目，如图 10-30 所示。

1²3 SKU	AᴮC Brand	AᴮC Type
12 个非重复值，12 个唯一值	11 个非重复值，10 个唯一值	3 个非重复值，1 个唯一值
5	510021	Corona Grande	Lager
6	510032	Granville Island	Ale
7	510037	Guinness	Stout
8	510038	Heineken	Lager
9	510046	Kokanee	Lager
10	510057	Miller	Lager
11	510059	OK Springs	Lager
12	510065	OK Springs	Ale

图 10-30　与"SKU"列不同，"Brand"列将在合并时创建笛卡儿积

在"Inventory"表中删除"Brand"列的重复项是不可取的，因为这样做会导致失去该供应商提供的两种产品中的一种。如果对"Sales"表的"Brand"列去重也会导致类似的问题。

为了避免意外产生的笛卡儿积，最好使用列分析工具来检查非重复值和唯一值的统计数据是否匹配。如果非重复值和唯一值两个统计数据匹配，像本例中"SKU"列一样（都是"12"），那么该列可以安全地用作连接中右表的键，而不会产生问题；如果非重复值和

唯一值两个统计数据不匹配,如本例中"Brand"列一样,那么就会存在左表列中的值与右表列中的值多次匹配的现象,将会面临产生笛卡儿积的风险。

10.4　近似匹配

虽然Power Query提供了多种可以精确匹配的场景,但一种不存在的"连接种类"是执行近似匹配的功能。请记住,这不是一个模糊匹配(在后文会讨论这个问题),而是要查找并返回等于或介于两个数据点之间的值。Excel用户知道此处是VLOOKUP近似匹配的场景,如图10-31所示。

源表		查找表		期望输出结果		
Order ID	Units	Quantity	Unit Price	Order ID	Units	Unit Price
1	75	1	5.95	1	75	5.95
2	2,755	1,000	5.75	2	2,755	5.65
3	5,919	2,500	5.65	3	5,919	5.55
4	1,000	5,000	5.55	4	1,000	5.75
5	14,169	10,000	5.45	5	14,169	5.45
编号	键	键	返回	编号	键	返回

图 10-31　查找最接近"Unit Price"但不超过某个值的值

在上图所示的情况下,客户下的订单越多,价格就越优惠。问题是,查找表中没有2755件的数量点,因此需要返回该订单数量(即介于2500到5000件之间)的适当价格:由于尚未达到5000件的数量点,因此单价需要返回达到2500件的5.65美元价格。

【注意】
你还会注意到,在图10-31中,作者仔细地标记了数据下方的每一列。识别键列和返回列通常相当简单,因为它们通常是查找表中唯一的列。但是,由于源表宽度不同,可能有多个列作为编号列。

10.4.1　方法

大多数用户会立即尝试利用Power Query的一种连接算法将这些表合并在一起。然而,这并不是这个案例中解决问题的方式。解决Power Query中近似匹配的方法如下。

步骤 1:连接到源表和查找表。

正常连接并清理数据。

步骤 2:准备查找表。

重命名键列,以确保它们在两个表中匹配。

步骤 3:执行匹配。

1. 单击"引用""源"。
2. 转到"主页"选项卡,"追加查询""查找"。
3. 筛选键列,"升序排序"。
4. 筛选编号列,"升序排序"。
5. 右击返回列,"填充""向下"。
6. 筛选编号列,取消勾选"null"值。

总的来说，这是一个简洁的方法，但请相信，这就是在 Power Query 中执行近似匹配所需的全部步骤。

10.4.2 示例

本例的数据可在"第 10 章 示例文件\Approximate Match.xlsx"中找到，如图 10-32 所示。示例的目标是通过上述方法，即使用近似匹配来创建最右边显示的表。

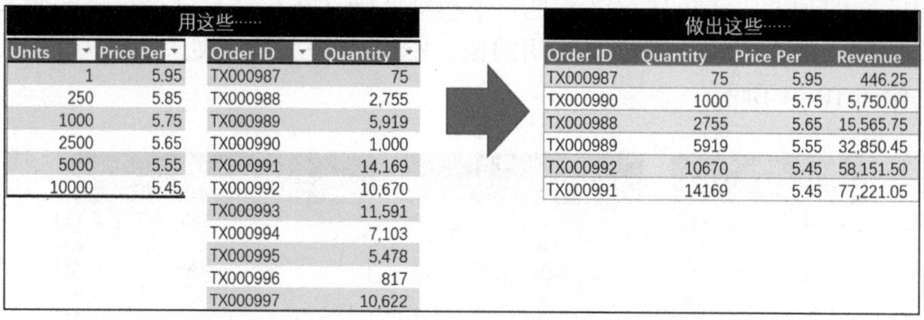

图 10-32 源数据和输出目标

该过程的步骤 1 是创建单个查询，来连接到"Price"表和"Order"表。这里的真正目标是将数据转换成干净的表格格式，确保列的名称正确且完整。这里已经准备好，只需连接到数据就足够了。

查询就绪后，可以转到步骤 2，其中包括确保两个表之间的键列的名称一致。为此，请仔细确定所有方案组件。

1. **源表**：这里是"Orders"表（如图 10-32 所示），因为它包含丰富的信息。此模式源表的编号列将是"Order ID"列，源表的键列将是"Quantity"列。
2. **查找表**：这里是"Price"表（如图 10-32 左图所示），因为它包含返回（或合并）到源表中的值。具体来说，希望返回每列的价格，为此，在查找匹配项时，需要通过比较源键（"Quantity"列）和查找键（"Units"列）来计算出正确的值。

由于键列的名称不一致，因此需要先来解决这个问题。因为不想破坏源数据，所以将在 Power Query 中进行更改，如图 10-33 所示。

1. 编辑"Price"查询。
2. 右击"Units"列，"重命名"，输入"Quantity"。

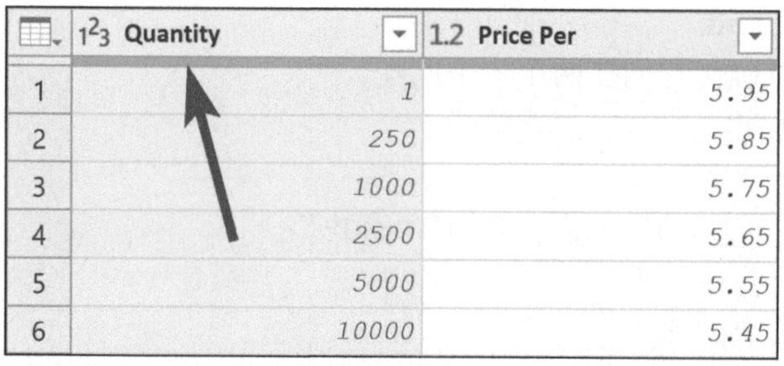

图 10-33 更新的查找表（"Price"查询）

【注意】
虽然本例是重命名查找表中的键列，但如果愿意，可以重命名源表中的键列。最终目标只是确保每个表之间的键列名一致。

现在数据已经准备好，可以进入步骤 2，在这里实际创建匹配。
1. 右击源表（"Order"表），"引用"。
2. 转到"主页"选项卡，"追加查询"，追加"Price"查询。
如果滚动到预览窗口的底部，结果现在应该如图 10-34 所示。

正如已经知道的，在"追加"两个表时，具有相同名称的列被堆叠起来，具有新名称的列被添加到表中。这就是确保键列名在两个表之间保持一致非常重要的原因。用户还将注意到，对于"Order"表中的每个订单，当前"Price Per"显示为"null"，而"Price"表中所有行的"Order ID"也显示为"null"。

	AᴮC Order ID	1²3 Quantity	1.2 Price Per
20	TX001006	4247	null
21	TX001007	10826	null
22	TX001008	3481	null
23	TX001009	6062	null
24	TX001010	4089	null
25	null	1	5.95
26	null	250	5.85
27	null	1000	5.75
28	null	2500	5.65
29	null	5000	5.55
30	null	10000	5.45

图 10-34　追加源表和查找表

【注意】
这里从源表开始，仅仅是因为通常希望在完成时将这些列放在输出的左侧，这样可以避免以后对列进行重新排序。如果用户想从查找表开始并追加源表，那么这个方法仍然有效。

【警告】
如果源表超过 1000 行，用户甚至可能无法在数据预览中看到查找表。不用担心，只需按照方法步骤操作即可。尽管它可能无法通过预览正确显示，但在加载时将对整个数据集执行这些步骤，并且方法将起作用。

现在，将采取以下步骤（是见证奇迹的时刻）。
1. 筛选"Quantity"列，"升序排序"。
2. 筛选"Order ID"列，"升序排序"。
此时，数据将如图 10-35 所示，"Price"表的每一行显示在"Order"表的相关行上方。

	Aᴮ𝒸 Order ID	1²3 Quantity	1.2 Price Per
1	*null*	*1*	*5.95*
2	TX000987	*75*	*null*
3	TX001003	*76*	*null*
4	*null*	*250*	*5.85*
5	TX000996	*817*	*null*
6	TX001004	*955*	*null*
7	*null*	*1000*	*5.75*
8	TX000990	*1000*	*null*
9	TX000998	*2365*	*null*

图 10-35 近似匹配几乎完成了

这个方法最巧妙的地方是对键列（也就是"Quantity"列）的排序，因为这会以升序的方式将所有定价表的行与原始数据的行混合。然后对"Order ID"列进行第二次排序（如果有多个排序条件，则需要对多个编号列进行排序），这样做可以确保"Price"表中的行始终位于"Order"表中的行之前。如果"Price"表中的"Quantity"值恰好与"Order"表中的订单数量一样，比如在例子中的第 7 行和第 8 行中显示的 1000 行，那么对编号列的排序可以确保"Price"表中的行始终位于源表的数据行的上方。

1. 右击"Price Per"，"填充""向下"。
2. 筛选"Order ID"列，取消勾选"null"值。
3. 选择"Quantity"和"Price"列，转到"添加列"选项卡，"标准""乘"。
4. 将乘法列重命名为"Revenue"。

就这样，"Price"表中的行不再存在，但订单的"Quantity"的对应"Price Per"和需要输出的 Revenue（总价）都已正确显示出来，如图 10-36 所示。

	Aᴮ𝒸 Order ID	1²3 Quantity	1.2 Price Per	1.2 Revenue
1	TX000987	75	5.95	446.25
2	TX001003	76	5.95	452.2
3	TX000996	817	5.85	4779.45
4	TX001004	955	5.85	5586.75
5	TX000990	1000	5.75	5750
6	TX000998	2365	5.75	13598.75
7	TX000988	2755	5.65	15565.75
8	TX001008	3481	5.65	19667.65
9	TX001010	4089	5.65	23102.85
10	TX001001	4162	5.65	23515.3

图 10-36 成功复现了 Excel 的 VLOOKUP 函数的功能，并正确地获得了近似匹配值

10.5 模糊匹配

到目前为止，本章中介绍的每个连接都要求两个表之间的数据具有某种一致性。数据点要么需要精确匹配，要么需要遵循有序逻辑。只要是使用计算机生成的数据，都能做到数据准确。但是，当试图将手动输入的数据与计算机生成的数据进行匹配时，会发生什么情况？

拼写错误。大小写、缩写、符号和替换术语错误只是导致匹配的数据集之间不一致的一个方面的原因。由于Power Query的默认连接仅连接完全匹配的数据，因此它会显著影响比较两个列表的能力，如图 10-37 所示。

用这些……

Employee	Quantity	Item
Donald A	5	Laptops
Mary	2	Monitor
Bob	1	laptop
Ron	2	Mice
Don B	7	Keyboards
Cheryl	1	Screen

Product	Price
Laptop	1399
Monitor	159
Mouse	29
Keyboard	49

做出这些……

Employee	Quantity	Item	Price
Donald A	5	Laptos	1399
Mary	2	Monitor	159
Bob	1	laptop	1399
Ron	2	Mice	29
Don B	7	Keyboards	49
Cheryl	1	Screen	159

图 10-37 手动填写“Procuct”表（左）并与“Price”表（右）进行比较

本例的源数据可在“第 10 章示例数据\Fuzzy Match.xlsx”中找到。

乍一看一切都很好，但在Power Query中执行标准的左外部连接后，基于“Product”表的“Item列”和“Price”表的“Item”列的匹配，只有一条数据会生成正确的价格，如图 10-38 所示。

	Employee	Quantity	Item	Price
1	Donald A	5	Laptops	null
2	Mary	2	Monitor	159
3	Bob	1	laptop	null
4	Ron	2	Mice	null
5	Don B	7	Keyboards	null
6	Cheryl	1	Screen	null

图 10-38 这是一个灾难，因为只有“Monitor”有价格

从图 10-38 中可以看出，这是行不通的。从末尾带有额外“s”的条目（表示它们是复数），到小写的“laptop”与“Price”表中正确大小写的“Laptop”不匹配，再到“Screen”，几乎没有匹配项。

在许多工具中，唯一的方法是返回并手动清理“Product”表。但对于Power Query，有一种方法能够处理这种模糊性，即“使用模糊匹配执行合并”。

【注意】

如果根据用户输入来收集数据，那么最好先设置数据验证规则，以阻止用户输入不匹配的数据，而不是尝试通过模糊匹配来修复它。不幸的是，并不总是有这样的控制，这就是这个工具可以变得非常有用的地方。

10.5.1 基本模糊匹配

创建一个基本模糊匹配实际上相当容易。在创建常规连接时，只需勾选“使用模糊匹配执行合并”复选框，如图 10-39 所示。

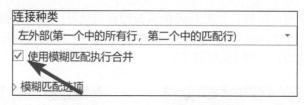

图 10-39　将常规匹配转换为模糊匹配

这一步骤会大幅改变输出，从而在合并"Product"表的"Item"列和"Price"表的"Item"列时产生以下结果，如图 10-40 所示。

	AᴮC Employee	1²3 Quantity	AᴮC Item	1²3 Price
1	Donald A	5	Laptops	1399
2	Mary	2	Monitor	159
3	Bob	1	laptop	1399
4	Ron	2	Mice	null
5	Don B	7	Keyboards	49
6	Cheryl	1	Screen	null

图 10-40　利用 Power Query 的"使用模糊匹配执行合并"产生的结果

在本例中，通过勾选"使用模糊匹配执行合并"复选框，将匹配项增加到 6 个条目中的 4 个。但这是为什么呢？

Power Query 利用雅卡尔相似性算法来度量实例对之间的相似性，并将得分为 80% 或以上的任何内容标记为匹配项。在这种情况下，该算法对"Laptops"和"laptop"的评分与"Laptop"相当，尽管其中一个有一个额外的字符，另一个使用小写的字符。在标准连接无法匹配的情况下，诸如颠倒位置的字符（如 friend 和 freind）和标点符号差异（如 mrs 和 mrs.）也将匹配。

一般来说，在使用模糊匹配时，单词越长，拥有的字符越相似，返回精确匹配的可能性就越大。要理解这一点，请考虑以下两个词是相同的。

1. "Dogs"与"Cogs"。

2. "Bookkeeperz"与"Bookkeepers"。

观察上面的 1 和 2 两组词会发现，由于它们都只有一个字母不同，且字符数较少，所以无法确定它们是不能匹配的。

> ✍【注意】
> "使用模糊匹配执行合并"功能仅支持在文本列上的操作。如果出于任何原因需要对使用不同数据类型的列执行模糊匹配，则需要首先将数据类型转换为"文本"。

10.5.2　转换表

虽然基本模糊匹配解决了一些问题，但也可以从前文的示例中看到，有两个记录仍然无法生成匹配："Mice"（希望与"Mouse"匹配）和"Screen"（需要与"Monitor"匹配）。根据雅卡尔相似性算法，这些单词不够接近，无法标记为匹配。那么如何解决这个问题呢？

秘诀是创建一个转换表，将一个术语转换为另一个术语，如图 10-41 所示。

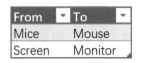

图 10-41　简单的转换表

【注意】

虽然此表的名称不重要，但它必须包含 "From" 列和 "To" 列，以便正确映射和转换术语。

在这个示例文件中，这个表称为 "Translation"，将把它作为 "仅限连接" 查询加载到 Power Query。执行此操作后，创建利用此表的模糊匹配的过程如下。

1. 创建连接数据的查询。
2. 勾选 "使用模糊匹配执行合并" 复选框。
3. 单击三角形图标展开 "模糊匹配选项"。
4. 向下滚动并选择 "Translation" 表作为转换表。

在展开合并结果后，所有的数据点都匹配得很好，如图 10-42 所示。

	ᴬᴮ_C Employee	1²₃ Quantity	ᴬᴮ_C Item	1²₃ Price
1	Donald A	5	Laptops	1399
2	Mary	2	Monitor	159
3	Bob	1	laptop	1399
4	Ron	2	Mice	29
5	Don B	7	Keyboards	49
6	Cheryl	1	Screen	159

图 10-42　终于匹配了所有的数据

【注意】

再次强调，通过设置数据验证规则，来确保终端用户输入信息的有效性是更好的解决方案。但至少现在有了一种方法来应对用户没有规范化输入的情况，就是把初始的信息输入 "From" 列，然后把正确的规范化的值输入 "To" 列。

10.5.3　减小相似性阈值

如前所述，Power Query 利用雅卡尔相似性算法来度量实例对之间的相似性，并将相似率为 80% 或以上的任何内容标记为匹配项。它还提供了收紧或放松相似性分数的选项。数字越大，匹配就越准确。换句话说，将其设置为 1（100%）将显示所选连接类型的精确匹配要求。

虽然从不会将模糊匹配的相似性阈值设置为 1，但可能会倾向于采用另一种方式并放宽限制。然而，在这样做之前，需要确保熟悉潜在的不利因素。

假设需要在"Product"表与"Dept"表之间匹配员工，如图 10-43 所示。

这里的挑战是：记录销售的职员使用"Donald A"的全名，人力资源部则称他为"Don A"。此匹配进行得怎么样？事实证明，即使使用基本模糊匹配，效果也不太好，如图 10-44 所示。

用这些……						生成这些……			
Employee	Quantity	Item		Employee	Dept	Employee	Quantity	Item	Dept
Donald A	5	Laptops		Don A	Accounting	Donald A	5	Laptops	Accounting
Mary	2	Monitor		Don B	Billing	Mary	2	Monitor	Finance
Bob	1	laptop		Mary	Finance	Bob	1	laptop	Finance
Ron	2	Mice		Bob	Finance	Ron	2	Mice	Finance
Don B	7	Keyboards		Ron	Finance	Don B	7	Keyboards	Billing
Cheryl	1	Screen		Cheryl	Finance	Cheryl	1	Screen	Finance

图 10-43　"Product"表（左）和"Dept"表（右）

	A^BC Employee	1²3 Quantity	A^BC Item	A^BC Depts.Employee	A^BC Depts.Dept
1	Mary	2	Monitor	Mary	Finance
2	Don B	7	Keyboards	Don B	Billing
3	Bob	1	laptop	Bob	Finance
4	Ron	2	Mice	Ron	Finance
5	Cheryl	1	Screen	Cheryl	Finance
6	Donald A	5	Laptops	null	null

图 10-44　等等，"Don A"与"Donald A"没匹配

事实证明，"Don A"和"Donald A"之间的相似性得分在 50% 到 59% 之间。鉴于这小于 80% 的默认值，它们无法匹配。

你现在已经知道，可以通过创建一个单独的表来保存"Don"的别名来解决这个问题。不过，任何人都喜欢有更多选项，所以是否可以通过调整相似度阈值来解决这个问题，并避免添加另一个表呢？

执行此操作的选项隐藏在"模糊匹配选项"的三角形图标下，如图 10-45 所示。

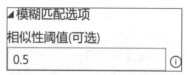

对于示例数据，将该值放宽到 0.6（60% 的相似性）不会对输出产生影响。但将其减小到 0.5 会发现"Donald A"与"Don A"匹配，如图 10-46 所示。

图 10-45　放宽雅卡尔相似性阈值

	A^BC Employee	1²3 Quantity	A^BC Item	A^BC Depts.Employee	A^BC Depts.Dept
1	Donald A	5	Laptops	Don A ✓	Accounting
2	Mary	2	Monitor	Mary	Finance
3	Bob	1	laptop	Bob	Finance
4	Ron	2	Mice	Ron	Finance
5	Don B	7	Keyboards	Don B	Billing
6	Don B	7	Keyboards	Ron ❗	Finance
7	Cheryl	1	Screen	Cheryl	Finance

图 10-46　终于把"Donald"与"Don"配对了

乍一看，这真是太棒了。已经成功地将"Donald"与"Don"匹配，而无须向解决方案中添加另一个表。但仔细观察会发现有些地方不太对劲儿。

在放宽相似性阈值之前，将 6 条销售记录与 6 名员工进行匹配，并返回 6 行。为什么现在有 7 行？

如果仔细查看第 4 行和第 5 行，可以看到"Ron"和"Don B"已与"Depts"表中的正确员工代码匹配。但是，在第 6 行，"Don B"也被标记为"Ron"。即相似性阈性设置得太小，以至于显示为"假阳性"。此外，它还创建了一个意外（模糊）的笛卡儿积。

☎【警告】

除非绝对必要，否则应避免依赖减小相似性阈值。这是一个有风险的工具，可能导致数据不匹配和意外的笛卡儿积。

虽然基本模糊匹配可能会导致匹配出现误报（毕竟匹配到 80% 的相似性），但 Power Query 团队提供了一个默认值，该值限制了误报的数量，同时仍提供了模糊匹配功能。只有在知道相似性阈值具体含义的情况下才应更改阈值，并且在更改之后应检查匹配的结果。

10.5.4　保持模糊匹配的策略

当然，这里的大问题是：如何维护依赖于模糊匹配的解决方案？这看起来很吓人，尤其是在刷新一个相对较新的解决方案并不断产生问题时。

为了建立一个依赖于模糊匹配的可维护系统，建议采取以下措施。

1. 在合并数据之前，替换已知需要修复的频繁出现的字符术语或模式。也就是说，如果知道计算机生成的查找表在地址前从不包含"#"符号，但源表可能包含以这种方式写入的地址，只需右击该列并将该列上的所有"#"符号替换为空。
2. 利用本章前文讨论的完全反连接类型，在每次刷新后获得一个异常表（未知项）供查看。
3. 创建 Excel 公式或 DAX 公式，以计算异常表中未知项目（行）的数量，并将其返回到报告页面，以便于查看（每次刷新时，将能够看到未知项的计数是否为 0，或者转换表是否需要添加其他项）。刷新后，将拥有一种验证机制，不仅可以提醒是否存在任何未知项，同样的解决方案还可以准确列出未知项。

在有未知项的情况下，可以将它们连同它们映射到的术语一起输入转换表中（强烈建议尽可能使用"复制/粘贴"，以确保拼写正确）。如果正确输入了所有缺少的术语，则应进行完整刷新，以正确匹配所有内容。

根据数据的干净程度和刷新频率，每次刷新时不匹配的数据的数量都会减少。原因很简单：正在构建的是一个术语词典，每次遇到问题，这个词典都会变得更强大。

✎【注意】

模糊匹配功能不仅存在于合并操作中，而且也在其他操作中出现，例如分组和聚类值。虽然目前这些体验仅在 Power Query 在线版中可用，但 Power Query 团队的目标是在所有版本的 Power Query 之间实现一致性，因此希望在不久的将来，可在最喜爱的 Power Query 产品的不同版本中看到这些功能。

第 11 章　基于 Web 的数据源

使用 Power Query 的一个非常有趣的场景是，可以利用它从 Web 上抓取与业务相关的数据来丰富自己的公司数据。数据通常以两种不同的方式存储在 Web 上。

1. 存储在网站中的文件。
2. 存储在基于 HTML（超文本标记语言）的网页。

只要数据存储在 Power Query 能读取的格式（CSV、XLSX 等）中，那么从它们中提取数据是相当容易的。然而，第二种方式对于 Power Query 可能更具挑战性，因为页面可能包含也可能不包含一致的结构。Power Query 团队一直在研究这个问题的解决方案，在编写本章时，"网页连接器基础结构更新"功能已发布在 Power BI 的预览功能中，可用来解决这个问题。

11.1　连接到 Web 数据文件

假设用户在 Web 上找到了如图 11-1 所示的文件，并希望直接连接到它。尽管这是一个 ".xlsx" 文件，但系统不会使用 Excel 连接器提取它，因为它存储在 Web 上，而不是计算机的本地文件夹中。相反，用户将使用"自网站"连接器，步骤如下，结果如图 11-1 所示。

1. 转到"数据"选项卡，"获取数据""自其他源""自网站"。
2. 在"URL"字段中输入文件路径并单击"确定"。

图 11-1　连接到存储在 Web 上的 Excel 文件

如果用户以前没有连接到网站，则会提示用户选择适当的身份进行验证。

> **【注意】**
> NYC Open Data 网站提供了大量可无须身份验证就可以读取的开放数据。
> 在连接到此源数据时可选择"匿名"。

身份验证通过后，用户将看到与连接到本地 Excel 文件完全相同的界面，如图 11-2 所示。

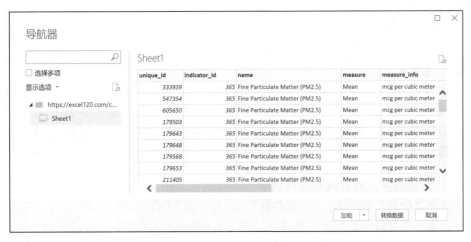

图 11-2 和连接到本地 Excel 文件有差别吗？

这是 Power Query 团队设计这个软件所保持的一致性。虽然连接器有所不同，但该过程的其余部分与处理存储在本地的文件相同。出于这个原因，在这里实际上不会对这个数据集执行任何转换，重要的是，用户需要认识到连接到存储在 Web 上的文件并从中导入数据是很容易的。

11.2 连接到 HTML 网页

假设在这个场景中，用户希望从纽约市网站上获取所有开放数据集的列表。用户只需双击示例文件的"NYC Open Data.html"文件，从 Web 浏览器复制该路径。

页面本身似乎包含一个数据集表，其中包含关于每个数据集的一些相关信息，如图 11-3 所示。

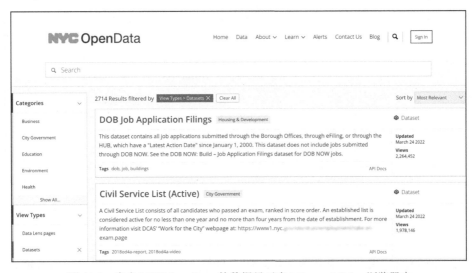

图 11-3 来自 NYC OpenData 的数据显示在 Microsoft Edge 浏览器中

11.2.1 连接到网页

首先，连接到网页的方式与连接到 Web 文件的方式相同。

1. 转到"数据"选项卡，"获取数据""自其他源""自网站"。
2. 如果出现身份验证提示，请选择"匿名"（针对此数据集）。

用户将再次被带到"导航器"界面，但这一次会注意到，还有更多选项可供选择，如图 11-4 所示。

图 11-4 使用 Power Query 连接到网页

11.2.2 自然表和建议表

关于这个网页，用户可以立即认识到的一点是，它实际上并不包含任何已定义的表。如果有，将在"导航器"界面的左侧看到标题为"HTML 表格"的列表。相反，在这里看到的只是两个"建议的表格",即 Power Query 引擎从 HTML 文档的 CSS(层叠样式表)推断出的表。

在"导航器"中选择"表 1"后,Power Query 将显示它所定义的表的预览。如果用户想要对数据进行转换,则可以勾选"表 1"复选框,然后在"加载"和"转换数据"之间做出一个选择。

用户还可以切换到基于 Web 的数据预览,并允许用户将完全格式化的网页与 Power Query 所做的表格推断进行比较。要执行此操作,请单击预览区域上方的"Web 视图",如图 11-5 所示。

图 11-5 在"Web 视图"中预览网页

通常,用户可使用此视图来快速比较推断出表数据与 Web 视图中的数据。请注意,在"导航器"界面中选择表不会以任何方式突出显示或更改"Web 视图",因此在选择"加载"前,可以切换回"表视图"查看。

11.2.3 使用示例添加表

但是,如果用户想要更多地控制数据的解释方式,该怎么办?这时"使用示例添加表"就变得非常有用,单击该按钮,将进入名为"使用示例添加表"的用户界面,该界面顶部显示数据预览,底部显示空列。这里的目的是选择第一列中的第一个单元格,输入要从第一条记录中提取的内容,Power Query 将完成其余工作,如图 11-6 所示。

使用这个功能时,根据经验用户会发现"少即是多"的说法是正确的。输入要提取的部分数据,然后双击或选择高亮显示的文本并按 Enter 键选择与预期值匹配的文本。短暂延迟后,Power Query 会根据用户的示例输入信息以及其他网页上的数据推断出用户真实的提取意图,并自动填充这一列的其他部分。如果用户发现有个别条目不正确,只需要重新输入该条目并覆盖 Power Query 的原始推测结果,这样可以优化整个列的提取结果。

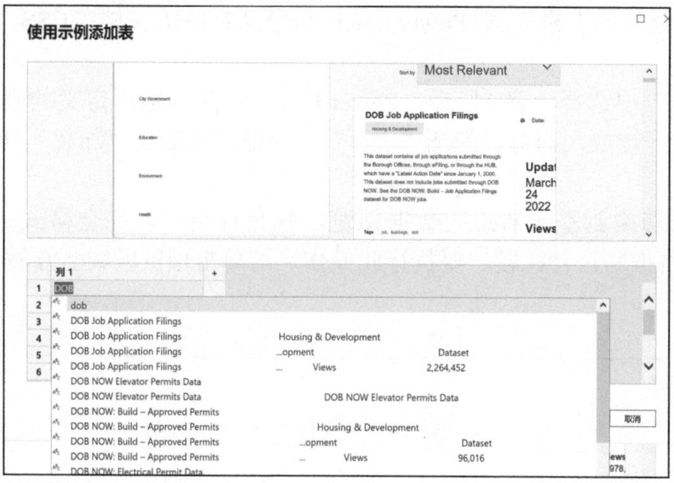

图 11-6 使用“使用示例添加表”获取数据集标题

【警告】

如果用户的示例输入导致显示大量空值，则表示Power Query无法确定提取值的正确逻辑。

完成第一列后，双击列标题将其重命名，如果要添加更多列，请单击“+”图标。在如图 11-7 所示的视图中，可以构建一个表，根据第一列的记录，从其中提取的内容包括数据集、浏览次数，以及最后更新时间。

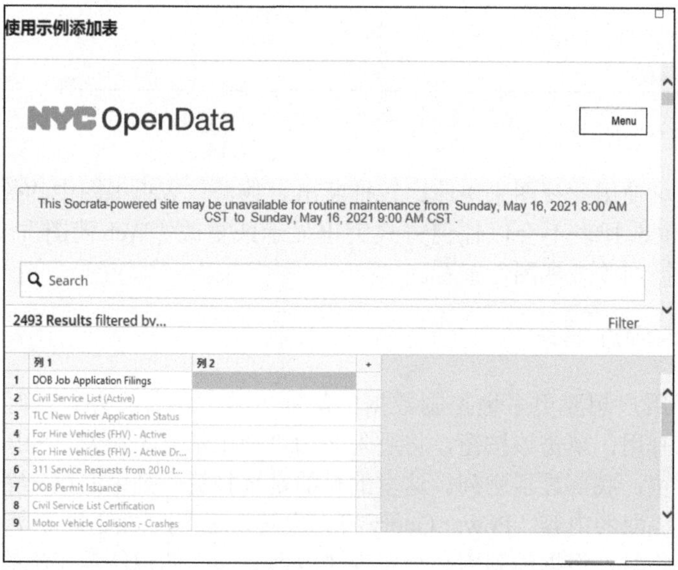

图 11-7 使用“使用示例添加表”获取数据

完成后，用户可以通过单击“确定”，然后选择进一步“加载”或“转换数据”来访问自定义表，如图 11-8 所示。

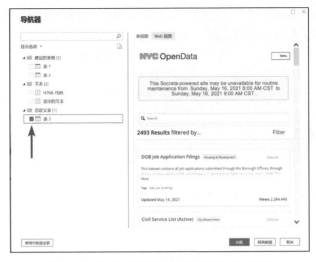

图 11-8 将自动选择自定义表进行"加载"

11.3 连接到没有表的页面

若你在阅读本书时,"使用示例添加表"的功能尚未在 Excel 中发布,只能耐心等待。如果情况是网页不包含已定义的表标记,那么用户将有可能经历尝试深入 HTML 元素内部的体验。这种体验就像在地下迷宫中使用蜡烛照明一样有趣,每个路标上都简单地写着"从这条路出去"。

获得帮助的最佳途径是打开 Web 浏览器,打开开发人员工具,并尝试查找要提取的元素。对于这个例子,此时将考虑以下网页:

```
https://data. cityofnewyork.us/Housing-Development/DOB-Job-Application
Filings/ic3t-wcy2
```

当前的目标是从网页中提取如图 11-9 所示的数据。

图 11-9 此表不显示在预览窗口中

> **【注意】**
>
> 虽然 Power BI 的新 Web 表推断功能中标识了该表,但在编写本书时,该特性并未出现在 Excel 的连接器中。即使使用了新的连接器,也可能会出现类似的情况,因此用户需要探索如何通过 Power Query 浏览 HTML 文档结构。当然,探索这种复杂的结构需要勇气。

那么用户怎么知道自己掉入了这个"兔子洞"[①]呢？当用户发现以下两个条件都被满足的时候，就表明已掉入这个"兔子洞"了。

1. 要查找的表不会显示（无论是 HTML 表还是建议的表）。
2. 无法使用"使用示例添加表"功能创建表格。

这个场景对用户来说很容易在 Excel 中从 Web 获取数据时复现，因为目前 Excel 并没有上述的高级接口。

连接到网页将产生如图 11-10 所示的预览。

图 11-10　只存在 4 个 HTML 表，但缺少用户想要的表

要在 Microsoft Edge 或 Chrome 中找到所需元素的路径，用户需要转到页面并按 F12 键展开开发人员工具，如图 11-11 所示。

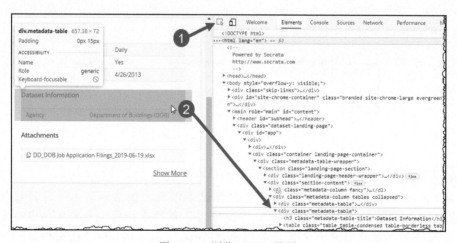

图 11-11　浏览 HTML 界面

[①] "兔子洞"源于《爱丽丝梦游仙境》，爱丽丝掉进兔子洞后就进入了仙境，现在用来比喻未知领域的入口。——译者注

找到元素的诀窍如下。

1. 单击"元素"按钮（位于"开发人员工具"窗口的左上角）或按 Ctrl+Shift+C 键。

2. 将鼠标指针悬停在页面上，突出显示所需元素。

3. 单击它，在"元素"窗口中选择该元素。

一旦用户这样做了，用户就可以开始痛苦的第二部分：在 Power Query 中重复刚刚寻找表格元素的步骤。

4. 创建新查询，"自其他源""自网站"，输入"URL"：

```
https://data.█████████.us/Housing-Development/████████████
████████/ic3t-wcy2
```

5. 单击"确定"，选择文件"转换数据"。

现在，用户将在 Power Query 界面看到一个相当不友好的结果，如图 11-12 所示。

	A_C^B Kind	▾	A_C^B Name	▾	Children	↔	A_C^B Text	▾
1	Element		HTML		Table			null

图 11-12　令人失望的结果

现在，用户需要非常仔细地复制在开发人员工具界面中执行的步骤，钻取 Power Query 的相应表元素。这两个程序之间有一些相似之处，但即便如此，也很容易迷失方向。

在这个过程中，导航的诀窍是识别 Power Query 中的"Name"字段包含开发人员工具中显示的元素，如图 11-13 所示。本例里有 HTML，在浏览器的顶部可以看到 HTML 标记，这两项是相同的。

单击"Children"列中的表格以深入查看。

	A_C^B Kind	▾	A_C^B Name	▾	Children	↔	A_C^B Text	▾
1	Element		HEAD		Table			null
2	Text			null		null		
3	Element		BODY		Table			null

图 11-13　HTML 元素的子元素

现在看到 HEAD 和 BODY 标签。基于用户扩展的 HTML，此时需要深入 BODY 标签中。用户需单击那里的表格，然后继续。

这个过程的问题在于，HTML 中的标签都有名称，但在 Power Query 中用户看不到它们，这使得用户很容易迷失。此外，"应用的步骤"区域不会逐步记录用户的路径，它只是将所有步骤合并在一起，让用户无法回退到上一个步骤。一旦用户发觉路线出错，唯一的办法就是从头开始。

似乎这不是问题最糟糕的部分，在导航过程结束时，表格的一列显示为原始文本，另一列封装在元素中，这意味着需要进行额外的操作，如图 11-14 所示。

图 11-14　这并没有变得更容易，甚至表列格式也不一致

由于将其放入一个干净的表中的步骤超出了本章的范围，因此现在不讨论这种方法。但是，完成此过程的步骤已保存在已完成的示例中，可在"第 11 章 示例文件\From Web–The Hard Way.xlsx"中找到。此特定查询已另存为"TheHardWay"。即使要查看该查询，用户也需要认识到导航步骤是按照下面的文档顺序生成的。

初始表如图 11-15 所示。

⊞▾	A^B_C Kind	▾	A^B_C Name	▾	⊞ Children	⁴¹⁴²	A^B_C Text	▾
1	Element		HTML		Table			null

图 11-15　在"Children"表中钻取

1. HTML（第 1 行）。
2. BODY（第 3 行）。
3. Main（第 6 行）。
4. DIV（第 4 行）。
5. DIV（第 2 行）。
6. DIV（第 1 行）。
7. DIV（第 2 行）。
8. DIV（第 1 行）。
9. SECTION（第 1 行）。
10. DIV（第 2 行）。
11. DIV（第 2 行）。
12. DIV（第 2 行）。
13. TABLE（第 2 行）。
14. TBODY（第 1 行）。
15. TR（第 1 行）。

如果用户严格地遵循上述步骤，用户将钻取到与"TheHardWay"查询的导航步骤中显示的完全相同的位置，并且可以按照其余步骤一直钻到最后。

现在应该能认识到：钻取 HTML 文档的工作理论上的确是可以完成的，这比其他方法要好。话虽如此，这并不适合缺乏耐心的人，而且整个过程可能会难以置信地令人沮丧。

11.4　从 Web 获取数据的注意事项

可以看出，从 Web 获取数据是 Power Query 的一个弱点。好消息是，根据本书在

Power BI 中展示的效果，未来情况将会好转（希望在用户阅读本书时，能在 Excel 中看到与 Power BI 同样的特性）。

但是，重要的是要认识到，即使有更好的连接器，在开发基于 Web 数据的解决方案时，仍有一些事情需要注意。

以下讨论并不是为了给出不要基于网站数据开发解决方案的理由，相反，它们旨在确保用户进入这一领域时更清楚：依赖用户无法控制的网络源数据的好处和风险。

11.4.1　收集数据的经验

在 Power Query 中，针对 Web 数据构建解决方案可能是一个非常痛苦的过程。正如在前文的 Power BI 示例中所示，如果文档后面有表标记或设计良好的 CSS，那么该工具可以很好地工作。在这一点上，用户会看到自然的或建议的表格，事情很简单。不幸的是，这远比没有表标签或 CSS 要更复杂，对于采用了优化网页加载技术的网站（如延迟加载内容）可能意味着 Power Query 抓取数据时看不到完整的页面，因为它在完全加载之前就确定了页面结构，Power Query 抓取了个空。

希望 Power Query 团队将继续在这一领域开展工作，添加用户界面选项以增强用户体验，并希望永远不要再让人进入 HTML "陷阱"。

11.4.2　数据完整性

Web 数据的另一个主要问题是源和完整性。小心连接和导入来自百科网站或其他与用户公司业务没有关系的网站的数据。

虽然可以将获取百科网站数据作为一个很好的例子，但现实是，依赖百科网站可能会很危险。其中的内容一般是精心编写的，但可由用户更改。尽管百科网站尽了很大努力来整理数据，但网站上的信息还远远不够完美，包含的数据可能并不完全真实。

另一个问题是数据更新的容易程度。想象一下，花时间针对一个网页构建一个复杂的查询，却发现所有者/网站管理员没有及时更新它。用户需要确保，当刷新数据时，系统不仅刷新历史数据，而且要刷新最新的数据。在这里，用户已经投入了大量的时间，并在假设上次刷新时提取了最新数据的情况下做出了业务决策。

11.4.3　解决方案稳定性

由于网站不受用户控制，这必然导致一个非常现实的问题：任何公司都一样，为了更好地为客户服务，各种页面的内容都可能发生改变。网站可能并不会保持始终如一的结构和不变的体验。网站经常更新东西，改变现有这些网页并添加新的内容，使网站做得更酷。这显然会导致一个副作用，那就是在没有任何通知的情况下，引用相关网站数据的查询程序不再可用，用户也可能恰好没有时间修复已经不可用的查询。

第12章 关系数据源

如果用户所在的公司，给予了用户直接访问公司数据库权限，数据库是获取数据的理想来源。这不仅可以保证访问的是最新的数据，而且从数据库加载数据通常比从文件加载数据效率更高。

12.1 连接到数据库

Power Query 支持连接到多种数据库，连接方式在 Excel 或 Power BI 用户界面的以下 3 个区域可以找到。

1. "获取数据""来自数据库"。

2. "获取数据""来自 Azure"。

3. "获取数据""自其他源"。

如果用户找不到需要连接的数据库，先不要失望。待用户安装了供应商的 ODBC（开放数据库互联）驱动程序，用户将能够通过"自其他源"连接到数据库 ODBC。

12.1.1 连接到数据库

由于连接到大多数数据库的步骤非常相似，因此将先介绍连接到 Microsoft Access 数据库。这是一个 SQL 数据库，托管在微软的 Azure 上，这意味着无论用户身处世界何处，都可以连接并浏览其中的数据。

在本例中，将连接到 AdventureWorks 数据库，并按地区分析其公司每年的总销售额。

> **【注意】**
> 为了确保用户在建立初始数据库连接时不会出现问题，本书强烈建议用户在尝试建立连接之前阅读以下步骤。

要开始前，需要完成如图 12-1 所示步骤。

图 12-1　连接到 Azure 数据库

1. "获取数据""来自 Azure""从 Azure SQL 数据库",连接到以下。
- **服务器**:"xlgdemos.database.windows.net"。
- **数据库**:"AdventureWorks"。

☎【警告】

"高级选项"提供自定义 SQL 语句和其他特定用于连接器的选项。除非用户是一名 SQL 专家,能够编写非常高效的代码,或者数据库管理员给用户提供了连接数据库的明确方法,否则请避免使用这些方法。

此时,系统将提示用户输入凭据来连接到数据库。会注意到这里有几个选项。

默认选项是使用用于登录计算机的 Windows 凭据。如果用户是在公司内部局域网的数据库上工作,并且 IT 部门允许使用 Windows 凭据,那么这可能对用户有效。但是,最好的做法是联系所在公司的 IT 部门,以便他们能够为用户提供连接到数据源所需的所有服务器、数据库和访问级别权限。

用户还可以在同一选项卡上提供另一组 Windows 凭据。如果需要使用一组不同的用户凭据连接到数据库,这将非常有用。

但是,要正确连接到本节介绍的 Azure 数据库,用户需要切换到对话框的"数据库"选项卡,因为作者在创建用户 ID 时考虑的是数据库安全性,而不是 Windows 安全性。在该选项卡上,用户需要执行如下 3 项操作。

1. 选择"数据库"。
2. 输入用户名"DataMaster"。
3. 输入密码"D4t4M@ster!"。

当用户输入正确的验证信息之后,单击"连接"按钮,如图 12-2 所示。

图 12-2 使用"数据库"安全凭据连接到数据库

✎【注意】

用户使用的用户凭据(用户名和密码)缓存在本地用户设置的加密文件中。这意味着,当解决方案通过电子邮件发送或被其他用户打开时,用户名和密码不会随解决方案一起移动。这非常安全,可确保每个用户实际拥有的凭据是正确的,能正常访问数据库和刷新数据。

12.1.2　管理凭据

如果输入了错误的连接名称、数据库、用户名或密码，并需要修改它们，则可以通过执行以下步骤进行修改。

1. Excel：转到"数据"选项卡，"获取数据""数据源设置"。
2. Power BI：转到"主页"选项卡，"转换数据""数据源设置"。

将启动"数据源设置"对话框，如图 12-3 所示。

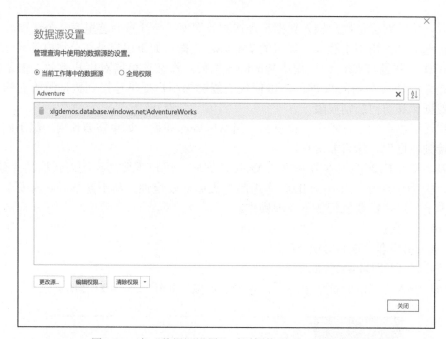

图 12-3　在"数据源设置"对话框找到"Adventure"

虽然"当前工作簿中的数据源"视图只包含当前工作簿中的源，但随着时间的推移，"全局权限"视图可能会变得非常拥挤，因此使用搜索窗格对数据进行筛选非常实用。在图 12-3 中，已经通过筛选找到了数据源"Adventure"，因为我们知道它是 Azure 数据库 URL 的一部分。

在这里用户有如下 3 个选择。

1. **"更改源"**：如果用户输入了错误的 URL 需要更正它，或者如果用户只是想将查询指向一个新的数据库或服务器，则此选项非常有用。
2. **"编辑权限"**：此选项允许用户更改用户名和密码，以及查看或更新用于访问数据库的凭据类型。
3. **"清除权限"**：如果用户想从缓存连接中删除数据源，这是一个很好的选择，但同时迫使用户在下次连接时重新进行身份验证。如果用户已经打乱了初始连接并希望重新开始，也是基于这个项。

单击"编辑权限"按钮将允许用户查看凭据类型，如图 12-4 所示。

如果需要，用户还可以通过单击"凭据"下面的"编辑"按钮打开新窗口来更新或替换用户名和密码。

图 12-4　Azure 数据库的数据源设置

12.1.3　无法连接

这里选择将本书涉及的示例数据库放在 Azure 上，以使其运行时间与预期的一致。在此期间，我们收到了一些无法连接到 Azure 数据库的用户的支持请求。这些问题最常见的原因如下。

1. 忘记选择"数据库安全凭据"。
2. 用户名或密码输入错误。
3. 公司防火墙或 VPN 阻止访问本数据库。

> **【注意】**
> 当然，可以假设Azure数据库也会无法连接。虽然这是完全可能的，但自从本书第一版发行以来，我们收到的每个支持请求都是由上面列出的3个问题之一引起的。

如果用户遇到对 Azure 数据库的访问被阻止的情况，本书还将在示例文件中展示包含 Microsoft Access 版本的 AdventureWorks 数据库。不使用 SQL Azure 连接器，使用 Access 数据库连接器即可。用户会发现连接这些数据库的步骤几乎是一样的。

12.1.4　使用导航器

一旦 Power Query 连接到数据库，用户将被带到"导航器"界面，该界面允许用户选择要连接到的表。在本例中，希望从"SalesOrder"表中提取一些数据。由于表太多，这里将使用搜索功能缩小列表范围。

1. 在搜索区域中输入"SalesOrder"。
2. 单击"SalesLT.SalesOrderHeader"表。

Power Query会从数据库选定的表格中截取部分样本数据，并将它们呈现在预览窗口中，以便用户大致了解存储在该表中的数据，如图 12-5 所示。

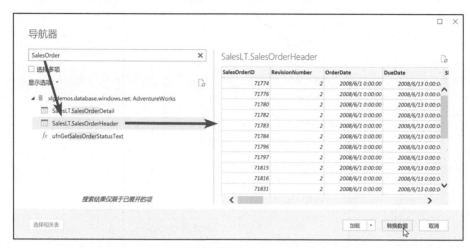

图 12-5　使用"导航器"

这里的数据看起来相当有用，单击"转换数据"，看看可以收集了哪些有用的信息。

12.1.5　探索数据

这里用户会注意到的第一件事是，"应用的步骤"区域中有两个步骤："Source"和"Navigation"。如果选择"Source"步骤，用户将看到它返回到数据库的原始模式，允许用户查看数据库中存在的其他的表、视图和对象。然后，通过"Navigation"步骤钻取到选定的表中。

用户会注意到的第二件事是这里有很多数据。此时需要按如下操作步骤来缩小数据范围。

1. 选择"OrderDate""SalesOrderNumber""SubTotal""TaxAmt""Freight""SalesLT.Customer""SalesLT.SalesOrderDetail"列。
2. 右击其中一个列的列标题，"删除其他列"。
3. 右击"OrderDate"列，"转换""年""年"。
4. 右击"OrderDate"列，"重命名"，输入"Year"。
5. 右击"SalesOrderNumber"列，"重命名"，输入"Order#"。

此时结果如图 12-6 所示。

	Year	Order#	SubTotal	TaxAmt	Freight	SalesLT.Customer	SalesLT.SalesOrderDetail
1	2008	SO71774	880.35	70.43	22.01	Value	Table
2	2008	SO71776	78.81	6.30	1.97	Value	Table
3	2008	SO71780	38,418.69	3,073.50	960.47	Value	Table
4	2008	SO71782	39,785.33	3,182.83	994.63	Value	Table
5	2008	SO71783	83,858.43	6,708.67	2,096.46	Value	Table
6	2008	SO71784	108,561.83	8,684.95	2,714.05	Value	Table
7	2008	SO71796	57,634.63	4,610.77	1,440.87	Value	Table
8	2008	SO71797	78,029.69	6,242.38	1,950.74	Value	Table
9	2008	SO71815	1,141.58	91.33	28.54	Value	Table
10	2008	SO71816	3,398.17	271.85	84.95	Value	Table
11	2008	SO71831	2,016.34	161.31	50.41	Value	Table
12	2008	SO71832	39,775.21	2,862.02	894.38	Value	Table
13	2008	SO71845	41,622.05	3,329.76	1,040.55	Value	Table
14	2008	SO71846	2,453.76	196.30	61.34	Value	Table

图 12-6　清理后的"SalesOrderHeader"表

大多数列标题都很有意义，但最后两列有一些重要的内容。这些列没有显示“SalesOrderHeader”表中的值，而是显示数据库中其他表中的相关值。

这是连接到数据库的一大好处：大多数数据库都支持自动检测关系，允许用户浏览相关记录，而无须自己设置关系或执行合并。但为什么“SalesLT.Customer”列显示“Value”，而“SalesLT.SalesOrderDetail”列显示“Table”呢？

如果检查实际的数据库结构，就会发现“Customer”表和“SalesOrderHeader”表之间定义了一对多关系（虽然一个客户可能有多个销售订单，但每个销售订单只有一个客户）。这里看到的“Value”实际上是“Customer”表中的记录，每条记录中包含对应客户的所有相关字段，如图 12-7 所示。

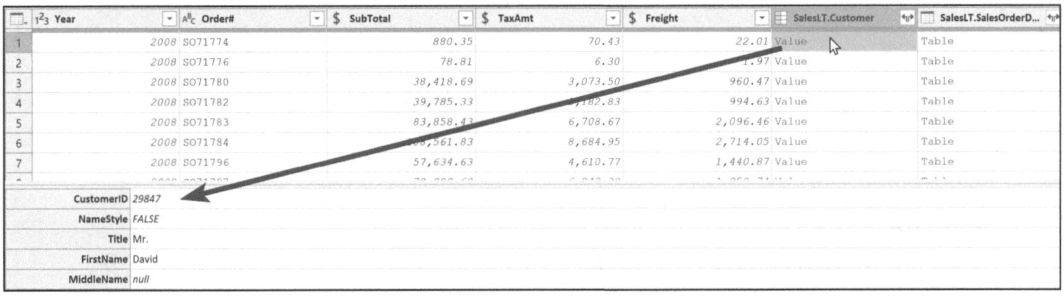

图 12-7 “SalesLT.Customer”列包含每个订单对应的客户相关记录

相反，如果用户预览“SalesOrderDetail”列的第一个表，可以看到主订单下包含该订单全部子订单的详细信息，如图 12-8 所示。

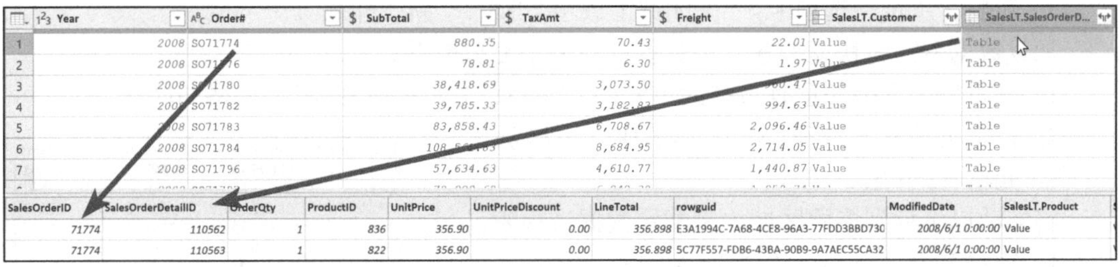

图 12-8 销售订单“71774”有多行记录，表示销售的不同的产品

虽然“SalesOrderHeader”表和“SalesOrderDetail”表之间的关系也是一对多的，但在本例中，唯一值位于连接到的“SalesOrderHeader”表上。

【注意】
为什么需要关心这个？因为它允许用户使用数据库中的关系来执行表之间的一些基本连接，而无须使用第10章中所述的连接技术。

此时来缩小数据范围，并进行更多的数据清理，方法如下。
1. 右击“SalesLT.SalesOrderDetail”列，“删除”。
2. 单击“SalesLT.Customer”列右上角展开按钮。
3. 只勾选“SalesPerson”复选框，“确定”。

4. 右击"SalesPerson"列,"替换值",将"adventure-works\"替换为空(也就是什么也不输入)。

此时数据如图 12-9 所示。

	1²₃ Year	Aᴮ𝒸 Order#	$ SubTotal	$ TaxAmt	$ Freight	Aᴮ𝒸 SalesPerson
1	2008	SO71782	39,785.33	3,182.83	994.63	linda3
2	2008	SO71935	6,634.30	530.74	165.86	linda3
3	2008	SO71938	88,812.86	7,105.03	2,220.32	jae0
4	2008	SO71899	2,415.67	193.25	60.39	shu0
5	2008	SO71895	246.74	19.74	6.17	shu0
6	2008	SO71885	550.39	44.03	13.76	jae0
7	2008	SO71915	2,137.23	170.98	53.43	linda3
8	2008	SO71867	1,059.31	84.74	26.48	jae0
9	2008	SO71858	13,823.71	1,105.90	345.59	linda3
10	2008	SO71796	57,634.63	4,610.77	1,440.87	linda3
11	2008	SO71784	108,561.83	8,684.95	2,714.05	jae0
12	2008	SO71946	38.95	3.12	0.97	jae0
13	2008	SO71923	106.54	8.52	2.66	shu0
14	2008	SO71797	78,029.69	6,242.38	1,950.74	jae0
15	2008	SO71774	880.35	70.43	22.01	linda3

图 12-9 将不同表格里的数据合并到了一起,但是没有创建任何连接,是不是很神奇?

> **✎【注意】**
> 虽然这里只从另一个表中检索到一个相关列,但用户肯定可以做得更多,甚至可以深入相关表更下层的表中。

现在是完成这个查询并使用数据的时候了,在使用Excel时,将进行如下操作。

1. 将查询重命名为"OrdersBySalesPerson"。
2. 选择所有列,"转换""检测数据类型"。
3. 转到"主页"选项卡,"关闭并上载至""表""新工作表"。

加载数据后,将快速构建一个数据透视表来汇总数据。

1. 在表格中选择任意有数据的单元格,"插入""数据透视表""表格和区域"。
2. 将数据透视表放在同一工作表中,可以从单元格 H2 开始。

将拖动以下列到多段区域内来配置数据透视表。

1. 行:"SalesPerson","Order #"。
2. 值:"SubTotal","TaxAmt","Freight"。
3. 列:将每列设置为以无符号以及保留 2 位小数的会计专用样式显示(右击任意数值列,在弹出的对话框中选择"数字格式""会计专用""小数位数",输入"2","货币符号"选择"无")。

结果是一个很规整的数据透视表,用户可以随时刷新,如图 12-10 所示。

行标签	求和项:SubTotal	求和项:TaxAmt	求和项:Freight
⊟jae0	518,096.43	41,447.71	12,952.41
SO71776	78.81	6.30	1.97
SO71780	38,418.69	3,073.50	960.47
SO71784	108,561.83	8,684.95	2,714.05
SO71797	78,029.69	6,242.38	1,950.74
SO71831	2,016.34	161.31	50.41
SO71832	35,775.21	2,862.02	894.38
SO71846	2,453.76	196.30	61.34
SO71867	1,059.31	84.74	26.48
SO71885	550.39	44.03	13.76
SO71898	63,980.99	5,118.48	1,599.52
SO71917	40.90	3.27	1.02
SO71936	98,278.69	7,862.30	2,456.97
SO71938	88,812.86	7,105.03	2,220.32
SO71946	38.95	3.12	0.97
⊟linda3	209,219.83	16,737.59	5,230.50
SO71774	880.35	70.43	22.01
SO71782	39,785.33	3,182.83	994.63
SO71783	83,858.43	6,708.67	2,096.46

图 12-10 从"Azure SQL 数据库"
创建的数据透视表

这个解决方案的优势在于,用户还可以向工作表中添加切片器、数据透视图和其他项目,按用户的需要显示数据。这个方案最好的地方在于,用户只需要通过简单的单击步骤,即"数据""全部刷新"就能够在任何时间按需刷新线上数据库的实时数据并更新解决方案。

12.2 查询折叠

数据库提供的一个重要特性是能够利用查询折叠来优化查询性能。当使用Power Query的用户界面构建解决方案时，该技术是内置的，并且在默认情况下可以正常使用，但用户也可能意外地将其关闭，导致查询仅由Excel处理。为了了解如何避免出现这个错误，用户需要理解什么是查询折叠，以及它是如何在默认情况下工作的。

12.2.1 理解查询折叠

当用户单击各种命令来选择、过滤、排序和分组数据时，并不总是考虑背后发生的事情。正如用户现在所知道的，这些步骤中的每一步都记录在名为"应用的步骤"区域中，这让用户可以构建一个有顺序的宏。但是，用户可能不知道的是，Power Query 还会尽可能多地将这些命令转换为数据库的本机查询语言（SQL），并将它们发送到数据库。

更令人惊奇的是，具有查询折叠功能的服务器将接收这些单独的查询，然后尝试将它们折叠成更高效的查询。当需要发出连续的查询指令时，这个折叠查询的作用会尤为明显。例如，用户在"选择所有表中的记录"指令之后，紧接着又要求"请排除 150 以外的所有部门"。

换句话说，服务器不是加载全部 1000000 条记录，然后筛选到该部门的 150 条记录，而是通过查询来构建一个更高效的查询，该查询的内容如下：

```
Select * From tblTransactions WHERE Dept = '150'
```

这样做的影响是巨大的，因为它节省了处理 998500 条记录的时间。虽然并非所有命令都可以折叠，但很多命令都可以折叠，从而将处理工作负载推送到服务器上。那么用户怎么知道它是否有效呢？返回上一个查询，将会注意到在每个步骤的快捷菜单上都有一个"查看本机查询"命令。此处显示的是"Removed Other Columns"步骤的视图，如图 12-11 所示。

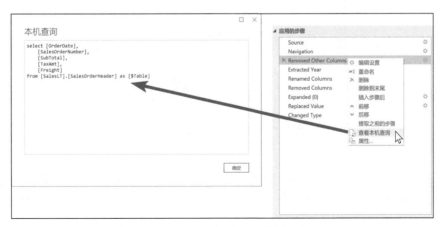

图 12-11　查看将发送到 SQL 数据库的查询

当然，在执行的转换中执行该命令相对较早，但可以看到查询折叠一直持续到"Replaced Value"步骤，如图 12-12 所示。

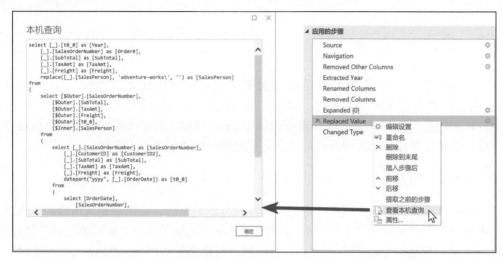

图 12-12 用户界面驱动的步骤仍"折叠"到一个整合的 SQL 语句中

只要"查看本机查询"命令可用，就可以确保查询折叠仍在进行。此时来看看在图 12-13 中的"Changed Type"步骤上发生了什么。

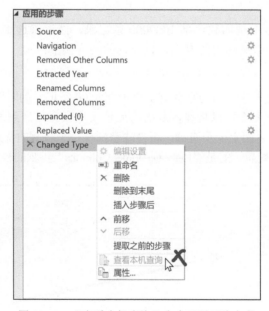

图 12-13 "查看本机查询"命令已显示为灰色

此时，"查看本机查询"命令变灰，表示此步骤可能不会折叠到SQL语句中。当 Power Query执行刷新时，它将从上一步检索SQL语句，然后使用本地处理器和RAM继续其余步骤。

【注意】
"查看本机查询"命令为灰色可能并不总是意味着查询步骤没有折叠，但它是目前Excel和Power BI桌面版用户界面中唯一的指示器。

☜【警告】
重要的是要认识到，一旦打破了查询折叠，后续步骤就不会折叠。因此，
用户最好尽可能长时间地保持查询折叠活动。

此时迫不及待地想在 Excel 和 Power BI 桌面中看到的一个新功能是查询折叠指示器。
图 12-14 取自 Power Query 在线版，显示了针对 Azure 数据库的（不同）查询中步骤旁边的
查询折叠指示器。

这些指示器比当前用鼠标单击查询步骤并显示本机查询的方法要更直观，它们可以立
刻向用户展示，从"Navigation"开始一直到"Changed column type"查询一直在被折叠，
但是从"Kept bottom rows"步骤开始查询折叠就被打破了。

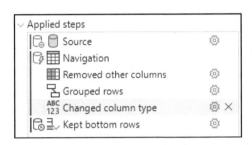

图 12-14　即将到来的查询折叠指示器

12.2.2　支持查询折叠的技术

由于 Power Query 连接器的列表一直在增长，用户无法真正提供支持或不支持查询折
叠的连接器的全面列表。话虽如此，关于查询折叠，需要认识到的一件重要事情是，它是
一种有效地将处理工作目标下压到数据源的技术，这意味着在数据源处需要一个计算引擎
才能工作。这就是为什么用户通常会看到查询折叠在同时具有存储和计算引擎的数据库中
工作。虽然很希望文本、CSV 以及 Excel 文件能够有这个功能，但很遗憾，这些文件都不
包含计算引擎。一般来说，文件不会折叠，即如果用户正在连接到文件，则查询折叠将不
可用。另一方面，如果要连接到数据库，则可以使用查询折叠。

文件不会折叠规则的一个显著例外是 Microsoft Access。Access 尽管也是文件，但也支
持查询折叠。话虽如此，由于文件通常托管在本地计算机上，因此性能提升可能不如在服
务器上折叠一个完整的数据库那么明显。

用户还应该知道，并非所有数据库都支持查询折叠。如果用户连接的数据库没有查询
折叠功能，那么 Power Query 将下载完整的数据集，并使用自己的引擎执行请求的步骤来
处理它们。虽然最终也能得到一样的结果，但效率可能会非常低。

同样值得注意的是，并非所有数据库连接器都是平等创建的。一个特别需要注意的数
据连接器是 ODBC。如果没有其他选择，ODBC 绝对是可用的，但 ODBC 连接器本质上是
一个"一刀切"的连接器。这意味着它还没有针对用户的特定数据集进行优化，可能很容
易打破查询折叠。只有在没有本机（或自定义）连接器可用的情况下，才应该使用 ODBC
连接到数据库，本书建议用户仔细观察每一个步骤的查询折叠（通过右击查询"查看本机
查询"）。

12.2.3　常见问题

根据经验，在高效地从数据库中提取数据以及查询折叠技术方面似乎存在一些常见的混淆。这里解释其中的一些误解。

误解 1：从数据库中提取数据的最有效方法是生成一个 SQL 查询，该查询在一个 Power Query 步骤中完成所有工作。

虽然在实际操作中这种方法并不可取，但它确实存在。在一个示例中，看到了一个解决方案中，顾问采用了这种方法，构建了一个非常复杂的 SQL 语句和使用"高级选项"区域在连接器中对其进行硬编码。它起作用了吗？是的，事实上这个查询工作得很快。顾问能否编写比 Power Query 更高效的 SQL 语句呢？答案是可以的。

但是，由于业务需求的变化，客户需要修改它。当然，客户聘请顾问的原因是他们不具备 SQL 知识。根据顾问的建议，客户现在要么花费更多的费用聘请顾问来修改它，要么客户自己学会修改 SQL 语句（事实证明，客户花了几个小时来做后者）。

现在，客户是否可以通过用户界面对逻辑进行修改，作为一个新的步骤？是的，可以的，但是由于查询是从一个自定义 SQL 步骤开始的，因此查询折叠会立即中断，这可能会对性能产生很大影响。

那么，如果顾问一开始就通过用户界面构建了查询呢？客户只需要几分钟就能做出所需的更改，而且他们可以更快地恢复正常工作。

误解 2：打破查询折叠的步骤的顺序总是会打破查询折叠。不幸的是（或许是幸运的），事情并不会非黑即白。事实上，Power Query 正在使用一种算法来生成 SQL 代码，有时步骤的顺序会导致 Power Query 无法创建有效的 SQL 语句。在这种情况下，查询折叠将被中断。

当查询折叠中断时，不要立即放弃。尝试更改步骤的顺序，看看是否有效果（要执行此操作，请右击"应用的步骤"区域中的步骤，然后选择"前移"或"后移"）。有时，步骤顺序的改变会使查询折叠提示再次亮起。

误解 3：必须有人维护一个列表，列出哪些步骤可以折叠。这是一个非常普遍的误解。在这里将很抱歉地告诉各位用户，没有这样的列表，而且以后也不会有。为什么？这是因为哪些命令能折叠可能取决于 Power Query 连接器，也可能取决于正在执行的步骤的顺序。使用自己的公司数据库次数越多，虽然没有涵盖所有场景的列表，但用户就会开始了解配置中哪些项会破坏查询折叠。

误解 4：查询折叠不会在一连串的查询中持续存在。这并不正确。如果是这样，就会对在第 2 章中概述的查询结构产生一些严重的质疑。如果用户想证明查询折叠可以在多个查询中持续存在，那么很容易做到。

1. 从本章返回示例（或打开"第 12 章 示例文件\AdventureWorks Complete.xlsx"文件）。
2. 编辑查询。
3. 右击"Removed Other Columns"步骤，"提取之前的步骤"。
4. 将新查询命名为"Database"。

现在，用户已经创建了一个从"Database"到"OrdersBySalesPerson"的两步查询链。此时先回到"OrdersBySalesPerson"并右击"Replaced Value"（替换的值）步骤。"查看本

机查询"仍然可用，说明查询折叠没有因为多出来的查询分支而被打破。

误解 5：只要用户能连接数据库，那么用什么连接器都无所谓。这个"小神话"差点儿毁了用户的一个BI项目。他们的IT部门教他们使用ODBC连接器连接到SQL数据库，而不是Power Query的内置SQL Server连接器。

起初，一切都很好。客户连接到数据库，立即进行筛选，检索前一周的约 100 万行数据，并构建解决方案来解决所有问题。他们热爱Power Query，过着美好的生活。但随着时间的推移，解决方案变得越来越慢，甚至在整整一天的 8 小时的工作时间内都无法刷新完成。

事实证明，问题在于IT部门教用户通过他们安装和配置的ODBC连接器将Power Query连接到SQL Server。这个如此大的问题的原因是，当筛选行时，这种技术组合会导致查询折叠中断。这对用户来说是一个巨大的冲击，因为这似乎是一个肯定会起作用的步骤，但有了它，刷新就是将整个数百万行数据下载到Excel中，然后试图减少数据量。

如何来解决这个问题呢？重新启动查询以使用SQL数据库连接器而不是ODBC。就这样，用户更改了连接器，并保持查询的其余部分不变。最后看到的是，查询在几分钟内就可以刷新完成。

12.3 数据隐私级别

根据用户使用Power Query的深入程度，用户可能会遇到声明数据源隐私级别的提示。那么，它们是什么？它们为什么重要？事实上，它们与查询折叠及其工作方式密切相关。

关于查询折叠的一个常见误解是，可以看到的每个本机查询都会被发送到数据库。这不是真的，实际上提交到数据库查询只是最后一个有效的本机查询。话虽如此，每个查询都会向数据库提交两个本机查询。

虽然这在技术上可能并不完美，但用户可以将首次提交的目的视为向数据库发送任何参数，用来检索可能驱动当前变量（如"最近日期""第一个客户名称"）的预览。Power Query随后将更新、折叠和编译其查询，并将其发送到数据库进行检索。

理解这一点很重要的原因是，根据用户构建查询的方式，一些数据可能会被发送到数据源。这显然会引起一些担忧，因为用户不希望意外泄露敏感数据，特别是当它超出用户公司的控制网络时。

Power Query团队对此问题的回答是允许用户为其每一个数据源声明一个隐私级别，一共有 3 个类型的数据隐私级别，如下。

1. **专用**：专用数据源与其他数据源完全隔离，包含敏感或机密信息。
2. **组织**：组织数据源与所有公共数据源隔离，但它的数据源对其组织成员可见。
3. **公共**：公共数据源是每个人都能看到其中数据的数据源。

在理想情况下，用户需要正确标记每一个数据源，以便系统能够保护用户的数据源，使用户不会将关键和敏感的信息发送到不应该被其他用户知道的数据源，或者意外泄露机密数据、将机密数据暴露到用户无法控制的数据源。

隐私级别的工作方式是，无论何时，当用户试图连接不同数据源时，Power Query都会检查每个数据源的隐私级别是否兼容，规则如下。

1. **公共数据**：可以发送到公共或组织数据源。
2. **组织数据**：可发送至组织数据源（但不能发送专用或公共数据源）。
3. **专用数据**：不能发送到任何地方（甚至不能发送给其他专用数据源）。

理论上，如果Excel电子表格被标记为"组织"，则无法将数据从电子表格发送到公共网站。另一方面，如果用户的电子表格被标记为"公共"，并且用户要将其发送到声明为"组织"的公司数据库，那么这是可以的，因为此类标记数据可以从公共数据源发送到组织数据源。

实际上，处理隐私级别可能非常具有挑战性。如果用户的理解不正确，则会收到一条令人沮丧的消息，如图 12-15 所示的公式防火墙错误。

⚠ Formula.Firewall: 查询"Function"(步骤"Source") 正在访问的数据源包含无法一起使用的隐私级别。请重新生成此数据组合。

图 12-15　没有什么比 Power Query 中的这个错误更令人沮丧的了

✎【注意】
将在本书第19章更详细地探讨公式防火墙错误。

12.3.1　声明数据隐私级别

设置隐私级别并不困难。一旦需要，Power Query查询弹出如图 12-16 所示的对话框。

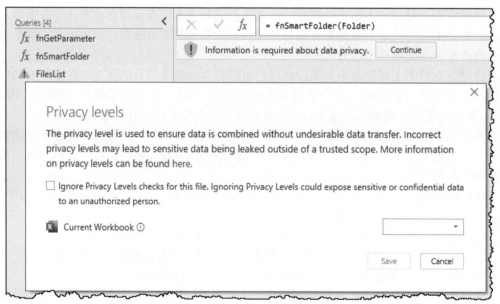

图 12-16　提示用户对当前查询设置隐私级别信息

重要的是要认识到隐私级别设置也不限于使用数据库。它是一种保护用户不在任何数据源之间意外泄露数据的机制。图 12-16 实际上是在使用一个函数将"FilesList"查询连接到"SharePoint"，这会触发黄色提示要求声明隐私级别。单击"Continue"将进入对话框，用户可以在其中为工作簿中的每个数据源设置隐私级别。

🐵【警告】

打开工作簿时，Power Query会检查用户自上次保存后是否已更改。如果已更改，隐私级别设置将被丢弃，需要重新声明。如果用户正在使用Excel，并且预计这会成为一个问题，那么作者网站提供了一个基于VBA的解决方案，可以提醒用户需要做什么才能解决此问题。

12.3.2　管理数据隐私级别

如果需要查看或修改数据的隐私级别，可以在管理解决方案"凭据"的同一位置执行此操作。作为提醒，用户可以通过以下方式找到这些设置。

- "数据源设置"，选择数据源，"编辑权限"。

此时，用户可以更改特定连接的隐私级别，如图 12-17 所示。

图 12-17　管理 Azure 数据库的隐私级别

12.3.3　隐私与性能

虽然隐私级别方法的主意很好（谁想意外泄露数据？），但使用这个方法有时可能会让人感觉很麻烦。在最好的情况下，隐私级别设置也会严重影响性能，而在最坏的情况下，它会导致公式防火墙错误，根本无法直接刷新数据。

图 12-18 显示两个查询的 5 次刷新操作时间的平均值。

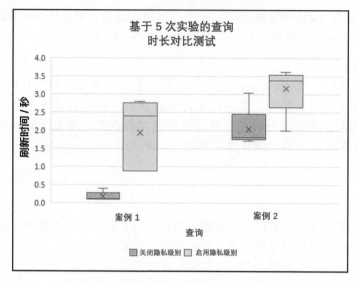

图 12-18　比较两个查询基于 5 次实验的刷新时间

关于这些查询，需要了解的重要一点是，如果它们都是存储在同一工作簿中的表，用户就没必要在合并这些数据源时检查它们的隐私级别，因为所有数据都存在于同一个文件中。如果用户将工作簿数据与数据库的数据合并起来，那么用户可能需要检查这些数据的隐私级别。当然，如果所有数据都来自同一来源，检查这项设置对用户其实没有任何附加价值。

尽管如此，用户可以看到结果相当清楚，禁用隐私引擎后进行刷新总是更快，有时甚至非常明显。

> **【注意】**
> 图12-18是使用肯的Monkey Tools加载项在Excel中创建的。要了解有关此加载项的更多信息，可在肯的网站上下载免费试用版。

12.3.4　禁用隐私引擎

在禁用隐私引擎之前，重要的是要考虑这样做的利弊，如表 12-1 所示。

表 12-1　禁用 Power Query 隐私引擎的利弊

利	弊
刷新时间更短	数据泄露风险
不会出现公式防火墙错误	Power BI 计划刷新可能被阻止

如果用户将公司数据源与公司无法控制的网络托管或外部数据源相结合，则可能会使公司的数据面临风险。此外，如果用户打算发布 Power BI 模型并安排刷新，则很可能会发现 Power BI 服务不允许用户覆盖隐私设置。

另一方面，如果用户正在构建 100% 包含在公司网络中的解决方案，禁用隐私引擎可能会带来一些非常重要的好处。第一个是开发解决方案更容易，因为用户不必担心公式防火墙，第二个是性能将得到提高。

隐私设置通过"查询选项"对话框进行控制，可通过以下单击路径访问该对话框。

1. Excel："数据""获取数据""查询选项"。

2. Power BI："文件""选项和设置""选项"。

用户还会发现此界面中有两个"隐私"选项卡：一个在"全局"区域，另一个在"当前工作簿"区域。首先来查看"全局"区域，如图 12-19 所示。

图 12-19　查看 Excel 中的"全局"区域"隐私"选项卡，如你所见，这里有 3 个选项

1. **始终根据每个源的隐私级别设置合并数据**：这将根据凭据区域中配置的级别继承每个数据源的隐私级别设置。

2. **根据每个文件的隐私级别设置合并数据**：这是默认设置，本书建议用户坚持使用这个选项。

3. **始终忽略隐私级别设置**：这个设置让很多用户兴奋不已，但本书建议用户不要选择这个选项。

本书不建议用户使用最后一个选项的原因是，它会让用户在没有收到警告的情况下意外地将专用数据泄露到公共数据源（这类似于在 Excel 2003 及更早版本中关闭 VBA 宏安全性，来避免每次都弹出警告提示。这是可行的，但这样做用户将会完全暴露专用数据源）。本书不希望看到任何用户为了从 Power Query 中获得更好的性能而采取"自杀式"的行为。

本书主张根据实际情况逐一对每个解决方案做出是否关闭隐私功能的决定，而不是在全局范围内关闭隐私功能。这将保护用户的数据，并强制用户在更改设置之前评估每个数据源。用户可以通过"当前工作簿"区域下的"隐私"选项卡执行此操作，如图 12-20 所示。

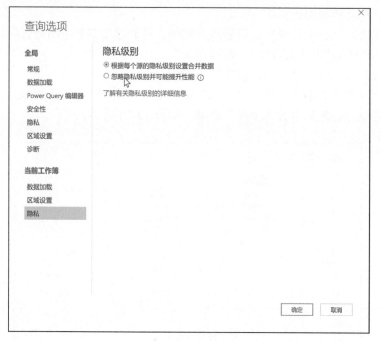

图 12-20　管控"隐私级别"的正确位置

此选项卡中的第一个选项是默认行为，它将提示用户声明所有未指定数据源的隐私级别。它还将在合并数据时强制执行隐私检查（无论用户是否觉得需要）。

第二个选项允许用户禁用特定解决方案的隐私级别，这是本书建议用户在控制隐私级别时使用的路径。

12.4　优化

Power Query查询可能很慢，尤其是当用户必须启用隐私检查时。这是一个不幸的事实，微软非常清楚这一点，并一直在努力改进。有鉴于此，本书必须制定一些策略，尽可能最大限度地提高效率。

1. 如果用户可以使用特定的数据库连接器，请不要使用ODBC连接器。与为数据源定制（并优化）的连接器相比，使用ODBC连接器中断查询折叠的可能性要大得多。
2. 设置初始查询时，避免提供自定义SQL语句。此规则的唯一例外是，如果用户是SQL专家，并且确信可以提供比查询折叠步骤为用户构建的查询更高效的查询。通过提供自定义SQL语句，用户可以立即中断后续步骤的查询折叠功能，这可能会损害长期性能。

🐵【警告】
当对包含自定义M或SQL语句的任何行执行查询折叠时，查询折叠通常会中断。更糟糕的是，它会阻止任何进一步的查询折叠。

3. 将尽可能多的工作推送到数据库。如果数据库支持查询折叠,这会将工作负载推送到服务器,而不是在本地使用Power Query执行。由于数据库旨在高效地处理数据,这将有助于提高性能。

4. 在初始查询设计中,使用Power Query用户界面命令尽可能多地完成工作,而不是使用自定义M代码。虽然动态地注入参数来控制筛选器很有诱惑力(特别是在本书后文学习了如何使用动态参数表之后),但用户应该知道这将破坏查询折叠功能。

【注意】

请记住,Power Query并不是作为SSMS或任何其他帮助用户管理数据库的工具的替代品而构建的。它是作为一个工具来帮助自助式BI专业人士提取、筛选、排序和操作数据的,他们通常对SQL语法知之甚少(即使有的话)。Power Query的工作是为用户自动构建SQL代码。

Power Query的一大优点是，它能够将数据从非表格格式清理并重新整理为表格格式，用于驱动数据模型和Excel表格。有时数据以表格形式出现但并不是用户想要的格式，那么此时需要重新调整数据格式。第 7 章提及了这些技术中的一部分，本章将重点介绍一些方法，来帮助用户实现一开始感觉有点儿无从下手的数据整理。

与数据转换方式相关的最大挑战之一是如何命名它们，因为感觉没有真正可以来定义它们的标准词汇。相反，用户通常根据数据转换所用的方法步骤来命名它们。因此，在本书中提供了示例数据整理前后的图片对照效果。希望这能帮助用户快速浏览本章，并让用户在需要时将之作为标准处理方案的参考。

13.1 透视

无论这些方法步骤的名称或目标是什么，本节中的每种方法都涉及如何利用Power Query的透视功能将数据转换为所需的格式。

13.1.1 单列多行

将要介绍的第一种数据转换方法可以说是最重要的方法之一，不仅因为它是现实世界中常见的，而且因为其他数据转换也使用这种方法。此方法被称为透视单列多行数据，这个方法的目标是将一个单列数据转换成表格格式，如图 13-1 所示。

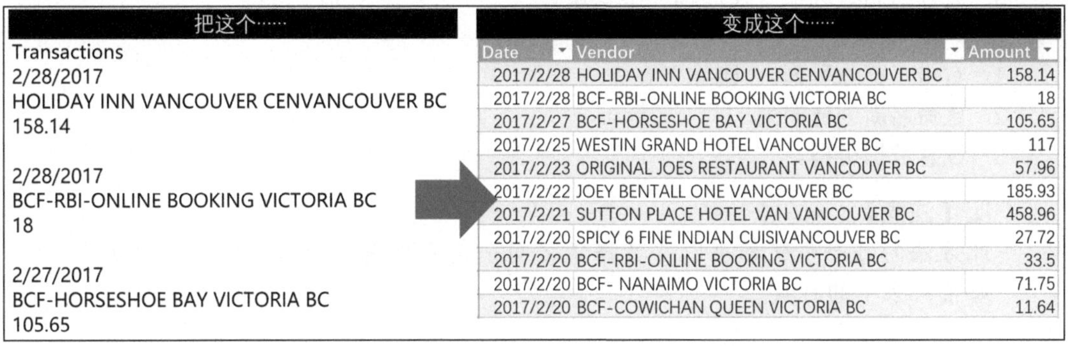

图 13-1 如何将左侧的数据整理为右侧的表格

然而，在深入研究这个示例文件之前，用户需要非常仔细地查看要转换的数据，因为它具有一些关键特征。虽然这是基于信用卡交易的下载数据，但这种格式在许多不同的数据源类型中都有所体现。请仔细查看如图 13-2 所示的示例。

图 13-2　单列多行数据的前几行

请注意，除了第一行显示为标题外，数据格式非常一致，它们是日期、供应商、金额、空白。然后，第二条记录、第三条记录以及其他记录的格式也很清晰明了。忽略标题来看的话，这是一个格式一致的多行数据记录，其中每个记录有 4 行，并且这 4 行的格式在整个数据文件中重复。

🐵【警告】

观察到这种一致的重复格式，是使用后续方法的前提。虽然格式不需要每次 4 行，但它必须在记录之间保持一致。如果数据集中有一条记录包含不同数量的行，则此方法将不起作用。

如果用户在数据中看到此重复格式，则将其展开为表格格式的方法可以总结如下。

步骤 1：为文件添加索引列，让数据的每一行都有行 ID。

1. 转到"添加列"选项卡，"索引列""从 0"。
2. 选择"索引"列，"添加列""标准""除 (整数)"，输入"除数"。
3. 选择"索引"列，"转换""标准""取模"，输入"除数"。

步骤 2：数据透视。

1. 选择"索引"列，"转换""透视列"。
2. 将"值"列字段设置为目标数据列。
3. 展开"高级选项"并选择"不要聚合"。

步骤 3：清理。

1. 右击"整除"列，"删除"。
2. 重命名新创建的列。
3. 设置数据类型。

✎【注意】

此方法的每个步骤都可以在数据集之间一致地应用，但所需的除数取决于每条记录中的行数。

下面将此方法应用于示例数据集。

首先，将数据集导入新工作簿，然后从解决方案的步骤 1 开始。

1. 创建新查询，"获取数据""从文本 /CSV"，选择"第 13 章 示例文件\Stacked Data. txt"，"导入""转换数据"。
2. 转到"主页"选项卡，"将第一行用作标题"。
3. 转到"添加列"选项卡，"索引列""从 0"。

新创建的"索引"列现在为文件中的每一行提供了唯一的文件行 ID。

这个过程的下两个步骤涉及对"索引"列的值执行一些数学运算。本书不打算涵盖复杂的数学计算说明，但对那些从小学期间就做过除法的人来说，将除法术语转换为 Power Query 使用的术语可能会有所帮助，如图 13-3 所示。

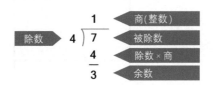

图 13-3　还记得除法吗？

用户实际上要在解决方案中计算一个整数商和一个余数。整数商是用作标记并区分每一行记录隶属于哪一条记录的，而余数的作用则是标记该行记录在本记录中是第几条数据。被除数很容易得到，它是"索引"列中的当前值，此时仍缺失一个极其关键的部分：除数。使用正确的除数至关重要，它直接影响到数据的结果。

如何选择正确的除数呢？有一个简单的方法，就是在新添加的"索引"列中寻找第二条记录的第一行的行 ID。如图 13-4 所示，本例中的除数等于"4"。

图 13-4　确定第二条记录的第一行的位置

☞【警告】
从"索引"列中检索此值非常重要，不要选择预览窗口左侧显示的"从 1"开始计数的行号，因为将要使用的模式需要对"从 0"开始计数的行 ID 执行数学运算。这也意味着，对于这个解决方案，"索引"列总是从"0"开始，而不是从"1"开始，这一点很重要。

使用除数，现在可以完成解决方案的步骤 1，如下。
1. 选择"索引"列，"添加列""标准""除(整数)"，在弹出的对话框"值"中输入"4"，"确定"。
2. 选择"索引"列，"转换""标准""取模"，在弹出的对话框"值"中输入"4"，"确定"。
如果用户正确地遵循了这些步骤，数据现在应该如图 13-5 所示。

	ABC Transactions	1.2 索引	1²3 整除
1	2/28/2017	0	0
2	HOLIDAY INN VANCOUVER CENVAN...	1	0
3	158.14	2	0
4		3	0
5	2/28/2017	0	1
6	BCF-RBI-ONLINE BOOKING VICTO...	1	1
7	18	2	1
8		3	1
9	2/27/2017	0	2
10	BCF-HORSESHOE BAY VICTORIA BC	1	2
11	105.65	2	2
12		3	2

图 13-5 成功应用透视法处理多行数据的步骤 1

请注意,"整除"列现在前 4 行中的每 1 行都包含 0,接下来每 4 行会递增 1,并保持此模式到数据末尾。该列返回的其实是上文中提到的除法模式中计算得到的整数商,这个整数商可以用来表示数据集中每一个记录的 ID。

对"索引"列进行了"标准""取模"的转换,获得了"索引"列的每行除以 4 的余数。这样做的最终效果是不在"索引"列逐行递增地显示行 ID,而是显示每一行在各自记录中的行 ID。新的值范围始终是 0 到除数减 1(在本例中就是 0 到 3,因为除数为 4)。如图 13-5 所示,有数字 0 的行代表日期行,有数字 1 的行代表供应商,有数字 2 的行代表金额,有数字 3 的行代表空白。

图 13-6 透视数据

现在的数据已经准备好,可以进入步骤 2,如图 13-6 所示。

1. 选择"索引"列,"转换""透视列"。
2. 将"值列"输入框选择为"Transactions"。
3. 展开"高级选项"并选择"不要聚合"。

单击"确定"后,该视图简直就是"魔术",如图 13-7 所示。

	1²3 整除	ABC 0	ABC 1	ABC 2	ABC 3
1	0	2/28/2017	HOLIDAY INN VANCOUVE...	158.14	
2	1	2/28/2017	BCF-RBI-ONLINE BOOKI...	18	
3	2	2/27/2017	BCF-HORSESHOE BAY VI...	105.65	
4	3	2/25/2017	WESTIN GRAND HOTEL V...	117	
5	4	2/23/2017	ORIGINAL JOES RESTAU...	57.96	
6	5	2/22/2017	JOEY BENTALL ONE VAN...	185.93	
7	6	2/21/2017	SUTTON PLACE HOTEL V...	458.96	
8	7	2/20/2017	SPICY 6 FINE INDIAN ...	27.72	
9	8	2/20/2017	BCF-RBI-ONLINE BOOKI...	33.5	
10	9	2/20/2017	BCF- NANAIMO VICTORI...	71.75	
11	10	2/20/2017	BCF-COWICHAN QUEEN V...	11.64	

图 13-7 哇喔,这正是用户想要的

如果仔细观察，可以看到所有的记录字段都去了哪里。

1. "索引"列（记录的行 ID）在列标题中。
2. "整除"列（记录的 ID）在第一列中。
3. "Transactions"数据点以矩阵格式很好地分布。

那太酷啦！剩下的唯一一件事就是继续执行步骤 3 并清理数据集，如下所示。

1. 右击"整除"列，"删除"。
2. 删除不再需要的任何其他列（将删除"3"列）。
3. 适当重命名列（"Date""Vendor""Amount"）。
4. 设置数据类型（在本例中，将在"使用区域设置"设置"Date"列，因为实际的日期格式是"美国(英语)"。

完成这些步骤后，数据看起来非常完美，如图 13-8 所示。

	Date	A^B_C Vendor	$ Amount
1	2017/2/28	HOLIDAY INN VANCOUVER CENVAN...	158.14
2	2017/2/28	BCF-RBI-ONLINE BOOKING VICTO...	18.00
3	2017/2/27	BCF-HORSESHOE BAY VICTORIA BC	105.65
4	2017/2/25	WESTIN GRAND HOTEL VANCOUVER...	117.00
5	2017/2/23	ORIGINAL JOES RESTAURANT VAN...	57.96
6	2017/2/22	JOEY BENTALL ONE VANCOUVER BC	185.93
7	2017/2/21	SUTTON PLACE HOTEL VAN VANCO...	458.96
8	2017/2/20	SPICY 6 FINE INDIAN CUISIVAN...	27.72
9	2017/2/20	BCF-RBI-ONLINE BOOKING VICTO...	33.50

图 13-8　数据经过了完美的转换

这是本书所演示的最神奇的数据转换方法之一。一部分是因为它看起来很神奇，另一部分是因为它在其他方法中非常有用。一旦用户识别出数据中一致的重复格式，用户的数据就可以使用透视流水式数据的方法来处理。

然而，在结束这个话题之前，有如下几点需要注意。

1. 如果数据的第一条记录包含数据集的标题，则可以在数据透视后立即提升标题。本例在这里不需要这样做，因为标题没有被包括在内。
2. 此数据集包含一组重复的空白行。在运行透视操作之前，许多用户都试图从数据集中筛选掉这些数据。虽然这可能有效，但如果其中一个有效数据点本来就包含空白，则可能会产生意外结果（例如，假设其中一个供应商名称为空）。如果发生这种情况，则可能会无意删除了一行重要的数据，继而破坏了数据的内容，以致其在透视操作后返回错误的结果。因此，建议用户先透视操作，然后删除空白列。

13.1.2　多层行标题

本节将要研究的下一个内容是多层行标题数据集的概念。下面的数据示例与前文的示例一样，仍然有多行记录。但是，与前文的示例不同的是，该数据集在每个行标题中都有多个列，如图 13-9 所示。

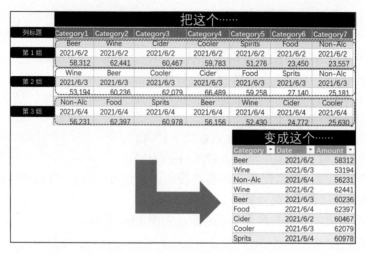

图 13-9　多层行标题的数据集

那就一起来看看如何展开多行多列的数据。

1. 打开（或连接到）"第 13 章 示例文件\Vertical Sets – Begin.xlsx"工作簿。
2. 把原始数据表转换成目标数据表（绿色）。

达到这一目标有多种方法，但现在坚持通过单击用户界面按钮的方法来实现。这个秘诀在于最开始的 3 个步骤。

1. 转到"转换"选项卡，"转置"。
2. 转到"添加列"选项卡，"索引列""从 0"。
3. 右击"索引"列，"逆透视其他列"，结果如图 13-10 所示。

1²3 索引	A⁸c 属性	값 值
1	0 Column1	Beer
2	0 Column2	2021/6/2 0:00:00
3	0 Column3	58312
4	0 Column4	Wine
5	0 Column5	2021/6/3 0:00:00
6	0 Column6	53194
7	0 Column7	Non-Alc
8	0 Column8	2021/6/4 0:00:00
9	0 Column9	56231

图 13-10　在"值"列中发生了一些有趣的事情

这里的一个关键技巧是在逆透视其他列之前对数据进行了转置。于是得到了拥有多列值的一维表，此时用户已经知道如何处理这些值。那就拿出前文演示的透视单列多行数据的方法来完成这些操作，如下所示。

1. 右击"值"列，"删除其他列"。
2. 转到"添加列"选项卡，"索引列""从 0"。
3. 选择"索引"列，"添加列""标准""除(整数)"，在弹出的对话框"值"部分输入"3"，"确定"。
4. 选择"索引"列，"转换""标准""取模"，在弹出的对话框"值"部分输入"3"，"确定"。

5. 选择"索引"列,"转换""透视列"。
6. 在"值列"对话框选择"值",并将"高级选项"设置为"不要聚合","确定"。
7. 右击"整除"列,"删除"。
8. 重命名列("Category""Date""Amount")。
9. 将数据类型设置为"文本"、"日期"和"整数"。

> 🔖【注意】
> 在这个例子中使用的除数是"3"。虽然此处未显示除数的值,但是该值表示的是每个记录中的行数,在本例中,每一个单独的记录共有 3 行,故除数为"3"。也可以在转到"添加列"选项卡,"索引列""从 0"的步骤之后,直接找出第二条记录中的第一行的索引号,对应的也是"3"。

此时,数据已准备好,可以进行加载和分析了,如图 13-11 所示。

	A^B_C Category	Date	1^2_3 Amount
1	Beer	2021/6/2	58312
2	Wine	2021/6/3	53194
3	Non-Alc	2021/6/4	56231
4	Wine	2021/6/2	62441
5	Beer	2021/6/3	60236
6	Food	2021/6/4	62397
7	Cider	2021/6/2	60467
8	Cooler	2021/6/3	62079
9	Sprits	2021/6/4	60978
10	Cooler	2021/6/2	59783
11	Cider	2021/6/3	66489

图 13-11　对数据集进行逆透视的结果

在应用不同的数据转换时,Power Query 的诀窍是识别可能使用的转换的关键特征。任何时候,当看到在单个列中存在多层行标题时,解决方案只需几步即可。

13.1.3　多层列标题

现在,如果数据是多层列标题而不是多层行标题,该怎么办?大概情况如图 13-12 所示。

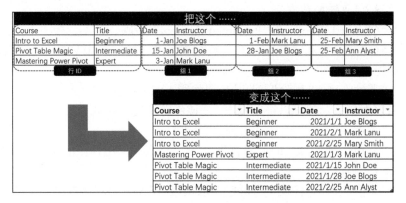

图 13-12　如何透视多层列标题的数据集

> **✎【注意】**
> 这是一种非常糟糕的数据格式，不符合规范化规则。如果试图向 Excel 中的原始数据添加表样式，它会将列标题修改为 "Date" "Date1" "Date2" 等，因为表中的每一列都必须具有唯一的名称。如果将数据导入 Power Query 并将第一行提升为标题，也会出现相同的问题。

以下总结了标准的操作步骤，不过根据实际数据集的不同结构，可能会有一些不一样的步骤。

步骤 1：准备数据。

1. 将数据集导入 Power Query（尽可能避免提升标题行）。
2. 判断数据是否有行 ID 列。
- 是：选择行 ID 列并右击列标题，"逆透视其他列"。
- 否：选择所有列，右击列标题，"逆透视列"。
3. 删除"属性"列。

步骤 2：接下来就可以使用透视单列多行数据的标准步骤，聚合"值"列。

步骤 3：清理。

1. 如果在一开始的时候就已经提升了标题行。
- 这里只需要适当重命名"数字"列。
2. 如果数据标题行还被保留在数据中，没有被提升为标题。
- 首先要"将第一行用作标题"。
- 选择"删除最前面几行"命令，需删除的行数与之前用来透视单列多层数据中使用的除数一致，本例中为 2。
- 继续做其他必要的清理。

> **✎【注意】**
> 如果用户记住了一个 Power Query 的标准处理步骤，那么透视多层数据方法是一个不错的选择。

现在重新从步骤 1 开始，看一看这套流程在实际案例中的应用情况。在新工作簿或 Power BI 文件中，执行如下操作。

1. 创建新查询，"从文本/CSV"，选择"第 13 章 示例文件\CourseSchedule.csv"文件，"导入""转换数据"。
2. 删除"Changed Type"和"Promoted Headers"步骤。
3. 选择"Column1"和"Column2"（数据的行 ID 列），选中列的任意列标题后选择"逆透视其他列"。
4. 选择"属性"列，"删除"，此时数据如图 13-13 所示。

正确准备好数据后，就可以进入步骤 2，该步骤将使用除数"2"。

1. 转到"添加列"选项卡，"索引列""从 0"。
2. 选择"索引"列，"添加列""标准""除(整数)"，在弹出的对话框"值"部分输入"2"，"确定"。
3. 选择"索引"列，"转换""标准""取模"，在弹出的对话框"值"部分输入"2"，"确定"。

	ABC Column1	ABC Column2	ABC 值
1	Course	Title	Date
2	Course	Title	Instructor
3	Course	Title	Date
4	Course	Title	Instructor
5	Course	Title	Date
6	Course	Title	Instructor
7	Intro to Excel	Beginner	01-Jan
8	Intro to Excel	Beginner	Joe Blogs
9	Intro to Excel	Beginner	01-Feb
10	Intro to Excel	Beginner	Mark Lanu
11	Intro to Excel	Beginner	25-Feb
12	Intro to Excel	Beginner	Mary Smith

图 13-13 透视多层列标题数据的步骤 1，将标题嵌套在数据中

4. 选择"索引"列，"转换""透视列"。
5. 在"值列"对话框选择"值"，并将"高级选项"设置为"不要聚合""确定"。
6. 右击"整除"列，"删除"，数据现在如图 13-14 所示。

现在处于解决方案的步骤 3，清理阶段。在这里，将提升标题并执行任何其他需要的数据清理操作。但在继续之前，值得回顾一下在导入数据时所做的选择。

	ABC Column1	ABC Column2	ABC 0	ABC 1
1	Course	Title	Date	Instructor
2	Course	Title	Date	Instructor
3	Course	Title	Date	Instructor
4	Intro to Excel	Beginner	01-Jan	Joe Blogs
5	Intro to Excel	Beginner	01-Feb	Mark Lanu
6	Intro to Excel	Beginner	25-Feb	Mary Smith
7	Mastering Power Pivot	Expert	03-Jan	Mark Lanu
8	Mastering Power Pivot	Expert		
9	Mastering Power Pivot	Expert		
10	Pivot Table Magic	Intermediate	15-Jan	John Doe
11	Pivot Table Magic	Intermediate	28-Jan	Joe Blogs
12	Pivot Table Magic	Intermediate	25-Feb	Ann Alyst

图 13-14 此时已经成功地进行了数据透视

在导入数据时，特意删除了"Changed Type"和"Promoted Headers"步骤，这些步骤将提升表中的标题行。如果没有删除这两步，依旧按照上述流程操作，在当前步骤仍然会有两列命名为"0"和"1"的列，但第一行数据将直接包含"Intro to Excel"，而不是在图 13-14 中看到的"Course"。原因是"Course"已经在步骤 1 中被逆透视成了"属性"列，并且在步骤 1 的最后被删掉了。这意味着，如果一开始保留了"Promoted Headers"的步骤，在这里就需要手动重命名列"0"和列"1"。这不是一个大问题，但需要认识到这一点。

由于删除了"Promoted Headers"步骤，标题信息仍然保留在数据中，从而产生了现在在数据中看到的 3 行列标题。既然这样做了，就可以按照标准步骤执行后续操作，此时需要提升标题。

1. 转到"主页"选项卡，"将第一行用作标题"。

2. 转到"主页"选项卡,"删除行""删除最前面几行",在弹出的对话框"行数"部分输入"2","确定"。

> **【注意】**
> 这个步骤的好处在于它使用了与透视多行数据标准流程中的除数相同的值,因此用户只需要为整个步骤计算一个值。

无论用户是手动重命名列还是使用本章中演示的后续步骤,数据现在应该如图 13-15 所示。

	A^B_C Course	A^B_C Title	A^B_C Date	A^B_C Instructor
1	Intro to Excel	Beginner	01-Jan	Joe Blogs
2	Intro to Excel	Beginner	01-Feb	Mark Lanu
3	Intro to Excel	Beginner	25-Feb	Mary Smith
4	Mastering Power Pivot	Expert	03-Jan	Mark Lanu
5	Mastering Power Pivot	Expert		
6	Mastering Power Pivot	Expert		
7	Pivot Table Magic	Intermediate	15-Jan	John Doe
8	Pivot Table Magic	Intermediate	28-Jan	Joe Blogs
9	Pivot Table Magic	Intermediate	25-Feb	Ann Alyst

图 13-15　数据整理几乎完成了

完成此清理的最后一步是筛选掉"Date"列中的空白行、设置数据类型、重命名查询并将其加载到目标位置。它的强大之处在于,即使有人扩展数据源以向其中添加更多数据,它们也会在刷新时被自动获取。

> **【注意】**
> 根据导入的数据源,用户可能看不到图 13-15 中显示的空白记录。在这种情况下,Power Query 将空白记录解释为空文本字符串,因此在透视操作时会保留它们。如果在初始导入时这些值被解释为空值(null),那么在透视操作过程中会被消除掉。

本章所示示例的步骤保存在"第 13 章 示例文件\Horizontal Sets–Complete.xlsx"文件中的"HeadersInData"查询中。为了保持完整性,还包括一个"HeadersPromoted"查询,如果在步骤 1 中提升了标题,则该查询将显示标准步骤的版本。

13.2　逆透视

本书之前所述的每一个逆透视方法都相对简单,因为它们都只有一个级别的标题。在这一节中,将看一些更复杂的东西:使用多个级别的标题来透视数据。在这里将首先了解该方法,然后添加一些复杂性以使操作更高效地运行。

13.2.1　多层行标题

当本节提到子类别数据时,指的是具有多个标题行的数据集,如图 13-16 所示。

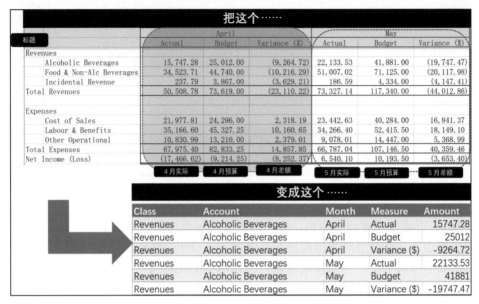

图 13-16　具有多个标题行的数据集

这个数据集的棘手之处在于 Power Query 只支持一个标题行。这个数据集中不仅有两个标题行，而且需要将"April"和"May"的值分配给下一行中的 3 列。

这里为逆透视子类别数据提供的方法将适用于任意数量的子标题，并遵循以下列出的一系列步骤。

1. 将标题降级到数据中（如果需要）。
2. 转置数据集。
3. 根据需要向上 / 向下填充。
4. 用分隔符合并原始标题（见下面的【注意】）。
5. 转换数据，回到原始形式。
6. 对于第一行仅显示分隔符的列，需要将它们替换成合适的列标题。
7. 将第一行提升为标题。
8. 在逆透视之前执行常规的数据清理操作。
9. "逆透视列"。
10. 按上面使用的分隔符拆分"属性"列。
11. 执行其他最终数据清理操作。

✎【注意】
要记住这个方法中最重要的部分是使用数据集中不存在的分隔符。

现在开始使用这个方法，连接到一个名为"Financial Statement.xlsx"的 Excel 文件。在新工作簿或 Power BI 文件中，执行如下操作。

1. 创建新查询，"数据""获取数据""来自文件""从 Excel 工作簿"，选择"第 13 章 示例文件\Financial Statement.xlsx"，"导入"。
2. 选择"Pivoted"工作表，"转换数据"。

此时，最好暂停并仔细查看数据，如图 13-17 所示。

UnPivot Data With Sub Cat...	Column2	Column3	Column4	Column5	Column6	Column7
1	null	null	null	null	null	null	null
2	null	null	April	null	null	May	null
3	null	null	Actual	Budget	Variance ($)	Actual	Budget
4	Revenues	null	null	null	null	null	null
5	null	Alcoholic Beverages	15747.28	25012	-9264.72	22133.53	41881
6	null	Food & Non-Alc Bever...	34523.71	44740	-10216.29	51007.02	71125
7	null	Incidental Revenue	237.79	3867	-3629.21	186.59	4334
8	Total Revenues	null	50508.78	73619	-23110.22	73327.14	117340
9	null	null	null	null	null	null	null
10	Expenses	null	null	null	null	null	null
11	null	Cost of Sales	21977.81	24296	2318.19	23442.63	40284
12	null	Labour & Benefits	35166.6	45327.25	10160.65	34266.4	52415.5
13	null	Other Operational	10830.99	13210	2379.01	9078.01	14447
14	Total Expenses	null	67975.4	82833.25	14857.85	66787.04	107146.5
15	Net Income (Loss)	null	-17466.62	-9214.25	-8252.37	6540.1	10193.5
16	null	null	null	null	null	null	null

图 13-17　在逆透视子类别数据之前，停下来快速检查一下

步骤 1：此步骤需要检查数据，确保数据集的每个标题行都在数据预览区域中，而不是在列标题中（并在必要时采取措施纠正此问题）。Power Query 以自动提升标题而闻名。虽然这在通常情况下是一个很棒的功能，但在这里它绝对是一个"杀手"。为什么？因为在执行标准步骤时，数据将丢失列标题。

对于从 Excel 新导入的情况，Power Query 会自动将第一行提升为标题，导致第一列的名称为"UnPivot Data with Sub Categories"，而不是"Column1"。这确实没什么大不了的，但在这个场景下让 Power Query 提升标题是没有意义的。

为了解决这个问题，将进行如下操作。

1. 删除自动生成的"Changed Type"和"Promoted Headers"步骤。
2. 转到"主页"选项卡，"删除行""删除最前面几行"，在弹出的对话框"行数"部分输入"2"，"确定"。

这将删除数据集顶部存在的两个空行，但将第一个标题保留在需要它的第一行，并将随后的标题行保留在下面，如图 13-18 所示。

Column1	Column2	Column3	Column4	Column5	Column6	Column7	Column8
1	null	null	April	null	null	May	null
2	null	null	Actual	Budget	Variance ($)	Actual	Budget	Variance ($
3	Revenues	null	null	null	null	null	null
4	null	Alcoholic Beverages	15747.28	25012	-9264.72	22133.53	41881	null
5	null	Food & Non-Alc Bever...	34523.71	44740	-10216.29	51007.02	71125	null
6	null	Incidental Revenue	237.79	3867	-3629.21	186.59	4334	null
7	Total Revenues	null	50508.78	73619	-23110.22	73327.14	117340	null
8	null	null	null	null	null	null	null	null

图 13-18　现在可以看到标题行（和问题）

✎【注意】

如果使用的数据集包含标题，则 Power Query 将自动沿用这些初始列名，而无须执行"Promoted Headers"步骤。如果这种情况发生在用户身上，那么用户需要将标题降级到数据中，可以通过返回"主页"选项卡来执行此操作，在"将第一行用作标题"的下拉列表选择"将标题作为第一行"。

在这里看到的标题格式在子类别数据中非常常见。无论单元格最初是合并的、是在选定的 Excel 单元格中居中，还是在"Actual"标题上方输入的，在数据集导入 Power Query 后查看，会发现有数据的单元格后面跟随若干个空单元格。

最后，需要做的是将"April"和"May"值填充到这些空单元格中，然后将第 1 行和

第 2 行合并在一起。如果用户能够做到这一点，那么用户就能够将合并的行提升为标题，然后就可以进行逆透视。这听起来很简单，除了 Power Query 没有跨行填充的功能，而且合并只能跨列完成，而不能跨行完成。那要怎么做呢？继续进行标准步骤的步骤 2。

步骤 2：现在需要转置数据。

- 转到"转换"选项卡，"转置"。

结果是行和列相互转换了，这实际上意味着每一行都变成了一列，每一列都变成了一行，如图 13-19 所示。

这可能看起来有点儿奇怪，但它实际上提供了一些灵活性，让用户可以做一些数据在原始形式时无法做到的事情：构建单个标题行。那就继续。

步骤 3：需要将"April"放在第 1 列的第 3 行到第 5 行，将"May"放在第 6 行到第 8 行。事实证明，这在 Power Query 中非常容易做到，如下所示。

	Column1	Column2	Column3	Column4
1	null	null	Revenues	null
2	null	null	null	Alcoholic Beverages
3	April	Actual	null	15747.28
4	null	Budget	null	25012
5	null	Variance ($)	null	-9264.72
6	May	Actual	null	22133.53
7	null	Budget	null	41881
8	null	Variance ($)	null	-19747.47

图 13-19　转置数据会将行转换为列，将列转换为行

- 右击"Column1"列，"填充""向下"。

这将把值"April"和"May"填入下面的空单元格，产生如图 13-20 所示的结果。

	Column1	Column2
1	null	null
2	null	null
3	April	Actual
4	April	Budget
5	April	Variance ($)
6	May	Actual
7	May	Budget
8	May	Variance ($)

图 13-20　只单击了 2 次，"April"和"May"就在正确的行上了

【注意】

"填充"命令可用于向上或向下填充，但仅在填充为"null"值时有效。如果单元格显示为空格，则需要在运行"填充"命令之前用关键词"null"替换空格。

步骤 4：现在需要将原始标题用分隔符合并起来，但不是任何分隔符都可以。选择没有在数据集中出现过的单个（或一系列连续）字符作为分隔符至关重要。原因是稍后将查找此分隔符，而不希望因它触发错误。

用作分隔符的一个很好的字符通常是"|"（管道）字符，可以通过键入"Shift+\"来找到它，因为这个字符很少出现在正常数据中。另一方面，如果"|"字符真的在数据集中出现过了，那么要么选择另一个特殊字符来充当分隔符，要么构建一个很明确不会自然出现在数据集中的字符串（事实证明经常会使用类似"-||-"的字符串来替代"|"字符充当分隔符）。

1. 选择"Column1"和"Column2"列，"转换""合并列"。

2. 使用"分隔符"，选择"-- 自定义--"，输入"|"，"确定"。

此时有一个名为"已合并"的新列，它组合了数据点，并使用自定义分隔符将它们分隔开。对于合并前保留为"null"值的任何单元格，仅存在分隔符，如图 13-21 所示。

这里已经设法生成一个很好的候选标题行。那就继续该方法的后续两个步骤。

步骤 5：将数据转换回其原始形式。

● 转到"转换"选项卡，"转置"。

步骤 6：为了完成标题行，现在可以查看数据集的第一行。对于第一行仅包含分隔符的任何列，此时将用准确的列名替换分隔符，在本例中进行如下操作。

图 13-21　这正是需要的

1. 右击"Column 1"列，"替换值""要查找的值"，输入"|"，"替换为"，输入"Class"，"确定"。

2. 右击"Column 2"列，"替换值""要查找的值"，输入"|"，"替换为"，输入"Category"，"确定"。

步骤 1 至步骤 6 的结果是保留在数据表中的完美标题行，如图 13-22 所示。

Column1	Column2	Column3	Column4	Column5
1	Class	Category	April|Actual	April|Budget	April|Variance (\$)
2	Revenues	null	null	null	null

图 13-22　第一行的标题不是很完美吗？

通过合理利用在初始数据集中不存在的分隔符，现在可以填充所有最初未定义的标题，并且将原本两行标题合并成了一行。如图 13-22 所示，在"Column 3"列中填充了"April|Actual"，在"Column 4"列中填充了"April|Budget"。

现在数据转换基本完成，接下来进行步骤 7。

步骤 7：将第一行提升为标题。

● 回到"主页"选项卡，"将第一行用作标题"。

步骤 8：在进行最终的逆透视操作之前，在这一步需要做常规的数据清理操作。具体的清理内容取决于数据集的样式和结构。比如在本例中，则需要对"Class"列进行"null"值填充，并筛选掉不属于规范化数据集的总计行和小计行。

1. 右击"Class"列，"填充""向下"。

2. 筛选"Category"列，取消勾选"(null)"值复选框，"确定"。

在如所见，数据变得相当干净了，并且最终准备成逆透视所需要的格式，如图 13-23 所示。

图 13-23 有了适当的标题行和一个干净的表，此时就可以进行逆透视了

步骤 9：最后是进行逆透视数据的时候了。

- 选择"Class"列和"Category"列，右击列标题选择"逆透视其他列"，结果如图 13-24 所示。

图 13-24 逆透视的数据集仍然未实现规范化

这里要认识到的重要一点是，数据的标题和副标题仍然都包含在一列中。但这并不是真正的问题，因为每一个标题和副标题之间都由一个分隔符分隔，而这个分隔符在数据集中其他任何地方都没有出现。

步骤 10：按上面使用的分隔符拆分"属性"列。

- 右击"属性"列，"拆分列""按分隔符"，弹出的对话框"选择或输入分隔符"下拉列表选择"-- 自定义 --"，在输入框输入"|"，"拆分位置"勾选"每次出现分隔符时"，"确定"。结果是非常漂亮的数据集，如图 13-25 所示。

图 13-25 除了最终的数据清理操作，一切都完成了

在执行最终的数据清理操作之前，将在这里指出一些非常重要的内容。在上面的步骤中，明确提到在每次出现分隔符时拆分数据（是"拆分位置"对话框上的选项之一）。这不是意外，由于选择了在数据集中任何其他位置都不存在的一个（或一连串）字符作为分隔符，因此用户可以根据需要把当前的"属性"列拆分为多个列，而不仅仅是 2 个列。换句话说，这种方法适用于 2 层子类别标题，或甚至 20 层子类别标题（尽管本书真诚地希

望用户永远不会有 20 层子类别数据）。

步骤 11：执行其他最终数据清理操作。

最后一步是进行最终的数据清理并将其加载到预期目的地。对于本例，本书建议如下。

1. 重命名"属性.1"列为"Month"。
2. 重命名"属性.2"列为"Measure"。
3. 设置数据类型。

如果用户有数据透视表或者 DAX 公式的基础，则可以自己生成差额项（本例中的"Variance($)"项），那么用户甚至可以在数据清理的步骤中筛选掉差额项。

13.2.2 性能优化

现在，用户已经了解了逆透视子类别数据的工作原理，接下来讨论如何优化性能。

对于小型数据集，前文概述的方法非常有效。但是，在处理大型数据集时，用户则可能会遇到以下几个问题。

1. 运行非常缓慢。
2. 转置后，用户只能看到几行（有时只有一行）数据。

虽然第一个问题对终端用户来说非常难以接受，但第二个问题对开发者来说可能是"残酷"的。毕竟，如果看不到值，用户怎么知道是否应该填充呢？（请放心，前文介绍的标准步骤在执行时仍然有效，只是很难构建。）出现这些问题的原因有如下两个方面。

1. 比起短而宽的表，Power Query 更喜欢长而窄的表（列数更少）。
2. 转置数据是一项计算成本很高的操作，在此过程中必须进行两次。

尽管有这些因素的存在，但也并非全盘皆输。前文的标准步骤仍然有效，用户只需要把问题稍微分解一下，并确保尽可能少地转换数据。假设数据有 3 个级别的标题，但有 100 万行。在这里不希望将 100 万行转换成列并返回，而希望只处理重要的 3 行。这将快得多，因为 Power Query 要做的工作将要少得多。

为了做到这一点，这里将标准步骤分解为 4 个不同的查询，结果证明这比在一个查询中完成要快得多。如果用户预见性能将成为一个问题，那么就可以在初始设计时处理这个问题。如果用户最初并没有预见性能问题，也不用担心，在这里始终可以重构现有查询以遵循如图 13-26 所示的查询结构。

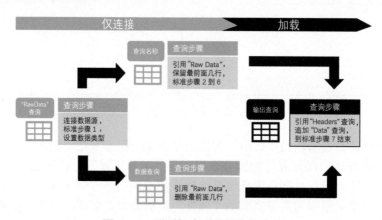

图 13-26　逆透视大型数据集的步骤

如果用户还记得，本节最初的标准步骤都已编号。原因是这些步骤编号直接与图 13-26
联系在一起，并标注了在何处执行哪些步骤。

> **【注意】**
> 如果用户决定从头开始在 Excel 中创建这个查询结构，本书强烈建议用户在
> 首次创建查询时将其设置为"仅限连接"，然后将输出查询的加载目的地
> 更改为表或数据模型。如果用户不这么做，则可能会将所有 4 个表加载到单
> 独的工作表中，这会导致整个数据集被加载两次。

13.2.3 重构

此时，就以之前的示例为例，对其进行改进，使其在大型数据集上表现得更好。

> **【注意】**
> 如果需要，上一步完成的查询可以在"第 13 章 示例文件\Unpivoting
> Subcategories – Catchup.xlsx"文件中找到。

要做的第一件事是从 13.2.1 节的示例中拆分原始数据查询。由于这里需要提取的是截
至步骤 1 完成之后的查询，将进行如下操作。

1. 编辑 13.2.1 节完成的"第 13 章 示例文件\Financial Statement.xlsx"的"Unpivoted"
   查询。
2. 转到"应用的步骤"区域，右击"Transposed Table"步骤，"提取之前的步骤"。
3. 在弹出的"提取步骤"对话框的"新查询名称"中输入"Raw Data"（命名新的查
   询名称），"确定"。

> **【注意】**
> "提取之前的步骤"会始终提取用户所选步骤之前的所有步骤。由于这里
> 希望提取所有截至步骤 1 完成之后的步骤，因此选择了步骤 2 的第一步，也
> 就是对表进行"Transposed Table"操作的步骤。

如果用户选择"Raw Data"查询，用户将看到当前的数据集里标题行嵌在数据行中。

在继续下一个步骤之前，来创建一个"Unpivoted"查询的副本。这样做的好处是它
不仅能保留原始查询（供以后查看），还能构建更高效的版本。

1. 转到"查询"窗格（左侧），右击"Unpivoted"，选择"复制"。
2. 将"Unpivoted (2)"查询重命名为"Output"。

现在，就来提取创建标题行的部分。确保此时位于"Output"查询中。

1. 右击"Promoted Headers"（这是步骤 7）步骤，"提取之前的步骤"。
2. 把新的查询命名为"Headers"。
3. 在"查询"窗格中选择"Headers"查询。

到目前为止，已将查询拆分完成，但是"Headers"查询仍然在转置所有数据。此时
需要解决这个问题。

1. 选择"Headers"查询的"Source"步骤。
2. 转到"主页"选项卡，"保留行""保留最前面几行"，在弹出的对话框单击"插
   入"后输入"2"。

该数字显然取决于此处的数据集。因为数据有两行标题，所以使用了"2"。此时"应用的步骤"中步骤 2 到步骤 6 的查询仍然是按照标准步骤执行的，从而在"Headers"查询的最后一步可以看到生成了一个标题行，如图 13-27 所示。

Column1	Column2	Column3	Column4	Column5	Column6	Column7	Column8
1 Class	Category	April|Actual	April|Budget	April|Variance ($)	May|Actual	May|Budget	May|Varian

图 13-27　"Headers"查询现在包含一个标题行

此时，当用户返回到"Output"查询时，会发现它由正确命名的标题组成，但没有数据行。这是意料之中的，因为刚刚删除了所有数据，此时需要把数据找回来，如图 13-28 所示。

	Column1	Column2	Column3	Column4	Column5
1	Revenues	null	null	null	null
2	null	Alcoholic Beverages	15747.28	25012	-9264.72
3	null	Food & Non-Alc Bever…	34523.71	44740	-10216.29
4	null	Incidental Revenue	237.79	3867	-3629.21
5	Total Revenues	null	50508.78	73619	-23110.22
6	null	null	null	null	null
7	Expenses	null	null	null	null
8	null	Cost of Sales	21977.81	24296	2318.19
9	null	Labour & Benefits	35166.6	45327.25	10160.65
10	null	Other Operational	10830.99	13210	2379.01
11	Total Expenses	null	67975.4	82833.25	14857.85
12	Net Income (Loss)	null	-17466.62	-9214.25	-8252.37
13	null	null	null	null	null

图 13-28　看，没有标题

1. 返回"查询"窗格，右击"Raw Data"查询，"引用"。
2. 将"Raw Data (2)"查询重命名为"Data"。
请确保选择的是"Data"查询，再继续以下步骤。
3. 转到"主页"选项卡，"删除行""删除最前面几行"，在弹出的对话框中输入"2"。
其实到这里"Data"查询就已经完成了，但有一些事情需要记住。
1. "Data"查询中要删除的行数始终等于"Headers"查询保留的行数。
2. 请确保"Data"查询加载为"仅限连接"，否则用户不仅要等待"Output"查询的数据加载，还需要等待"Data"查询的加载。
现在有了所有组成最终结果的子查询，只需要进行如下操作。
1. 选择"Output"查询。
2. 选择"Source"步骤，转到"主页"选项卡，在"追加查询"单击"插入"，在"要追加的表"中选择"Data"表。

> **✏【注意】**
> 请确保选择的是"追加查询"，而不是"将查询追加为新查询"，因为这需要在"Output"查询中完成。

总结下来，将一个查询拆分为 4 个不同的查询，提升了整个解决方案的性能。尽管如此，对于较小的数据集，整体方法的工作原理是相同的。

13.2.4　保留"null"值

另一个可能导致问题的逆透视特性是逆透视操作时处理"null"值的方式。参考下面的示例，分析师右击"Product"列并选择"逆透视其他列"，如图 13-29 所示。

图 13-29 "Mango"去哪里了呢？

参考示例步骤"1-Normal Unpivot"。

在绝大多数的情况下，用户都非常乐意使用逆透视操作去除"null"值，但在某些场景下需要保留"null"值，该怎么办？

事实证明是可以保留它们的，方法如下。

1. 选择具有"null"值的列进行逆透视。
2. 可选操作：把要被逆透视的列转换为文本数据类型。
3. 右击该列，"替换值"，用"占位符"替换"null"。
4. "逆透视列"。
5. 右击"值"列，"替换值"，将"占位符"替换为"null"。
6. 重命名"属性"列和"值"列。
7. 可选操作：将"值"列转换回其原始数据类型。

总的来说，这个方法相当简单，只是有一点用户需要注意，当选择占位符时需考虑到列的数据类型限制。这对于基于文本的数据不是问题，但对于其他数据类型可能是问题，在某些情况下可能会导致数据受损。

假设用户希望在上面提供的示例中保留"null"值，则可以采取如下步骤。

1. 右击"In Stock"列，"替换值"，将"null"替换为"|"。
2. 右击"Product"列，"逆透视其他列"。
3. 右击"值"列，"替换值"，将"|"替换为"null"。
4. 将"属性"列和"值"列分别重命名为"Status"和"Result"。

> **【注意】**
> 本节中的每个示例都保存在"第13章 示例文件\Preserving Nulls–Complete.xlsx"
> 文件中，供用户查看。

正如所见，这个简单的方法非常有效，可以在逆透视操作后将数据中"Mango"记录保存在数据集中，如图 13-30 所示。

图 13-30 数据中有"Mango"

参考示例步骤："2-Unpivot Text-Keep nulls"。

与逆透视子类别数据一样，这里的秘诀是选择一个占位符，该占位符在数据集中的其他位置从未出现过。通过这种方式，用户可以运行替换操作，而不必担心意外损坏有效数据。

不幸的是，当遇到非文本数据时，这可能会出现问题，因为用户只能用适合数据类型的数据替换值。换句话说，如果有一列整数，则占位符也必须是数字。为什么这是一个问题？假设用户有一个不同的数据集，其中销售数据是用数字数据类型定义的。人们通常会选择将"null"替换为 0，因为它们的意义实际上是相同的。但看看数据集中实际存在 0时会发生什么，如图 13-31 所示。

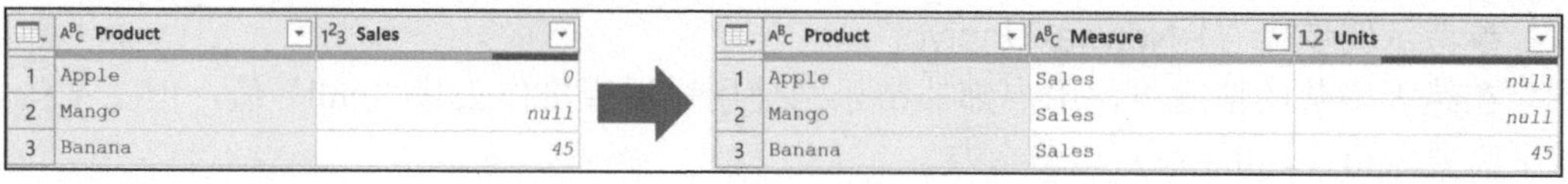

图 13-31　Apple 不应该是 0 吗？

参考示例步骤："3-Using 0 to keep nulls"。

这里面临的挑战是 0 和"null"虽然相似，但不是同一事物。0 表示出现了特定值，"null"表示没有值。因此，在最后一步将 0 替换为"null"实际上会损害数据。

> **【注意】**
> 虽然这可能看起来很奇怪，但销售0个的情况是可能的，比如通过先正常销售，然后退货（退款），从而产生0的净值。或者如果用户将其赠送给客户，则完全有可能以0美元的价格销售。

平心而论，用户可能很想跳过最后一次替换，让"Apple"和"Mango"的值都为 0，毕竟它们都没有任何销量。但是，如果像图 13-32 这样将 0 和"null"记录为单独的项是很重要的，该怎么办？如图 13-32 所示。

	A^B_C Product	1$^2_3$ Sales			A^B_C Product	A^B_C Measure	1.2 Units
1	Apple	0		1	Apple	Sales	0
2	Mango	null		2	Mango	Sales	null
3	Banana	45		3	Banana	Sales	45

图 13-32　在逆透视操作时保留"null"值

参考示例步骤："4-Using text data type"。

图 13-32 完成了逆透视，却没有丢失任何原始数据。这是通过以下步骤完成的。

1. 更改"Sales"列的"数据类型"为"文本"。
2. 右击"Sales"列，"替换值"，将"null"替换为"|"。
3. 右击"Product"列，"逆透视其他列"。
4. 右击"值"列，"替换值"，将"|"替换为"null"。
5. 更改"值"列的"数据类型"为"小数"。
6. 将"属性"列和"值"列分别重命名为"Measure"和"Unit"。

> **【注意】**
> 这种基于文本列的转换方法适用于任何非文本数据类型，包括数字、日期或其他数据类型。

13.3 分组

在第 7 章提供的分组示例中，展示了如何使用 Power Query 对基本数据集进行分组。在本章中，将研究一种为"所有行"的特定分组的聚合操作。这种聚合一开始有点儿"神秘"，但一旦用户看到它的实际作用，就会意识到它有着不可思议的力量。

本节中的每个示例都将从"第 13 章 示例文件 \BeerSales.txt"文本文件中重新导入，如图 13-33 所示。

Class	Item	Sales
Lager	Member Lager	1,710
Lager	Bavarian Lager	958
Lager	Honey Brown Lager	951
Lager	Dark Lager	557
Ale	Winter Ale	557
Ale	Member Pale Ale	100
Ale	Pale Ale	96
Stout	Stout	96
Ale	Cream Ale	94

图 13-33 用于高级分组技术的原始数据

13.3.1 占总计的百分比

为了演示分组的强大功能，这里将首先使用 Power Query 向数据集中的每一行添加总计算量的百分比值。为此，请打开新工作簿并执行以下操作。

1. 创建新查询，"从文本/CSV"，选择"第 13 章 示例文件\BeerSales.txt"，"导入""转换数据"。
2. 转到"转换"选项卡，"分组依据""高级"。

为了计算出总销售额的百分比，这里需要知道两件事：数据集的总销售额以及单个行项目。

要正确配置分组选项，用户需要做如下 3 件事，如图 13-34 所示。

1. 将鼠标指针悬停在"Class"列上，单击它右边出现的"..."按钮选择"删除"。
2. 配置第一行，"新列名"输入"Total Sales"，"操作"选择"求和"，"柱"选择"Sales"。
3. "添加聚合"，"新列名"输入"Data"，"操作"选择"所有行"，单击"确定"。

图 13-34 生成数据集的总销售额

一开始这似乎有点儿奇怪，因为这里似乎没有按任何东西进行分组，并且添加了这个奇怪的"所有行"操作，它甚至不允许用户选择"柱"。通过删除所有分组列，最终应该得到一个值，该值反映了用户选择聚合的列中所有值的总和，而不是按某个类别或销售项目细分的值。而关于所有行聚合，在单击"确定"后，它的"魔力"就显现出来了，如图 13-35 所示。

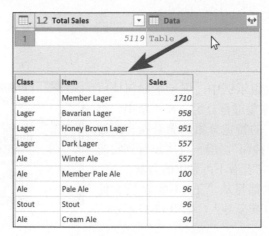

图 13-35　总销售额（没有分组）和一个仍然包含原始数据的表

所有行聚合是惊人的，它保留用于返回表中分组值的原始数据行。这有多酷呢？这意味着用户不仅可以轻松地计算总销售额，而且现在还可以展开表来获取原始数据行。

- 单击展开按钮，取消勾选"使用原始列名作为前缀"复选框，"确定"。

现在，只需将"Sales"除以"Total Sales"即可获得其"% of Total Sales"，步骤如下。

1. 选择"Sales"列，"添加列""标准""除"。
2. 将"值"选择为"使用列中的值"，选择"Total Sales"。
3. 将该列（"除"列）重命名为"% of Total Sales"。

在完成上述步骤之后，现在将拥有一个包含十进制值的列，如图 13-36 所示。剩下的就是将其加载到目的地，并更改数据类型以正确显示。

	1.2 Total Sales	A^B_C Class	A^B_C Item	1.2 Sales	1.2 % of Total Sales
1	5119	Lager	Member Lager	1710	0.334049619
2	5119	Lager	Bavarian Lager	958	0.187145927
3	5119	Lager	Honey Brown Lager	951	0.185778472
4	5119	Lager	Dark Lager	557	0.108810315
5	5119	Ale	Winter Ale	557	0.108810315
6	5119	Ale	Member Pale Ale	100	0.019535065
7	5119	Ale	Pale Ale	96	0.018753663
8	5119	Stout	Stout	96	0.018753663
9	5119	Ale	Cream Ale	94	0.018362962

图 13-36　通过分组生成的"% of Total Sales"列

🖋【注意】

值得注意的是，在许多情况下，最好使用数据透视表或DAX度量值生成"% of Total Sales"，但Power Query使用户能够在需要时在源数据级别执行此操作。

13.3.2　数据排序

有许多不同的方法可以对数据进行排序，其中大多数都采用分组的方法。本书将通过使用 3 种不同的方法对之前的数据集进行排序来说明这一点：顺序排序、标准竞争排序和密集排序。如要继续操作，请打开新工作簿并执行以下操作。

1. 创建新查询，"从文本/CSV"，选择"第 13 章 示例文件\BeerSales.txt"，"导入""转换数据"。

2. 选择"Class"列并将其删除（因为本例不需要该列）。

> **【注意】**
>
> 或者，如果用户完成了上面的示例，则可以编辑"% of Total Sales"查询，选择"Grouped Rows"步骤，并将前面的步骤提取到名为"Raw Data - Beer Sales"的新查询中。完成后，右击新查询，然后选择"引用"以创建用于本例的新查询，并删除"Class"列。

将从创建一个基本的顺序排序开始，在这个排序中，将按照从最高到最低的销售额顺序对销售项目进行排序。但是，如果遇到两个销售额相同的项目，则按值的首字母顺序对销售项目进行排序。这称为顺序排序，可通过以下步骤来完成。

1. 筛选"Sales"列，"降序排序"。

2. 筛选"Item"列，"升序排序"（按顺序排列）。

3. 转到"添加列"选项卡，"索引列""从 1"。

4. 将"索引"列重命名为"Rank-Ordinal"。

正如所看到的，创建一个顺序排序并产生用户期望的结果是相当简单的，如图 13-37 所示。

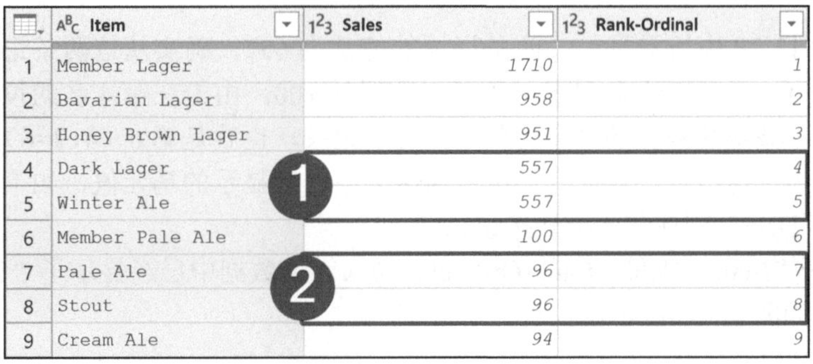

图 13-37　顺序排序中数值相等的项目会按照"Item"列值的首字母顺序排序

关于顺序排序，需要了解的重要一点是，数据集中的每个项都获得一个唯一的序号。对于数值相同的项，也完全按照数据集的顺序排序。

但是如果用户想通过所谓的标准竞争排序方法来排序呢？在这种方法中，每个并列的值都会获得一个相同的排序序号，在一组相同排序的项目之后，剩余项目的排序序号不会直接是上一排序序号加 1，而是会跳过其中的重复项后继续排序，比如，排序第 2 的位置有 3 个相同的并列值，那么在标准竞争排序的机制下，下一个排序序号不会是 3，而是要跳过所有前序并列项，所以排序序号会是 2+3=5。

为了完成标准竞争排序，用户必须首先创建顺序排序，然后添加一些分组步骤，如下。

1. 选择要对其排序的列（在本例中为"Sales"列），"转换""分组依据""高级"。

2. 用户现在需要配置两个聚合。

- "新列名"输入"Rank-Std Comp","操作"选择"最小值","柱"选择上一步创建的"Rank-Ordinal"。
- "添加聚合","新列名"输入"Data","操作"选择"所有行","柱"不用选。

3. 单击"确定"。

这些步骤有助于展示所有行聚合的下一个强大功能。由于该操作创建的值是一个表，这意味着它并不总是包含单行数据，而是包含该分组结果中的所有行。此外，它还允许用户预览聚合的结果，以确保聚合的正确性，如图 13-38 所示。

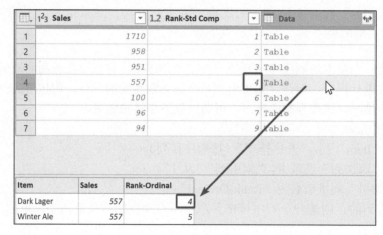

图 13-38　验证新顺序是否为分组数据的最小值

正如在图 13-38 中所看到的，两条记录的值都为 557，确实从这两条记录中提取了最低的排序序号 4。还可以注意到下一条销售数据是 100，由于在第 4 名的位置有 2 条并列记录，因此下一条销售数据的排序会跳过并列的记录，也就是第 6（4+2=6）名。

此时就来展开这些表，以便它们承接前两列中已经显示的基元值，如下。

1. 单击"Data"列顶部的展开按钮。

2. 仅展开"Item"列和"Rank-Ordinal"列（因为数据中已经显示了"Sales"列）。

数据结果如图 13-39 所示。

1²3 Sales	1.2 Rank-Std Comp	ᴬᴮC Item	1.2 Rank-Ordinal
1710	1	Member Lager	1
958	2	Bavarian Lager	2
951	3	Honey Brown Lager	3
557	4	Dark Lager	4
557	4	Winter Ale	5
100	6	Member Pale Ale	6
96	7	Pale Ale	7
96	7	Stout	8
94	9	Cream Ale	9

图 13-39　通过 Power Query 创建"Rank-Std Comp"列

请注意，第一个并列值排在第 4 位，下一个记录排在第 6 位，下两个并列值排在第 7 位。

虽然还有很多其他的排序方法，但还有一种本书想展示的方法：密集排序。标准竞争排序和密集排序的区别在于，密集排序不会跳过并列项。

与标准竞争排序不同，密集排序根本不需要创建顺序排序，也不需要对数据进行排序。进行密集排序的方法如下。

1. 选择要对其排序的列（在本例中为"Sales"列），"转换""分组依据""高级"。
2. 配置聚合："新列名"输入"Data"，"操作"选择"所有行"，"柱"不用选，"确定"。
3. 转到"添加列"选项卡，"索引列""从 1"，并将其重命名为"Rank"。
4. 展开"Data"列中除"Sales"列以外的所有列。

用户不需要重新创建示例，在这里只需修改现有示例来添加一个密集排序。这需要在展开数据列之前添加新的"索引"列，如下。

1. 选择"Grouped Rows"步骤。
2. 转到"添加列"选项卡，"索引列""从 1"，"插入"。
3. 将该列重命名为"Rank-Dense"。

【注意】
标准竞争排序和密集排序的主要区别在于，标准竞争排序的"索引"列在"Grouped Rows"步骤之前添加，密集排序在"Grouped Rows"步骤之后添加。

4. 展开"Data"列中除"Sales"列以外的所有数据。

在图 13-40 中，对数据进行了重新排序，以按照本书创建的排序方法显示列组。本书还强调了并列值，以及从一列到下一列的排序值之间的差异。

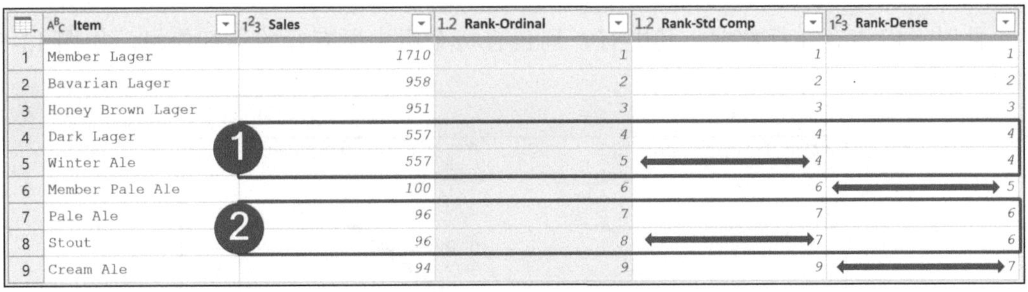

图 13-40　比较 3 种排序方法

正如所见，这些值略有不同，但它们都达到用户的最终目标。在后两种排序方法中，通过高级分组技术很容易实现。

13.3.3　分组编号

在本节的最后一个示例中，想向"Beer Sales"数据集中添加序号，但有一点需要改变。本书希望它在每个分组内进行排序，如图 13-41 所示。

Class	Item	Sales	Group Rank
Ale	Winter Ale	557	1
Ale	Member Pale Ale	100	2
Ale	Pale Ale	96	3
Ale	Cream Ale	94	4
Lager	Member Lager	1710	1
Lager	Bavarian Lager	958	2
Lager	Honey Brown Lager	951	3
Lager	Dark Lager	557	4
Stout	Stout	96	1

组 1 (Ale 行) / 组 2 (Lager 行) / 组 3 (Stout 行)

图 13-41　这里的目标是为每组数据添加序号

正如用户可能已经猜到的，这将需要对数据进行分组，但是如何在一个分组中对数值进行排序呢？

首先，用户可以选择如下两种方法中的任何一种方法创建新的查询。

1. 创建新查询，"从文本/CSV"，选择"第 13 章 示例文件\BeerSales.txt"，"导入""转换数据"。

2. 引用原始数据"Beer Sales"查询（如果用户在上面的示例中创建了该查询）。

一旦用户连接到数据，将首先准备数据，然后根据"Class"列对其进行分组，因为这是包含希望分组的值的列。

1. 筛选"Class"列，"升序排序"。

2. 筛选"Sales"列，"降序排序"。

3. 筛选"Item"列，"升序排序"（按顺序排列）。

4. 选择"Class"列，"转换""分组依据"。

5. 配置"高级"对话框，"新列名"输入"Data"，"操作"选择"所有行"，单击"确定"。

此时，应该有 3 行数据，其中有一列包含每个组中所有行的详细信息，如图 13-42 所示。

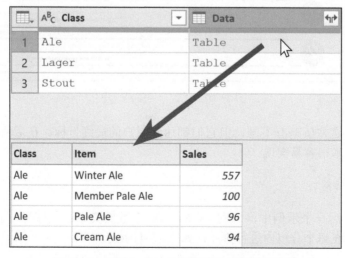

图 13-42　查看与"Ale"组相关的行的详细信息

到目前为止，设置得很好，但现在需要对每个表中的行进行编号。挑战在于没有办法通过用户界面做到这一点，这意味着用户需要编写一个公式来实现这一点。该公式基于以下方法：

```
=Table.AddIndexColumn([Data],"<name for your column>", 1, 1)
```

【注意】

在接下来的几章中，将学习关于这一机制的工作原理，但现在请放心，这是一种方法。用户在上一步"分组依据"的"高级"选项中将执行所有行聚合的列名命名为"Data"即可，在这个公式中唯一需要更改的就是"<name for your column>"。

现在将其付诸实践，创建一个名为"Group Rank"的新列。

1. 转到"添加列"选项卡，"自定义列"。
2. 输入以下公式：

```
=Table.AddIndexColumn([Data], "Group Rank", 1, 1)
```

3. 单击"确定"（不必担心更改列名）。

结果是一个新列（称为"自定义"），其中包含一系列表值。与"Data"列（由分组创建）中的表不同，这些表多了一个称为"Group Rank"的新索引列，该索引列中包含每个分组数据内部的顺序排序，而且在每个分组内都会重新从 1 开始排序，如图 13-43 所示。

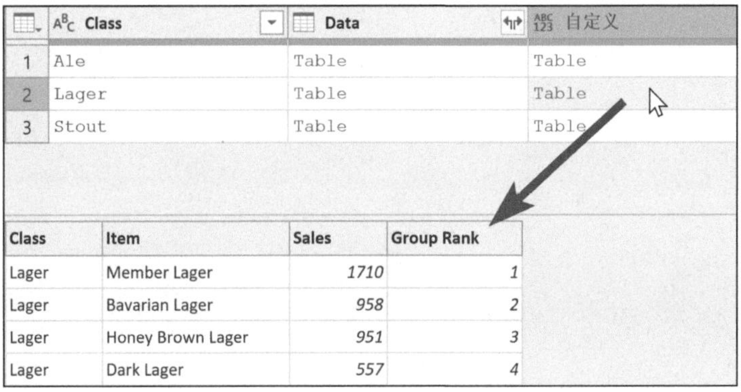

A^B_C Class	Data	ABC₁₂₃ 自定义
1　Ale	Table	Table
2　Lager	Table	Table
3　Stout	Table	Table

Class	Item	Sales	Group Rank
Lager	Member Lager	1710	1
Lager	Bavarian Lager	958	2
Lager	Honey Brown Lager	951	3
Lager	Dark Lager	557	4

图 13-43　此表包含一个顺序排序序列，在每个分组内都会重新从 1 开始排序

【注意】

先暂停一下，认识两件非常重要的事情：在这里不仅成功地实现了目标，而且发现并非所有事情都可以通过 Power Query 的用户界面来完成。这将对帮助用户了解为什么学习 Power Query 公式和 M 语言非常有用。

是时候结束这个例子了。由于用于执行分组的"Class"列是原始数据的一部分，因此"自定义"列中的表不仅包含新的"Group Rank"列，还包含分析师需要返回给终端用户的每一条信息。这意味着实际上只需要"自定义"列（及其表中的数据），如图 13-44 所示。

1. 右击"自定义"列,"删除其他列"。
2. 单击"自定义"列的展开按扭,取消勾选"使用原始列名作为前缀"复选框,"确定"。
3. 选择所有列,"转换""检测数据类型"。

	A^B_C Class	A^B_C Item	1^2_3 Sales	1^2_3 Group Rank
1	Ale	Winter Ale	557	1
2	Ale	Member Pale Ale	100	2
3	Ale	Pale Ale	96	3
4	Ale	Cream Ale	94	4
5	Lager	Member Lager	1710	1
6	Lager	Bavarian Lager	958	2
7	Lager	Honey Brown Lager	951	3
8	Lager	Dark Lager	557	4
9	Stout	Stout	96	1

图 13-44 所有行现在在每个分组内正确排序和编号

剩下的工作就是命名查询并将其加载到预期的目的地。

第 14 章 条件逻辑

随着用户使用 Power Query 构建越来越多的解决方案，用户肯定会遇到需要在列中执行某种逻辑的场景。在本章中，不仅探讨 Power Query 的条件逻辑向导，它允许用户轻松构建条件逻辑规则，还将探讨如何手动创建规则，从而创建更复杂的规则。

14.1 基础条件逻辑

在本节中，将查看导入"第 14 章 示例文件\Timesheet.txt"文件中包含的时间表时出现的问题。

14.1.1 数据集背景

在这个文件中用户将面临的挑战是，需要将数据变成规整的结构，如图 14-1 所示。

	Work Date	Out	Hrs	
员工姓名	Thompson	John	3	员工 ID
	2021/3/3	6:00 PM	8	
	2021/3/4	6:00 PM	8	
工作时间明细	2021/3/5	6:00 PM	8	每天工作时间
	2021/3/6	6:00 PM	9.5	
	更多记录…			
	2021/3/14	6:00 PM	8	
总计	Number of Record(s):	10	78	
	Johnson	Bob	582	
下一个员工	2021/3/3	6:00 PM	9.5	
	2021/3/4	6:00 PM	8	

图 14-1　分析时间表文件的结构

这里的内容很多，但需要注意的关键点如下。

1. 每条记录都以一个标题行开始，其中员工姓名分布在两列中，后跟的一个数字是员工 ID。不幸的是，用户不知道员工 ID 的下边界可能是什么，而且，据目前所知，"Worker 1"可能是某个数据集的一部分。
2. 每个员工的详细信息行可能在第 1 行到第 14 行之间，这取决于员工在任何给定的两个周期间安排了多少天上班日期。
3. 记录以总计行结束，该行列出记录数量和总小时数。

用户面临的挑战是，需要将数据集规范化为如图 14-2 所示的格式。

Work Date	Out	Hrs	Worker
2021/3/3	18:00:00	8	Thompson, John
2021/3/4	18:00:00	8	Thompson, John
2021/3/5	18:00:00	8	Thompson, John
2021/3/6	18:00:00	9.5	Thompson, John

图 14-2　用户需要将数据规范化为这种数据格式

用户面临的挑战是，需要让每个员工正确地与和他自己相关的每一行关联起来。但真正棘手的是，没有一个真正容易的数据点支持用户来提取这些信息，用户不能依赖"Hrs"列中的值，因为员工ID很容易被归在有效小时数范围内。用户也不能依赖记录的数量，因为在同一时期内，不同员工的记录数量可能有所不同。那么，用户该如何完成这项任务呢？

14.1.2　连接到数据

第一步是连接到数据，以查看它在Power Query中的样子，因为这可能会给用户提供一些如何继续的思路。在新的Excel工作簿或Power BI文件中进行如下操作。

1. 创建新查询，"数据""获取数据""来自文件""从文本/CSV"，选择"第14章 示例文件\Timesheet.txt"，"导入""转换数据"。
2. 转到"主页"选项卡，"删除行""删除最前面几行"，在弹出的对话框"行数"部分输入"4"，"确定"。
3. 继续在"主页"选项卡，"将第一行用作标题"。

另外，为了能够在接下来的两个示例中重复使用这些数据，此时先将它设置为一个"暂存"查询，这样用户就可以很容易地返回它。

1. 将查询重命名为"Raw Data-Timesheet"。
2. 将查询加载为"仅限连接"。
3. 右击"查询"窗格中的"Raw Data-Timesheet"查询，"引用"。
4. 将新查询重命名为"Basics"。

现在应该将原始数据（和问题）暴露在用户面前，如图14-3所示。

	A^B_C Work Date	A^B_C Out	1.2 Hrs
1	Thompson	John	3
2	2021-03-03	6:00 PM	8
3	2021-03-04	6:00 PM	8
4	2021-03-05	6:00 PM	8
5	2021-03-06	6:00 PM	9.5
6	2021-03-07	3:30 PM	6.5
7	2021-03-10	6:00 PM	8

图 14-3　员工姓名的"Thompson"和"John"被分在了"Work Date"和"Out"两列

14.1.3　通过用户界面创建条件逻辑

如果要成功地清理错误的数据，通常需要进行一些实验。因此，先从用户知道的地方开始：需要一个以"姓氏，名字"的格式包含员工姓名的列。这里可以通过简单的合并来实现这一点。此时还知道"Work Date"列和"Out"列应该分别是日期和时间数据类型。现在就采取如下步骤进行操作。

1. 选择"Work Date"和"Out"列，"添加列""合并列"。
2. 将"新列名(可选)"保留为"已合并"，"分隔符"选择"--自定义--"，输入"，"（逗号和空格），单击"确定"。
3. 更改"Work Date"列的"数据类型"为"日期"。
4. 更改"Out"列的"数据类型"为"时间"，此时的结果如图 14-4 所示。

	Work Date	Out	1.2 Hrs	已合并
1	Error	Error	3	Thompson, John
2	2021/3/3	18:00:00	8	2021-03-03, 6:00 PM
3	2021/3/4	18:00:00	8	2021-03-04, 6:00 PM
4	2021/3/5	18:00:00	8	2021-03-05, 6:00 PM
5	2021/3/6	18:00:00	9.5	2021-03-06, 6:00 PM
6	2021/3/7	15:30:00	6.5	2021-03-07, 3:30 PM
7	2021/3/10	18:00:00	8	2021-03-10, 6:00 PM
8	2021/3/11	18:00:00	8	2021-03-11, 6:00 PM
9	2021/3/12	18:00:00	6	2021-03-12, 6:00 PM
10	2021/3/13	18:00:00	8	2021-03-13, 6:00 PM

图 14-4　此时使用的方法是对的吗？

此时，数据看起来可能非常糟糕，毕竟用户已经触发了数据类型错误。虽然此时数据中员工姓名格式是正确的，员工姓名包含在一列中，但其中包含一组其他数据。其实，在这里是故意这么做的。

> ✎【注意】
> 回想一下第3章，在那里探讨的数据类型，特别是关于无效类型转换导致的错误的部分。这就是在这里发生的事情。通过将"Work Date"列设置为日期数据类型，这里要求Power Query将"Thompson"转换为日期数据类型。显然这是行不通的，所以它导致了一个错误。将"John"转换为时间数据类型也是如此。

这样做的原因是给条件逻辑找到一个切入点。由于"Hrs"列中的数据混合在一起（有员工ID、实际工时和总计），用户无法编写可靠的规则来确定哪一行包含员工ID。但用户可以基于记录的数据类型进行工作。基本上，在这里所做的是故意造成一个错误，来确定工作日期和输出列中的哪些值是基于日期或时间而不是基于文本的。

当然，没有人愿意看到错误。现在来将它们清理干净。

1. 右击"Work Date"列，"替换错误"，在弹出的对话框的"值"部分输入"null"，"确定"。
2. 右击"Out"列，"替换错误"，在弹出的对话框的"值"部分输入"null"，"确定"。

此时，实际上创建了一个条件逻辑规则的结果，如图 14-5 所示。

	Work Date	Out	1.2 Hrs	已合并
1	null	null	3	Thompson, John
2	2021/3/3	18:00:00	8	2021-03-03, 6:00 PM
3	2021/3/4	18:00:00	8	2021-03-04, 6:00 PM
4	2021/3/5	18:00:00	8	2021-03-05, 6:00 PM
5	2021/3/6	18:00:00	9.5	2021-03-06, 6:00 PM
6	2021/3/7	15:30:00	6.5	2021-03-07, 3:30 PM
7	2021/3/10	18:00:00	8	2021-03-10, 6:00 PM
8	2021/3/11	18:00:00	8	2021-03-11, 6:00 PM
9	2021/3/12	18:00:00	6	2021-03-12, 6:00 PM

图 14-5　此时已有效地将员工姓名移动到新列，并在"Work Date"列和"Out"列将其替换为"null"

现在可以利用 Power Query 的条件逻辑向导。
1. 转到"添加列"选项卡，"条件列"。
2. 使用以下规则配置名为"Worker"的新列："列名"选择"Work Date"，"运算符"选择"等于"，"值"输入"null"，"输出"选择"已合并"。

此时的结果如图 14-6 所示。

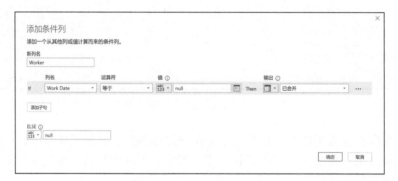

图 14-6　配置"Worker"列

此配置的棘手部分是，在选择"已合并"列之前，用户需要将"输出"部分的下拉列表从默认的"输入一个值"更改为"选择列"。

【注意】
虽然用户可以在这些规则中以"null"为目标，但不能以错误值为目标。这就是在创建规则之前要先将错误值替换为"null"的原因。

单击"确定"后，现在将有一个很好的新列，其中包含员工姓名，如图 14-7 所示。

	Work Date	Out	1.2 Hrs	已合并	Worker
1	null	null	3	Thompson, John	Thompson, Joh
2	2021/3/3	18:00:00	8	2021-03-03, 6:00 PM	
3	2021/3/4	18:00:00	8	2021-03-04, 6:00 PM	
4	2021/3/5	18:00:00	8	2021-03-05, 6:00 PM	
5	2021/3/6	18:00:00	9.5	2021-03-06, 6:00 PM	
6	2021/3/7	15:30:00	6.5	2021-03-07, 3:30 PM	
7	2021/3/10	18:00:00	8	2021-03-10, 6:00 PM	
8	2021/3/11	18:00:00	8	2021-03-11, 6:00 PM	
9	2021/3/12	18:00:00	8	2021-03-12, 6:00 PM	
10	2021/3/13	18:00:00	8	2021-03-13, 6:00 PM	
11	2021/3/14	18:00:00	8	2021-03-14, 6:00 PM	
12	null	10:00:00	78	Number of Record(s):...	Number of Rec

图 14-7　此时"Worker"列显示员工姓名，后面跟着空值

这太完美了。数据清理几乎完成了，只需要按如下步骤将每个"null"替换为正确的
员工的姓名。

1. 右击"Worker"列，"填充""向下"。
2. 筛选"Worker Date"列，取消勾选"(null)"复选框。
3. 删除"已合并"列。
4. 将"Worker"列更改为文本数据类型。

结果是一个非常干净的数据集，即使在员工的工作日期和工作天数发生变化时，该数
据集也会在刷新后正常工作，如图 14-8 所示。

Work Date	Out	Hrs	Worker
2021/3/3	18:00:00	8	Thompson, John
2021/3/4	18:00:00	8	Thompson, John
2021/3/5	18:00:00	8	Thompson, John
2021/3/6	18:00:00	9.5	Thompson, John
2021/3/7	15:30:00	6.5	Thompson, John
2021/3/10	18:00:00	8	Thompson, John
2021/3/11	18:00:00	8	Thompson, John
2021/3/12	18:00:00	6	Thompson, John
2021/3/13	18:00:00	8	Thompson, John
2021/3/14	18:00:00	8	Thompson, John
2021/3/3	18:00:00	9.5	Johnson, Bob
2021/3/4	18:00:00	8	Johnson, Bob
2021/3/5	18:00:00	8	Johnson, Bob
2021/3/6	17:00:00	7.5	Johnson, Bob
2021/3/7	15:00:00	6	Johnson, Bob
2021/3/8	18:00:00	8	Johnson, Bob
2021/3/9	18:00:00	8	Johnson, Bob
2021/3/10	18:00:00	6	Johnson, Bob
2021/3/11	18:00:00	8	Johnson, Bob
2021/3/12	18:00:00	8	Johnson, Bob

图 14-8　通过 Power Query 用户界面来驱动复杂的数据清理工作

【注意】
在继续阅读本章的过程中，将看到有更多的可能和方法来处理条件逻辑。
要记住的关键是，如果仔细思考，一般都能找到一种只需要单击界面就能
实现目标的方法。

14.2　手动创建 IF 判断

虽然"条件列"对话框很棒，但它却有一个缺点："输出"选项仅限于硬编码文本值、列
的结果或非常简单的公式。如果希望输出使用公式，最好通过自定义列创建条件逻辑。然而，
这里的挑战是 IF 公式使用的语法与 Excel 或 DAX 公式使用的语法不同。

例如，用户想把以前的查询拆分为正常上班时间和加班时间，一天上班超过 8 小时的
时间都被认为是加班。当然可以通过以下步骤来实现。

1. 使用规则创建一个名为"Reg Hours"的"条件列"。

```
if [Hrs] > 8 then 8 else [Hrs]
```

2. 用 "Hrs" 列减去新 "Reg Hours" 列，返回 "OT Hours" 列。

虽然这需要采取两个步骤，但效果会很好。但是，如果用户实际上不需要 "Reg Hours" 列呢？换句话说，如果用户只关心加班的那部分时间呢？

理想情况下，用户希望使用 "条件列" 对话框构建如下公式：

```
if [Hrs] > 8 then [Hrs] - 8 else 0
```

由于 "条件列" 的各个字段似乎只接受硬编码的值或列名，因此通过 "条件列" 对话框似乎不可能做到这一点。即使是这样，用户会愿意在这么小的范围内编写条件逻辑规则吗？好消息是用户可以编写这些规则，坏消息是用户实际上必须通过自定义列手动编写复杂的逻辑。

> **【注意】**
> 实际上，用户可以在一些 "条件列" 字段中执行复杂的逻辑。只需要在公式前面加上一个运算符，就可以在没有其他帮助的情况下得到准确的语法。例如，在上述示例的情况下，输出需要读取 "=[Hrs]- 8"。

现在来解决上面的问题，首先计算 "OT Hours"，然后使用它生成 "Reg Hours" 部分。这样将复制上一个示例中的 "Basics" 查询，并在最后添加这个逻辑。

1. 转到 "查询" 窗格，右击 "Basics" 查询，"复制"（有两个 "复制"，选择第二个 "复制"）。
2. 将查询重命名为 "Manual Tests"。
3. 转到 "添加列" 选项卡，"自定义列"。
4. 将新列名设置为 "OT Hours"。

现在关键在于写出正确的公式。

如果用户有编写 Excel 或 DAX 公式的经验，那么遇到的第一个 "陷阱" 将是编写以下内容：

```
=IF( [Hrs] > 8, [Hrs] - 8, 0)
```

不幸的是，Power Query 甚至不允许用户提交这个公式，而是告诉用户 "应为令牌 Comma"，更糟糕的是，Power Query 的公式 Intellisense（智能提示）无法识别这一点，而且也不会提示用户正确的条件逻辑函数。

这里的挑战是 Power Query 是区分大小写的，不能将 "IF" 识别为有效的函数名（如果用户能够提交这个公式，它将返回一个错误，询问用户 "IF" 是否拼写正确）。相反，用户必须提供 if 函数（都是小写）。此外，与 Excel 和 DAX 公式的另一个不同是，Power Query 不会将参数括在括号中，也不会用逗号分隔。if 函数的正确语法如下所示：

```
= if [Hrs] > 8 then [Hrs] - 8 else 0
```

> **【注意】**
> 上述公式的另一种写法是利用如下所示的 "not" 关键词：
> ```
> if not([Hrs] > 8) then 0 else [Hrs] - 8
> ```

在 "自定义列公式" 输入公式时，请记住如下几点。

1. 使用 Power Query 的逻辑函数的关键是记住将它们完整地拼写出来，并确保函数名保持小写。
2. 可以使用 Enter 键将公式分隔为多行。
3. 双击"可用列"区域中的列名，将列注入公式，并确保其语法正确。
4. 按 Esc 键将关闭 Intellisense，而输入空格、制表符或回车符将接受 Intellisense 建议。

如果公式分成 3 行，它将看起来如图 14-9 所示。

图 14-9 手动创建"OT Hours"列

现在可以从"Hrs"列中减去"OT Hours"列，以生成"Reg Hours"列，如下所示。
1. 选择"Hrs"列，按住 Ctrl 键，选择"OT Hours"列。
2. 转到"添加列"选项卡，"标准""减"。
3. 将"减法"列重命名为"Reg Hours"。
4. 右击"Hrs"列，"删除"。
5. 选择所有列，"转换""检测数据类型"，完成后，数据将如图 14-10 所示。

	Work Date	Out	Worker	OT Hours	Reg Hours
1	2021/3/3	18:00:00	Thompson, John	0	8
2	2021/3/4	18:00:00	Thompson, John	0	8
3	2021/3/5	18:00:00	Thompson, John	0	8
4	2021/3/6	18:00:00	Thompson, John	1.5	8
5	2021/3/7	15:30:00	Thompson, John	0	6.5
6	2021/3/10	18:00:00	Thompson, John	0	8
7	2021/3/11	18:00:00	Thompson, John	0	8
8	2021/3/12	18:00:00	Thompson, John	0	6
9	2021/3/13	18:00:00	Thompson, John	0	8
10	2021/3/14	18:00:00	Thompson, John	0	8
11	2021/3/3	18:00:00	Johnson, Bob	1.5	8

图 14-10 正常工作时间和加班时间分开

最后，认识到这项工作完全可以通过用户界面命令完成是很重要的。另一方面，用户在未来可能遇到需要更多这样做的步骤的场景。从头开始编写自己的条件逻辑语句的技能将使用户能够用更少的步骤执行更复杂的逻辑。

14.3 IFERROR 函数

在本章第一个示例中，利用了一些技巧来触发错误，并用"null"替换它们，作为条件逻辑规则的基础。在本例中，将重新创建相同的输出，但只需较少的步骤即可完成。接下来的操作步骤如下。

1. 转到"查询"窗格，右击"Raw Data-Timesheet"查询，"引用"。
2. 将查询重命名为"IFError"。

现在的界面用户应该很熟悉，如图 14-11 所示。

	A^BC Work Date	A^BC Out	1.2 Hrs
1	Thompson	John	3
2	2021-03-03	6:00 PM	8
3	2021-03-04	6:00 PM	8
4	2021-03-05	6:00 PM	8
5	2021-03-06	6:00 PM	9.5
6	2021-03-07	3:30 PM	6.5
7	2021-03-10	6:00 PM	8

图 14-11　还记得这个状态吗？

现在，用户知道了将"Out"列转换为时间数据类型会在第一行触发错误，因为"John"无法转换为时间数据类型。如果用户可以复制 Excel 的 IFERROR 函数，而不是复制一个列来实现这一点，这不是更好吗？这么做将允许用户尝试将列转换为时间，如果有效则返回时间，如果无效则返回另一个结果。

正如用户可能已经猜到的那样，Power Query 不会将 IFERROR 识别为有效的函数名（在尝试之前，iferror 也是无效的）。Power Query 中实现此功能的函数的方法为：

```
try <attempted result> otherwise <alternate result>
```

✎【注意】
try 方法让人想起其他利用 try/catch 逻辑的编码语言。

这种工作方式是，Power Query 将尝试执行某些操作，如果有效，它将返回该结果，否则将返回指定的备用结果。现在的问题是，用户应该怎么做？

在本例中，用户希望尝试将列转换为特定的数据类型，因为这将告诉用户下一步要做什么。现在来试一试。

1. 转到"添加列"选项卡，"自定义列"。
2. 在弹出的对话框中"新列名"输入"Worker"。
3. 在"自定义列公式"输入以下公式：

```
try Time.From([Out]) otherwise null
```

【注意】

从一种数据类型到另一种数据类型的转换可以通过在 "Time.from" "Date.from" "Number.from" 等函数中输入数据类型，后跟 ".from([Column])" 来完成。在这里选择使用时间数据类型而不是日期数据类型，以避免处理潜在的日期区域设置问题的复杂性。

此时结果应该如图 14-12 所示。

	ABC Work Date	ABC Out	1.2 Hrs	ABC 123 Worker
1	Thompson	John	3	null
2	2021-03-03	6:00 PM	8	18:00:00
3	2021-03-04	6:00 PM	8	18:00:00
4	2021-03-05	6:00 PM	8	18:00:00
5	2021-03-06	6:00 PM	9.5	18:00:00
6	2021-03-07	3:30 PM	6.5	15:30:00
7	2021-03-10	6:00 PM	8	18:00:00
8	2021-03-11	6:00 PM	8	18:00:00
9	2021-03-12	6:00 PM	6	18:00:00
10	2021-03-13	6:00 PM	8	18:00:00
11	2021-03-14	6:00 PM	8	18:00:00

图 14-12 等等，那不是员工的名称

看起来try语句起作用了，因为收到了一个 "null" 来代替错误，但这并不是用户想要的，不是吗？用户更喜欢用员工姓名代替 "null"，用 "null" 代替所有日期。那么此时可以先将try语句封装在条件逻辑框架中，来检查结果是否为 "null"。如果是，将连接 "Work Date" 列和 "Out" 列的结果（使用&运算符），如果不是，就返回 "null"。

1. 编辑刚刚创建的添加 "Added Custom" 步骤。
2. 调整公式如下：

```
if ( try Time.From([Out]) otherwise null ) = null then [Work Date] & " , " &
[Out] else null
```

【注意】

为了返回正确的结果，必须将原始try语句封装在括号中。try语句周围的空格是可选的，但加上括号有助于提高公式的可读性。

提交公式后，结果正是用户需要的，如图 14-13 所示。

	ABC Work Date	ABC Out	1.2 Hrs	ABC 123 Worker
1	Thompson	John	3	Thompson, John
2	2021-03-03	6:00 PM	8	null
3	2021-03-04	6:00 PM	8	null
4	2021-03-05	6:00 PM	8	null
5	2021-03-06	6:00 PM	9.5	null
6	2021-03-07	3:30 PM	6.5	null
7	2021-03-10	6:00 PM	8	null

图 14-13 现在看起来好多了

现在可以通过用户界面完成数据集的清理。

1. 右击"Worker"列,"填充""向下"。
2. 更改"Worker Date"列的"数据类型"为"日期"。
3. 选择"Worker Date"列,"主页""删除行""删除错误"。
4. 选择所有列,"转换""检测数据类型"。

最终结果如图 14-14 所示,与第一个示例中的结果相同,但它只用了 5 个步骤就完成了,而不是 9 个步骤。

	Work Date	Out	1.2 Hrs	Worker
1	2021/3/3	18:00:00	8	Thompson, John
2	2021/3/4	18:00:00	8	Thompson, John
3	2021/3/5	18:00:00	8	Thompson, John
4	2021/3/6	18:00:00	9.5	Thompson, John
5	2021/3/7	15:30:00	6.5	Thompson, John
6	2021/3/10	18:00:00	8	Thompson, John
7	2021/3/11	18:00:00	8	Thompson, John
8	2021/3/12	18:00:00	6	Thompson, John
9	2021/3/13	18:00:00	8	Thompson, John
10	2021/3/14	18:00:00	8	Thompson, John
11	2021/3/3	18:00:00	9.5	Johnson, Bob
12	2021/3/4	18:00:00	8	Johnson, Bob
13	2021/3/5	18:00:00	8	Johnson, Bob
14	2021/3/6	17:00:00	7.5	Johnson, Bob
15	2021/3/7	15:00:00	6	Johnson, Bob
16	2021/3/8	18:00:00	8	Johnson, Bob
17	2021/3/9	18:00:00	8	Johnson, Bob
18	2021/3/10	18:00:00	6	Johnson, Bob
19	2021/3/11	18:00:00	8	Johnson, Bob
20	2021/3/12	18:00:00	8	Johnson, Bob

图 14-14　不同的方法,相同的结果

14.4　多条件判断

在这里的下一个目标是构建自定义列,因为它太复杂,无法使用"条件列"对话框进行构建。在这种情况下,用户需要使用依赖于多个条件的逻辑,如图 14-15 所示。

Customer	Golf Dues	Option 1	Option 2	Curling Dues	Member Type (Golf Course 和 Curling Club)	Pays Options (选项1 或 选项2)
Berry, Cory	Season Pass		Power Cart	Member	All Access	Yes
Cameron, Averie	Member	Locker			Golf Course	Yes
Grimes, Sincere				Member	Curling Club	No
Oconnell, Raymond					None	No

图 14-15　用户需要根据多列的结果添加最后两列

在这种情况下,用户面临的挑战是,用户需要的结果取决于满足一个列或多个列的结果。例如:只有同时缴纳(任何类型的)高尔夫费(Golf Dues)和(任何类型的)冰壶费

（Curling Dues）的会员才会获得"All Access"通行证。在这里用户还想创建一个新的列，来表明会员是否支付任何可选费用。

从新工作簿或 Power BI 文件开始构建。

1. 创建新查询，"从文本 /CSV"，选择"第 14 章 示例文件\DuesList.txt"文件，"导入""转换数据"。
2. 将查询重命名为"Dues List"。
3. 转到"主页"选项卡，"将第一行用作标题"。
4. 选择所有列，"主页""替换值"，将数据中的空单元格中替换为"null"，"确定"（在"替换值"界面的"要查找的值"对话框中什么都不填，在"替换为"对话框中输入"null"），原始数据已准备好，如图 14-16 所示。

A^BC Customer	A^BC Golf Dues	A^BC Golf Option 1	A^BC Golf Option 2	A^BC Curling Dues
Berry, Cory	Season Pass		*null* Locker	Member
Cameron, Averie	Member	Locker	*null*	n
Gates, Emmanuel	Member	Power Cart	Locker	Member
Grimes, Sincere	*null*	*null*	*null* Member	
Jimenez, Jaime	*null*	*null*	*null* Member	
Mosley, Julianna	Season Pass	*null*	*null*	

图 14-16　数据已经准备好了，现在要如何来生成新列呢？

用户需要做的第一件事是找出想要创建的逻辑。一步一步地思考这个问题，在这里希望从以下内容开始：

```
if [Golf Dues] <> null and [Curling Dues] <> null then "All Access" else
"Not sure yet..."
```

令人震惊的是，当用户在一个新的自定义列（列名为"Member Type"）中输入这个语句时，它就可以工作了，如图 14-17 所示。

	A^BC Customer	A^BC Golf Dues	A^BC Golf Option 1	A^BC Golf Option 2	A^BC Curling Dues	Member Type
1	Berry, Cory	Season Pass		*null* Locker	Member	All Access
2	Cameron, Averie	Member	Locker	*null*	*null*	Not sure yet...
3	Gates, Emmanuel	Member	Power Cart	Locker	Member	All Access
4	Grimes, Sincere	*null*	*null*	*null* Member		Not sure yet...
5	Jimenez, Jaime	*null*	*null*	*null* Member		Not sure yet...
6	Mosley, Julianna	Season Pass	*null*	*null*	*null*	Not sure yet...
7	Oconnell, Raymond	*null*		*null*	*null*	Not sure yet...
8	Roberson, Sidney	Season Pass	Power Cart	*null* Member		All Access
9	Santiago, Rafael	Season Pass	Pull Cart	*null*	*null*	Not sure yet...
10	Sloan, Maximus	Member	Pull Cart	Locker	*null*	Not sure yet...

图 14-17　嗯，那很容易

同样，与 Excel 和 DAX 公式版本不同（这两者使用大写并位于要测试的项目之前），Power Query 使用小写，并在逻辑测试之间输入如下代码：

```
<test 1> and <test 2> (and <test 3>, etc...)
```

与 Excel 和 DAX 公式一样，用户可以提供任意数量的数据来测试，其中所有测试都必须返回 True 结果，才能将结果视为 True。

> **☙【注意】**
> 关于 and 运算符的唯一可能的"陷阱"是，用户可能需要将运算符前后的逻辑测试封装在括号中。当用户开始使用测试或进行嵌套测试时，这一点变得至关重要。

既然这样做效果很好，那么就先来看看需要做些什么才能使用更有意义的内容替换 else 子句。在这里要做的如下：

```
if [Golf Dues] <> null then "Golf Course" else if [Curling Dues] <> null
then"Curling Club" else "None"
```

> **☙【注意】**
> 请记住，"Curling Dues"逻辑只不过是嵌套在前一个 if 语句的 else 子句中的一个 if 语句。可能会发现在每个 if、then、else 关键词之后放置换行符更容易保持左对齐，使得代码更规整和更具可读性，但如果用户不想这样做，则无须这样做。

采用追加逻辑并编辑原始添加的"自定义列"步骤，这里可以将其合并为一个复杂的 if 语句，如图 14-18 所示。

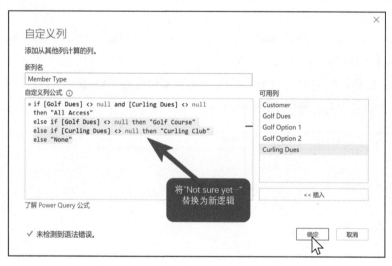

图 14-18　更新已有的"自定义列公式"

> **☙【注意】**
> 对自己第一次就能写出完美公式的能力没有信心？别担心，创建一个新的自定义列来完善每一部分的逻辑，然后剪切和复制它们并在最后合并它们。用户可以删除自己创建的任何步骤，没有人会有任何意见，如图 14-19 所示。

	A^BC Customer	A^BC Golf Dues	A^BC Golf Option 1	A^BC Golf Option 2	A^BC Curling Dues	Member Type
1	Berry, Cory	Season Pass	null	Locker	Member	All Access
2	Cameron, Averie	Member	Locker	null	null	Golf Course
3	Gates, Emmanuel	Member	Power Cart	Locker	Member	All Access
4	Grimes, Sincere	null	null	null	Member	Curling Club
5	Jimenez, Jaime	null	null	null	Member	Curling Club
6	Mosley, Julianna	Season Pass	null	null	null	Golf Course
7	Oconnell, Raymond	null	null	null	null	None
8	Roberson, Sidney	Season Pass	Power Cart	null	Member	All Access
9	Santiago, Rafael	Season Pass	Pull Cart	null	null	Golf Course
10	Sloan, Maximus	Member	Pull Cart	Locker	null	Golf Course
11	Washington, Kenyon	Member	Power Cart	null	Member	All Access
12	Zuniga, Monique	Season Pass	null	null	null	Golf Course

图 14-19 到目前为止，逻辑看起来不错

正如所看到的，这很有效，所以接下来就继续下一个挑战：确定给定客户是否支付任何可选费用。为了计算这一个值，需要知道客户在"Golf Option 1"或者"Golf Option 2"列中是否有值。用户可以通过使用"or"操作符来实现这一点。它的工作方式与前面使用的"and"操作符相同，但如果提供的任何条件导致 True，它将返回 True 结果。

1. 转到"添加列"选项卡，"自定义列"。
2. 将列命名为"Pays Options"：

```
if [Golf Option 1]<> null or [Golf Option 2] <> null then "Yes" else "No"
```

结果正好满足了用户此时的需求，如图 14-20 所示。

	A^BC Customer	A^BC Golf Dues	A^BC Golf Option 1	A^BC Golf Option 2	A^BC Curling Dues	Member Type	Pays Options
1	Berry, Cory	Season Pass	null	Locker	Member	Golf Course	Yes
2	Cameron, Averie	Member	Locker	null	null	Golf Course	Yes
3	Gates, Emmanuel	Member	Power Cart	Locker	Member	Golf Course	Yes
4	Grimes, Sincere	null	null	null	Member	Curling Club	No
5	Jimenez, Jaime	null	null	null	Member	Curling Club	No
6	Mosley, Julianna	Season Pass	null	null	null	Golf Course	No
7	Oconnell, Raymond	null	null	null	null	None	No
8	Roberson, Sidney	Season Pass	Power Cart	null	Member	Golf Course	Yes
9	Santiago, Rafael	Season Pass	Pull Cart	null	null	Golf Course	Yes
10	Sloan, Maximus	Member	Pull Cart	Locker	null	Golf Course	Yes
11	Washington, Kenyon	Member	Power Cart	null	Member	Golf Course	Yes
12	Zuniga, Monique	Season Pass	null	null	null	Golf Course	No

图 14-20 and、or、else if 逻辑的混合产生了用户需要的两列

逻辑完成后，唯一要做的就是设置数据类型并加载查询。

14.5 与上下行进行比较

使用 Power Query 时的一大挑战是，没有简单的方法访问前一行，如图 14-21 所示。那么作为用户的你是如何处理这样的情况的呢？

这个解决方案使用了一个非常酷的技巧，本书迫不及待地想要向用户展示，现在就开始。

1. 创建新查询，"从文本/CSV"，选择"第 14 章 示例文件\Sales.txt"文件，"导入""转换数据"。
2. 转到"主页"选项卡，"将第一行用作标题"。

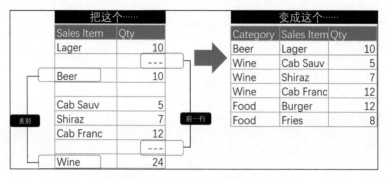

图 14-21　需要根据前一行提取数据

3. 选择所有列，"主页""替换值"，将空格单元格替换为"null"（在"替换值"界面的"要查找的值"对话框中什么都不填，在"替换为"对话框中输入"null"）。

数据现在看起来如图 14-22 所示，这里提出了一个挑战：如何根据不同行中的值提取类别值？

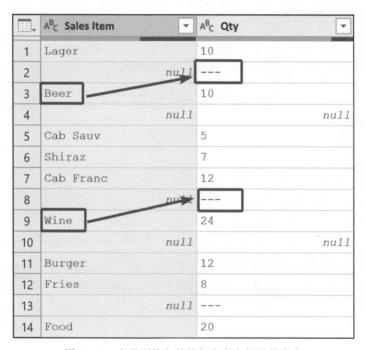

图 14-22　在类别值之前的行中存在相同的内容

【注意】

如果仔细观察，图14-22只显示了这个数据集中的一个共性。每个类别在"Sales Item"列中的数据之前和之后都显示为空，在"Qty"列中的小计之后也显示为空。这些特点中的任何一种实际上都对展开这个数据集有所帮助。

要访问这些值，首先需要添加两个索引列，所以先来创建它们。

1. 转到"添加列"选项卡,"索引列""从 1"。
2. 转到"添加列"选项卡,"索引列""从 0"。

有了这些,就可以展现出这种方法很炫酷的部分。

1. 转到"主页"选项卡,"合并查询"(不要使用"将查询合并为新查询"选项)。
2. 选择将查询合并到自身。
3. 在顶部区域选择"索引.1"列,在底部区域选择"索引"列。

结果如图 14-23 所示。

明白这是怎么回事了吗?

1. 单击"确定"。
2. 从新添加的"索引.1"列(取消勾选"使用原始列名作为前缀"复选框)展开"Qty"列。
3. 将"索引"列按升序重新排序,前面步骤的结果如图 14-24 所示。

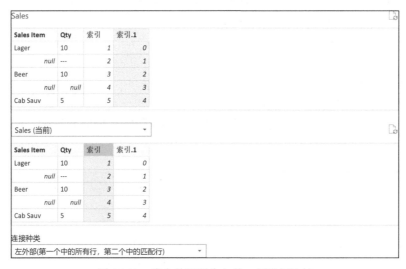

图 14-23　将合并配置为与前一行进行比较

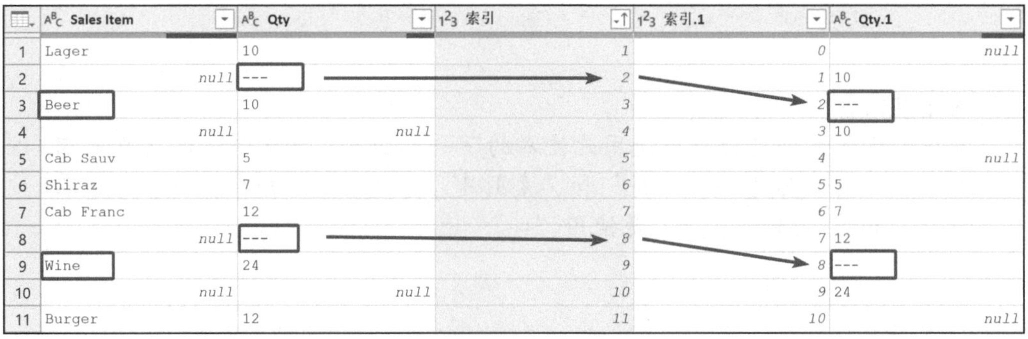

图 14-24　此时已成功地将"Qty"列的值移到下一行

关于刚才看到的内容,有几点值得总结。

1. 无论是想将一个列或将多个列的值移动到另一行,还是在这里尝试将值与其他行的值进行比较,这个技巧都是有效的。

2. 要与上一行进行比较，请始终在合并对话框的顶部区域选择"索引.1"，并在底部选择"索引"。如果要与下一行进行比较，请将操作反转（在顶部区域选择"索引"，在底部选择"索引.1"）。

3. 在从合并结果展开一个或多个值时，与前一行进行比较总是会导致数据重新排序。与下一行比较时不会发生这种情况。

☺【警告】
如果用户使用行模式来匹配条件逻辑，不要忘记在展开合并结果后对数据进行重新排序。

现在可以完成数据准备了，如下。
1. 按如下配置创建名为"Category"的新条件列。

```
if [Qty.1] = " ---" then [Sales Item] else null
```

2. 右击"Category"列，"填充""向上"。
3. 筛选"Qty.1"列，并取消勾选"---"项。
4. 删除"索引""索引.1""Qty.1"列。
5. 筛选"Sales Item"列，取消勾选"null"复选框。
6. 选择所有列，"转换""检测数据类型"。
结果是一个非常干净的数据集，其中"Category"值已提取到它们自己的列中，如图 14-25 所示。

	A^BC Sales Item	1²3 Qty	A^BC Category
1	Lager	10	Beer
2	Cab Sauv	5	Wine
3	Shiraz	7	Wine
4	Cab Franc	12	Wine
5	Burger	12	Food
6	Fries	8	Food

图 14-25　用户永远不会知道"Category"值嵌套在"Sales Item"列中

✎【注意】
完成的示例文件包含一个使用此技术的下一行版本。两者唯一的区别是需要将合并转换为通过"索引"和"索引.1"进行连接，并在逻辑和筛选器中以"null"为目标，而不是使用"---"。

14.6　示例中的列

本章探讨的最后一个特性是"示例中的列"。它与前文介绍的特性一样，并不严格地与条件逻辑相关，但它是一个基于逻辑的表达式生成器。因此，将其纳入本章。正如将看到的，它还能够创建条件逻辑规则。

为了演示"示例中的列"的强大功能，假设有一个非常复杂的数据集，Power Query 无法轻松导入。幸运的是，不能正确导入的数据集实际上越来越难找到，因此在本例中，需要重新编写 Power Query 对文件的默认解释，来强制它返回到单个文本列。为此需要进行如下操作。

1. 创建新查询，"从文本/CSV"，选择"第 14 章 示例文件\FireEpisodes.txt"文件，"导入"。
2. 将"分隔符"更改为"--固定宽度--"，并将宽度设置为"0"。

虽然很少需要这样做，但这个方便的技巧允许用户覆盖 Power Query 的默认值，返回一个可以根据需要操作的列，如图 14-26 所示。

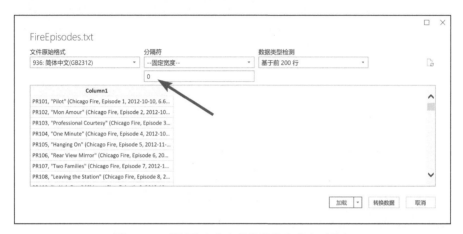

图 14-26　强制将文本文件数据作为单个列导入

单击"转换数据"后，将进入 Power Query 编辑器，查看 *Chicago Fire* 电视剧前几季的剧集列表和收视率统计数据。这个例子的目标是提取分隔符为","的数据。问题是如何做到呢？

有多种方法可以做到这一点，从拆分列到利用 Power Query 函数编写自定义公式。在这里将利用一个新的 Power Query 特性，而不是花大量时间试图找到一个入口。

● 转到"添加列"选项卡，"示例中的列"，将进入如图 14-27 所示的界面。

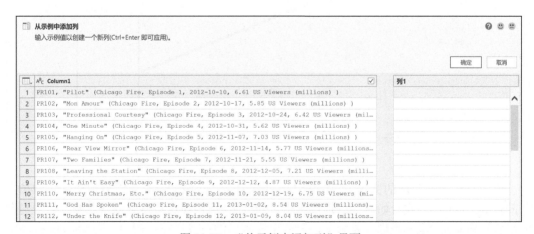

图 14-27　"从示例中添加列"界面

这里的想法是，在空的"列 1"中，用户只需输入希望从"Column1"中提取的值。现在来试一试，先输入前两行的值，如下所示。

1. 在第一行输入"Pilot, Episode 1"。
2. 在第二行输入"Mon Amour, Episode 2"。

完成第二步后，用户将看到Power Query立即用值填充整个列。虽然其中许多看起来很棒，但有一个看起来不太正确，如图 14-28 所示。

图 14-28　为什么第 10 集里面有一个""""符号（英文的引号）呢？

只需在行上面输入以下内容就可以解决这个问题。

• 在第 10 行输入"Merry Christmas, Etc., Episode 10"。

不幸的是，此时发生了一些非常糟糕的事情，除了之前手动输入的 3 条记录之外，整个列都填充了"null"，如图 14-29 所示。

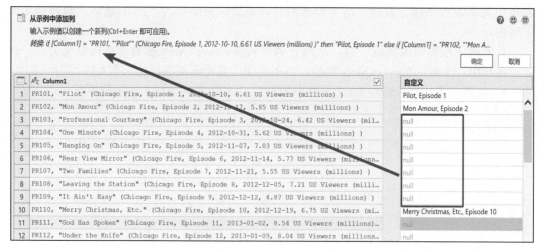

图 14-29　这里破坏了示例列

当用户输入要提取的文本时，实际发生的情况是Power Query的引擎构建了提取值所需的Power Query公式（如对话框顶部所示）。然而，用户在这里遇到的问题是，用户提供的示例对Power Query来说太复杂了，无法生成可靠的公式。在本例中，Power Query返回到使用 if/then 逻辑创建一个条件列，这个逻辑以用户手动指定的值为目标。显然，这不会随着数据的增长而扩展。

【注意】
这里的 Power Query 逻辑在某种程度上取决于用户输入值的顺序。根据输入/替换的项目以及操作的顺序，用户实际上可能会得到一个工作公式。

此时，将采取另一种方法。
1. 删除所有用户手动输入的值。
2. 在第一行输入"Pilot"。
3. 在第二行输入"Mon Amour"。
4. 双击列标题，并将其更改为"Episode Name"。

这些结果更有希望，因为所有的值似乎都是正确的，甚至包括"Merry Christmas, Etc."。还可以看到，该公式不再依赖于条件逻辑，而是使用 Text.BetweenDelimiters 函数提取文本，从每个片段周围的引号中提取片段名称，如图 14-30 所示。

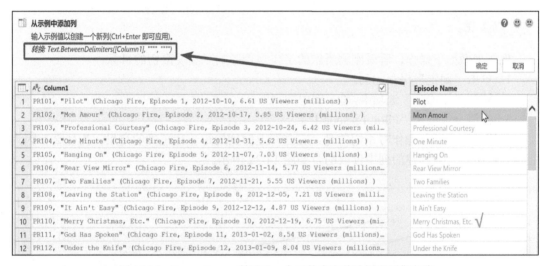

图 14-30 Power Query 利用了一个函数来完美地提取剧集名称

现在提交这个，看看是否也可以使用同样的办法提取剧集编号。
1. 单击"确定"（保存此列）。
2. 转到"添加列"选项卡，"示例中的列"。
3. 在新列的第一行输入"Episode 1"。
4. 在新列的第二行输入"Episode 2"。

结果很接近，但是"Merry Christmas"这一集仍然有一个问题，所以还需要手动输入。
1. 将"Etc." (Chicago Fire"替换为"Episode 10"。
2. 将列名更改为"Episode Nbr"。

现在，结果看起来很完美，Power Query 显示它正在使用 Text.BetweenDelimiters 函数读取"Fire"和下一个逗号之间的所有值。这有多酷呢？如图 14-31 所示。

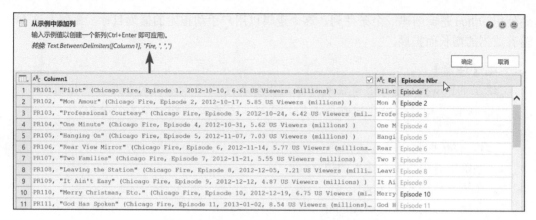

图 14-31　想过用"Fire"作为分隔符吗？

🖋【注意】
这个特性让人爱不释手，尤其是用户完全不需要知道使用哪些函数就可以实现，事实上，用户根本不需要了解任何有关Power Query函数的知识就可以实现。

现在来做如下操作，看看刚刚所做的工作是否影响了实现最初的目标。

1. 单击"确定"保存此列。
2. 转到"添加列"选项卡，"示例中的列"。
3. 在第一行输入"Pilot, Episode 1"。

与第一次尝试此操作时不同的是，它立即返回列的每一行正确的结果。为什么？因为它也是从用户之前创建的列中读取的，如图 14-32 所示。

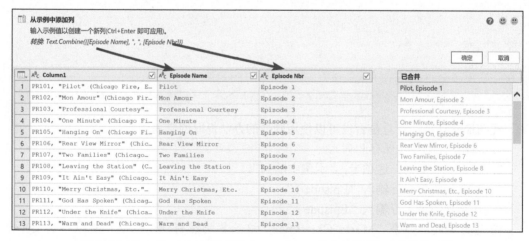

图 14-32　Text.Combine 函数正是 Power Query 在"合并列"时使用的函数

现在需要理解刚刚发生的事。

1. 用户可以选择"Episode Name"列和"Episode Nbr"列，"添加列""合并列"，"分隔符"选择"-- 自定义 --"，输入"，"（逗号和空格），"确定"。

2. 如果用户这样做，Power Query 将记录与在"从示例中添加列"对话框的"添加"列顶部看到的完全相同的公式。

3. 如果在推导"示例中的列"时明确知道不需要参考某列，可以取消勾选标题旁边的复选框来提升推导效率。

🖋【注意】

说真的，这有多酷？如果用户找不到或记不起某个命令时，可以尝试通过"示例中的列"执行操作。用户可能会发现它能让操作变得更轻松。

现在来做最后的清理。

1. 将"已合并"列重命名为"Episode"，然后单击"确定"保存。

2. 右击新的"Episode"列，"删除其他列"。

3. 根据需要将查询加载到工作表或数据模型。

此时的数据很好而且干净，没有人会知道用户采取了如此的中间步骤来实现目标。

第 15 章 值系统

在进一步研究使用M语言之前，首先需要详细了解在Power Query中的值、数据和函数是如何表示的。在使用更高级的编程概念时，对这些概念有良好的理解将非常有用。

请注意，本章的重点不是说明如何用新出现的函数解决实际业务问题，而是着重于帮助用户理解这门语言本身整体是如何构成的。

如果用户在自己的计算机上进行操作，会注意到本章中所列出的值（Tables、Lists、Records、Values、Binaries和Errors）出现在列中时都会以彩色显示（在Excel中显示为绿色，在Power BI中显示为黄色）。此外，在结果窗格中单击该单词旁边的空格可以预览每个单词的详细内容。

> ☎【警告】
> 为了平衡准确性和可读性，本书描述的一些方法是基于作者对官方Power Query规范文档的解释。虽然尽可能保持文档的准确性，但一些术语从技术上看可能并不十分严谨，但这是为了更好地简化解释M语言。

15.1 值类型

在数据预览部分，可以看到数据的预览，显示为"值"的集合。还需注意到，该视图中的一些值，以彩色显示数据，例如Table、List、Record、Binary，甚至Error。为什么它们与其他值不同？

> ✎【注意】
> Power Query的底层原理与VBA语言的引用对象机制不同，采用的是解释值的方法。

在Power Query中，有两种类型的值，如图15-1所示。
1. 基元值：包括binary、date、datetime、datetimezone、duration、logical、null、number、text、time等类型。
2. 结构化值：以彩色显示，如table、list、record甚至function等类型，这些是由基元值构造的。

基元值在大多数编程语言中是类似的，Power Query中的结构化值是独有的设计，有了这样的设计，就可以更好地完成基于行、列或结构化变换的功能。

	Kind	Value
1	Null	null
2	Text	null
3	Logical	TRUE
4	Number	3.141592654
5	Time	7:15:25
6	Date	2021/5/23
7	DateTime	2021/5/23 13:23:54
8	DateTimeZone	2021/5/23 13:23:54 -05:00
9	Duration	4.22:10:35
10	Binary	Binary
11	List	List
12	Record	Record
13	Table	Table
14	Function	Function
15	Type	Type
16	Error	Error

图 15-1 Power Query 中的值

> **【注意】**
> 在编写本章时假设你事先不了解Python和pandas的DataFrame。

通过一个接一个地深入研究这些结构化值，看看所有东西是如何联系在一起的。

15.2 表

Power Query 的表（Table）就是一种结构化值，其中包含行、列和元数据，比如列名及其数据类型。在 Power Query 中，因为表值非常普遍，推荐能在使用表值时，都应该充分利用该值的特性。

1. 打开“第 15 章 示例文件\Power Query Values.xlsx”文件。
2. 创建新查询，“自其他源”“空白查询”。
3. 在编辑栏中输入以下公式：

```
=Excel.CurrentWorkbook()
```

可以看到工作簿中有一个“Table”值，如图 15-2 所示。

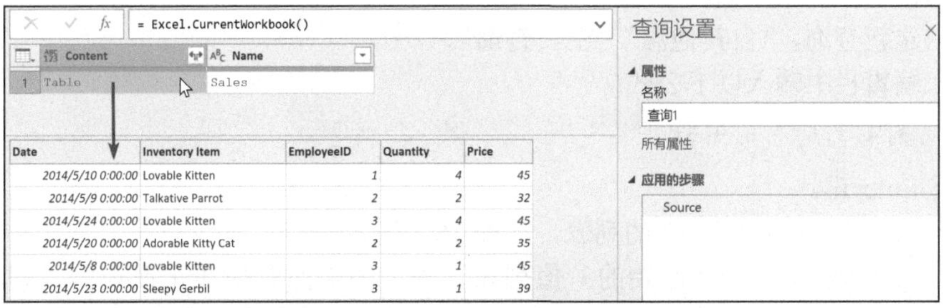

图 15-2 正在预览的是这个工作簿中的唯一“Table”

在 Power Query 中，"Table"值的好处有很多，可以进行如下操作。

1. 可以预览"Table"中的数据。
2. "Table"中的数据包括行和列（即使不能保证标题行已经在适当的位置）。
3. 可以钻取"Content"列，以将其中的"Table"展开。
4. "Table"被展开后，可使用"转换"选项卡下的功能，对数据进行进一步转换和操作。

当然，表不仅可以来自Excel工作簿，事实上，正如在前文章节中所述的，可以在许多数据源中找到表，包括使用公式，（如Csv.Document、Excel.CurrentWorkbook）提取的表、数据库表等。

在继续之前先完成这个查询，如下。

1. 将查询重命名为"Table"。
2. 转到"主页"选项卡，"关闭并上载至""仅创建连接""确定"。

15.3　列表

Power Query 列表（List）结构非常好且有用，在许多情况下，为了使用 Power Query 中的一些最强大的公式，列表值是必需的。

列表值与表值的主要区别在于，在查看时，列表值只有一列数据。可以把一个列表值想象成购物清单，只需要列出想购买的物品的名称（列表是只有一列的表，但没有标题）。当开始向其中添加不同门店进行价格比较时，就变成了一个表，而不再是列表了。

15.3.1　语法

使用 Power Query 时，可以通过花括号来表示列表，每个列表项之间用逗号分隔。此外，文本项必须用双引号括起来，就像在 Excel 公式中需要的那样，如下：

```
={1,2,3,4,5,6,7,8,9,10}
={"A","B","C","D"}
```

但是，列表不限于包含数值，可以混合任何数据类型，甚至嵌套其他列表，如下：

```
={1,465," M" ," Data Monkey" ,{999,234}}
```

这里要记住的关键点是，各个列表项之间用逗号分隔，每个列表都用花括号括起来。

15.3.2　从头开始创建列表

从头开始创建一些列表。

1. 创建新查询，"自其他源""空白查询"。
2. 在编辑栏中输入以下公式：

```
={1,2,3,4,5,6,7,8,9,10}
```

3. 按 Enter 键。

现在，将有一个从 1 到 10 的列表，如图 15-3 所示。

除了已经创建了一个（原始的）值列表之外，还需注意现在正在使用"列表工具"，并且"转换"选项卡处于活动状态。此时其他选项卡上的所有命令都将处于非活动状态，这让人感觉可使用的功能非常有限。尽管如此，仍然可以使用保留项、删除项、排序、删除重复项，或对数据执行一些基本的统计操作。

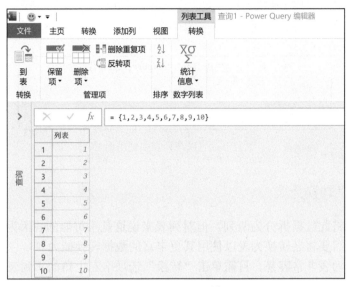

图 15-3　从头开始创建列表

现在，能够像这样从头开始创建一个只有几个数字的列表是没问题的，但是如要手动创建一个从 1 到 365 的数字列表呢？有一个快捷方式可用于创建一个从一个数字到另一个数字的连续列表。将编辑栏中的公式更改为：

```
={ 1..365 }
```

将看到从 1 到 365 的连续列表，如图 15-4 所示。

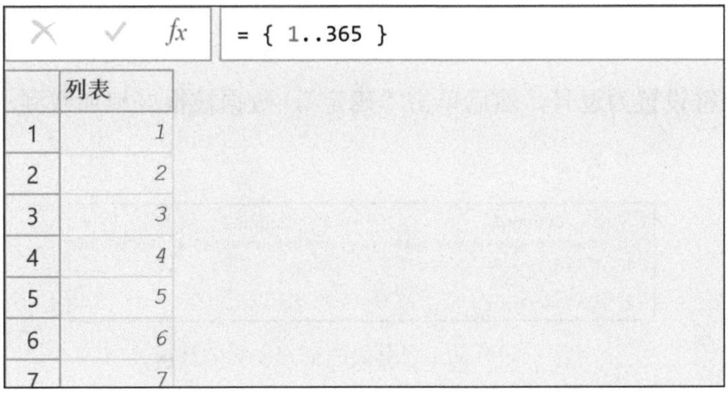

图 15-4　使用 ".." 创建连续的列表

【注意】
也可以通过这种方式创建连续的字母列表，前提是将字符用引号括起来，并且只使用单个字符。例如 "={"A".."Z"}" 可以工作，但 "={"AA".."ZZ"}" 不会起作用。

也可以在列表中使用逗号，但需要用引号括起来。将编辑栏中的公式替换为以下内容：

```
= {"Puls,Ken","Escobar,Miguel"}
```

提交后，会发现列表有两项，显示了本书作者的姓名，如图 15-5 所示。

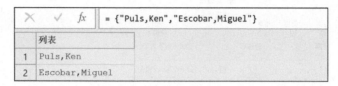

图 15-5　可以在列表中使用逗号

15.3.3　将列表转换为表

此时，希望将此数据拆分为两列，但对列表来说这是不可能的，因为列表被限制为单个数据列。这时需要将之转换为表以使用其更丰富的数据转换能力。

将列表转换为表非常容易。只需单击"转换"选项卡左上角的"到表"按钮。

这样做将会出现一个对话框，如图 15-6 所示。

图 15-6　分隔符是怎么回事？

可以将分隔符设置为逗号，然后单击"确定"，数据被很好地加载到一个两列的表中，如图 15-7 所示。

图 15-7　从逗号分隔的列表加载的数据

↘【注意】
此对话框将显示数据中是否有分隔符。如果没有分隔符，只需单击"确定"，它就会消失。

继续完成这个查询。

1. 将查询名称更改为"List_Authors"。

2. 转到"主页"选项卡,"关闭并上载至""仅创建连接""确定"。

15.3.4　从表列创建列表

在某些情况下,需要将查询的单个列中的数据提取到列表值中,可以通过连接到"Sales"表演示该过程。

1. 转到"Sales"工作表,并选择"Sales"表中的任意单元格。
2. 创建新查询,"自其他源""来自表格/区域"。

请注意,现在有一个完整的表,如图 15-8 所示。

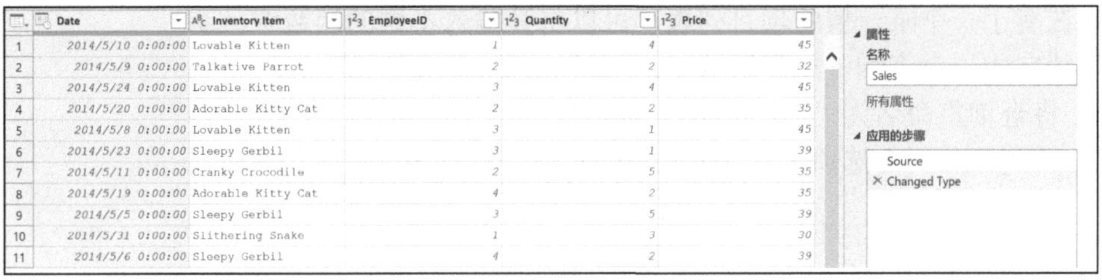

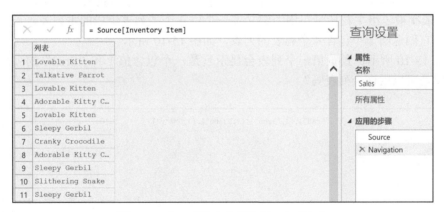

图 15-8　原始数据表

现在,如果想得到一份库存物品的唯一列表该怎么办?如果愿意将其保留为表的形式,可以简单地删除所有其他列,并删除重复项。这里的问题是它仍然是表形式,无法在需要的时候将它输入函数中。相反,如果只希望得到这些项目的唯一值,列表的形式更具有灵活性。

1. 从"应用的步骤"区域中删除"Changed Type"步骤。
2. 右击"Inventory Item"列,"深化",现在可以看到"Inventory Item"列所有的列表,如图 15-9 所示。

图 15-9　将一列的内容提取到一个列表中

在继续之前,请先看看编辑栏。在编辑栏里可以看到一行代码,内容如下:

```
=Source[Inventory Item]
```

这一行代码引用了"Inventory Item"列,因为它是在此查询的"Source"步骤中计算出来的。可以使用 M 代码快捷方式将列中的所有值提取到列表中,而无须使用用户界面命令。以后会发现这个功能很有用。

> ✎ **【注意】**
>
> 另一种只需一行代码就可以完成的方法是使用Table.Column函数，该函数要求将表作为第一个参数，并将要从表中提取的列的名称作为第二个参数。此函数的输出是，第二个参数中输入列的值的列表。对于本例，公式可改写为"Table.Column(Source,"Inventory Item")"，这可得到与使用"Source[Inventory Item]"公式完全相同的结果。

将列内容提取到一个列表后，可以对其执行进一步的列表操作，例如删除重复数据。

● 转到"列表工具"，"转换""删除重复项"。

现在有了一个唯一值的项目列表，可以将其输入不同的函数中。

继续完成这个查询，如下所示。

1. 将查询重命名为"List from column"。

2. 转到"主页"选项卡，"关闭并上载至""仅创建连接""确定"。

15.3.5 创建列表的列表

前文提到过，可以创建列表的列表。这似乎是一个奇怪的说法，所以探讨一下这个场景。

在这个"Sales"表中包含4个员工ID（从1到4）。这些值按顺序表示为"Fred""John""Jane""Mary"。如果能够将这些值转换为名字，而不必创建单独的表，那不是很好吗？可以使用列表来实现这一点。

1. 创建新查询，"自其他源""空白查询"。

2. 在编辑栏中创建一个新列表，如下所示：

```
= {{1,"Fred"},{2,"John"},{3,"Jane"},{4,"Mary"}}
```

请注意，这里有4个单独的列表，每个列表都用花括号括起来，并用逗号分隔。这4个列表依次被一组主花括号包围，定义了一个由4个子列表组成的主列表。当提交到编辑栏时，它们返回一个包含4个列表的列表，如图15-10所示。

如图15-10所示，预览第一个列表会显示它是一个包含值1和"Fred"的列表。这很有趣，但是可以用这个列表吗？

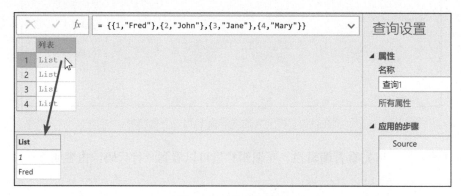

图 15-10 列表的列表

对此列表进行一些操作。

1. 转到"转换"选项卡，"到表"将仍然返回一个包含列表的单一列，但它在右上角有一个展开的按钮。
2. 单击该按钮并查看结果，此时如图 15-11 所示。

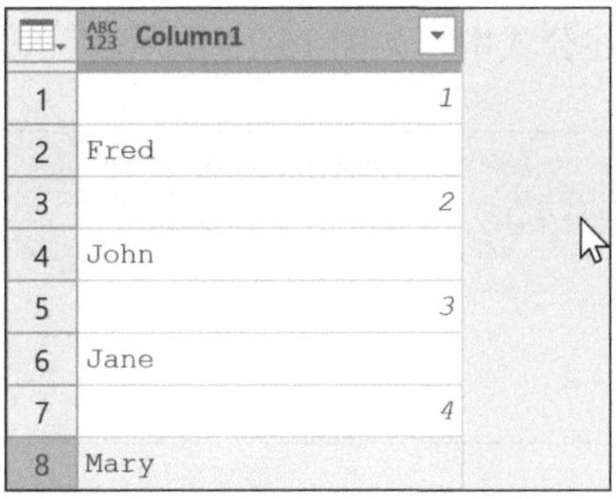

图 15-11 列表是纵向展开的，而不是横向展开的

简单地说，聚合列表通过堆叠行来组合它们，而不是将每一行视为单独的行。虽然可以使用第 13 章中的"索引""取模""透视列"方法进行转换，但有更简洁的方法。

【注意】
为了做到这一点，需要定义列表，就像上面的示例所做的那样，不是列表的列表，而是在引号内加逗号的项目列表。

继续完成这个例子如下。
1. 将查询重命名为"List_of_Lists"。
2. 转到"主页"选项卡，"关闭并上载至""仅创建连接""确定"。
当使用列表时，这里需要注意如下两个关键事项。
1. 可以创建包含其他列表的列表。
2. 展开列表的列表不会改变它们的方向。
实现相同输出的另一种方法是使用名为 List.Combine 的函数，同时将内容保留在列表区域中。在"Source"步骤后面只需单击编辑栏中的"fx"图标添加自定义步骤，然后用 List.Combine 将编辑栏中的代码进行包裹。如图 15-12 所示。

```
= List.Combine( Source )
```

图 15-12 使用 List.Combine 组合列表

List.Combine 函数的作用是将一系列列表组合成一个列表。它基本上类似于追加查询操作，但只适用于列表。

然而，这里的目的是让每个列表成为一行。对于这个例子，可以使用一个名为 Table.FromRows 的函数。它需要一系列列表来创建一个表。与之前所做的类似，所需要做的只是将一系列的列表封装到上述公式中，如图 15-13 所示。

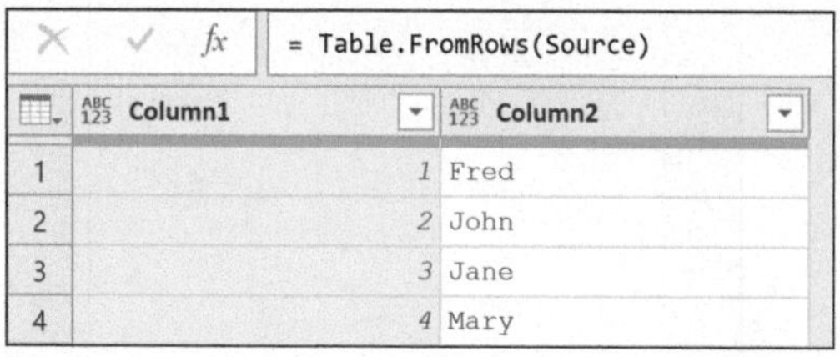

	ABC 123 Column1	▼	ABC 123 Column2	▼
1	1		Fred	
2	2		John	
3	3		Jane	
4	4		Mary	

`= Table.FromRows(Source)`

图 15-13　使用 Table.FromRows 函数，从一系列列表中创建表

15.4　记录

Power Query 的列表值可以描述为数据的单个纵向列，而记录（Record）值则是它们横向多列的对应项。记录可以可视化为一个只有一行的表，其中包含与某个客户或某笔交易相关的所有相关信息。

在 Power Query 中，检索数据时，记录可以显示在表或列表中。如果需要，还可以动态创建它们。

15.4.1　语法

记录比列表稍微复杂一些，因为它们不仅需要有某种类型的值，还必须定义列名：

```
=[Name="Ken Puls", Country="Canada", Languages Spoken=2]
```

需要注意的语法关键点如下。
1. 每个完整记录都用方括号括起来。
2. 每个记录字段（列）都需要定义一个名称，后跟 "=" 字符。
3. 然后提供该字段的数据，并用引号将文本数据括起来。
4. 然后用逗号分隔每个字段名和数据。

✎【注意】
字段（列）名称周围不需要任何标点符号，无论它们是否包含空格。

但是，当需要同时创建多个记录时会发生什么情况呢？答案是，可以结合列表：

```
=
{
    [Name="Ken Puls", Country="Canada", Languages Spoken=2],
    [Name="Miguel Escobar",Country="Panama",Languages Spoken=2]
}
```

15.4.2　从头开始创建记录

回顾一下先前为员工 ID 表构建记录的尝试。

1. 创建新查询，"自其他源""空白查询"。
2. 现在，从创建单个记录开始。在编辑栏中，输入以下公式：

```
=[EmployeeID=1,EmployeeName="Fred"]
```

当按 Enter 键后，看到 Power Query 返回了所构建的记录，如图 15-14 所示。

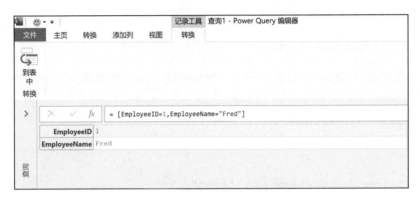

图 15-14　第一个记录

正如从图 15-14 中所看到的，记录的字段名列在左边，相应的数据列在右边。数据是纵向排列的，而不是横向排列的。这不是问题，只是需要习惯。

还应注意到，有一个新的"记录工具"，其包含"转换"选项卡，如果浏览其他功能区选项卡，会发现它们都是灰色的。

15.4.3　将记录转换为表

显然不能对记录做太多的处理，所以需要继续将它转换成表，看看会发生什么。

- 转到"转换"选项卡，"到表中"。

结果如图 15-15 所示。

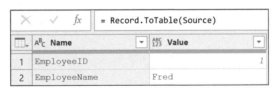

图 15-15　转换为表的单个记录

通常情况下，希望在顶部显示字段名，并在第一行显示值。这个很容易实现，因为它现在是一个表。

1. 转到"转换"选项卡，"转置"。
2. 转到"转换"选项卡，"将第一行用作标题"。

此时结果与最初的预期更接近了，如图 15-16 所示。

$\times$ $\checkmark$ fx	= Table.PromoteHeaders(#"Transposed Table", [PromoteAllScalars=true])	
▦	ABC 123 **EmployeeID** ▼	ABC 123 **EmployeeName** ▼
1	1	Fred

图 15-16 记录现在看起来像一个合适的表

现在这很好，但是如果有一堆需要转换成表的记录，会发生什么呢？

1. 将查询重命名为"Record_Single"。
2. 转到"主页"选项卡，"关闭并上载至""仅创建连接""确定"。

15.4.4 从头开始创建多个记录

这一次要构建一个包含所有员工的表。要做到这一点，需要建立一个记录列表来完成这项工作。

- 创建新查询，"自其他源""空白查询"。

```
=
{
    [EmployeeID=1,EmployeeName="Fred"],

    [EmployeeID=2,EmployeeName="John"],

    [EmployeeID=3,EmployeeName="Jane"],

    [EmployeeID=4,EmployeeName="Mary"]
}
```

请注意，这次仍然对单个记录使用相同的格式，但需要用逗号分隔每条记录，并用花括号将它们括起来，以表明它们是列表的一部分。

在提交上面的公式后，会看到它返回一个记录列表，如图 15-17 所示。

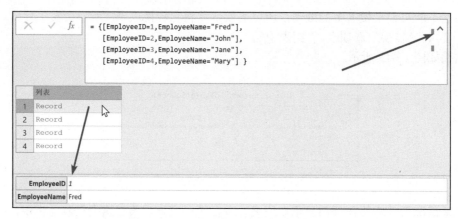

图 15-17 记录列表，预览显示是正确的

🖎【注意】

可以单击编辑栏右上角的箭头，来同时显示多行。

15.4.5　将多个记录转换为表

现在，把这个记录列表转换成一个表，看看会发生什么。

- 转到"列表工具"，"转换""到表""确定"。

结果是一列可以展开的记录。单击展开按钮，显示可以展开的列，如图 15-18 所示。

图 15-18　这看起来好多了

单击"确定"返回一组格式化好的列和行，这与单个记录中的结构完全一样，如图 15-19 所示。

	ABC 123 EmployeeID		ABC 123 EmployeeName	
1		1	Fred	
2		2	John	
3		3	Jane	
4		4	Mary	

图 15-19　从头开始创建了一个表

创建多个记录展开到一个表中实际上感觉比将单个记录展开到一个表中更符合逻辑。真正的区别在于，在第二个示例中是将"Record"列表转换为表，而不是将单个记录转换为表。当记录位于表中时，会正确读取记录信息，以便将其展开为所需的列和行。

现在处于一个可以保存这个表的阶段，如果有需求，甚至可以将之合并到其他查询中。

但是，还可以只用一行代码将"Record"列表转换为表，如下。

1. 创建一个新查询，"自其他源""空白查询"，并输入与前面输入的相同记录列表。
2. 单击编辑栏中的"fx"图标来创建新的自定义步骤。
3. 将公式更改为以下公式：

```
Table.FromRecords(Source)
```

随后会发现，仅从"Record"列表创建的表是没有任何问题的。Table.FromRecords函数广泛用于展示完全用M语言编写的示例表，因此尽早了解这个公式及其作用非常有帮助，如图15-20所示。

图 15-20　使用 Table.FromRecords 函数从"Record"列表中提取值

15.4.6　按索引访问表记录

前文内容已经展示了将列转换为列表的情况。还可以将行转换为记录，创建一个新查询。

1. 转到"Sales"工作表并选择"Sales"表中的任意单元格。
2. 创建新查询，"自其他源""来自表格/区域"。
3. 删除"Changed Type"的步骤。

与前文的示例一样，现在显示了完整的表。要提取第一条记录，需要创建一个空白查询，如图15-21所示。

1. 单击编辑栏旁边的"fx"图标。

	Date	Inventory Item	EmployeeID	Quantity	Price
1	2014/5/10 0:00:00	Lovable Kitten	1	4	
2	2014/5/9 0:00:00	Talkative Parrot	2	2	
3	2014/5/24 0:00:00	Lovable Kitten	3	4	
4	2014/5/20 0:00:00	Adorable Kitty Cat	2	2	
5	2014/5/8 0:00:00	Lovable Kitten	3	1	
6	2014/5/23 0:00:00	Sleepy Gerbil	3	1	
7	2014/5/11 0:00:00	Cranky Crocodile	2	5	
8	2014/5/19 0:00:00	Adorable Kitty Cat	4	2	
9	2014/5/5 0:00:00	Sleepy Gerbil	3	5	
10	2014/5/31 0:00:00	Slithering Snake	1	3	
11	2014/5/6 0:00:00	Sleepy Gerbil	4	2	

公式栏：`= Excel.CurrentWorkbook(){[Name="Sales"]}[Content]`

图 15-21　创建空白查询

现在，将在编辑栏中看到一个新的公式：

```
= Source
```

2. 修改此公式以向其中添加{0}：

```
= Source{0}
```

结果是第一个记录，如图 15-22 所示。

Date	2014/5/10 0:00:00
Inventory Item	Lovable Kitten
EmployeeID	1
Quantity	4
Price	45

图 15-22　"Source{0}"等于记录 1 吗？

刚才发生了什么事？

用这种方式处理时，"Source"步骤将返回一条记录。秘密在于选择正确的编号，该编号检索到希望钻取的"Source"步骤的索引行。因为 Power Query 是以 0 为索引初始值的，所以记录 0 返回表中的第一个值（如果写成"=Source{1}"，就会检索到 Talkative Parrot 的记录）。

> **🖘【注意】**
> 这不仅适用于表，也适用于列表。换句话说，也可以引用列表{0}，它将提供该列表中的第一个值。但它不适用于记录，因为记录本质上是只有一行的表。但是，始终可以从记录中访问字段，如本章后文所述。

更有趣的是，还可以通过在方括号中添加字段名进一步深入研究。尝试将查询修改为如下内容：

```
=Source{0}[Price]
```

如图所示，刚刚钻取了表中第一条记录的价格，如图 15-23 所示。

		= Source{0}[Price]	
45			

图 15-23　向下钻取到第 0 行的价格

为了理解这一点的相关性，考虑一种情况，需要钻入特定的记录以控制筛选器。在下一章中，将看到这种技术在什么地方允许做到这一点。

1. 将查询重命名为"Record_From_Table"。
2. 转到"主页"选项卡，"关闭并上载至""仅创建连接"。

15.4.7　按条件访问表记录

还有另一种方法可以直接导航到表中的特定记录。它不是按索引位置钻取，而是钻取到一个或多个字段匹配特定条件的表中。事实上，当单击结构化值并生成"Navigation"步骤时，Power Query 通常会记录这一点。

返回到连接到"Sales"表的原始查询，请确保按如下方式定义数据类型，如图 15-24 所示。

1. "Date"选择"日期"数据类型。
2. "Inventory Item"选择"文本"数据类型。
3. "EmployeeID""Quantity""Price"选择"整数"数据类型。

	Date	A^BC Inventory Item	1²3 EmployeeID	1²3 Quantity	1²3 Price
1	2014/5/10	Lovable Kitten	1	4	45
2	2014/5/9	Talkative Parrot	2	2	32
3	2014/5/24	Lovable Kitten	3	4	45
4	2014/5/20	Adorable Kitty Cat	2	2	35
5	2014/5/8	Lovable Kitten	3	1	45
6	2014/5/23	Sleepy Gerbil	3	1	39
7	2014/5/11	Cranky Crocodile	2	5	35
8	2014/5/19	Adorable Kitty Cat	4	2	35
9	2014/5/5	Sleepy Gerbil	3	5	39
10	2014/5/31	Slithering Snake	1	3	30
11	2014/5/6	Sleepy Gerbil	4	2	39

图 15-24 为"Sales"表定义数据类型

通过单击编辑栏中的"fx"图标创建新的自定义步骤，然后编写以下公式：

```
= #"Changed Type"{[Inventory Item="Lovable Kitten", EmployeeID = 1,
Quantity = 4]}
```

此公式的作用是有效地定义一个逻辑，以导航到与定义的条件匹配的表的特定行。换句话说，在列表中有一条记录，前面有一个表值，可以帮助导航或向下搜索到符合条件的特定值。

在这种情况下，它基本上转化为从#"Changed Type"步骤的表导航到特定行，如图 15-25 所示。

1. "Inventory Item"值为"Lovable Kitten"。
2. "Employee ID"值为"1"。
3. "Quantity"值为"4"。

× ✓ fx	= #"Changed Type"{[Inventory Item= "Lovable Kitten", EmployeeID = 1, Quantity = 4]} ∨
Date	2014/5/10
Inventory Item	Lovable Kitten
EmployeeID	1
Quantity	4
Price	45

图 15-25 使用 table{[Field=Criteria]} 方法从表导航到特定记录

此方法最重要的特点是，检索记录的逻辑表达方式类似于表的筛选器。但是，为了使其工作，必须提供一个"Key"（逻辑或标准），该"Key"将提供一条记录。在这种情况下，只有一条记录满足所提供的所有条件。

如果表中的多条记录符合定义的"Key"，那么会收到一个类似图 15-26 所示的错误。

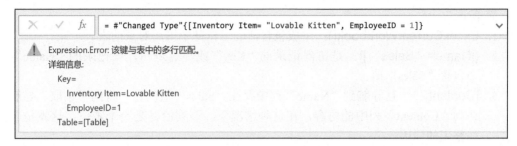

图 15-26　表示定义的"Key"与表中多行匹配时出错

这个错误表明在完整数据集中，Employee 1 出售"Lovable Kitten"的记录不止一条。

🖋 【注意】
解决这个问题的一个简单方法是确保表中有一个具有唯一值的"Key"列。如果没有索引列，则创建一个新的索引列，并简单地使用该列中的值作为记录导航的"Key"。

当导航到表的特定行之后，可以使用下面的公式导航到记录的特定字段：

= Custom1[Price]

这样，将得到与前文所述方法相同的输出，但使用了完全不同的方法，如图 15-27 所示。

图 15-27　从导航到记录中访问"Price"字段

没有正确或错误的方法，因为这完全取决于实际情况。然而，在使用 Power Query 的整个过程中，通常使用的是最后一种方法。例如，如果返回查询的"Source"步骤，将看到特定模式与公式一起使用，结果如图 15-28 所示：

= Excel.CurrentWorkbook(){[Name="Sales"]}[Content]

	Date	Inventory Item	EmployeeID	Quantity	Price
1	2014/5/10 0:00:00	Lovable Kitten	1	4	45
2	2014/5/9 0:00:00	Talkative Parrot	2	2	32
3	2014/5/24 0:00:00	Lovable Kitten	3	4	45
4	2014/5/20 0:00:00	Adorable Kitty Cat	2	2	35
5	2014/5/8 0:00:00	Lovable Kitten	3	1	45
6	2014/5/23 0:00:00	Sleepy Gerbil	3	1	39
7	2014/5/11 0:00:00	Cranky Crocodile	2	5	35
8	2014/5/19 0:00:00	Adorable Kitty Cat	4	2	35
9	2014/5/5 0:00:00	Sleepy Gerbil	3	5	39

图 15-28　Power Query 自动创建的记录访问和字段访问

简单来说。

1. Excel.CurrentWorkbook()：生成包含活动工作簿中可用对象的表。
2. {[Name="Sales"]}：是访问记录的"Key"或筛选逻辑，该记录的"Name"列中包含"Sales"值。
3. [Content]：一旦导航到"Name"列中存在"Sales"值的行，将向下钻取、导航或访问"Content"列中的内容，在这种情况下，该列恰好是一个表值，这就是看到完整表的原因。

> **✎【注意】**
> 理解记录访问和字段访问的概念是理解M语言的关键。

15.4.8 从每个表行创建记录

要将表中的每一行转换为记录，有两个方法。可以用一个小技巧做到这一点。

1. 转到"Sales"工作表并选择"Sales"表中的任意单元格。
2. 创建新查询，"自其他源""来自表格/区域"。

现在，要将表中的每一行转换为一条记录。挑战在于需要用每一行的索引号来实现这一点，新建一个索引列。

1. 转到"添加列"选项卡，"索引列""从0"。

现在，将在"应用的步骤"区域中重命名此步骤（而不是列）。

2. 右击"Added Index"（已添加索引）步骤，"重命名"，输入"AddedIndex"（无空格），如图15-29所示。

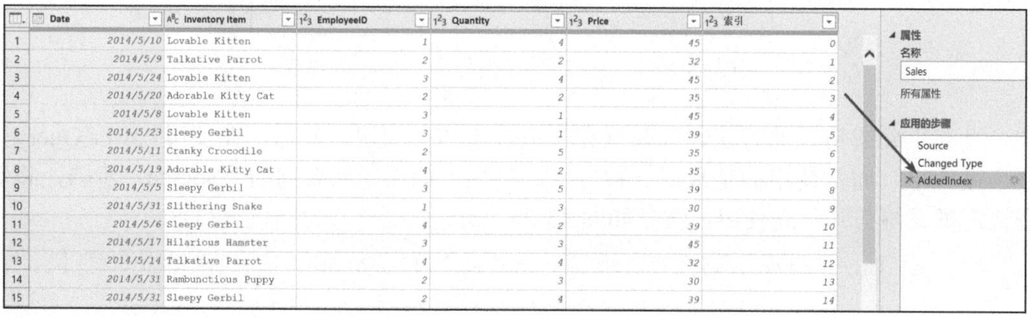

图 15-29　添加"索引"列，并重命名该步骤

3. 完成后转到"自定义列"，将行转换为记录。

其中的技巧是创建一个索引列，因为现在有了提取记录所需的值。需要这一步骤的原因是不会对当前行进行操作，而是对"AddedIndex"步骤的输出进行操作。通过这种方式，可以动态地将其输入查询中以获取每一行，而不用获取特定的值（如第1行）。

1. 转到"添加列"选项卡，"自定义列"。
2. 弹出的对话框"新列名"，命名为"Records"。
3. 使用以下公式：

```
=AddedIndex{[索引]}
```

结果是创建了一个包含行作为记录的新列，如图 15-30 所示。

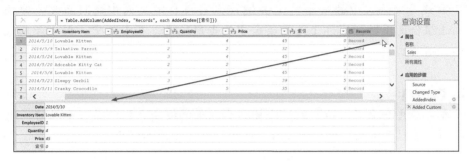

图 15-30　包含行作为记录的列

⚓【注意】

严格地说，不需要重命名 "Added Index" 列来删除空格，它只是让用户在用户界面中的操作变得更容易①。

此时可以删除所有其他列，并且只需要留下这一列记录 。

1．右击 "Records" 列，"删除其他列"。

2．将查询重命名为 "Records_From_Table"。

3．转到 "主页" 选项卡，"关闭并上载至""仅创建连接""确定"。

获得相同结果的另一个更简单的方法是跳过添加索引列，仅使用以下公式创建自定义列：

```
= _
```

结果与创建的上一列中的结果完全相同，如图 15-31 所示。

图 15-31　使用下画线方法从每个表行创建记录

---

① 如果不重命名，由于带有空格，在自定义列中，需要使用 ""#"Added Index"" 的语法方式来避开空格问题。

> ✎【注意】
> 下画线是M语言中的一个特定关键词，当与自定义列中的M函数关键词
> each组合使用时，实际上是指集合中的当前元素，在本例中，该集合是表
> 的当前行。

> ✎【注意】
> 在本书后文会更深入地介绍这个概念和函数的概念，但这是一个很好的小
> 技巧，可以在不必了解M语言所有知识的情况下开始使用。

15.5　值

如果使用的是关系数据源，比如OData或数据库，偶尔会看到包含"Value"的列，如
图15-32所示。

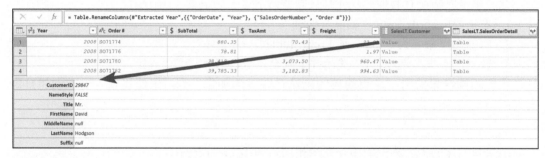

图15-32　难以理解的"Value"

这个特定"Value"仅在某些情况下显示。为了让它出现，必须使用在表之间设置了
主键和外键关系的关系数据源，"Value"只是数据库返回记录的方式。

一旦清楚它们是什么，那么使用它们与使用和它们相关的其他数据类型一样。

> ✎【注意】
> 例如关系中的一对多或多对一，将决定在处理关系数据源时返回到相关列
> 的内容。如果在事实表中，当链接指向维度表时，将收到一个"Value"
> （记录）。如果在一个维度表中，并且链接将指向一个事实表，那么将收
> 到一个"Table"（多行记录）。

15.6　二进制文件

Power Query将文件显示为Binary值时，可以通过Power Query的各种连接器（函数）
访问这些文件的内容，这些连接器（函数）负责解释并读取文件的数据。

例如，可以将二进制文件解析为 Excel 工作簿、CSV 文件、文本文件、JSON 文件、XML 文件、PDF 文件、网页等，有越来越多的连接器正在被添加到 Power Query 中，在本书出版后也会持续增加。

15.7 错误

在 Power Query 中可能会遇到两种类型的错误：行级错误和步骤级错误。

15.7.1 行级错误

行级错误（也称为"操作错误"，指由于操作不当引发的错误，例如将文本数据设置为日期数据类型时就会出现此错误）通常发生在尝试将数据转换为错误的数据类型时，或者在数据转换为正确类型之前尝试对其进行操作时。在本书中，已经看到了这类错误的几个例子，如图 15-33 所示。

	1²₃ Year	▼	Order #	▼	1.2 SubTotal	▼	1.2 TaxAmt	▼	1.2 Freight	▼	A⁗C SalesPerson	▼
1	2008		Error		39785.3304		3182.8264		994.6333		linda3	
2	2008		Error		6634.2961		530.7437		165.8574		linda3	
3	2008		Error		88812.8625		7105.029		2220.3216		jae0	
4	2008		Error		2415.6727		193.2538		60.3918		shu0	

⚠ DataFormat.Error: 无法分析提供给 Date 值的输入。
详细信息：
SO71782

图 15-33　试图将"Order #"转换为日期数据类型时触发的行级错误

这些错误通常不会中断数据处理，甚至是清理数据时的常用技巧，因为它们可以通过如下两种方式处理。

1. 用作保留行或删除行的筛选器。
2. 转到"转换"选项卡，"替换值""替换错误"，替换为其他数据。

尽管没有调试引擎，但它们通常是可识别的，并且通常（尽管不总是）与不正确的数据类型有关。

15.7.2 步骤级错误

步骤级错误的处理要更麻烦一些。这些错误会阻止 Power Query 在输出窗口中显示除错误信息之外的任何内容，如图 15-34 和图 15-35 所示。

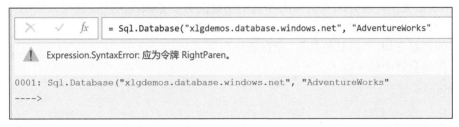

```
✕  ✓  fx    = Sql.Database("xlgdemos.database.windows.net", "AdventureWorks"

⚠ Expression.SyntaxError: 应为令牌 RightParen。

0001: Sql.Database("xlgdemos.database.windows.net", "AdventureWorks"
---->
```

图 15-34　一个表达式语法错误，由行末尾的一个（缺少的）字符触发

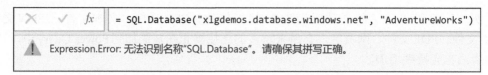

图 15-35   常规表达式错误，正确的为 Sql.Database 而不是 SQL.Database

不幸的是，Power Query 的调试工具在这一点上功能尤其薄弱，如图 15-36 所示的问题证明了这一点。

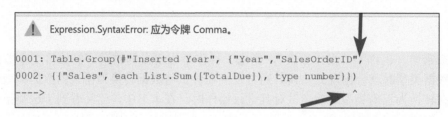

图 15-36   由于缺少"}"字符而导致的表达式语法错误，却提示要求使用逗号

在这里看到的第一个问题是错误信息显示在一行上（必须对此图像进行剪切和封装）。字符串的最后是一个有用的"^"字符，指示 Power Query 认为需要将逗号放在哪里。然而，问题在于，没有提供花括号来封装"YTD Sales"列表，如指示方向为向下的红色箭头所示。

这些问题直到现在都存在，虽然已经实现了智能感知和着色，但还远远不够完美。随着 Power Query 不断更新，希望在将来能够改善。然而，在此之前，还要痛苦地完成调试工作，即检查行，观察键的开始和结束语法标记、逗号等。

15.8   函数

在 Power Query 中，函数也是一种数据类型[①]。

Power Query 中的函数，是一个值，表示从一组参数值到单个值的映射。通过提供一组输入值（参数值）来调用函数，并生成单个输出值（返回值）。经常在以下 3 个地方找到这些值。

1. 在数据库内部，表示数据库级别的函数。
2. 通过从 Power Query 返回函数列表。
3. 通过手动引用函数。

在本书后文中，将介绍有关使用和调用函数的更多知识，但现在就可以使用一个技巧来演示函数是如何显示的，并找到 Power Query 函数列表。

1. 创建新查询，"自其他源""空白查询"。
2. 在编辑栏中输入以下公式：

```
=#shared
```

[①] 需要强调 Power Query 中的函数虽然返回一个值，但函数本身也是值，这样的设计使得函数具有与普通值一样的地位。——译者注

3. 转到"记录工具","转换""到表中"。

这将生成当前工作簿中所有Power Query查询的表,但更重要的是,它能够访问所有M函数功能文档,如图15-37所示。

	A^B_C Name	ABC 123 Value
24	List.NonNullCount	Function
25	List.MatchesAll	Function
26	List.MatchesAny	Function
27	List.Range	Function
28	List.RemoveItems	Function
29	List.ReplaceValue	Function
30	List.FindText	Function
31	List.RemoveLastN	Function
32	List.RemoveFirstN	Function

图 15-37　函数表

【注意】

#shared关键词允许访问与Power Query官方文档一致M函数文档。

如何使用这个?可以先筛选"Name"列中的"Max"(大写"M")。

- 筛选"Name"列,"文本筛选器""包含",在弹出的对话框输入"Max",搜索找到了如图15-38所示4个选项。

	A^B_C Name	ABC 123 Value
1	Table.Max	Function
2	Table.MaxN	Function
3	List.Max	Function
4	List.MaxN	Function

图 15-38　包含"Max"的所有函数

如果单击表旁边的"Function",将会发生两件事,有一个文档在后面弹出,同时前面弹出一个调用框,如图15-39所示。

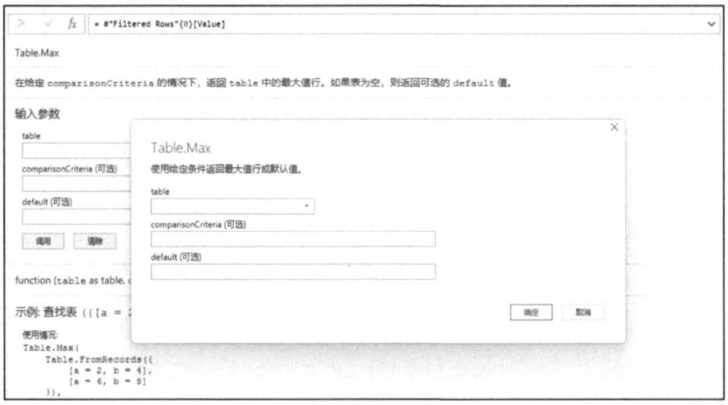

图 15-39　文档前面会出现一个调用框

此框可以测试这个函数，单击"取消"将它关闭。在它的后面，可以看到该函数的完整文档，因此可以确定它是否满足需要。

作为一个很好的提示，不应该仅局限于在空白查询中找到并使用它。任何时候，只要想查看文档，都可以执行以下操作。

1. 单击编辑栏上的"fx"图标添加新步骤。
2. 将新步骤中的代码替换为"=#shared"。
3. 将记录转换为表（使用"到表中"）。
4. 深入了解想要探索的功能。

然后，可以返回到前面"应用的步骤"中来实现它，完成后删除所有"=#shared"步骤。

> **✎【注意】**
> 集成了Power Query的任何特定产品中都提供了超过600种函数。完全不需要记忆这些函数，因为对任何编程语言的知识实际上并不取决于记忆能力，而是取决于在了解这些函数并将其应用于解决方案的能力。

虽然不提倡记住所有的Power Query函数，但建议浏览一下列表，看看存在哪些函数，并了解它们是如何根据前缀或它们的目标（分类、行为、格式）被分类的。下面是一些函数类别的例子。

1. **数据源**：这些通常是连接到数据源的函数，例如Excel.Workbook。
2. **表**：处理表或与表相关工作的函数。这些通常以前缀"Table"开头，例如Table.PromoteHeaders。
3. **列表**：处理列表或与列表相关的函数。这些通常以前缀"List"开头，例如List.sum。
4. **记录**：处理记录或与记录相关的函数。这些通常以前缀"Record"开头，例如Record.Fieldnames。
5. **文本**：处理文本的值的函数。它们通常以前缀"Text"开头，例如Text.Contains。

> **✎【注意】**
> 还有其他函数类别没有在上面的内容中被提到，但提供这些示例只是为了展示这些类别确实存在，并且有一种方法可以帮助用户找到满足特定转换需求的新函数。

15.9 关键词

在M语言中，有些特定的词是保留的，这些词被称为关键词（字），只能在特定的上下文中使用。

关键词的一些示例如下：

```
and as each else error false if in is let meta not null or otherwise
section shared then true try type #binary #date #datetime
#datetimezone #duration #infinity #nan #sections #shared #table #time
```

虽然其中一些关键词专门用于Power Query的基本代码，但在前文的章节中已经展示了其中一些关键词，例如if、else、then、true、false、and、or、not、try、otherwise等。

　　虽然其他一些关键词将在本书的后文讨论，但现在讨论的其中一些关键词是相当重要的，特别是前面有 "#" 号的那些关键词。除了 #shared 和 #sections，这些关键词中的每一个都可以帮助你创建符合数据类型的特定值。

🐵【警告】

请记住，在用 M 语言编写任何类型的代码时，正确的标点符号和大小写都是必不可少的。这意味着这些关键词需要完全按照本书中所示的方式输入，否则 Power Query 环境将无法识别它们。

15.9.1　二进制（#binary）

　　使用获取文件系统视图的连接器（例如文件夹、SharePoint 和 Azure Data Lake 连接器）时，通常会看到二进制文件，但可以仅通过代码从空白处创建二进制值。

　　#binary 关键词接收任何值，它将尝试将提供的值转换为二进制值。最实用的方法是传递一个 Base64 编码的文本值。对于本例，选择添加一个新的 "自其他源" "空白查询"，并在查询的第一步中添加以下代码，如图 15-40 所示。

```
=#binary("TWlndWVsIEVzY29iYXI=")
```

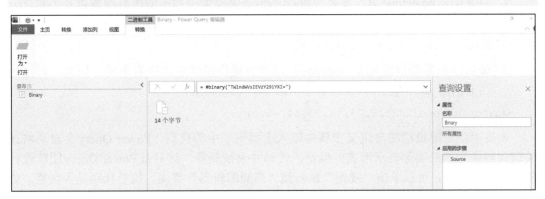

图 15-40　使用关键词 #binary 创建的二进制值

　　如果单击左上角的 "打开为" 按钮并选择将二进制文件解释为文本文件的选项，则 Power Query 将执行如图 15-41 所示的操作。

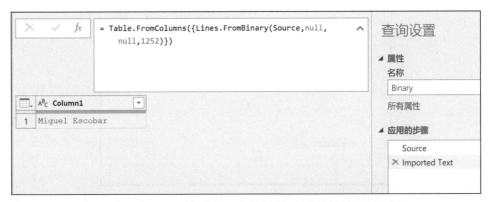

图 15-41　将 Base64 加密的二进制文件解码为其等效的文本文件

> 📎 **【注意】**
> 还有一些函数可以将其他值解释为二进制值。比如Binary.From、Binary.FromText、Binary.FromList函数，这些是更明确的方式，用于完成试图使用#binary关键词完成的任务。

15.9.2 日期时间（#datetime）

将所有这些关键词分组到一个单独的部分，是因为它们是相关的。当试图从查询中的其他值（例如查询中的其他列）创建值时，这些关键词中的每一个都是有用的。

模式如下：

```
#keyword(year, month, day, hour, minutes, seconds, time zone hour, time zone minutes)
```

根据试图创建的值，可能只需要提供其中的几个参数，如下。

1. 如果要创建#date，只需使用年、月和日参数。例如，2021 年 5 月 23 日将被写成：

```
=#date(2021,5,23)
```

2. 当要创建#datetime时，需要提供#datetime关键词中列出的所有参数以及小时、分钟和秒参数。例如，2021 年 5 月 23 日下午 1 点 23 分 54 秒，将写成：

```
=#datetime(2021,5,23,13,23,54)
```

3. 最后，如果要创建#datetimezone，则需要提供模式中的所有参数。例如，时区为西五区的 2021 年 5 月 23 日下午 1:23:54，将被写成：

```
=#datetimezone(2021,5,23,13,23,54,-5,0)
```

如果手动在编辑栏的自定义步骤中输入上面例子中的代码，Power Query 会自动将该关键词转换为值的实际表示形式。但是，代码并未被删除，这只是 Power Query 团队设计的一个视觉功能。可以单击"视图"跳转到"高级编辑器"界面，检查代码是否完整，如图 15-42 所示。

图 15-42　关键词 #datetimezone（根据"高级编辑器"）显示为基元值

如前所述，这些关键词的主要使用方法是从查询中的已知值构造其中一个值。例如，在一个查询中，年、月和日的值可能已经存在于单独的列中，希望创建一个新的自定义列，将所有这些值合并到一个数据值中。这时就可以使用关键词：

```
=#date([Year Number], [Month Number], [Day Number])
```

来创建这个值，这些关键词最重要的一点是，它们只接收整数值，不允许使用文本或十进制小数值，如果使用错误的数据类型，那么在计算公式时将产生错误。

15.9.3　时间（#time）

提醒自己，数据类型与数据格式是不同，这非常重要。Power Query 主要关注数据类型，但它的用户界面确实显示了一些特定的格式，正如在本书前文看到的那样。

时间数据类型实际上是在时钟上看到的时间，值的范围是从 00:00:00 到 23:59:59。

例如，假设想用 M 语言描述下午 2:36:54。可以使用 #time 关键词，它要求以 24 小时格式（14:36:54）描述时间部分，如图 15-43 所示。

图 15-43　用 #time 关键词返回下午 2:36:54 的时间

> **📎【注意】**
> 与#date、#datetime和#datetimezone关键词中使用的参数类似，#time关键词只接收整数值，除整数值以外的任何内容都将产生错误。

15.9.4　持续时间（#duration）

#time 指的是某一天的时间点（从 00:00:00 到 23:59:59），#duration 指的是时间长度的特定数据类型。换句话说，该数据类型回答了这个问题：datetime A 和 datetime B 之间的持续时间是多久？

例如，假设需要 4 天 22 小时 10 分钟 35 秒的持续时间。需要写 #duration(4,22,10,35)，如图 15-44 所示。

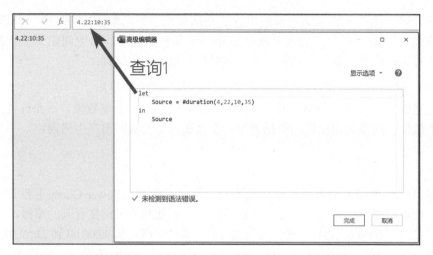

图 15-44　使用 #duration 创建 4 天 22 小时 10 分钟 35 秒的持续时间值

最常见的实际应用是将 duration 与 date、datetime、datetimezone 组合在一起。例如，假设有 2021 年 5 月 23 日的日期值，想在这个日期加上 12 天。为此，可以使用以下公式，结果如图 15-45 所示。

```
= #date(2021,5,23) + #duration(12,0,0,0)
```

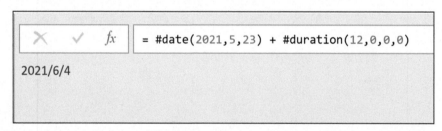

图 15-45　增加 12 天到 2021 年 5 月 23 日的日期值中，这将产生米格尔的生日（6 月 4 日）

当然，可以将此技术与 datetime 值结合使用，不仅可以添加天，还可以添加合适的小时、分钟和秒。

【注意】
与 #date 和 #time 关键词一样，#duration 关键词只接收整数值作为参数。

15.9.5　类型（type）

Power Query 中的数据类型非常重要，它们不仅可以利用用户界面提供的功能，还可以影响 M 引擎在执行查询步骤甚至特定函数工作时的方式。

在本书中，已经多次提及定义数据类型，但是，什么是类型？表 15-1 是直接从官方 Power Query 公式语言文档中摘录的，以帮助你理解它们是什么。

作为类型的值是一个可以对其他值进行分类的特殊值。按某类型分类的值一定满足该类型约束。M 引擎的类型系统由表 15-1 所示类型组成。

表 15-1　根据 Power Query 官方文档整理

分类	描述
基元类型	它对基元值（如binary、date、datetime、datetimezone、duration、list、logical、null\number、record、text、time、type）进行分类，基元类型还包括许多抽象类型（如function、table、any和none）
记录类型	根据字段名称和值类型对记录值进行分类
列表类型	使用单一项基类型对列表进行分类
函数类型	根据其参数和返回值类型对函数值进行分类
表类型	根据列名、列类型和键对表值进行分类
可为“null”的类型	不仅可以按基类型对所有值进行分类，还可以对“null”进行分类
类型的类型	对属于类型的值进行分类（类型本身也是一种类型）

关于类型的一个重要注意事项是，与被分类为基元类型或结构化类型的值不同，所有自然出现的类型，包括记录类型、列表类型、函数类型、表类型、可为“null”的类型，都被视为基本类型。虽然复杂数据类型可能存在，但它们必须由用户定义。

【注意】
在默认情况下，自然出现的表不包含其列的数据类型，因此被归类为表的基本类型。如果表定义被调整为包含正确类型的列（正如将在第 16 章的“固定类型动态列表”示例中看到的），那么它将被分类为复杂数据类型。实际上，表值包含跨列定义的不同的数据类型。

虽然现在已经习惯于看到各种数据类型，但有一种数据类型值得特别提及：任意数据类型通常发生在数据无法与特定类型一致时。它通常显示在尚未明确定义其数据类型的表列上，或者列包含不同数据类型。

那么，如何知道哪种数据类型已应用于数据集的每一列呢？

最明显的方法是扫描和解释每列左上角的图标。但是对非常宽的表来说，这可能并不可取。检查表的数据类型的另一种简单而酷的方法是使用 Table.Schema 函数。使用如图 15-46 中所示的表格来演示这一点。

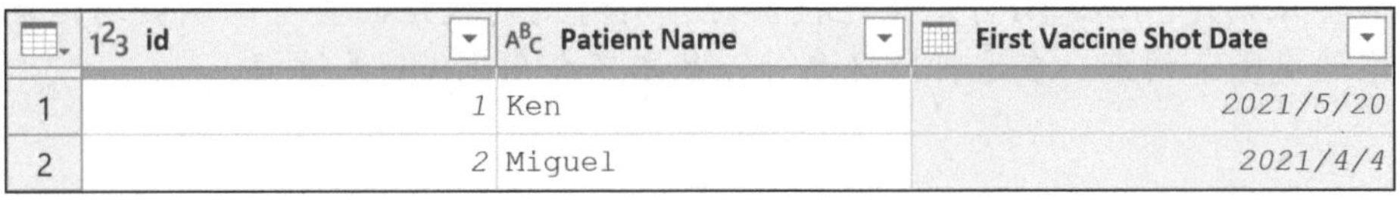

	id	Patient Name	First Vaccine Shot Date
1	1	Ken	2021/5/20
2	2	Miguel	2021/4/4

图 15-46　3 列两行的示例表

这个表有 3 列 / 字段。

1. “id”：具有整数数据类型的 ID。
2. “Patient Name”：以文本作为数据类型的姓名。
3. “First Vaccine Shot Date”：以日期为数据类型。

当通过“fx”图标创建自定义步骤并将之前的步骤名称（Source）封装到 Table.Schema 中时，它提供该特定表的所有元数据的报告，如图 15-47 所示。

图 15-47　使用 Table.Schema 函数来查看表的元数据

选中"TypeName"列和"Kind"列，它们提供了设置数据类型的不同方法。对于上面的内容，以下任一方法都是设置"id"列数据类型非常有效的方法。

```
= Table.TransformColumnTypes(Source,{{"id", Int64.Type}})
```

```
= Table.TransformColumnTypes(Source,{{"id", type number}})
```

✎【注意】
正如将在本章后文了解的，"type number"实际上将返回十进制数据类型，而不是整数数据类型。

还有另一种检查数据类型的方法，即使用 Value.Type 函数，该函数将根据上面显示的"Kind"列返回数据类型。例如，以下公式将返回"text"，这是针对上述表格的结果：

```
= Value.Type(Source[Name]{0})
```

虽然有很多信息，但最好在 Power Query 编辑器的上下文中查看这些信息，以了解它们是如何工作的。如果使用编辑栏编写自定义步骤，它将只提供该数据类型的文本显示，如图 15-48 所示。

图 15-48　通过使用 type 关键词判断写入的数字的数据类型

type 关键词的主要使用情况是，当要定义表的数据类型和列时，将它与表一起使用。

✎【注意】
当尝试创建 Power BI 自定义连接器时，对特定列或值的类型限制会通过类型的类型来约束。在这种情况之外，基本不会用到 type 关键词。

15.9.6　表（#table）

虽然完全可以使用记录列表和 Table.FromRecords 函数来创建表，正如本章前文所展示的那样，但还有另一个方法，使用 #table 关键词。把这个放在最后，是因为它是唯一通过关键词帮助用户创建结构化值的关键词。它并不比前文说明的方法更好或更差，但需要知道这种方法。

#table 关键词需要两个参数。

1. **表列**：可以提供表的列名元素列表，或者表的行内元素列表，其中包含列名及其各自数据类型的元数据。

2. **表中行的数据**：作为列表的列表，其中每个嵌套列表实际上是表格的一行。
例如，创建一个新的空白查询，并用以下公式替换第一步：

```
=
#table(
    {"id","Patient Name", "First Vaccine Shot Date" },
    {
        {1,"Ken", #date(2021,5,20)},
        {2,"Miguel",#date(2021,4,4)}
    }
)
```

此时可立即注意到一件事，虽然表看起来非常好，但它没有为每一列定义明确的数据类型。可以通过字段名称前面的图标来判断，该图标是任意数据类型的图标，如图 15-49 所示。

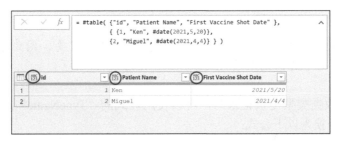

图 15-49　使用 #table 关键词以及字段名列表创建的表

😿【警告】
字段中的数据必须按照与列标题行相同的顺序提供，这一点至关重要，因为 Power Query 是基于列位置而不是名称填充字段的。

虽然可以添加一个"Changed Type"步骤来设置数据类型，但如果目的是在一个步骤中完成所有操作，该怎么办？这就是表类型的另一种方法的用武之地。

那么，什么是表类型？类型就是数据类型的名称。前面一直在使用基元值的数据类型，但这将第一次尝试定义结构化值的数据类型。

将以前使用的代码更改为如下：

```
=
#table(
    type table [ id = Int64.Type, Patient Name = Text.Type, First Vaccine Shot Date =
    Date.Type],
    {
        {1, "Ken",#date(2021,5,20)},
        {2, "Miguel", #date(2021,4,4)}
    }
)
```

注意，唯一改变的仅是第一个参数吗？这实际上与之前提供的列表大不相同，因为前面的列表不能定义任何数据类型。相反，这里给出了一个表的类型定义，它规定了构成表头的各列内容要满足的类型约束，如图 15-50 所示。

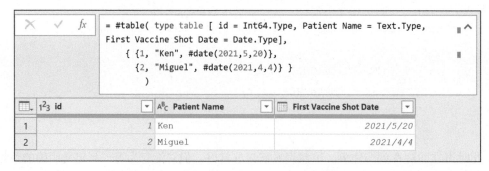

图 15-50　使用 #table 关键词和表类型创建的表

✎【注意】
与前面一样，通过列表后续添加的字段的顺序也很重要，因为字段是按位置填充的，而不是按列名填充的。

在为类型表数据类型提供记录时，可以使用显式的"TypeName"或"Kind"列。例如，尝试将公式替换为以下公式：

```
=
#table(
    type table [ id = number,Patient Name = text,First Vaccine Shot Date
    = date],
    {
        {1,"Ken",#date(2021,5,20)},
        {2,"Miguel", #date(2021,4,4)}
    }
)
```

结果将有所不同，因为"id"列不再是整数数据类型，而是现在的小数数据类型。只需查看"id"字段列标题中的图标就可以看到这一点，如图 15-51 所示。

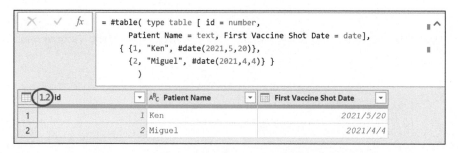

图 15-51　使用 #table 和数据类型关键词创建表的新公式

> **⚓【注意】**
>
> 数字的类型是与数值相关的所有数据类型的总称。考虑到一个数字可能有小数部分，也可能没有小数部分，所以使用Power Query时必须谨慎行事，以确保不会丢失任何精度。由于这个原因，数字数据类型通常被转换为十进制数据类型。

　　使用数据类型分类通常比使用显式的"TypeName"要容易，因此示例中更频繁地使用数据类型分类，除非有一个需要显式类型的特定用例。换句话说，当通过代码设置数据类型时，通常使用"type number"将数据类型分配给数字列，而不是使用"Int64.Type"，除非特别需要强制列为整数数据类型。

第16章 理解 M 语言

前文已经探讨了可以在 Power Query 中使用的不同值，现在是时候更深入地了解用于实现 Power Query "魔力" 的 M 语言了。虽然掌握 M 语言并不是必须掌握的，但它肯定会给用户的 "武器库" 增添一些不可思议的力量，让用户能够处理别人无法处理的情况。

16.1 M 查询结构

首先，把一个表导入 Power Query 中，然后检查幕后工作的代码。
1. 打开一个空白文件。
2. 创建新查询，"来自数据库""从 SQL Server 数据库"，使用第 12 章中的服务器和数据库信息。

> **🔖【注意】**
> 如果用户之前完成了第12章操作流程，那么将自动进入 "导航器" 界面。否则，请务必查看本书第12章，来获取连接到示例数据库的用户名和密码。

1. 现在在 "导航器" 界面中，选择 "SalesLT.Customer"，然后单击界面右下角的 "转换数据" 按钮。
2. 筛选 "CompanyName" 列，在弹出的对话框输入 "Friendly Bike Shop" 进行筛选。
3. 按住 Ctrl 键选择 "CustomerID""FirstName""LastName" 列，右击 "删除其他列"。
4. 将查询重命名为 "Sample Query"。

所有这些转换的结果将是一个只有 4 行 3 列的表，如图 16-1 所示。

	1²₃ CustomerID	AᴮC FirstName	AᴮC LastName
1	290	Scott	Culp
2	643	Denise	Maccietto
3	29689	Scott	Culp
4	29973	Denise	Maccietto

图 16-1 "Sample Query" 查询的输出

如果查看 "应用的步骤" 区域，将看到它当前包含 4 个步骤，如图 16-2 所示。
1. Source：连接到数据库。
2. Navigation：深入钻取（导航）到 "SalesLT.Customer" 表。
3. Filtered Rows：筛选表中 "CompanyName" 列为 "Friendly Bike Shop" 的行。
4. Removed Other Columns：仅保留 "CustomerID""FirstName""LastName" 列。

图 16-2　"Sample Query"查询的"应用的步骤"区域

16.1.1　查询结构

到目前为止，用户所看到的一切都是通过用户界面驱动的。用户已经看到 Power Query 充当了一个宏记录器，可以通过"应用的步骤"区域编辑，也可以通过编辑栏进行一些有限的编辑。但还没有看到的是隐藏在这个不可思议的工具下面的编程语言。是时候来了解它了。

- 返回"主页"选项卡，"高级编辑器"。

这将启动"高级编辑器"窗口，该窗口用于编写或自定义 M 代码。它提供智能感知和语法高亮显示功能，并有一些额外的显示选项，用户可以通过窗口右上方的下拉列表进行切换。为了使代码示例更易于阅读，在本章中为代码示例启用了以下选项，如图 16-3 所示。

1. "显示行号"。
2. "呈现空格"。
3. "启用自动换行"。

图 16-3　"高级编辑器"中可用的"显示选项"

完成此操作后，到目前为止，创建的整个查询的代码如图 16-4 所示。

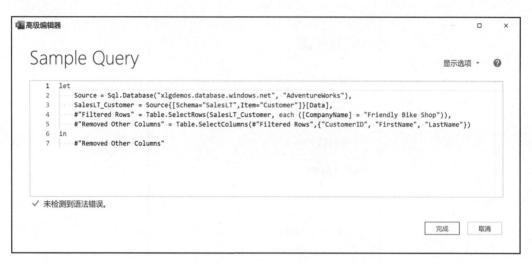

图 16-4 "高级编辑器"窗口

这个窗口中的代码,由如下 4 个核心部分组成。

1. **查询开始**:这由查询顶部的"let"关键词定义(本例中为第 1 行)。
2. **查询结束**:这是由"in"关键词(第 6 行)定义的,该关键词通常在代码的倒数第二行。
3. **查询定义**:这是在"let"和"in"关键词之间的所有内容,指示查询将执行的操作。在本例中,定义的范围从查询的第 2 行到第 5 行。
4. **查询输出**:在"in"关键词之后,需要定义查询的输出。对于本例,这在第 7 行中定义,并返回查询中最后一步的值:#"Removed Other Columns"。

> **【注意】**
> 重要的是要认识到,查询输出通常指查询定义的最后一步,但不是必须要这样做。

作为一个简化的示例,检查另一个查询以了解这 4 个部分是如何发挥作用的:

```
let
    Source = 1
in
    Source
```

请注意,"let"关键词定义查询的开始。然后在新行中,有一个新步骤,名称"Source"后跟一个等号,然后值为 1。在下一行中,有"in"关键词,它最终确定了查询定义。最后有一行定义"Source"步骤的结果将是查询的输出。

显然,原始查询在其查询定义中有更多的步骤,而不仅是一个步骤。下面来仔细看一下各个组成部分。

16.1.2 查询定义与标识符

接下来要了解的是各个行(步骤)是如何相互承接的。

在 Power Query 中，要使用单词来表示一些值或查询。比如，查询中步骤的名称或查询本身的名称。这些名称在 Power Query 中又被称为标识符，可通过如下两种语法表达。

1. **常规标识符**：名称中没有空格或任何特殊字符。例如，一个名为 "StepName" 的步骤在 M 语言中的书写方式为 "StepName"。
2. **引用标识符**：名称中可以有空格、特殊字符或保留关键词。例如，一个名为 "Step Name" 的步骤在 M 语言中的书写方式为 "#"Step Name""。

✎【注意】
请注意，在第 15 章中提供了保留关键词的列表。

这是 Power Query 用来保护自己不在代码中出现歧义并防止与保留关键词冲突的有效机制。简而言之，如果要在步骤名称中包含空格、字符、关键词等任何特殊字符，都需要将其封装在双引号中，并在引号前面加上一个 "#"，这往往是引用标识符的固定模式。

这种标识符模式将贯穿整个 M 代码，现在来将"应用的步骤"区域中的名称与它们在 M 代码中的显示方式进行比较，如图 16-5 所示。

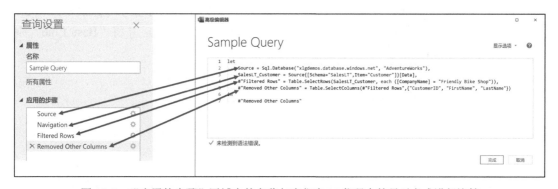

图 16-5　"应用的步骤"区域中的名称与它们在 M 代码中的显示方式进行比较

正如所见，"应用的步骤"区域包含一些简洁易读的名称，这些名称大致描述了 M 代码幕后实际发生的事情。可以看到，第一步的名字是 "Source"，该关键词在"应用的步骤"区域，以及"高级编辑器"中完全相同，但是第二步名为 "Navigation" 的步骤在 M 代码中却根本不存在（这是因为这个步骤是由 Power Query 自动创建的，后台是以 SalesLT_Customer 的名称用 M 代码编写的）。"Navigation" 步骤通常是上述标识符规则的例外，但请查看其他步骤，其中的名称与在"应用的步骤"区域中看到的名称几乎相同。值得注意的区别是，在 M 代码中，由于名称中存在空格，它们位于带引号的标识符内，例如 #"Filtered Rows" 和 #"Removed Other Columns"。

接下来要认识的是，查询定义与记录定义有相似之处。如第 15 章所述，在创建记录时，首先定义字段名，然后在该字段名后放置等号，最后是值表达式。如果要向记录中添加更多字段，则再添加逗号。但如果它是记录的最后一个字段，则最后的逗号不用添加了。查询步骤也是如此：如果这是查询定义的最后一步，那么逗号就需要省略。这就是为什么查询定义中的每一行代码看起来都比较类似，但公式可能看起来并不熟悉。

☎【警告】

虽然可以在"高级编辑器"中修改步骤名称,但通过用户界面修改步骤名称要容易得多,因为Power Query会检查所有用到正在修改的步骤名称的代码,并且确保将修改后的名称进行同步更新。相反,如果手动在"高级编辑器"中进行修改,请一定要注意,新的名称在所有被引用到的地方都要完全一致,连字母大小写也必须完全一致。此外,如果重命名的是查询的最后一步,不要忘记更新查询输出(也就是在关键词"in"后面的内容)。

16.1.3　关于通用标识符

上述的"#"加引号的命名规则也有例外的情况,在例外情况下,即使值的名称有特殊字符或空格,也可以使用常规标识符,而不需要强制使用带引号的标识符。这些特别的标识符被称为通用标识符,在M语言中只有如下两个地方可以看到它们。

1. 记录内的字段名称:创建新记录时,不需要使用带引号的标识符。例如,可以按如下方式编写字段名为"Base Line"的记录:

```
[ Data = [Base Line = 100, Rate = 1.8] ]
```

2. 字段访问运算符:当试图访问记录字段时,不需要使用带引号的标识符。例如,使用前文的示例,可以创建一个访问数据字段的新字段,并将"Base Line"乘"Rate",来获得新的"Progression"字段值:

```
[
    Data = [Base Line = 100, Rate = 1.8],
    Progression = Data[Base Line] * Data[Rate]
]
```

✎【注意】

本质上,这意味着在M语言中有两个地方可以使用包含空格的列名,而无须将它们封装在带引号的标识符的"#"..."""结构中。

在创建自定义列时访问不同字段,也没有看到"#"..."""结构,因为这里使用的也是通用标识符进行字段访问,如图 16-6 所示。

图 16-6　"自定义列"对话框中引用列时,不需要带引号的标识符

16.1.4 代码注释

有多种方法可以向查询添加注释，但到目前为止，最简单的方法是通过用户界面来完成。要实现这一点，只需右击查询中的一个步骤，选择底部的"属性"命令，然后在"步骤属性"对话框中添加注释，如图 16-7 所示。

完成此操作后，Power Query 将在步骤右侧显示一个小信息图标，表示它有一个注释。在后台，将在 M 代码中此步骤之前添加注释，如图 16-8 所示。

图 16-7　通过用户界面向步骤添加注释

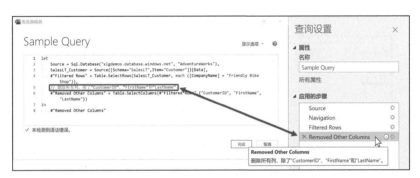

图 16-8　用户界面和"高级编辑器"中显示的注释

【注意】

注释内容：

//删除所有列，除了"CustomerID"、"FirstName"和"LastName"。

也可以在 M 代码中创建多行注释，但与单行注释采用不同的形式：如果是单行注释，则必须在行首以两个斜线开头；如果是多行注释，则在多行注释前输入"/*"并在注释结束后输入"*/"来实现，如图 16-9 所示。

图 16-9　在 M 代码中，从第 5 行到第 7 行添加了多行注释

> ✍️ **【注意】**
> 注释内容：
> /*这是注释的第一行，可以在这里添加标题。
> 注意：删除所有列，除了"CustomerID"、"FirstName"和"LastName"。
> 这里是注释的最后一行，在这里结束。*/

16.1.5 整体效果

虽然当前查询已经正常工作，现在来看看为它添加一个新步骤时它是如何工作的，以及 Power Query 如何在"高级编辑器"中自动更新代码。

- 将"FirstName"列的值筛选为"Scott"。

这将生成一个只有两行的表，但更重要的是检查"高级编辑器"，看看 Power Query 是如何更改代码的，如图 16-10 所示。

图 16-10　在查询中添加了新的"Filtered Rows1"步骤，来筛选值为"Scott"的"FirstName"列

如果将这段代码与前文的进行比较，可以看到不仅在代码中添加了 1 行，还有其他变化，具体如下。

1. 第 8 行末尾添加了一个逗号。
2. 第 9 行现在显示了新增加的#"Filtered Rows1"步骤。
3. 在"in"关键词后即查询的最后一行（现在是第 11 行）引用了#"Filtered Rows"，而不再是#"Removed Other Columns"。

还值得注意的是，这些是对查询的唯一更改，前面的所有步骤都保持不变。

16.2　理解查询计算

有一件事还没有详细讨论，那就是在查询的每一步具体发生了什么。为了真正理解每个步骤，需要阅读相关查询步骤中使用的每个函数的文档（如第 15 章所示）。这将使用户能够了解所需的参数以及函数的预期输出。在查看这些查询步骤，尤其是查看那些通过用户界面创建的查询步骤时，很容易发出一个疑问：这些步骤是如何相互连接的，就好像它们之间存在依赖关系一样？作为示例，先来检查最终代码，特别是最后两个步骤（从下到上），如图 16-11 所示。

1. #"Filtered Rows1"：此步骤使用 Table.SelectRows 函数，该函数需要一个表作为它的第一个参数。传递给它第一个参数的值是上一步的值：#"Removed Other Columns"。
2. #"Removed Other Columns"：此步骤使用 Table.SelectColumns 函数，该函数也需要一个表作为其第一个参数。传递给第一个参数的值是其上一步的值：#"Filtered Rows"。

图 16-11　突出显示步骤之间的依赖关系，以及各个步骤中的值如何传递到其他步骤的函数参数中

为了真正理解查询是如何被计算的，通常最好从下往上看，因为这实际上就是 Power Query 执行查询的方式。Power Query 也是先查看查询的输出，然后逐步向上检索试图弄清楚所有的前序步骤执行的内容。

16.2.1　什么是延迟计算

在 Power Query 中，查询的计算方式可能会有所不同，具体取决于查询计算的位置，如下。
1. **数据预览**：这是在 Power Query 中看到的最常见区域，可以在其中预览数据。
2. **查询输出**：此区域功能是将数据加载到其预期目的地，执行一个完整的查询加载或刷新。

这两者之间的主要区别在于，在数据预览中，Power Query 会尝试将部分数据（通常是前 1000 行）展示给用户，而不会对整个数据集的查询进行完全计算。从本质上说，延迟计算是 Power Query 作为函数性语言的一大优点。延迟计算的工作方式是，如果有一些东西是不需要的，它在当时不会被计算。换句话说，Power Query 只会计算需要被预览的数据。

这还可以与 Power Query 的另一个主要关键功能查询折叠结合使用，查询折叠指的是 Power Query 将 M 代码转换为针对数据源的本机查询的过程。在本书第 12 章中简要介绍了查询折叠，并演示了查看本机查询和查询折叠指示器的特性。

延迟计算和查询折叠可以帮助用户更好地使用 Power Query，避免在构建查询时从数据库所选表下载所有数据。相反，Power Query 通常尝试计算数据源中的前 1000 行，并为该计算创建缓存（这个数据缓存其实是一个本地副本，也是加密的）。这就是数据预览中显示的内容，允许用户在较小的数据子集上构建转换（如果用户面对的是一个 10 亿行级表的数据库，用户可以很快体验到这个方法的优点）。

当然，当输出最终查询结果时，确实需要 Power Query 来计算整个数据集，而不仅是

数据预览所需的行。这就是延迟计算的意义所在。当需要完整的数据集时，Power Query
就能够提供完整数据集的计算结果。

> **【注意】**
> 对于SQL Server数据库，可以使用SQL Server Profiler之类的工具来观察
> Power Query向数据库发出的请求，来查看数据预览的请求是如何被提交
> 的。数据预览请求与完整数据查询请求之间的主要区别在于，数据预览请
> 求语句包含SELECT TOP 1000，而完整数据请求则没有这个限制。

16.2.2　查询计划

如果希望更深入地了解查询折叠的概念，首先应明确的一点是，并不是所有转换都可
以转换为数据源的本机查询，这取决于不同的数据连接器、不同的数据源，甚至不同数据
源的详细连接方式。

> **【注意】**
> 这就是一个叫作查询计划的特性发挥作用的地方，在编写本书时，该功能
> 正在Power Query在线版中处于预览状态。

查询计划指的是：执行查询计算的计划。这个计划的目标始终是将尽可能多的工作推
到数据源端，这就是所谓的查询折叠。

> **【注意】**
> 在本节中，默认用户已经在Power Query在线版中打开了查询计划预览项，
> 或者用户正在使用的Power Query产品中已经提供了该功能。

假设返回本章中的初始示例查询，连接到数据库并筛选数据集，获得仅包括
"Friendly Bike Shop"的销售数据，可以右击查询的最后一步并选择"查看本机查询"选
项，返回如图 16-12 所示。

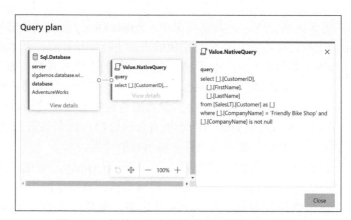

图 16-12　初始示例查询的查询计划和 SQL 语句

这个查询计划表示，整个查询可以被推送到数据源，这意味着用户将只接收包含 3 列

和 4 行的表，而不必从数据源下载所有数据并在本地执行转换。此外，它还告诉用户将向数据源发送什么查询以及将向哪个数据源发送查询。

现在来为查询添加一个新的步骤"Kept bottom rows"，这将打破查询折叠。将此设置为仅保留底部 2 行，如图 16-13 所示。

☎【警告】
由于SQL数据库没有用于选择表底部行的运算符，因此此命令将打断查询折叠。

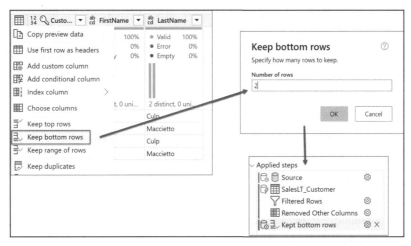

图 16-13 添加一个新步骤以保留表中底部的 2 行

如图 16-13 所示，执行此步骤后，"应用的步骤"区域中显示的新"Kept bottom rows"步骤有一个指示器，指示无法折叠。右击此步骤并启动查询计划视图，将生成如图 16-14 所示的新视图。

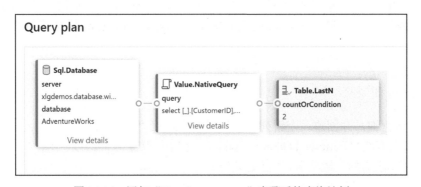

图 16-14 添加"Kept bottom rows"步骤后的查询计划

虽然此查询计划看起来与前一个非常相似，但请注意，这里添加了一个名为Table. LastN的新事件或任务。这是一个函数的名称，更具体地说，是在"Kept bottom rows"步骤中使用的函数。现在可以看到，查询仍将发送到数据源（与上一个查询计划中的查询相同），但在完整下载所有数据后，Power Query 引擎会在本地进行 Table.LastN 的计算。

> **【注意】**
>
> 当用户试图理解和优化查询时，查询计划是一个非常有用的工具。它仍处于早期阶段，但我们对它寄予厚望，迫不及待地想看看它是如何发展的。

16.3 迭代器（逐行计算）

在使用M语言时，还有一项非常重要的工作，那就是正确理解如何读取和修改对列中每一行进行操作的代码。

在M语言中，有多种方法来迭代一组值。简单地说，迭代在某种程度上是一个循环或一个不断重复操作的过程。例如，假设向表中添加一个新列，这个新列需要按照单个公式或函数逐行进行计算（这与在Excel定义的表中计算列的方式非常相似）。在本节中，将研究Power Query如何做到这一点，以及它需要遵循的规则，并且本节将探讨如何利用这些知识。

16.3.1 循环函数

本书将重点介绍M语言中的标准函数，但请注意，有一些高级函数可以帮助用户创建更高级的Power Query解决方案，可将之理解为M语言中的for循环或do-while循环。在Power Query中可以找到的主要循环函数如下。

1. List.Generate：通常在Power BI自定义连接器的上下文中用来实现分页目的。
2. List.Accumulate：工作原理类似于for循环，需要迭代一组值以进行聚合运算。比如一个常用的例子就是阶乘的计算。

最终决定不在本书中介绍这两个函数的详细示例，虽然这可能会让一些读者失望。但事实是，尽管它们确实很有用，但用户实际需要使用它们的次数可能少于5次。在绝大多数情况下，用户总能通过其他方法来创建或优化出更加易读和便于折叠的代码。

> **【注意】**
>
> M语言中还有一个保留关键词，即@符号。它可以用来创建递归函数，但根据经验，使用List.Accumulate函数或List.Generate函数会获得更好的性能。

16.3.2 关键词 each 和 _

继续示例查询，并创建一个新列，按如下操作连接"FirstName"和"LastName"。
1. 删除所有在"Removed Other Columns"之后的步骤。
2. 转到"添加列"选项卡，"自定义列"。
3. 将列命名为"FullName"，并使用以下公式：

```
=[FirstName] & " " & [LastName]
```

通过这个公式，会有效地将这两个字段连接起来并放入正在创建的新字段中。但最大的问题是，Power Query如何知道它需要创建一个新列并使用此公式填充它？

答案往往总是在编辑栏或"高级编辑器"中。对于示例，可以简单地查看此步骤的编辑栏中的公式，并注意到Power Query使用了一个名为Table.AddColumn的函数，如

图 16-15 所示。

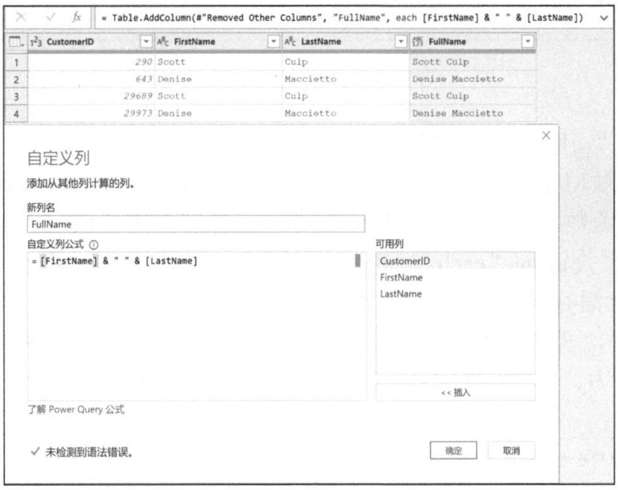

图 16-15　为新字段"FullName"创建新的自定义列

正如所见，通过"自定义列"对话框中的操作，最终在编辑栏生成的整个公式如下：

```
=Table.AddColumn(#"Removed Other Columns","FullName",
each [FirstName] & "" & [LastName])
```

如果想查看这个函数的参数提示信息，则可以通过删除当前编辑栏中的公式，然后在编辑栏中从头开始输入这个函数来触发自动参数提示。表 16-1 整理了 Table.AddColumn 函数的参数信息，来看看这些参数的要求，以及在本例中传递了什么参数。

表 16-1　Table.AddColumn 函数的参数信息

官方参数	要求	输入
表（类型为表）	需要添加列的表	上一步骤生成的表#"Removed Other Columns"
新列名（类型为文本）	新添加列的名称	"FullName"
新列生成器（类型为函数）	生成新列需要用到的函数	each [FirstName] & " " & [LastName]

【注意】
将函数想象成一个步骤或查询，它可以接收传递给它的参数，并返回一个根据输入参数改变的动态结果。Table.AddColumn 是一个内置函数，但用户也可以定义自己的函数（将在第 17 章中更详细地介绍这一点）。现在只需要知道这些函数是什么以及它们的主要用法。

对用户来说关键词"each"可能还比较陌生。此时它已经出现在新添加的自定义列公式中。但是这个关键词是什么？它有什么作用？

如果从编辑栏中的公式中删除这个关键词，则会出现错误。试着这样做，看看步骤级错误信息说了什么，如图 16-16 所示。

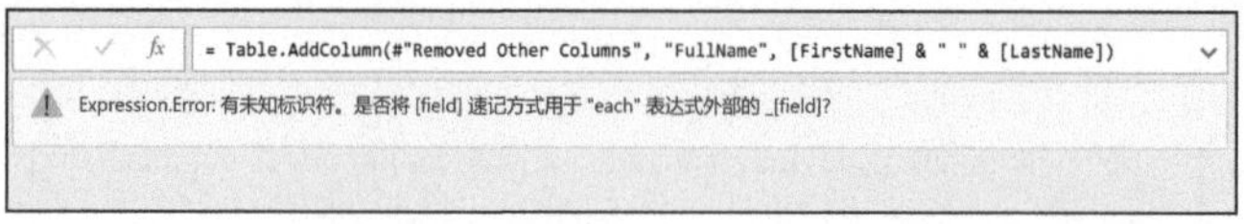

图 16-16　从编辑栏中删除“each”关键词后的错误信息

这个错误说明“_[field]”在“each”表达式之外被引用。虽然正确，但这个错误信息非常隐晦，对新接触M语言的人没有太大帮助。问题在于Table.AddColumn函数的第3个参数需要传递一个函数，这个函数需要针对每一行分别生成“FirstName”与“LastName”的组合，如果删除关键词“each”，相当于为每一行都提供一整列的“FirstName”与“LastName”来进行组合，这显然是不正确的。

试试别的方法，再次返回到编辑栏中的公式并进行另一次编辑。在最初删除的“each”关键词的地方，将“(_)=>”插入公式，如图16-17所示。

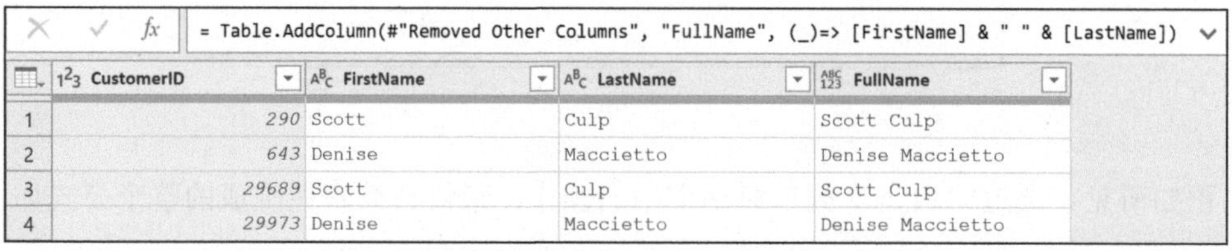

	CustomerID	FirstName	LastName	FullName
1	290	Scott	Culp	Scott Culp
2	643	Denise	Maccietto	Denise Maccietto
3	29689	Scott	Culp	Scott Culp
4	29973	Denise	Maccietto	Denise Maccietto

图 16-17　插入“(_)=>”后的结果

此时可立即注意到，该步骤现在正在按预期工作，但没有使用“each”，而是使用了一些新的内容。这是什么意思？这意味着从Power Query的语法角度来看，“each”和“(_)=>”是等价的。

【注意】

“each”关键词就是编程中所说的“语法糖”。它在本质上是一个比其等价语法更容易输入的方法。

这很好。但是“(_)=>”有什么作用呢？它实际上声明了一个自定义函数。

函数可以先由一组括号定义，然后是等号和大于号。例如，这里有一个函数，它取两个数字，然后将这两个数字相乘以获得其输出：

```
(x, y) => x*y
```

关于“(_)=>”函数，需要注意的是它将“_”关键词作为参数传递（在第15章创建记录时第一次看到“_”作为关键词），现在再做一个实验。

添加一个名为“Custom”的新列，该列使用以下公式：

```
= _
```

结果如图16-18所示。

【注意】

当只使用“_”关键词创建新列时，当前行中的值将显示为“Record”，因为是在一个表的环境下创建的。

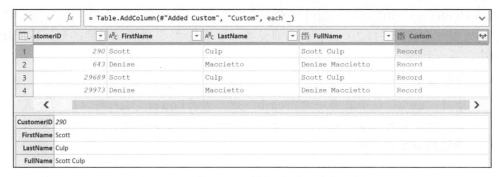

图 16-18　仅使用 "_" 关键词创建新的自定义列

回到 "语法糖" 和等价性，以下 3 个公式是完全等价的。

```
(_)=> _[FirstName] & " " & _[LastName]
(_)=> [FirstName] & " " & [LastName]
each [FirstName] & " " & [LastName]
```

第一个公式是使用自定义函数的最明确的方法，使用 "_" 来引用记录中的特定字段。简而言之，将保存记录的关键词 "_" 作为参数传递给函数，然后通过 "_" 访问该记录中的字段，如第 15 章所示，访问字段的方式是用方括号括住字段名称，如 "_[FirstName]"。

第二个公式也是有效的，但形式上没有第一个公式那么明确，因为它默认用户只会访问 "_" 关键词传递给函数的记录中的某些字段，所以省略了记录字段名称前的 "_" 关键词。

最后一个公式是 Power Query 自动创建新自定义列的方式，这是在 Power Query 中使用函数的最简单方式。尽管如此，在 Table.AddColumn 函数的上下文之外使用它并不总是最好的方法。

> **【注意】**
> 本书建议使用第一个或最后一个公式，因为它们是更明确的。

重要的是要认识到，在本节中介绍的所有内容不仅适用于 Table.AddColumn 函数，也适用于其他函数。例如，假设有一个数字列表 "{1,2,3,4,5}"，如果用户想修改这个列表，让列表中的每个数字乘 2。为此，可以创建以下公式：

```
= List.Transform( {1..5}, each _ * 2)
```

> **【注意】**
> 你可能已经注意到，无须在上面的公式中包含任何方括号。这是因为正在迭代的列表仅包含一列数值。如果列表包含结构化值（例如记录或表），那么必须显式地在 "each" 后用方括号指定某一列名 "value" 以精确导航，避免错误。

List.Transform 函数首先需要一个列表，然后是一个 Transform 函数，最后返回一个列表。对于上面的例子，该返回列表将生成 "{2,4,6,8,10}"。请注意，即使在列表函数中，也可以使用 "each" 和 "_" 关键词来迭代列表中的所有值。

比较好的理解 "_" 关键词的方法是它能获取当前元素。在某些情况下，比如在与

Table.AddColumn一起使用时，当前元素（也就是"_"关键词返回的值）可能是一条记录；再比如一个列表"{1,2,3,4,5}"，当前元素（也就是"_"关键词返回的值）可能就是列表中的某一个值。

> 📞【警告】
> 不能将"each"嵌套在另一个"each"中，因为Power Query将只返回公式中最顶层或最外层的"each"。如果用户试图处理多个级别的迭代，那么需要使用自定义函数。

需要注意的是，以下两个公式也是前面的公式的等效公式：

```
= List.Transform( {1..5}, (r)=> r * 2)
= List.Transform( {1..5}, (_)=> _ * 2)
```

> ✏️【注意】
> "_"恰好是Power Query团队选择标准化的字符。如果手动编写此函数，则可以使用任何单个字母或字母组合来代替"_"（但是本书并不推荐这样做）。

结果将如图 16-19 所示。

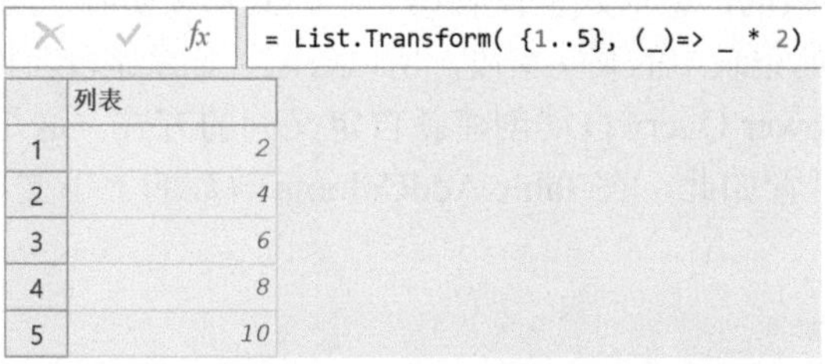

图 16-19　在 List.Transform 函数中使用"_"作为函数的参数

最重要的是，不应该被编辑栏中的"each"或"_"关键词吓到。它们可以简化代码，让语句变得更容易阅读。理解这些概念是理解函数如何在Power Query中工作的第一步，也是开始创建自定义函数的先决条件。

16.4　其他技术

虽然本书并没有试图涵盖每一个函数或每一段曾经存在的代码，但本书却是提供学习M语言的基础，同时也是作者多年来学到的一些技巧和最佳实践的汇总结果。

本章接下来的几节将介绍在本章和前几章中看到的所有内容，并添加一些新模式，希望用户在实施下一个Power Query解决方案时能从中受益。

16.4.1　获取第一个值

设想这样一个场景：有一个表，其中包含一个名为"Content"的列，该列保存二进制值，并且用户希望创建一个动态解决方案，该解决方案将始终从表的第一行访问

"Content"字段。

来看一个示例场景，先在 Power Query 中新建一个空白查询并在"高级编辑器"界面输入以下代码：

```
let
 Source = #table( type table [Content= binary, Value = text], {
         {#binary("Rmlyc3Q="), "First"},
         {#binary("U2Vjb25k"), "Second"},
         {#binary("VGhpcmQ="), "Third"}
} ),
  Data = Source{[Value="First"]}[Content],
  #"Imported Text" = Table.FromColumns(
  {Lines.FromBinary(Data,null,null,1252)})
in
 #"Imported Text"
```

查询的"Source"步骤创建了一个示例结构，这种结构用户可能并不一定熟悉，但是其实经常遇到，只不过用户可能并没有在意。如果试图通过 Power Query 连接到一个文件夹或者类似的数据源，并且还没有导航到该文件夹下的第一个文件时，在 Power Query 数据预览区域看到的结构就跟现在的示例结构非常相似，如图 16-20 所示。

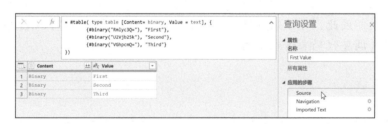

图 16-20　"First Value"查询

第二步"Navigation"的公式如下：

```
= Source{[Value="First"]}[Content]
```

此公式说明 Power Query 需要获取值等于"First"的记录，然后深入钻取到该记录的"Content"字段。这不是动态的，因为它明确地依赖于"First"一词出现在值中，以便导航正常工作。那么，如果不这样做会发生什么呢？要回答这个问题需要进行如下操作。

1. 转到"Source"步骤，筛选"Value"列，取消勾选"First"。
2. 选择"Navigation"步骤后，将出现如图 16-21 所示的错误。

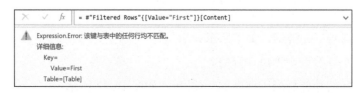

图 16-21　步骤级错误，其中"Key"与表中的任何行都不匹配

可以通过修改"Navigation"步骤来改进这一点，使其不依赖于任何特定的数据点，而是确保它始终返回表中的第一行。正如在第 15 章中看到的，所需要做的就是从公式中删除"#"Filtered Rows"{[Value="First"]}"，并用"Source{0}"替换它，以表示希望从表中获得第一行（或记录），如下。

```
= Source{0}[Content]
```

此时，将注意到一切仍然有效，并且无论是通过"Filtered Rows"步骤筛选出哪个二进制文件，查询都将始终返回第一个二进制文件的内容。

当使用 Power Query 创建更具动态性的解决方案时，使用数字行数进行导航将对用户产生巨大的帮助。

✎【注意】

实际上，这种模式有一个常用的案例。当 Power Query 在文件夹数据源中获取多个文件并将其进行组合的时候，就是通过使用数字行数进行导航的方式来设置示例文件查询的，而且 Power Query 始终能确保转换的示例文件永远是目标文件夹中的第一个文件。

☏【警告】

当单击一个二进制值时，Power Query 会自然而然地认为用户想要导航到该特定值，因此它会自动为用户创建一系列步骤。其中的一些步骤可能会用引用标识符，而不是像在上面所展示的那样永远以列表中的第一项为目标进行导航。因此，可以通过编辑栏或者"高级编辑器"检查 Power Query 做了什么并调整代码来达到目的。

16.4.2 错误保护

虽然刚刚看到了如何动态地引用特定的行，但有一件事不能使其成为动态的，那就是对"Content"列的引用。Power Query 总是要求按名称引用列，无法通过索引位置去检索一个特定的列。用户可能会说这是一件好事，因为需要清楚地了解需要访问哪些字段，或者在哪里找到重要的数据。另一方面，如果字段的名称更改，会发生什么情况呢？

暂时忽略动态行，如果有人将"Content"列重命名为"Data"，原始查询会发生什么呢？当然，它会导致另一个步骤级错误，告诉用户"Content"字段不存在。

使用在第 14 章中学习的结构之一，可以使用以下方法处理这个问题：

```
try Source{[Value="First"]}[Data] otherwise null
```

虽然这是完全正确的，但根据具体情况，还有另一个方法可能会有所帮助，尤其当想为 Power Query 中的数据导航步骤加一个预防错误的措施的时候。只需在原始代码的末尾添加一个"?"（问号）关键词，如下所示：

```
Source{[Value="First"]}[Data]?
```

正如所见，它的功能相当于前面的 try 语句，如图 16-22 所示。

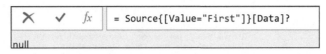

图 16-22 在访问字段时使用 "?" 关键词

当想测试一些东西或者想让解决方案更安全时，这是非常有价值的。

关键词 "?" 相当于一个完整的 try x otherwise null 逻辑结构的 "语法糖"。

当尝试访问或浏览表、列表或其他结构化值时，这个 "语法糖" 结构变得更有价值。例如，将导航步骤中的公式替换为：

```
= Source{[Value="1"]}?[Content]?
```

此公式试图在源表的值列中查找文本值等于 1 的记录，然后访问与该记录相关的 "Content" 字段。在表导航之后添加了另一个 "?" 关键词，因为这是第一次试图获取表中记录的数据导航，但是由于该记录在表中不存在，因此会产生一个错误，由此使用的关键词 "?" 捕获该错误并输出 "null"。如果在计算过程中没有出现错误，它将简单地输出结果。

将此技术与 16.4.1 节中的技术结合起来，下面的代码将返回 "Content" 列的第一行，如果找不到 "Content" 列，则返回 null：

```
= Source{0}?[Content]?
```

【注意】

可以添加一个检查此步骤的结果是否为空的验证步骤，然后根据验证结果采取相应的行动。这种保险的方法将提高代码的可读性，并确保代码能够应对在数据导航阶段因任何原因而产生错误的情况。

16.4.3 固定类型动态列表

首先新建一个空白查询，在第一步 "Source" 步骤中输入以下内容，并将查询命名为 "List of Headers"。

```
= #table( type table [Data=record, Title = text], {
    {[First="Bill", Last="Jelen"], "First"},
    {[First = "Miguel", Last= "Escobar", Country = "Panama"],"Second"},
    {[First = "Ken", Last= "Puls", Country ="Canada", #"Tall?" = true],
"Third"}
} )
```

由于它包含记录，可以使用右上角的按钮展开 "Data" 列，如图 16-23 所示。

会注意到，当尝试展开 "Data" 列中的记录时触发的菜单显示一条警告，其内容为 "列表可能不完整"，旁边的可单击选项为 "加载更多"。单击 "加载更多" 选项后，将看到如图 16-24 所示的内容。

如果看到过这个字段，你可能会想，为什么 Power Query 没有在一开始就显示可用的所有字段呢？要回答这个问题，首先需要查看 Power Query 是如何收集这些信息的。

图 16-23　在"Data"列上触发 Table.ExpandRecordColumn 操作

图 16-24　单击"加载更多"选项后，将显示一个新字段

简而言之，Power Query 可以通过两种方式获得这些信息。

1. **它已经有了这些信息**：列的数据类型中已经包含该列中所有记录的所有字段值的元数据。
2. **它需要计算这些信息**：如果没有为记录定义明确的数据类型，Power Query 需要对在数据预览区域中的值进行一些内部分析。

> ✎【注意】
> 第一种情况实际上很常见。例如，每当使用合并操作创建含有表值的新列时，"展开"对话框将自动加载字段的完整列表，而不会出现问题。

但如何才能让它对例子起作用呢？这个问题的答案是，需要明确定义数据类型。可通过两个步骤完成操作。

步骤 1：创建一个保存自定义记录类型的新查询。

1. 创建一个新的空白查询并命名为"MyRecordType"。
2. 在编辑栏中为第一步输入以下公式：

```
= type [First= text, Last=text, Country=text, #"Tall?"=logical]
```

步骤 2：更新查询以使用新的"MyRecordType"。

1. 复制在本小节开始创建的"List of Headers"查询，并命名为"Dynamic Headers-Typed"。

2. 将 "Source" 步骤中的 "Record" 替换为 "MyRecordType"，其余值都不变，如下：

```
= #table( type table [Data= MyRecordType, Title = text], {
    {[First="Bill", Last="Jelen"],"First"},
    {[First ="Miguel", Last= "Escobar", Country ="Panama"], "Second"},
    {[First = "Ken", Last="Puls", Country ="Canada", #"Tall?" = true], "Third"}
} )
```

3. 选择展开 "Data" 列所有字段。

✎【注意】
整个过程实际上是定义表的数据类型的一种更精确的方法。这种方法在实时解决方案中并不常见，除非某些自定义连接器在创建的时候要求完整定义所有的数据类型。

这种方法的最大好处有两点，如图 16-25 所示。
1. 执行展开操作时将立即显示所有列。
2. 这些列在展开时保持它们的数据类型。

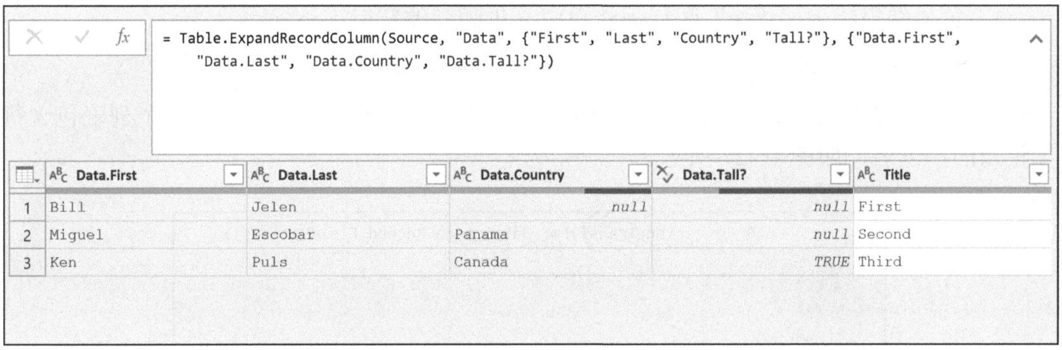

图 16-25 所有的记录值都是从表中展开的，且数据类型正确

在现实世界中，通常事先不知道记录或表中可能包含哪些字段，所以怎么可能去做动态化呢？在这一点上 Power Query 能够帮用户自动地去检索和发现一些信息。

需要注意的是，正如前文提到的，Power Query 试图以一种智能的方式工作，使用延迟计算发挥其优势。这就是为什么第一次单击展开按钮时，它只对前几个记录的记录值中的字段进行了检查，而对最后几个记录没有进行检查。这非常重要，因为表中的最后一条记录有一个字段，是其他所有记录都没有的。必须通过单击 "加载更多" 选项，强制 Power Query 对可用数据进行全面扫描。

✎【注意】
可以创建自己的规则来检查记录或表中的字段吗？当然可以，可以使用上面演示的方法创建一个完整动态的项目列表，从而确保使用 Table.ExpandTableColumn、Table.ExpandRecordColumn 和 Table.ExpandListColumn 函数时不会遗漏任何项目。

16.4.4　自适应类型动态列表

如果数据列中存在未设定类型的列，那么就需要找出 16.4.3 节的替代方案。创建一个新查询，该查询执行相同的操作，但使用未声明类型的记录集。

1. 复制"List of Headers"查询。
2. 将查询命名为"Dynamic Headers - Untyped"。
3. 删除"Expanded {0}"步骤（如果先前将其添加到"List of Headers"查询中）。
4. 右击"Data"列并选择"深化"命令，这将把表列转换为列表，如图 16-26 所示。

图 16-26　现在有一个"Record"列表

5. 单击编辑栏中的"fx"图标创建自定义步骤并编写以下公式：

```
= List.Transform( Data, each Record.FieldNames(_))
```

上述公式将把当前包含记录的列表转换成一列包含列表的列表，其中每个列表包含每个记录的字段名，如图 16-27 所示。

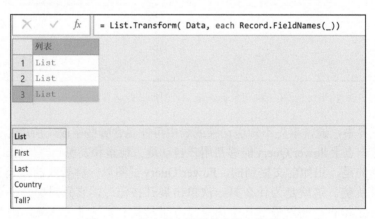

图 16-27　包含每个记录的字段名的列表

6. 创建一个新的自定义步骤，然后编写以下公式：

```
= List.Combine( Custom1 )
```

> ✎【注意】
> List.Combine函数将每个列表中的所有元素附加到一个包含所有元素的列表中。这意味着将有一个包含所有记录的字段名的列表。

7. 最后，转到"列表工具"，"转换""删除重复项"，如图 16-28 所示。

图 16-28　合并去重后包含所有记录字段名的列表

【注意】

请确保此步骤的名称为"Removed Duplicates"，因为将在稍后使用它。

现在有了一个查询，它可以计算（唯一）字段名的动态列表，并可以将其传递到 Table.ExpandRecordColumn 函数中。

1. 单击"fx"图标创建另一个自定义步骤。
2. 将编辑栏中的公式更改为"=Source"（返回其原始结果）。
3. 展开"Data"列中的所有字段，结果和公式如图 16-29 所示。

图 16-29　记录已经用静态列名进行了展开

【注意】

无论是 Table.ExpandRecordColumn 函数还是 Table.ExpandTableColumn 函数，都需要一个表作为第一个参数，第二个参数是要展开的字段的列，最后是要从字段列展开的字段的列表。作为可选的第四个参数，可以为要展开的字段传递新名称（代码显示每个以"Data"开头的字段名，这是因为用户在展开记录时未选中添加前缀的选项）。

下一个也是最后一个步骤，就是简单地删除 Table.ExpandRecordColumn 函数的最后两个参数，用下面的公式替换它们：

```
= Table.ExpandRecordColumn(Custom3, "Data", #"Removed Duplicates")
```

现在有了一个解决方案，可以扫描"Data"列中的记录值，或者对其进行检查。由于包含列的列表是动态的，它将永远不会漏掉添加到其中一个记录中的新列，所有列在刷新期间都会自动显示，如图 16-30 所示。

	First	Last	Country	Tall?	Title
1	Bill	Jelen		null	null First
2	Miguel	Escobar	Panama	null	null Second
3	Ken	Puls	Canada	TRUE	Third

图 16-30　所有字段都已展开的最终输出

☎【警告】
虽然这是一种非常有用的技术，但请记住，如果列表中包含表中已经存在的字段名，则会产生冲突并引发错误。当用户知道展开的字段和表中已有的字段之间不会有字段名冲突时，才能使用此技术。

✎【注意】
请注意，虽然这里使用带有记录值的列演示了这种技术，但同样的模式也适用于带有表值的列，需要改变的是将 Record.FieldNames 替换为 Table.ColumnNames，将 Table.ExpandRecordColumn 函数替换为 Table.ExpandTableColumn 函数，其他的一切都将保持完全相同。

第 17 章 参数和自定义函数

在第 9 章，有一个将多个文件合并在一起的例子。为了做到这一点，Power Query 创建了一个自定义函数，处理一个单独的示例数据，然后将其应用于一个文件列表。其实，不局限于 Power Query 已经提供的或可建立的函数，用户还能建立自己的函数。

本章将探讨 Power Query 用于生成自定义函数的方法，并演示这些部分是如何衍生和组合的。然后，将通过示例展示如何为不同的场景调整这些函数。

17.1 重新创建合并文件

在本节中，将从创建 Power Query 的合并文件开始，虽然不会执行单个文件数据转换，但仍将遵循在第 9 章中介绍的 "FilesList" 方法合并文件。首先，打开一个空白工作簿，创建 "FilesList" 查询，如下。

1. 创建新查询，"获取数据""来自文件""从文件夹"。
2. 选择 "第 17 章 示例文件\Source Data" 文件夹，"打开""转换数据"。
3. 右击 "Extension" 列，"转换""小写"。
4. 筛选 "Extension" 列，"文本筛选器""等于""高级"，按如下方式设置筛选器。
- "柱"选择 "Extension" 列，"运算符"选择"等于"，"值"输入 ".xlsx"。
- "和""且""柱"选择 "Name" 列，"运算符"选择"不包含"，"值"输入 "~"。
5. 将查询重命名为 "FilesList" 并将其加载为 "仅限连接"。接下来创建 "Orders" 查询，就像在通用做法中所做的那样。
6. 右击 "FilesList" 查询，"引用"，将新查询重命名为 "Orders"。

此时，应该有一个文件夹，包含所有文件，并准备合并文件夹中的所有文件，如图 17-1 所示。

查询 [2]			fx	= FilesList				
▦ FilesList								
▦ Orders		▦	Content	A^BC Name	A^BC Extension		Date accessed	
		1	Binary	East.xlsx	.xlsx		2022/3/15 19:40:56	
		2	Binary	North.xlsx	.xlsx		2022/3/15 19:40:56	
		3	Binary	South.xlsx	.xlsx		2022/3/15 19:40:56	
		4	Binary	West.xlsx	.xlsx		2022/3/15 19:40:56	
		5	Binary	East.xlsx	.xlsx		2022/3/15 19:40:56	
		6	Binary	North.xlsx	.xlsx		2022/3/15 19:40:56	
		7	Binary	South.xlsx	.xlsx		2022/3/15 19:40:56	
		8	Binary	West.xlsx	.xlsx		2022/3/15 19:40:56	
		9	Binary	East.xlsx	.xlsx		2022/3/15 19:40:56	

图 17-1 此时，可以单击 "合并文件" 按钮，但这有什么作用呢？

❦【注意】

请记住，在合并文件之前先拆分查询，只需要在编辑栏输入"=
FilesList"，而不需要更复杂的M代码。

与其采取系统默认的简单方法，不如手动重建当单击"合并文件"按钮时产生的效
果。这将涉及手动创建示例文件、示例文件参数、转换示例和转换函数。

17.1.1　创建示例文件

要创建示例文件，首先从"Orders"表开始。

1. 右击"Content"列中的第一个"Binary"文件，"作为新查询添加"。
2. 将新查询重命名为"Sample File"。

注意"Sample File"查询现在有两个步骤。

1. "Source"引用"Orders"表。
2. "Navigation"钻取到引用的文件。

这里的挑战是文件路径已经硬编码，这缺少灵活性，如图 17-2 所示。

图 17-2　示例文件包含硬编码的文件路径

如果希望文件动态地引用"Orders"表中的第一个文件，可以使用在第 16 章中学到
的一个技巧来达到这个目标，如图 17-3 所示。

1. 用 0 替换文件路径，这样公式就变成了"=Source{0}[Content]"。
2. 删除Power Query自动创建的"Imported Excel Workbook"（导入的Excel工作簿）
   步骤，以便钻取到示例文件。

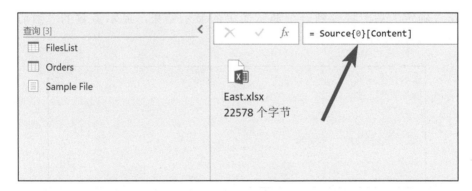

图 17-3　示例文件现在动态地从"Source"步骤获取（"Orders"的）第一行数据

17.1.2 创建示例文件参数

这一步并不困难，但它确实需要手动创建参数，要做到这一点需要进行如下操作，结果如图 17-4 所示。

1. 转到"主页"选项卡，"管理参数""新建参数"。
2. 在"名称"输入框输入"Sample File Parameter"。
3. 在"类型"选择"二进制"。
4. 将"默认值"和"当前值"设置为"Sample File"。

图 17-4　配置"Sample File"

♘【注意】
这个参数的名称并不真正重要，只是需要遵循第9章中列出的命名规则。如果愿意，也可以将其设为"参数1"，这样一切依然可以正常工作。

单击"确定"后，将看到一个非常简单的显示结果，显示参数的"当前值"是"Sample File"，结果如图 17-5 所示。

图 17-5　预览将引用"Sample File"

17.1.3　创建转换示例

下一件事是创建 "Transform Sample"，它是用来构建数据转换模式的主要工具。正如前文提到的，实际上不会在 "Transform Sample" 中执行任何操作，因为这不是本章的重点，但将构建允许用户转换示例文件的框架。

要创建 "Transform Sample" 查询，请执行以下操作。

1. 右击 "Sample File Parameter"，"引用"。

2. 将查询重命名为 "Transform Sample"。

此时应该注意，首先，转换仍然指向编辑栏中的 "Sample File Parameter"。其次，它显示了一个表示二进制文件的图像。要向下钻取到文件本身，可以右击它并选择如何解析文件，如图 17-6 所示。

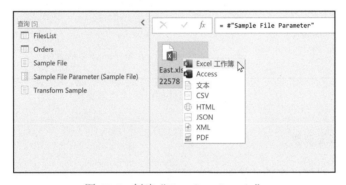

图 17-6　创建 "Transform Sample"

现在向下钻取到文件中。

1. 右击 "East.xlsx" 文件，选择 "Excel 工作簿"。

这样做之后，注意 Power Query 并没有添加新步骤，而是修改 "Source" 步骤，来使用 Excel.Workbook 函数，它的作用是枚举可以使用的值列表。

2. 单击与 "Parts" 表相关的 "Table" 值（在第 3 行）。

现在，应该可以透过 "Transform Sample" 从示例文件（"East.xlsx"）中看到 "Parts" 表的内容，如图 17-7 所示。

	Aᴮ_C Products	▾	1²₃ Part 1	▾	1²₃ Part 2	▾	1²₃ Part 3	▾	1²₃ Part 4	▾
1	Product A		null		2		2		null	
2	Product B		null		1		5		3	
3	Product C		null		null		null		2	
4	Product D		3		5		3		4	
5	Product E		2		4		5		null	
6	Product F		1		5		null		null	

fx = Table.TransformColumnTypes(Parts_Table,{{"Products", type text}, {"Part 1", Int64.Type}, {"Part 2", Int64...

查询 [5]：FilesList、Orders、Sample File、Sample File Parameter (Sample File)、Transform Sample

图 17-7　"Transform Sample" 文件已经创建

显然，现在可以在这里做更多的工作，但先不要这么做。相反，要创建一个可以应用于文件夹中所有文件的转换函数。

17.1.4 创建转换函数

假设这个查询使用一个参数来驱动它的二进制文件，下一步实际上很简单。

1. 右击"Transform Sample"查询，"创建函数"。
2. 在"函数名称"下输入"Transform Function"，"确定"。
3. 可以选择将"Sample File"拖动到新创建的"Transform Function"文件夹中。

现在已经重新创建了 Power Query 在单击"合并文件"按钮时生成的所有组件（只是还没有实际使用它们），如图 17-8 所示。

图 17-8　所有组件都已经成功创建

17.1.5 调用转换函数

现在是证明一切都已正确连接的时候了。

1. 选择"Orders"查询，转到"主页"选项卡，选择"选择列"下的"选择列"，勾选"Content"和"Name"复选框，"确定"。
2. 转到"添加列"选项卡，"调用自定义函数"，选择"Transform Function"，"确定"。
3. 预览第二个表（与"North.xlsx"相关的转换）。

此时应该可以认识到，"Transform Function"不仅对"East.xlsx"文件有效，对"North.xlsx"文件也有效，如图 17-9 所示。

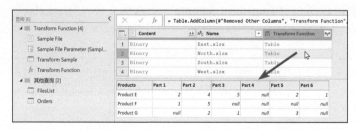

图 17-9　"Transform Function"似乎正在提取每个文件的详细信息

17.1.6 更新转换函数

到目前为止，一切都很好，但这实际上与 Power Query 的神奇的"合并文件"按钮连接方式相同吗？换句话说，如果更新"Transform Sample"，它是否会更新"Transform Function"？

1. 选择"Transform Sample"。
2. 右击"Products"列，"逆透视其他列"。
3. 将"属性"列重命名为"Part"，将"值"重命名为"Units"。
4. 返回"Orders"表。
5. 再次预览"North.xlsx"文件的结果。

正如所看到的，所做的更改顺利完成，如图 17-10 所示。

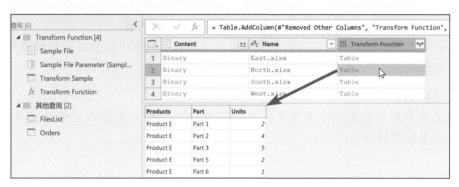

图 17-10　更改已经完美地实现

知道了这一点，可以展开数据以进行加载。

1. 展开"Transform Function"列。
2. 删除"Content"列。
3. 设置每列的数据类型。

这个过程的最后一步是加载数据，以便可以使用它，但要注意这里有一个潜在的"陷阱"。

在这个环节中创建了 5 个新查询，但没有选择加载目的地。在 Power BI 中，这个问题很容易解决，只需在提交之前确保所有查询都未选中"启用加载"属性。但在 Excel 中呢？当选择加载查询时，只能选择一个目的地，如果不小心选择加载到工作表或数据模型，可能会得到一个错误，提示无法加载"Sample File"（因为它是二进制值）。

> **【注意】**
> 在 Excel 中，强烈建议选择"关闭并上载至""仅创建连接"，并且保存所有查询后，再将"Orders"表的加载目标更改为加载到所需的目的地。

17.1.7　观察到的规律

关于刚刚完成的工作，应该认识到的第一件事是，"合并文件"按钮本质上是一个构建所有必需组件的宏。单击一个按钮，"魔术"就发生了，这太棒了。然而，这个自动化过程的问题是，它可能会导致用户无法观察到需要如何设置这些步骤才能工作。此后将研究如何构建自己的函数，但在实现之前，需要强调一些东西。

1. "Transform Sample"是完全可编辑的，并为"Transform Function"提供了回写功能。这意味着用户可以向"Transform Sample"添加或删除额外的参数，这些参数将被合并到"Transform Function"中。

2. 虽然 "Transform Sample" 可用于驱动 "Transform Function"，但 "Transform Function" 实际上并不依赖于 "Transform Sample"。如果愿意，实际上可以删除 "Transform Sample"，并且不会对查询的刷新功能产生任何影响。当然，如果这样做，将失去通过用户界面和 "应用的步骤" 区域轻松更新函数的能力。

3. 并不是每个函数都需要像 "Sample File" 那样的动态示例。事实上，如果用户试图提供一个自己的 "Sample File"，就会很容易触发隐私和公式防火墙错误。

4. 不要在试图使参数动态时犹豫不决。示例值和当前值仅在预览窗口中用于调试转换示例。在运行时，它们将填充传递给它们的任何内容。

5. 不要觉得必须使用一个参数来调用自定义函数。自定义函数可以依赖查询或参数来驱动其逻辑，或者这两个元素都不需要用。

> **✎【注意】**
> 自定义函数功能可以非常强大，只是不要认为它们必须按照 "合并文件" 体验中使用的方法工作。

17.2 使用参数构建自定义函数

在本例中，将看到一个相当常见的场景：某人对某个文本文件构建了一个转换，认为这是一个一次性工作。但现在意识到，他需要对文件夹中的每个文件都应用相同的转换。他不想从头开始重建整个解决方案，而是想对文件进行改造，将原来的查询变成一个函数，然后使用该函数导入和转换每个文件。

理想情况下，用户会希望能有一个转换示例查询以及转换函数。但最重要的是，"Timesheet" 查询已经被加载到工作表中，业务逻辑是基于该表的。用户不能破坏它，因此这个查询必须保持为加载最终数据的查询。打开 "第 17 章 示例文件\Retrofitting-Begin.xlsx" 文件，其中包含如下两个查询。

1. Timesheet：将重塑 "TimeSheets" 子文件夹中包含的 "2021-03-14.txt" 文件。

2. FilesList：包含一个简单的查询，列出 "TimeSheets" 子文件夹中的所有文件，返回一个简单的合并文件路径和名称列表，如图 17-11 所示。

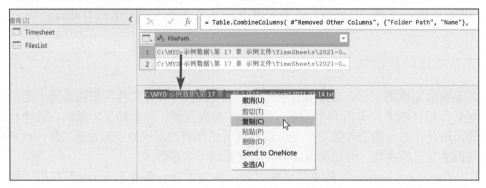

图 17-11 正在从 "FilesList" 查询复制第一个值

【警告】

请记住，此时"Timesheet"和"FilesList"查询中的文件路径都是硬编码的。请确保将示例文件地址更新为本地计算机的地址，否则尝试按照示例进行操作时，会出现错误。

在这个解决方案中，需要采取如下 4 个步骤。

1. 创建一个"FilePath"参数。
2. 创建新的"Timesheet Transform"（基于原始查询）来利用该参数。
3. 创建新的"Timesheet Function"。
4. 修改原始"Timesheet"查询以调用新的"Timesheet Function"。

17.2.1　创建文件路径参数

首先从创建一个简单参数开始，该参数将以文本形式保存完整的文件路径，结果如图 17-12 所示。

图 17-12　配置基于文本的"参数"

1. 选择"FilesList"查询，复制第一个文件的路径。
2. 转到"主页"选项卡，"管理参数""新建参数"。
3. 在弹出的"管理参数"对话框的"名称"中输入"FilePath"。
4. 将"类型"设置为"文本"，将文件路径粘贴到"当前值"区域。

此时结果将如图 17-12 所示。

【注意】

请记住，"当前值"仅用于驱动预览中的结果，可以随时通过"管理参数"对话框来更新它，以便稍后使用不同的文件。

17.2.2 创建 Timesheet 转换

创建了参数之后，现在需要基于原始"Timesheet"查询创建新的"Timesheet Transform"，并将其更新为使用新的"FilePath"参数。实现它实际上比听起来容易得多。

1. 右击原始"Timesheet"查询，"复制"。
2. 将"Timesheet(2)"查询重命名为"Timesheet Transform"。
3. 右击"Timesheet Transform"查询的"Source"步骤，"编辑设置"。
4. 将"文件路径"通过下拉列表更改为"参数"。

> **⚓【注意】**
> 这就是参数真正发挥作用的地方。Power Query用户界面中的许多输入区域提供了从原始值更改为列和（或）参数的选项。不幸的是，查询中很少出现在这个选项列表中，即使它们的计算结果是原始值。

如果只有一个参数，则会自动选择该参数，如果不是，则必须选择对应参数，如图 17-13 所示。

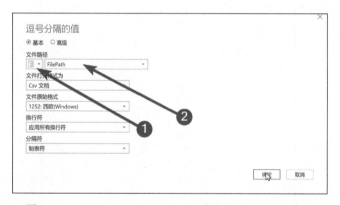

图 17-13 "Timesheet Transform"查询的"Source"步骤

无论相信与否，要创建一个新的"Transform Sample"查询，只需要做这些。只要为"FilePath"参数的"当前值"提供了有效路径（包括文件名和扩展名），在单击"确定"后，预览应该显示如图 17-14 所示的数据。

	A^B_C Column1	A^B_C Column2	A^B_C Column3
1	Date:	Work Date	
2	From:	3/1/2021	
3	To:	3/14/2021	
4			
5	Work Date	Out	Hrs
6	Thompson	John	3
7	2021-03-03	6:00 PM	8
8	2021-03-04	6:00 PM	8

`= Csv.Document(File.Contents(FilePath),[Delimiter="#(tab)", Columns=3, Encoding=1252,`

图 17-14 文件路径已被"FilePath"参数替换，而预览仍然显示数据

🙈【警告】
预览是否显示错误？转到"主页"选项卡，"管理参数""FilePath"，并确保
"当前值"包含两个"Timesheet"文件中的任意一个文件的完整文件路径。

17.2.3 创建 Timesheet 函数

由于"Timesheet"查询依赖于参数，因此创建转换函数非常简单。

● 右击"Timesheet Transform"，"创建函数"，在"函数名称"输入"Timesheet
Function"，"确定"，这样就可以了。

🖋【注意】
启用"创建函数"按钮的秘诀是在查询中至少使用一个参数。只要这样做，
就可以从中创建新函数，并将原始函数保留为"Transform Sample"。

17.2.4 更新 Timesheet 查询

修改解决方案的最后一部分是最棘手的。如果弄错了，它将破坏依赖于原始
"Timesheet"表结构的业务逻辑，因此必须小心。幸运的是，新的"Timesheet Transform"
查询包含原始表所需的列名，因此可以随时检查这些列名，来确认更新的查询是正确的。

为了更新"Timesheet"查询，需要执行以下操作。

1. 删除所有当前步骤。
2. 重新指向查询路径，从"FilesList"查询中读取。
3. 调用新"Timesheet Function"，并删除除函数结果之外的所有列。
4. 展开"Timesheet Function"的结果。
5. 设置数据类型。

从理论上讲，如果按照上述操作，应该拥有与原表相同的列，并且在加载时，不会破
坏针对原始"Timesheet"表创建的任何现有业务逻辑。

开始这个过程的最简单的方法可能是编辑和清除现有"Timesheet"查询的内容，需要
进行如下操作。

1. 选择"Timesheet"表查询，"视图""高级编辑"。
2. 用下面的代码替换查询中的所有代码：

```
let
    Source = FilesList
in
    Source
```

🙈【警告】
如果查询的名称为"Files List"(包含空格)，则需要被引用为"#"Files
List""。此外，必须确保查询名称的拼写和大小写正确，否则Power Query
将无法识别它。

单击"完成"后，将有一个新的查询准备就绪，就像在新查询中直接引用"FilesList"查询一样，如图 17-15 所示。

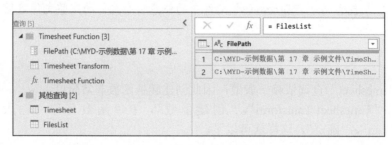

图 17-15 "Timesheet"查询现在引用了"FilesList"查询

完成以下操作。

1. 转到"添加列"选项卡，"调用自定义函数"，"功能查询"选择"Timesheet Function"。
2. 在"FilePath"下选择"FilePath"，"确定"。

此时，居然报错了，如图 17-16 所示。

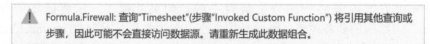

图 17-16 可怕的公式防火墙错误拒绝调用自定义函数

这是一个令人非常沮丧的错误信息，真希望能够避免它出现。

> ✎【注意】
> 虽然公式防火墙试图保护不将数据与不兼容的隐私级别相结合，但这并不是它唯一能防范的。即使试图通过禁用隐私设置来解决此问题，在这里也没有任何效果。

在第 19 章中会更详细地介绍公式防火墙错误，但是现在，能做些什么来解决这个问题？禁用隐私并不能解决问题，那么该怎么办呢？

错误信息似乎在说明引用了另一个查询，因此是否可以消除该问题并在引用的查询中执行此操作？换句话说，如果尝试在"FilesList"查询中调用函数，它会工作吗？

1. 从"Timesheet"查询中删除"Invoked Custom Function"（已调用自定义函数）步骤。
2. 选择"FilesList"查询。
3. 转到"添加列"选项卡，"调用自定义函数"，"功能查询"选择"Timesheet Function"，"FilePath"选择"FilePath"，"确定"，此时结果会怎么样呢？

竟然可以正常运行而没有问题，如图 17-17 所示。

说到底，这并不是什么大问题。通过在"FilesList"表中调用函数，避免了公式防火墙错误出现，现在在"FilesList"查询的表值中嵌套了文件列表及其内容。并没有说必须在这个查询中展开这些表。实际上，如果需要的话，可以使用另一个查询来查看这些信息，这很有帮助。

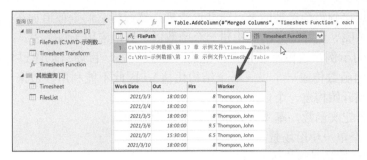

图 17-17 自定义函数可以在"FilesList"查询中调用

回到"Timesheet"查询并完成列的提取。

1. 选择"Timesheet"查询。
2. 右击"Timesheet Function"列,"删除其他列"。
3. 展开"Timesheet Function"列中的所有列(取消勾选"使用原始列名作为前缀"复选框)。
4. 设置所有列,"转换""检测数据类型"。

这里要注意的最后一件事是加载查询时的加载目的地。在这一个 Power Query 会话中再次创建了多个查询。问题是,原始"Timesheet"查询已经设置为加载到工作表,因此只能为新查询选择加载目的地,而工作表中不需要这些查询。

5. 转到"主页"选项卡,"关闭并上载至""仅创建连接"。

此时,数据表将更新,以显示"TimeSheets"子文件夹中两个"Timesheet"文件的记录,并且针对该表的公式将完美地更新,如图 17-18 所示。

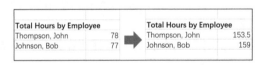

图 17-18 根据"Timesheet"文件构建的公式将完美地更新

17.3 手动构建自定义函数

到目前为止,事情似乎相当简单。创建一个或多个参数,在查询中使用一个(或多个)参数,然后根据该查询创建一个函数。不幸的是,用不了多久,就会遇到一个不可能实现这一点的场景。

如果打开"第 17 章 示例文件\Pivoting Tables-Begin.xlsx"文件,会发现第一个工作表中有两个表,如图 17-19 所示。本例的目标是逆透视每个表。

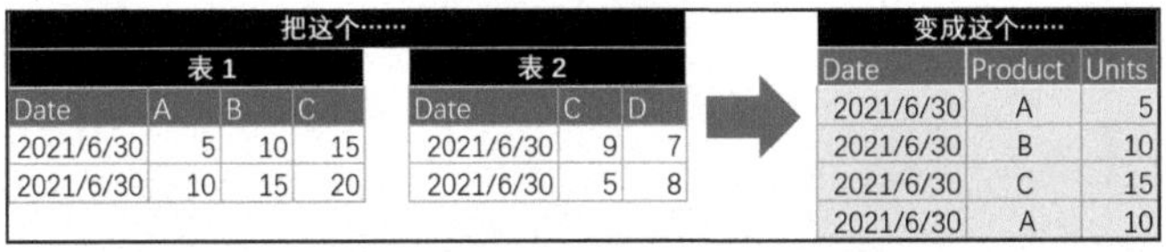

图 17-19 目标是能够在追加数据之前进行逆透视

当然可以连接到每个单独的表，对其逆透视，然后将它们全部追加在一起。但是，如果转换更加复杂呢？更好的方法是构建一个函数以一致地应用于每个表。

根据前文的示例，这似乎不太难，但有一个大问题，目前只创建过包含基元值的参数。由于需要向函数传递一个表（一个结构化值），因此不能利用参数来实现这一点。这意味着需要从头开始构建一个自定义函数。

为了构建自定义函数，基本上要遵循如下 3 步流程。

1. 构建一个单一使用场景。
2. 将单一使用场景转换为函数。
3. 从另一个查询调用函数。

这在实践中听起来很容易，下面是具体操作步骤。

17.3.1 构建一个单一使用场景

开始前，请打开"第 17 章 示例文件\Pivoting Tables-Begin.xlsx"文件，进行如下操作。

1. 创建新查询，"自其他源""空白查询"。
2. 在编辑栏中输入"=Excel.CurrentWorkbook()"。
3. 将查询重命名为"Sales"。
4. 筛选"Name"列，"不等于""Sales"。

☎【警告】

在使用Excel.CurrentWorkbook函数合并表时，不要忘记在第8章学到的经验，始终筛选出要创建的表。

完成了面向未来的工作后，现在可以构建一个单一使用场景来对两个表中的一个进行逆透视。要做到这一点，需要进行如下操作。

1. 右击"Content"列中的任意一个表值，选择"作为新查询添加"。
2. 将新查询重命名为"fxUnpivot"。
3. 右击"Date"列，"逆透视其他列"。
4. 将"属性"列重命名为"Product"，将"值"列重命名为"Units"。
5. 将数据类型设置为"日期"、"文本"和"整数"。

假设是从"Table2"开始，此时输出应该如图 17-20 所示。

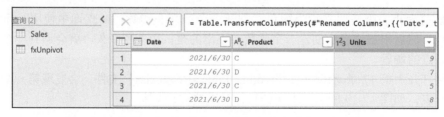

图 17-20　这是一个透视的表，现在如何使它成为一个函数呢？

17.3.2 将查询转换为函数

该过程的下一步是将查询转换为函数。这包括如下 3 个步骤。

1. 为保存要替换的数据变量命名。
2. 编辑查询，并在开始处加入以下内容：“(variable_name)=>”。
3. 扫描查询，查找要替换的数据，并用变量名覆盖它。

【注意】
可以在变量名周围加入空格，这样做可以使代码更易于阅读。

最好是为所保存的数据设置一个描述性变量名，因为这有助于自行记录 M 代码。由于目标是将单次使用场景转换为一个函数，在这个函数中可以传递一个表，因此本例将使用变量名“tbl”。

现在已经确定了变量名，编辑查询，以将其转换为函数。

1. 右击“fxUnpivot”查询，“高级编辑器”。
2. 将光标放在 let 语句的正前方。
3. 输入“(tbl)=>”并按 Enter 键，代码现在应该如图 17-21 所示。

```
1  (tbl)=>
2  let
3      Source = Excel.CurrentWorkbook(),
4      #"Filtered Rows" = Table.SelectRows(Source, each [Name] <> "Sales"),
5      Table1 = #"Filtered Rows"{[Name="Table2"]}[Content],
6      #"Unpivoted Other Columns" = Table.UnpivotOtherColumns(Table1, {"Date"},
7      #"Renamed Columns" = Table.RenameColumns(#"Unpivoted Other Columns",{{"属
8      #"Changed Type" = Table.TransformColumnTypes(#"Renamed Columns",{{"Date"
            Int64.Type}})
```

图 17-21　变量现在就位了

【注意】
此时，已经将查询转换为函数。但是，由于没有在代码中加入变量名，函数实际上不会改变任何东西。

对于下一步，理解查询背后的 M 代码很有必要。需要做的是找出变量的位置。目的是向查询传递一个表值，因此需要知道哪个步骤应该使用这个表值。

如果仔细查看代码，前两个步骤将连接到 Excel 工作簿，并设置一个筛选来删除“Sales”表，将这两个表从工作表中删除。下一行，从“Table1”开始，导航到“Table2”的内容。因此，可以指定“Table1”步骤，将其设置为等于 tbl 变量，如下：

```
Table1 = tbl,
```

虽然这是可行的，但并不是真正必要的，因为这一步所做的一切都是记录表的值，以便它可以将其提供给下一行代码：

```
Table.UnpivotOtherColumns(Table1, {"Date"}, "Attribute","Value"),
```

“逆透视其他列”需要一个表作为第一个参数，这就是 tbl 变量所包含的参数。因此，与其将 tbl 传递到“Table1”，然后将“Table1”传递到下一行，不如直接将 tbl 变量传递到 Table.UnpivotOtherColumns 函数中，如图 17-22 所示。

```
1  (tbl)=>
2  let
3      Source = Excel.CurrentWorkbook(),
4      #"Filtered Rows" = Table.SelectRows(Source, each [Name] = "Sales"),
5      Table1 = #"Filtered Rows"{[Name="Table2"]}[Content],
6      #"Unpivoted Other Columns" = Table.UnpivotOtherColumns(Table1, {"Date"}, "属性", "值"),
7      #"Renamed Columns" = Table.RenameColumns(#"Unpivoted Other Columns",{{"属性", "Product"}, {"值", "Units"}}),
8      #"Changed Type" = Table.TransformColumnTypes(#"Renamed Columns",{{"Date", type date}, {"Product", type text}, {"Units",
           Int64.Type}})
9  in
10     #"Changed Type"
```

图 17-22　把 tbl 变量放在这里

事实上，如果这样做，甚至不再需要查询定义的前 3 行，可以直接删除它们，如图 17-23 所示。

```
1  (tbl)=>
2  let
3      #"Unpivoted Other Columns" = Table.UnpivotOtherColumns(tbl, {"Date"}, "属性", "值"),
4      #"Renamed Columns" = Table.RenameColumns(#"Unpivoted Other Columns",{{"属性", "Product"}, {"值", "Units"}}),
5      #"Changed Type" = Table.TransformColumnTypes(#"Renamed Columns",{{"Date", type date}, {"Product", type text}, {"Units",
           Int64.Type}})
6  in
7      #"Changed Type"
```

图 17-23　函数长度变得更短了，但它能有效地工作吗？

此时，单击"完成"，查询将更改为函数视图，如图 17-24 所示。

图 17-24　很好，看起来像一个函数了，但它会像函数一样工作吗？

17.3.3　从另一个查询调用函数

如果参数需要一个原始值，例如一段文本或一个值，可以在对话框中输入该值，然后调用它。这样可以轻松地测试函数，以确保它正确地工作。不幸的是，针对结构化值来说，要做到这一点有点儿困难。

> **🖊【注意】**
>
> 遗憾的是，在这里甚至不能像创建自定义列时那样，在对话框前面加上"="字符来"欺骗"这个对话框。输入"=Excel.CurrentWorkbook(){0}[Content]"，它只是将公式视为文本。

测试此函数最简单的方法就是调用它，将一些表传递给它以供使用，结果如图 17-25 所示。

1. 选择"Sales"查询，"添加列""调用自定义函数"。

2. 选择"fxUnpivot"列，确保"tbl"设置为"Content"，"确定"。

3. 预览"Table1"的结果。

正如所看到的，虽然参数非常有用，但如果想要构建自定义函数，实际上参数并不是必需的。继续下面的步骤。

1. 右击"fxUnpivot"列，"删除其他列"。

2. 展开"fxUnpivot"列（取消勾选"使用原始列名作为前缀"复选框）。

3. 选中全部列，"转换""检测数据类型"。

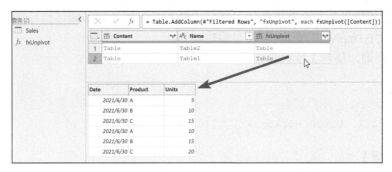

图 17-25　看起来自定义的 fxUnpivot 函数正在运行

在这个过程的最后，数据看起来很完美，如果有用户添加另一个产品表，它将包含在逆透视操作中，如图 17-26 所示。

	Date	Product	Units
1	2021/6/30	C	9
2	2021/6/30	D	7
3	2021/6/30	C	5
4	2021/6/30	D	8
5	2021/6/30	A	5
6	2021/6/30	B	10

图 17-26　逆透视操作的结果

17.3.4　调试自定义函数

如果不创建参数，就无法保存"Transform Sample"的副本。这是使用自定义函数时最痛苦的一件事：失去了轻松处理它们的能力。这使得调试自定义函数变得有点儿困难。

虽然不是很理想，但有一种方法可以将函数转换回查询，以便对其进行测试。这个过程的不幸之处在于它是一个临时状态，因为将函数转换为可调试状态会将其转换为函数模式，从而中断调试过程中的任何后续查询。尽管如此，这是实现目标的唯一途径，因此在这里将继续探讨。

为了恢复"应用的步骤"区域，以便调试函数，需要将其转换回查询。为此，需要做如下两件事。

1. 注释掉将查询转换为函数的那行代码。

2. 复制初始行中使用的变量，并给它赋值。

如果少执行上述任一操作，查询或函数将返回错误的结果（最好的情况），或错误信息（最坏的情况）。

为了注释掉M代码中的一行，可以在该行的开头插入字符"//"。这会告诉Power Query引擎不执行这一行代码。

为了复制变量，需要在初始let行之后设置一个新步骤，该步骤创建变量并为变量赋值。该行必须使用以下语法来构建：

```
Variable_name = assign_value_here ,
```

变量名必须是当前包含在函数的左括号中的变量，并且行必须以逗号结尾。

1. 右击"fxUnpivot"查询，"高级编辑器"。
2. 修改查询，使前 3 行内容如下：

```
//( tbl )=>
let
tbl = Excel.CurrentWorkbook(){0}[Content] ,
```

✎【注意】
不要忘记行尾的逗号，否则代码将无法工作。

🙈【警告】
请注意，如果确实调用了自定义函数，它会将整个函数封装在一个新的let-in结构中。在这种情况下，需要注释函数的前两行和最后两行，以便将其设置为查询。

当完成后，代码看起来如图 17-27 所示。

```
1  //( tbl )=>
2  let
3      tbl = Excel.CurrentWorkbook(){0}[Content] ,
4      #"Unpivoted Other Columns" = Table.UnpivotOtherColumns(tbl, {"Date"}, "属性", "值"),
5      #"Renamed Columns" = Table.RenameColumns(#"Unpivoted Other Columns",{{"属性", "Product"}, {"值", "Units"}}),
6      #"Changed Type" = Table.TransformColumnTypes(#"Renamed Columns",{{"Date", type date}, {"Product", type text}, {"Units",
          Int64.Type}})
7  in
8      #"Changed Type"
```

图 17-27　修改后的代码，将其转换为一个查询

单击"完成"后，将看到可以单步执行并验证查询中发生的情况，如图 17-28 所示。

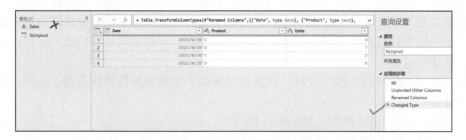

图 17-28　步骤返回正确，但是"Sales"查询出现了一些错误

这里的好处是，可以遍历每个步骤，包括为调试指定给 tbl 的值。但是有一些坏消息。

☪【警告】

当函数处于调试模式时，任何引用它的查询都将不起作用。

17.3.5 恢复函数功能

要将查询转换回函数，需要再次编辑 M 代码以执行如下两项操作。

1. 从初始行中删除 "//" 字符。

2. 将 "//" 字符放在当前声明临时变量的行的前面，一旦完成，函数将恢复其正常操作作方法，使用此函数的所有查询都将能够再次使用它。

关于创建自定义函数的最后一个想法是，虽然声明每个变量的数据类型不是必需的，但这是一个明智的做法。为此，只需在变量声明行中添加 "as"。如果在将函数设置回可用状态之前执行此操作，那么代码将如图 17-29 所示。

```
1  (tbl as table)=>
2  let
3      //   tbl = Excel.CurrentWorkbook(){0}[Content] ,
4      #"Unpivoted Other Columns" = Table.UnpivotOtherColumns(tbl, {"Date"},
5      #"Renamed Columns" = Table.RenameColumns(#"Unpivoted Other Columns",{{
6      #"Changed Type" = Table.TransformColumnTypes(#"Renamed Columns",{{"Dat
           Int64.Type}})
7  in
8      #"Changed Type"
```

图 17-29　恢复函数功能时输入变量的数据

☪【警告】

忘记注释掉临时变量行将导致该行覆盖传递到函数中的任何变量，所以不要忘记这样做。

17.4　动态参数表

当考虑参数时，除了动态更改文件路径或表之外，它还有很多潜在的功能。例如，如果只需更改参数就可以轻松地将数据筛选到特定的业务部门或部门，这不是很好吗？

虽然参数很好用，但在使用参数的过程中，有几件事情让人沮丧。第一点是，它们鼓励使用静态值，但在实际场景中确实希望能够通过 Excel 公式来驱动 Power Query 参数，在运行时从电子表格传递当前值。第二点是，为了更新一个参数的值，必须使用只能在 Power Query 编辑器中找到的"管理参数"按钮。这意味着每次想要进行更改时都需要额外的单击和等待时间。不仅不方便，而且它对用户一点儿也不友好。

本节将展示如何设置一个表和一个 fnGetParameter 函数来解决这些问题。虽然它在 Excel 中特别有用，但如果维护一个存放参数的表格，则该技术也可以在 Power BI 中使用。

但是，对 Power BI 来说有如下两个主要缺点。

1. 仍然需要进入 Power Query 编辑器来更新这些参数。
2. 由于终端用户无法访问或修改已发布模型中的 M 代码，因此在发布 Power BI 模型后，用户无法动态更改这些参数。

好处是它将所有的参数保存在一个易于模型开发人员查看的表中。

【注意】

正如将要看到的，这里不会真正创建参数，而是从表中提取基元值并将其传递给其他查询。

17.4.1 动态文件路径问题

使用 Web 托管数据时，共享文件相对容易，可以通过任何方法简单地共享该文件。当用户在另一端打开文件时，可能会提示他们启用数据连接、设置隐私级别或进行身份验证，但这些问题是意料之中的。由于数据是基于 Web 托管的，因此可以在不更新文件中任何数据源连接器的情况下进行访问。

但是，当构建了一个基于 Excel 的解决方案（如本章前文更改的 "Timesheet" 示例）时，会发生什么呢？数据存储在本地计算机或网络驱动器上的文件夹中。现在，可以压缩解决方案并与其他人共享整个文件夹，就像在本书的示例文件中所做的那样。

当用户收到文件时，会将其解压缩到文件夹中，打开解决方案并进行刷新。会发生什么？答案取决于终端用户是否将文件解压缩到与作者完全相同的路径。如果用户这样做了，那么刷新将起作用。否则，将收到错误信息，需要更新所有本地资源的文件路径。

【注意】

这个问题肯定会影响到根据本地数据源构建解决方案的Power BI用户，但会更频繁地影响Excel用户，因为他们更倾向于使用本地计算机中的数据文件。

将 "Timesheet" 示例放到一个真实的业务环境中：用户先构建了主合并文件，将其保存在 "H:\Payroll" 中，并且几个月来一直将 "Timesheet" 存储在 "H:\Payroll\timesheets" 中的子文件夹中。在辛苦工作了一年之后，终于有了几周的假期，用户不得不在离开的时候把解决方案交给其他人来维护。但有一个问题，他们的系统将开发人员的解决方案路径映射为 "J:\HR\Payroll"。与其为暂代者重新编码解决方案，然后在用户返回时再重新编码，不如创建相对于工作簿所在位置的路径。这样，如果用户从 "J:\HR\Payroll" "H:\Payroll" 或其他地方打开它，它应该不会有什么区别。

真正的挑战是什么？目前，M 语言中没有任何函数允许用户计算出所使用工作簿的路径。有趣的是，一个 Excel 公式可以完成这项工作。

【注意】

Power BI没有像Excel那样可以枚举源文件位置的函数。如果这是一个Power BI解决方案，可以将文件存储在SharePoint文件夹中并连接到该文件夹，因为这是一个基于Web托管的数据集，路径不会更改。

17.4.2　实现动态参数表

回到上一个"Timesheet"示例，看看是否可以使文件路径真正动态，以便任何人打开文件都可以执行刷新。

> 🖋️【注意】
> 可以打开"第17章 示例文件\Retrofitting-Complete.xlsx"文件来了解更多信息。

有如下 3 个步骤来实现。
1. 在 Excel 中创建参数表。
2. 创建从表中提取值的函数。
3. 更改现有查询以调用该函数。

17.4.3　创建参数表

需要做的第一件事是创建一个表来保存参数。为了可以使用将要提供的函数，此表采用特定的形式，并且需要正确设置某些组件。

在"Timesheet"工作表的单元格区域 F9:G10 中创建如图 17-30 所示的表。

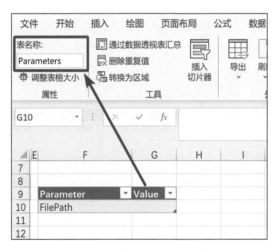

图 17-30　参数表的基本结构

请注意，这个表有如下 3 个关键特征。
1. **第一列的标题是"Parameter"。**
2. **第二列的标题是"Value"。**
3. **该表的名称为"Parameters"。**

> 🐵【警告】
> 这是一个官方的"Ctrl+T"表，为了使用下载文件中提供的功能，正确设置每个属性是至关重要的。如果这些项中有一项拼写不同，则需要调试表和（或）函数。

现在这个表已经设置好了，可以保存要在解决方案中作为动态变量使用的每一条数据。只需在左侧提供参数的名称，并在"Value"列中提供参数的数值。

> ✎【注意】
> "Value"列中的项目可以是硬编码的文本或值，可以由数据验证列表驱动，也可以使用公式。如何在单元格中获得正确的值完全取决于解决方案的开发人员。

接下来，需要确定当前工作簿的文件路径。在单元格 G10 中输入以下公式：

```
=IFERROR(LEFT(CELL("filename",A1),FIND("[",CELL("filename",A1),1)-1),
"Workbook needs to be saved!")
```

> ✎【注意】
> 如果尚未保存文件，此函数将不会返回路径，因为它无法确定工作簿所在的位置。函数的最后一个参数在这种情况可以提示如何解决问题，而不是显示错误信息。

执行此操作后，应该会看到列出的工作簿的文件路径。唯一的挑战是，希望此文件路径指向"TimeSheets"文件夹，因为它是存储"Timesheet"的地方。更新公式以添加文件夹路径，如图 17-31 所示。

```
=IFERROR(LEFT(CELL("filename",A1),FIND("[",CELL("filename",A1),1)-1),
"Workbook needs to be saved!")&"TimeSheets\"
```

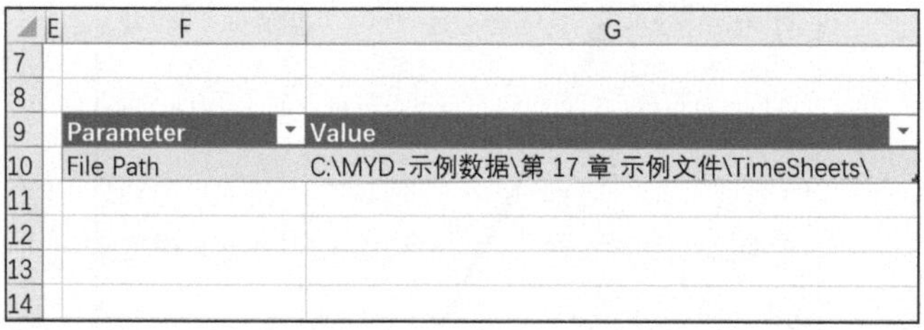

	E	F	G
7			
8			
9		Parameter ▾	Value ▾
10		File Path	C:\MYD-示例数据\第 17 章 示例文件\TimeSheets\
11			
12			
13			
14			

图 17-31　使用 Excel 公式动态返回文件路径

> ☎【警告】
> Microsoft 365中一个令人恼火的特性是，同步到OneDrive或SharePoint的文件夹中存储的文件将返回文件的"https://"路径，而不是本地文件路径。这导致的问题是，需要一个不同的连接器来访问文件内容。如果需要阻止此"智能"开关，并强制解决方案使用本地文件路径，可以通过暂停OneDrive的同步，然后从本地文件路径重新打开文件来实现。

17.4.4　实现 fnGetParameter 函数功能

由于参数表现在处于可以保存所需的任何变量的状态，只需要为Power Query提供一个读取这些值的方法。此部分可通过使用以下自定义函数完成：

```
( getValue as text ) =>
let
 ParamTable = Excel.CurrentWorkbook(){[Name="Parameters"]}[Content],
 Result = ParamTable{[Parameter=getValue]}?[Value]?
in
 Result
```

【注意】

在"第17章 示例文件"文件夹中提供"fnGetParameter.txt"文件，除了代码之外，它还包含使用函数的说明，以及从单元格返回文件路径的公式。提供该文件是为了给用户一个可以多次存储和使用的模板。

此代码连接到工作簿中的参数表，然后选择表中动态参数值与Excel表的参数列中的记录匹配的行。匹配完成后，它将返回在"Value"列中找到的内容。正是因为这些名称都是在函数中硬编码的，所以Excel表的表名和列名都与上面指定的匹配。

与其重新输入整块代码，不如打开"第 17 章 示例文件\fnGetParameter.txt"文件，复制文件中的所有行。有了粘贴缓冲区中的这些函数，在解决方案中实现这个函数就会非常简单。

1. 创建新查询，"自其他源""空白查询"。
2. 转到"主页"选项卡，"高级编辑器"显示窗口中的所有代码行。
3. 按Ctrl+V键以粘贴文本文件的内容。
4. 单击"完成"。
5. 将函数名更改为"fnGetParameter"后就完成了。

17.4.5 调用函数

在构建了参数表并准备好函数之后，最后一步是改进现有查询以实际使用它。这样做将允许从单元格中获取文件路径，并在查询中使用该路径。由于重新计算工作簿时文件路径会更新，因此它将始终是准确的，这意味着解决方案将始终在当前文件所在的子目录中查找"Timesheet"文件。

要优化"Timesheet"查询，甚至不必离开Power Query编辑器。

1. 选择"FilesList"查询，右击它选择"高级编辑器"。
2. 在let行之后插入以下代码行：

```
fullfilepath = fnGetParameter("File Path"),
```

查询如图 17-32 所示。

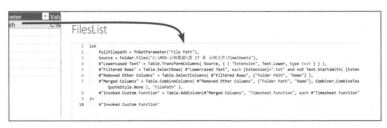

图 17-32　调用 fnGetParameter 函数

请注意，在这里创建了一个名为"fullfilepath"的新变量，用于保存Excel表"File Path"行中的值。

☎【警告】
虽然可以跳过此步骤，只需将"fnGetParameter"调用嵌套在下一行的文件路径中，但依然建议不要这样做。在函数开头为每个"fnGetParameter"创建单独的步骤，有助于避免在上一个示例中触发的公式防火墙错误，即在后面的查询步骤中，被阻止访问数据源。

此外，通过在单独的行中添加此调用，可以使查询更易于调试，如下所示。
1. 单击"完成"。
2. 在"应用的步骤"区域中选择"fullfilepath"步骤。

文件夹的"fullfilepath"在编辑器中显示得很好，可以让人感到欣慰的是，该部分已经被更正了，如图 17-33 所示。

现在已经知道函数通过Excel公式返回了正确的路径，可以在"Source"步骤中使用变量以代替硬编码的文件路径。
1. 转到"主页"选项卡，"高级编辑器"，在"Source"行中找到文件路径。
2. 选择整个文件路径（包括引号）并将其替换为"fullfilepath"查询的前3行，如下：

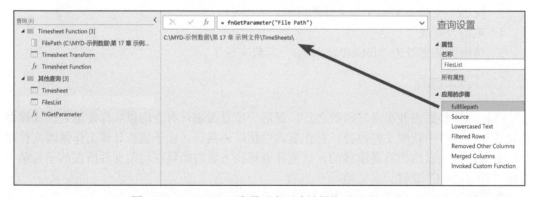

图 17-33　fullfilepath 变量正在正确地提取"File Path"

```
let
    fullfilepath = fnGetParameter("File Path"),
    Source = Folder.Files(fullfilepath),
```

✎【注意】
必须通过"高级编辑器"或编辑栏手动编辑M代码。无法通过单击"Source"步骤旁边的齿轮图标来完成，因为"fullfilepath"不是Windows操作系统的有效参数或文件夹。

修改完成后，单击"完成"，可以看到查询的每个步骤仍然正常工作，如图 17-34 所示。

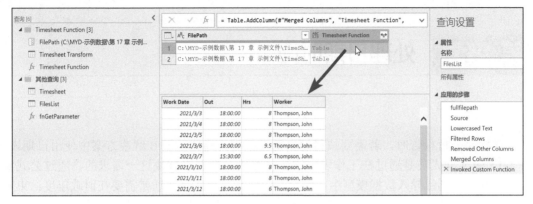

图 17-34 改进后的查询仍然可以工作

17.5 参数表的意义

特别是在 Excel 中使用 Power Query 时，引用参数表在建立解决方案时提供了极大的灵活性。如果在公司内部构建解决方案，并且需要与团队成员或其他部门共享，现在可以将其设置为从解决方案相对路径的动态文件夹结构中读取。另一方面，如果你作为客户开发解决方案的顾问，那么这项技术将产生巨大的影响，因为顾问的计算机上是否会有与客户的计算机上完全相同的文件结构是值得怀疑的。在这两种情况下，最不希望做的事情就是向终端用户发送一个文件，并说明如何编辑 M 代码。

通过打开"Dynamic FilePath-Complete.xlsx"文件并刷新数据来实际看到这一点。只要"TimeSheets"文件夹（和文件）与 Excel 文件存储在硬盘上的同一位置（并且该位置未主动同步到 OneDrive 或 SharePoint），刷新就会正常工作，如图 17-35 所示。

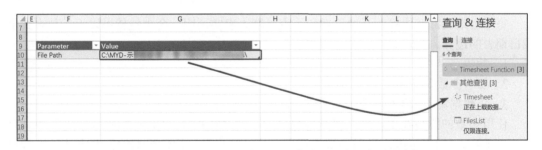

图 17-35 完全不同的（本地）文件路径不会影响刷新功能

但参数表的力量并不止于此。考虑以下每一项可能希望完成的任务。
1. 基于 Excel 工作表单元格中的日期构建日期表。
2. 根据 Excel 单元格中的值驱动表格筛选器。
3. 确定将 4 个 Excel 表格中的哪一个加载到解决方案中。

通过设置并使用自定义函数从 Excel 表格中读取，就可以实现这些目标中的任何一个。这不仅能够动态地驱动内容，还能够在更熟悉的环境中生成数据。在某些情况下，还可以做 Power Query 不允许做的事情。

第 18 章　处理日期时间

在构建分析报告时，若需要按日期来筛选数据，通常需要在解决方案中使用日期表。许多 Excel 专业人员是通过在工作表中构建硬编码日期表来解决这一需求的，通过公式实现，将其连接到或导入数据模型中。然而，问题在于这些表格通常需要在财政年度结束时手动修改，如果能让这些表格变得自动化而不再依赖手动维护，那岂不是更好吗？

在本章中，将研究构建完整日期表，以及基于已有数据自动生成与之匹配的日期表的方法。

首先需要说明的是，用 Power Query 动态构建一个日期表的确需要一定工作量，也需要定期刷新。用户可能会问，直接从公司数据库中获取日期表是否更好？答案是肯定的，如果用户可以从公司数据库中获得日期表，那应该优先用这个方法。但是如果无法从公司数据库中获得日期表怎么办？或者用户只有手头的一大堆 Excel 或文本文件，而无法访问公司 IT 部门管理的日期表，那又该怎么办呢？

在构建日期表时，需要考虑 3 个重要部分：日期表的开始日期、结束日期以及所需的粒度（即日期需要每日记录、每周记录、每月记录还是其他明细程度）。在本章中，将提供生成每个部分的方法，希望用户能够利用这些方法来生成满足自己生成日期表的需求。

18.1　边界日期

每个日期表都有边界：开始日期和结束日期。事实证明，至少能使用以下 3 种方式生成日期表的边界。

1. 参数。
2. 动态参数表（如第 17 章所示）。
3. 从数据集动态生成的数据。

使用参数的挑战在于，这些值是硬编码的，需要在 Power Query 编辑器中进行手动更新。对于 Excel 用户来说，动态参数表更好。从经验来看，构建日期的推荐方法是直接根据实际数据动态获取日期。这样，刷新文件后，将始终确保日期表覆盖实际数据所需的所有日期。

> ✎【注意】
> 本章构建日期表的方法蕴含大量高级技巧，同时涵盖多种不同的使用场景。为了保持本章的简洁，就不再提供基于示例数据创建这些表的逐步演练步骤。不过，示例文件中有完整的参考，包含所有不同的日期表模板，可以在 "第 18 章 示例文件\Calendar Tables.xlsx" 文件中找到。

18.1.1　计算边界日期

如果按照以下流程操作，用 Power Query 为日期表生成边界日期实际是相对容易的。然而，在具体操作之前，先给出需要遵守的规则。

1. 本书强烈建议构建的日期表涵盖整个财政年度数据。
2. 考虑所有的表，从具有最早日期的表中获取开始日期，如销售表通常是一个很好的选择。
3. 考虑所有的表，从具有最晚日期的表中获取结束日期，如预算表通常是一个很好的选择。

鉴于上述情况（并假设保存日期的列名为"Date"），创建日期表的边界日期，方法如表 18-1 所示。

表 18-1　获取日期表开始日期和结束日期的标准步骤

步骤	获取开始日期的流程	获取结束日期的流程
1	参考包含最早日期的表	参考包含最晚日期的表
2	删除除"Date"列以外的所有内容	删除除"Date"列以外的所有内容
3	筛选"Date"列，"日期筛选器""最早"	筛选"Date"列，"日期筛选器""最晚"
4	删除重复值	删除重复值
5	"转换""日期""年""年份开始值"	"转换""日期""年""年份结束值"
6	可选操作：为非标准的年末日期更改日期。请参阅18.1.2小节"处理财政年度日期"部分	
7	将数据类型更改为"日期"	将数据类型更改为"日期"
8	右击日期单元格向下钻取（"深化"）	右击日期单元格向下钻取（"深化"）
9	将查询重命名为"StartDate"	将查询重命名为"EndDate"
10	加载为"仅限连接"	加载为"仅限连接"

🐵【警告】

请注意，此标准步骤将破坏查询折叠。同样，如果用户的公司IT部门在 SQL数据库中为用户提供了日期表，那么用户应该使用它。这个标准步骤是为那些不能做到这一点，只能自行完成工作的用户准备的。

这些步骤中的大多数都相当简单，但要特别指出如下 3 个步骤。

- **步骤 6**：对于以 12 月 31 日结束的 12 个月日期表，可以跳过此步骤。在接下来的章节中，将对交替财政年度结束的这一步骤进行详细介绍。
- **步骤 7**：在步骤 7 中重新定义日期数据类型的原因，是确保步骤 8 中使用"{0}"格式可以正确地钻取数据（有时跳过步骤 7 不会发生这种情况）。
- **步骤 8**：执行向下钻取时，右击日期单元格而不是列标题来执行向下钻取非常重要，如图 18-1 所示。

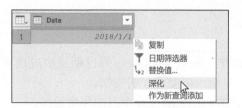

图 18-1　在开始日期的单元格向下钻取

如果用户正确地执行了步骤 8，则应该以基元值的形式获得日期，如图 18-2 所示。

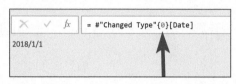

图 18-2　"StartDate"应基于"{0}"并显示为原始日期数据类型

> 📞【注意】
> 日期将根据用户本机的默认日期格式显示，因此可能与本书所展示的格式
> 有所区别。

> 🙈【警告】
> 如果右击列标题，将转换得到列表，但这样做与整个流程操作是不匹配的。

18.1.2　处理财政年度日期

到目前为止，世界上最常用的日期表是 12 个月的日期表，但是每个公司的财政年度可能不同，并不会都在 12 月 31 日这天正好结束。幸好，改变日期表的开始日期和结束日期很容易，可以用此来匹配用户财政年度的开始日期和结束日期。

为了尽可能简化此操作，本书建议创建"YEMonth"查询作为参数变量，如下。

1. 创建一个新的空白查询。
2. 将查询重命名为"YEMonth"。
3. 在编辑栏中输入财政年度最后一个月的数值。
4. 将查询加载为"仅限连接"。

假设用户的公司有一个 9 月 30 日的年末日期，查询如图 18-3 所示。

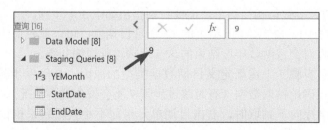

图 18-3　以 9 月 30 日作为年末日期的日期表

创建"YEMonth"查询后，用户可以遵循（或修改）上文所述的"StartDate"和"EndDate"流程步骤，其中步骤 6 展开为包括如表 18-2 所示的步骤。

表 18-2 非标准 12 个月的日期表如何在标准流程的步骤 6 中获取开始日期和结束日期

步骤	获取开始日期的流程	获取结束日期的流程
6A	转到"添加列"选项卡，"自定义列"	转到"添加列"选项卡，"自定义列"
6B	将列命名为"Custom"，并使用公式： =Date.AddMonths(　　[Date], YEMonth-12)	将列命名为"Custom"，并使用公式： =Date.AddMonths(　　[Date], YEMonth)
6C	右击"Custom"列，"删除其他列"	右击"Custom"列，"删除其他列"
6D	将"Custom"列重命名为"Date"	将"Custom"列重命名为"Date"

✎【注意】
如果已经创建了"StartDate"和"EndDate"查询，并且需要插入这些步骤，请确保从计算的年初（年末）日期开始。

图 18-4 所示为原始的"StartDate"的结果与完全遵循表 18-2 的步骤 6 生成的"FiscalStartDate"的结果的比较。关于这个数据集，需要认识到的重要一点是，最早的销售交易发生在 2018 年 1 月 1 日，因此该模式将日期转换为涵盖整个财政年度的日期，无论是从 1 月 1 日至 12 月 31 日，还是从 10 月 1 日至 9 月 30 日。

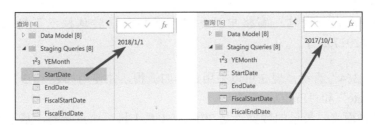

图 18-4 比较原始的"StartDate"与以 9 月 30 日为年末日期的"FiscalStartDate"的结果

✎【注意】
为了在同一文件中显示常规结束日期和财政年度结束日期，完成的示例文件包含依赖于本节所示修改的"FiscalStartDate"和"FiscalEndDate"查询。

18.1.3 处理 364 日型

虽然公司日期格式有很多种，但除了 12 个月的日期结构之外，还有一种流行的日期结构是 364 天的日期结构，包括"4-4-5""4-5-4""5-4-4""13×4"周[①]。虽然每一个都是根据用于推导季度或年份的周数来定义的，但它们都有一个共同点，即它们每年跨越 364 天，每年的年末日期都不同。

---

① 关于如何生成"4-4-5"等日期表的逻辑并未在书中给出，但提供了技术实现细节，读者可对照实现和其他参考资料自行理解。——译者注

再次，需要对原始的"StartDate"和"EndDate"查询步骤进行调整，以使其起作用。同样，为了使这一过程尽可能简单，建议创建一个新的查询来完成这个任务。这一次，将把查询命名为"Start364"，并使用它记录公司历史记录中任何有效财政年度的第一天。为此，需要进行如下的操作。

1. 创建一个新的空白查询。
2. 将查询重命名为"Start364"。
3. 在编辑栏中输入任何财政年度第一天的日期。
4. 将查询加载为"仅限连接"。

假设公司财政年度开始于 2017/1/1、2017/12/31 和 2018/12/30（每个日期都是星期日），可以在"Start364"查询中使用其中任何一个值，如图 18-5 所示。

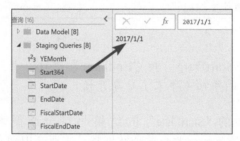

图 18-5　2017 年 1 月 1 日（星期日）是本公司财政年度的有效开始日期

> **✎【注意】**
> 如果查询未在"查询"窗格中显示日期图标，请尝试按以下格式输入："=#date(2017,1,1)"。

有了"Start364"查询，现在可以采用最初的流程，并使用如表 18-3 所示步骤 6 的版本生成"StartDate"和"EndDate"查询。

就样本数据而言，最早的数据点是 2018 年 1 月 1 日。这意味着，基于上述定义的日期格式，364 天日期格式必须从 2017 年 12 月 31 日开始，因为这是包括最早记录的财政年度的最后一个日期。如你所见，实际计算结果符合预期，如图 18-6 所示。

表 18-3　按步骤 6 生成基于 364 天年末日期"StartDate"和"EndDate"查询

步骤	获取开始日期的流程	获取结束日期的流程
6A	转到"添加列"选项卡，"自定义列"	转到"添加列"选项卡，"自定义列"
6B	将列命名为"Custom"并使用公式： =Date.AddDays(Start364, 364 * Number.Round(Duration.Days([Date] - Start364)/364, 0))	将列命名为"Custom"并使用公式： =Date.AddDays(Start364, 364 * Number.RoundUp(Duration.Days([Date] - Start364)/364, 0) -1)
6C	右击"Custom"列，"删除其他列"	右击"Custom"列，"删除其他列"
6D	将"Custom"列重命名为"Date"	将"Custom"列重命名为"Date"

图 18-6　"StartDate364"是正确的，尽管"Start364"是上一财政年度的最后一个日期

> **✎【注意】**
> 同样，为了允许对同一文件中的所有日期进行比较，完整的示例提供了
> "StartDate364"和"EndDate364"查询。

18.2　日期表

　　现在知道了如何为各种不同的日期结构生成开始日期和结束日期，接下来就来构建一个日期表。将从开始日期到结束日期，以每日为粒度（每天记录一次，没有间隔），创建一个日期表。

18.2.1　原子日期表

　　一旦定义了"StartDate"和"EndDate"，就会发现创建日期表只需要遵循一个非常简单的方法。

1. 创建一个新的空白查询。
2. 在编辑栏中输入以下公式：

```
= { Number.From( StartDate ) .. Number.From( EndDate ) }
```

3. 转到"列表工具"，"转换""到表""确定"。
4. 将"Column1"列重命名为"Date"。
5. 将"Date"列的数据类型更改为"日期"。
6. 将查询重命名为"Calendar"（或任何用户喜欢的名称）。

> **✎【注意】**
> 不幸的是，无法使用"{..}"创建日期列表结构，但可以创建一个从一个数字到另一个数字的列表。因此，使用Number.From函数将日期转换为它们的等价序列号。虽然可以将单个查询转换为数值，但这种方法将"暂存"查询显示保留为日期，使得以后查看它们更容易。

　　最终结果是一个具有每日粒度的完全动态日期表，该表涵盖整个（财政）年度，数据现在看起来如图 18-7 所示。

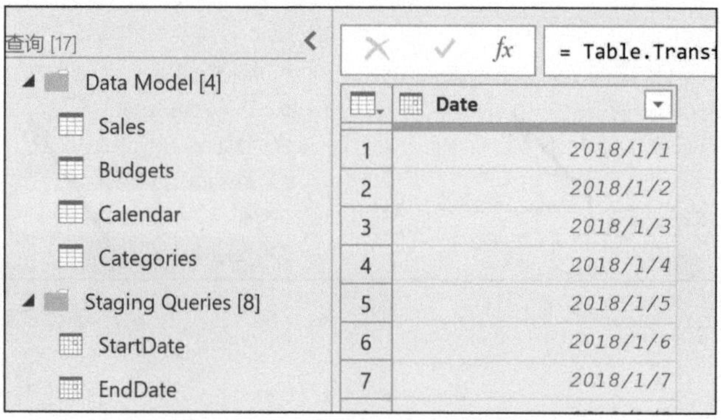

图 18-7　一个完全动态日期表

此时，用户应该认识到一些非常重要的事情。虽然这是使用了标准的从每年 1 月 1 日到 12 月 31 日的开始日期和结束日期生成的，但还可以使用 18.1 节中各种（财政）年度的开始日期和结束日期。如果使用它们，日期表将覆盖相应范围。

【警告】
如果提供的"EndDate"早于"StartDate"，那么将生成一个空列表，然后在尝试重命名不存在的"Column1"时将会返回步骤级错误。因此，在基于不同的查询设置开始日期和结束日期时，都需要小心确保选择的列永远不会导致这种情况。

还要认识到另一件事，此方法是填充两个日期之间连续日期的通用方法，它完全不局限于构造日期表，你将在本章后面看到。

18.2.2　增强日期表

如果用户计划对日期表进行任何实际分析，那么将需要创建一些辅助列来表示周期，如"Year""Month""Month Name"等。幸运的是，Power Query 使这一过程变得非常简单，因为它包含一组内置的日期转换功能。要使用它们，需要遵循以下 3 个步骤。

1. 选择"日期列"，"添加列""日期"。
2. 选择需要的时间段。
3. 根据实际情况需要循环操作以上步骤。

图 18-8 显示了将"Year""Month""Month Name"列添加到查询中的结果。

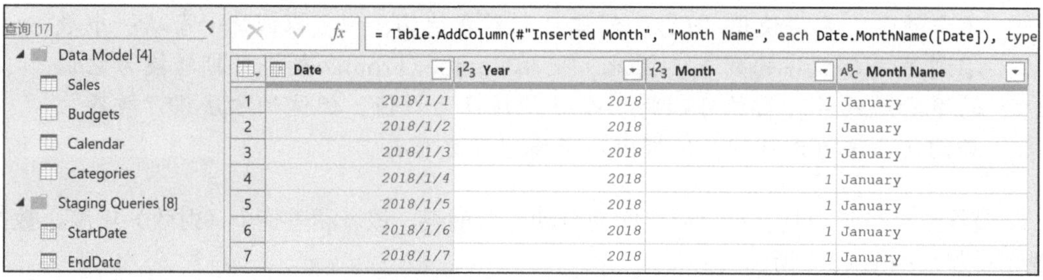

图 18-8　向"Calendar"表中添加一些辅助列

🐵【警告】

如果创建的列返回的日期类似于月末列，请不要忘记返回到步骤1。创建下一个转换非常容易，而且只需重新创建的列而不是原始的日期列中提取数据。

18.2.3 财政日期列

虽然内置的日期转换非常方便，但当应用于使用 12 月 31 日以外的年末日期时，它们可能会"崩溃"。幸运的是，可以通过自定义列中的公式计算财政日期（例如财政月）。

表 18-4 包含一些关键公式，如果需要提取不是以 12 月 31 日为截止日期的 12 个月年末报告期，可能会发现这些公式很有用。

表 18-4 以 12 个月为周期的一些有用的列公式

列名	需要的列	公式
Fiscal Year	"Date"	`Date.Year(Date.AddMonths([Date],12-YEMonth))`
Fiscal Month	"Date"	`Date.Month(Date.AddMonths([Date],-YEMonth))`
Fiscal Quarter	"Fiscal Month"	`Number.RoundUp([Fiscal Month]/3)`

Fiscal Month of Quarter	"Fiscal Month"	`if Number.Mod([Fiscal Month],3) = 0`
		`then 3`
		`else Number.Mod([Fiscal Month],3)`

End of Fiscal Year	"Date" "Fiscal Month"	`Date.EndOfMonth(Date.AddMonths([Date],` `12-[Fiscal Month]))`
End of Fiscal Quarter	"Date" "Fiscal Month Quarter"	`Date.EndOfMonth(Date.AddMonths([Date],` `3-[Fiscal Month of Quarter] ) )`

此处显示的结果是使用上面的财政年度和财政月公式生成的，月份名称使用标准的月份名称转换，从"Date"列转换而来，如图 18-9 所示。

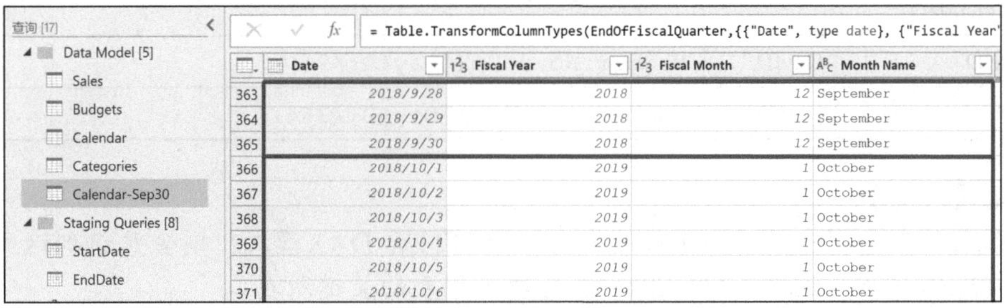

图 18-9 在 9 月 30 日年末后重置的财政年度和财政月

18.2.4 全局日期列

构建 364 天日期的最大挑战是，无法使用适用于 12 个月日期的标准日期转换。相反，需要一组特殊的列，以便构造 364 天日期的变体日期表，进而用于构建财务报告。无论该日期是"4-4-5"版本还是基于 13 个月的 4 周时间,它都从一个非常特定的列开始:"DayID"。

"DayID"列本质上表示日期的行号,该行号每天递增,并且在整个表中从不重复。然后,它将用于驱动需要的其他每个报告周期。幸运的是,它非常容易创建。生成跨越日期表的日期范围的列后,可以按如下方式创建"DayID"列。

1. 转到"添加列"选项卡,"索引列""从 1"。

2. 将新列重命名为"DayID"。

在关键列准备好后,可以添加所需的其余"PeriodID"列。每个都需要使用一个自定义列,诀窍在于知道要使用的公式。表 18-5 包含"4-4-5"日期变量的列公式,请注意所需的变量不同,所以每个日期变量的"MonthID"公式将不同。

表 18-5 "4-4-5"日期变量的列公式

列名	需要的列	公式
WeekID	"DayID"	Number.RoundUp([DayID]/7)

MonthID (for 4-4-5 Calendars)	"DayID"	Number.RoundDown([DayID]/91)*3+
		(if Number.Mod([DayID],91)=0 then 0
		  else if Number.Mod([DayID],91)<= 28 then 1
		  else if Number.Mod([DayID],91)<= 56 then 2
		  else 3)

MonthID (for 4-5-4 Calendars)	"DayID"	Number.RoundDown([DayID]/91)*3+
		(if Number.Mod([DayID],91)=0 then 0
		  else if Number.Mod([DayID],91)<= 28 then 1
		  else if Number.Mod([DayID],91)<= 63 then 2
		  else 3)

MonthID (for 5-4-4 Calendars)	"DayID"	Number.RoundDown([DayID]/91)*3+
		(if Number.Mod([DayID],91)=0 then 0
		  else if Number.Mod([DayID],91)<= 35 then 1
		  else if Number.Mod([DayID],91)<= 63 then 2
		  else 3)

MonthID (for 13x4 Calendars)		Number.RoundUp([DayID]/28)
QuarterID	"DayID"	Number.RoundUp([DayID]/91)
YearID	"DayID"	Number.RoundUp([DayID]/364)

✎【注意】
如果你熟悉罗布·科利(Rob Collie)的 GFITW DAX 模式,则会意识到这里实现的列是在该模式中使用 DAX 处理日期表的关键所在[①]。

使用表 18-5 中的"4-4-5"日期变量的列公式即可创建完整的日期 ID 列,如图 18-10 所示。

---

① 这里用 Power Query 生成的日期表常常用于构建数据模型,并与 DAX 搭配使用。在 DAX 中的日期智能函数不能处理自定义日期区间的相关计算,需要用更通用的 DAX 处理模式,为此,在 Power BI 领域较为知名的罗布·科利总结了一个编写 DAX 公式的套路,被俗称 GFITW(Greatest Formula In The World),以便于识记和反映该公式模式具有的通用性。根据需求,读者可以自行在互联网上搜索该 DAX 模式并理解细节。——译者注

	Date	1²₃ DayID	1²₃ WeekID	1²₃ MonthID	1²₃ QuarterID	1²₃ YearID
363	2018/12/28	363	52	12	4	1
364	2018/12/29	364	52	12	4	1
365	2018/12/30	365	53	13	5	2
366	2018/12/31	366	53	13	5	2
367	2019/1/1	367	53	13	5	2
368	2019/1/2	368	53	13	5	2
369	2019/1/3	369	53	13	5	2
370	2019/1/4	370	53	13	5	2

图 18-10 "4-4-5" 模式日期在第 1 年年末显示的各个日期区间 ID 列

关于这些列，需要认识到的关键一点是它们可能并不直接用于报告，而是用于驱动其他与日期有关的逻辑计算。

☎【警告】
这里提供的模式没有考虑364天日期模式可能的进一步的变化，如果用户公司实际会几年后补一周，即每x年增加一周，则需要调整使用的逻辑以实现这一需求。

18.2.5 自定义日期表

与使用Power Query标准日期转换的 12 个月日期不同，自定义日期需要用户为希望生成的每个报告周期编写自定义公式。幸运的是，有了 "DayID" 列，现在就能完成这个工作了。

可以想象，生成这个逻辑有一点儿难度，因此本书提供了一组公式，允许用户生成按 "4-4-5" 日期（以及其 "4-5-4" 和 "5-4-4" 变体）格式报告的列。在使用这些公式时，请确保非常仔细地注意 "Required Columns" 部分，因为其中许多都需要先创建额外的查询或列。

✎【注意】
不希望或不需要最终表中的某个列？不用担心。最后把它删掉就可以了，Power Query不会阻止用户这样做，结果如表18-6所示。

表 18-6 "Fiscal Year" 列的公式

列名	需要的列	公式
Fiscal Year	"StartDate445" "YearID"	Date.Year(Date.From(StartDate))+ [YearID]

需要牢记的一点是，根据使用的第一个日期和希望代表的财政年度，可能需要在最终结果中加上或减去 1，如表 18-7 所示。

表 18-7 年份和周期组合的公式

列名	需要的列	公式
Quarter of Year	[QuarterID]	Number.Mod([QuarterID]-1,4)+1
Month of Year	[MonthID]	Number.Mod([MonthID]-1,12)+1

列名	需要的列	公式
Week of Year	[WeekID]	`Number.Mod([WeekID]-1,52)+1`
Day of Year	[DayID]	`Number.Mod([DayID]-1,364)+1`

☎【警告】

不要忘记Power Query是区分大小写的，这意味着"Day Of Year"和"Day of Year"是不同的。如果收到一个错误，当知道自己创建了字段，但字段不存在，请检查大小写和拼写，因为这可能是导致问题的原因，标准的大小写如表18-8至表18-10所示。

表 18-8　季度、月份和星期的列公式

列名	需要的列	公式
Month of Quarter	"Month of Year"	`Number.Mod([Month of Year]-1,3)+1`
Week of Quarter	"Week of Year"	`Number.Mod([Week of Year]-1,13)+1`
Day of Quarter	"Day of Year"	`Number.Mod([Day of Year]-1,91)+1`

Day of Month
(for 4-4-5 Calendars)
	"Day of Quarter"
	"Month of Quarter"
		`if [Month of Quarter] = 1`
		`then [Day of Quarter]`
		`else if [Month of Quarter] = 2`
		`then [Day of Quarter] - 28`
		`else [Day of Quarter] - 35`

Day of Month
(for 4-5-4 Calendars)
	"Day of Quarter"
	"Month of Quarter"
		`if [Month of Quarter] = 1`
		`then [Day of Quarter]`
		`else if [Month of Quarter] = 2`
		`then [Day of Quarter] - 28`
		`else [Day of Quarter] - 63`

Day of Month
(for 5-4-4 Calendars)
	"Day of Quarter"
	"Month of Quarter"
		`if [Month of Quarter] = 1`
		`then [Day of Quarter]`
		`else if [Month of Quarter] = 2`
		`then [Day of Quarter] - 35`
		`else [Day of Quarter] - 63`

Week of Month	"Day of Month"	`Number.RoundUp([Day of Month]/7)`
Day of Week	"Day of Year"	`Number.Mod([Day of Year]-1,7)+1`

表 18-9　天数的列公式

列名	需要的列	公式
Days in Year	N/A	364
Days in Quarter	N/A	91

续表

列名	需要的列	公式

Days in Month (for 4-4-5 Calendars)	"Week of Quarter"	`if [Week of Quarter] > 8`
		`then 35`
		`else 28`

Days in Month (for 4-5-4 Calendars)	"Week of Quarter"	`if [Week of Quarter]>4 and`
		`    [Week of Quarter]<10`
		`then 35`
		`else 28`

Days in Month (for 5-4-4 Calendars)	"Week of Quarter"	`if [Week of Quarter] < 5`
		`then 35`
		`else 28`

Days in Week	N/A	7

表 18-10 开始日期或者结束日期的列公式

列名	需要的列	公式
Start of Week	"Date" "Day of Week"	`Date.AddDays([Date],-([Day of Week]-1))`
End of Week	"Start of Week"	`Date.AddDays([Start of Week],6)`
Start of Month	"Date" "Day of Month"	`Date.AddDays([Date],-([Day of Month]-1))`
End of Month	"Start of Month" "Days in Month"	`Date.AddDays([Start of Month],[Days in Month]-1)`
Start of Quarter	"Date" "Day of Quarter"	`Date.AddDays([Date],-([Day of Quarter]-1))`
End of Quarter	"Start of Quarter"	`Date.AddDays([Start of Quarter],91-1)`
Start of Year	"Date" "Day of Year"	`Date.AddDays([Date],-([Day of Year]-1))`
End of Year	"Start of Year"	`Date.AddDays([Start of Year],364-1)`

18.2.6 示例说明

在完成的示例文件中，会发现使用了本章演示的技术来构建的每个日期表的完整版本。

1. Calendar：以每年 12 月 31 日为结束日期的标准 12 个月日期。
2. Calendar-Sep30：12 个月日期，财政年度结束日期为每年的 9 月 30 日。
3. Calendar-445：使用 "4-4-5" 周模式的 364 天日期。
4. Calendar-454：使用 "4-5-4" 周模式的 364 天日期。
5. Calendar-544：使用 "5-4-4" 周模式的 364 天日期。

每个表都加载到数据模型中，并连接到 "Sales" 表和 "Budgets" 表，如图 18-11 所示。

文件中还创建了 "Sales $" 和 "Budget $" 度量，以及比较页面上的一些示例（用于比较结果），可以直观地发现日期报告数据的方式之间的异同。

对于自定义日期，每个步骤也已在 Power Query "应用的步骤" 区域中命名，使用户能够轻松识别每个步骤中使用了哪些公式。

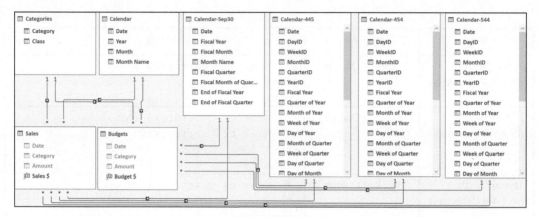

图 18-11　5 个不同的日期表通过日期列连接到"Sales"表和"Budgets"表

18.3　日期时间填充

虽然上面的日期格式非常有用，但它的目标是在两个日期之间填充完整的财政年度。在本节中，将介绍生成基于日期和时间的表的替代方法。

18.3.1　日期级别填充

之前的解决方案展示了如何在两个特定日期之间填充日期。但是如果只知道开始日期，想从开始日期中找出一组特定的日期，那该怎么办呢？考虑下面的示例，它基于"第18 章 示例文件\Fill Dates-Begin.xlsx"文件保存的数据中的填充日期开始。在此场景中，需要生成每日列表，来跟踪在任何给定日期哪些访客在现场，如图 18-12 所示。

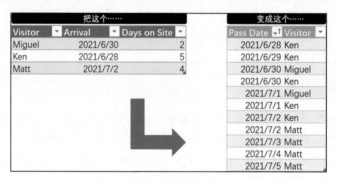

图 18-12　需要按日期生成访客列表

所需要的输出并不复杂，目前知道访客到达的日期，他们访问的次数，并且每次访问都是一整天。

事实证明，有一个函数可以用来获取需要的数据，即 List.Dates 函数。如果检查一下List.Dates 文档，会发现它不仅准确地告诉了用户需要为这个函数提供什么内容，还显示了用户可以期望返回什么。输出描述看起来很有希望满足用户的需求，如图 18-13 所示。

```
List.Dates(start as date, count as number, step as duration)

date

给定初始值、计数和增量期间值来生成 date 值的列表。
```

图 18-13　出现在公式 Intellisense 中的 List.Dates 文档

唯一棘手的部分是最后一个参数，它需要一个持续时间。获取每日持续时间值的最简单方法是使用以下代码声明一个值：

```
#duration(1,0,0,0)
```

✎【注意】
持续时间值的4个参数是天、小时、分钟、秒。

来试一试。
1. 创建一个新的查询，从 "Visitors" 表中读取。
2. 转到 "添加列" 选项卡，"自定义列"。
3. 将列命名为 "Pass Date"，并使用以下公式[①]：

```
=List.Dates( [Arrival], [Days on Site], #duration(1,0,0,0) )
```

4. 右击 "Pass Date" 列和 "Visitor" 列，"删除其他列"。
5. 单击 "Pass Date" 列的展开按钮，选择 "扩展到新行"。
6. 设置数据类型。
正如看到的，结果符合预期，如图 18-14 所示。

	Pass Date	Visitor
1	2021/6/30	Miguel
2	2021/7/1	Miguel
3	2021/6/28	Ken
4	2021/6/29	Ken
5	2021/6/30	Ken
6	2021/7/1	Ken
7	2021/7/2	Ken
8	2021/7/2	Matt
9	2021/7/3	Matt
10	2021/7/4	Matt
11	2021/7/5	Matt

图 18-14　访客 Miguel 有 2 次访问，Ken 有 5 次访问，Matt 有 4 次访问

[①] 添加列前可能要先把 "Arrival" 列设置成 "日期" 数据类型（默认是 "日期/时间" 数据类型），若不更改数据类型，添加列并写入以下公式时可能会报错。——译者注

> **✎【注意】**
> 在生成完整的日期表时，本书不推荐使用 List.Dates 函数来实现，这个函数的参数需要一个持续时间，由于无法直接表示月的持续时间，要计算每个月的实际天数，这导致了复杂性增加（每年 2 月的天数都不同），因此，使用前文的模式创建日期表更简单。

18.3.2　小时级别填充

前文的示例效果非常好，但是关于使用 List.Dates 函数需要认识到的重要一点是，持续时间的计数从开始日期的 0 时开始，每个访客的第一条记录与表中包含的到达日期相同。

如果使用的持续时间少于一天，这实际上会产生影响。例如，请注意，如果通过提供"#duration(0,1,0,0)"将持续时间设置为 1 小时间隔，将收到不同的结果，如图 18-15 所示。

	🗓 Pass Date	A^B_C Visitor
1	2021/6/30	Miguel
2	2021/6/30	Miguel
3	2021/6/28	Ken
4	2021/6/28	Ken
5	2021/6/28	Ken
6	2021/6/28	Ken
7	2021/6/28	Ken
8	2021/7/2	Matt
9	2021/7/2	Matt
10	2021/7/2	Matt
11	2021/7/2	Matt

图 18-15　有正确的间隔次数，但都在开始日期，时间在哪里呢？

幕后发生的事情是 Power Query 正在创建一个日期列表，从开始日期的凌晨开始，每小时重复一次，持续 x 小时。不幸的是，这有点儿难以理解，正如 List.Dates 只返回日期部分，从而未能体现该持续时间的粒度。

那么，如果想像上一个例子那样记录日期，但又想从每天上午 9:00 开始添加 8 小时记录，该怎么办？显然不能使用 List.Dates 函数，而是需要使用 List.Times 函数，列表开始于：

```
#time(9,0,0)
```

> **✎【注意】**
> 持续时间值的 3 个参数是小时、分钟、秒。请记住，此功能依赖于 24 小时制，因此下午 1:00 通过"#time(13,0,0)"实现。

要做到这一点，需要进行如下操作。
1. 复制上一个查询并将其命名为"Pass Times"。

2. 转到"添加列"选项卡，"自定义列"。

3. 命名列为"Hour"并使用以下公式：

```
=List.Times( #time(9,0,0), 8, #duration(0,1,0,0))
```

此时，可以预览新创建的列表，以验证确实为每个日期创建了正确的时间。由于列表是在每天的级别上创建的，因此将"Hour"列扩展到新行将在"Pass Date"列中为每天提供正确的时间，如图 18-16 所示。

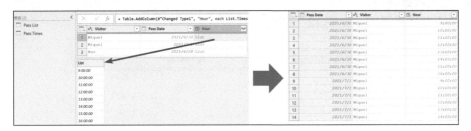

图 18-16　刚刚为数据集中的每个日期添加了 8 小时记录

> **✈【注意】**
> 还有一个List.DateTimes函数，该函数允许用户提供完整的"#datetime"值作为起点。

处理日期的挑战之一是可变性，因为月份甚至年份之间的天数都可能不一致。时间通常没有这个问题，因为每天包含 24 小时，其中每小时包含 60 分钟，每分钟 60 秒。因此，使用List.Times是构建包含时间段的表的首选方法。

18.3.3　带间隔的填充

继续探讨下一个挑战，如图 18-17 所示。

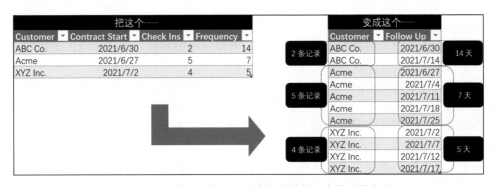

图 18-17　如何生成一个以 *y* 天为间隔重复 *x* 次的日期表呢？

令人惊讶的是，实际上已经找到了答案。使用与前文相同的List.Dates公式。只需修改最后一个参数，来提供时间间隔，而不是每一天都重复。唯一的技巧在于List.Dates的最后一个参数——持续时间，所以需要创建一个持续时间，该持续时间等于"Frequency"列中指示的天数。这可以通过利用Duration.From函数来实现。

假设创建了一个查询，该查询连接到"第 18 章 示例文件\Fill Every x Dates-Begin.xlsx"文件的"Contracts"表，可以通过以下步骤实现目标。

1. 添加一个名为"Follow Up"的自定义列，该列使用以下公式[①]：

```
=List.Dates( [Contract Start], [Check Ins], Duration.From( [Frequency] ) )
```

2. 单击"Follow Up"列的展开按钮，"扩展到新行"。
3. 选择"Customer"列和"Follow Up"列后，右击列标题选择"删除其他列"。
4. 设置数据类型。

结果正是所需要的，如图 18-18 所示。

	A^B_C Customer	Follow Up
1	ABC Co.	2021/6/30
2	ABC Co.	2021/7/14
3	Acme	2021/6/27
4	Acme	2021/7/4
5	Acme	2021/7/11
6	Acme	2021/7/18
7	Acme	2021/7/25
8	XYZ Inc.	2021/7/2
9	XYZ Inc.	2021/7/7

图 18-18 创建了 x 条记录，每 y 天重复一次

> **✎【注意】**
> 这种技术不仅限于使用 List.Dates 函数。它也可以使用 List.DateTimes 函数或 List.Times 函数，如果需要使用时间值，这些函数也可以执行此操作。

18.4 按日期分摊

经常遇到的另一个问题是如何将前文介绍的知识应用到按日期分摊既定的计划，特别是当希望在多个月末分摊收入或支出时。

公平地说，根据业务的具体需求，这种问题有无数细微差别，但在本节中，将介绍两种处理此任务的常用方法。在"第 18 章 示例文件\Allocations-Begin.xlsx"文件中提供了一个名为"Sales"的表，已经删除了不必要的列，只有本节示例会用到的列，以演示每个特定场景。

为了简化工作，需要一个可以连接到每个示例的"暂存"查询。

1. 从"Sales"表读取数据，创建新查询。
2. 将"Start Date"列和"End Date"列的数据类型更改为"日期"。
3. 将查询命名为"Raw Data"。
4. 查询加载为"仅创建连接"。

---

① 如果出现错误，检查在添加自定义列之前是否已将"Contract Start"列数据类型设置为"日期"。——译者注

18.4.1　起止日内按日分摊

第一个场景利用了在本章前文生成日期表时所介绍的列表概念，可用于在给定天数内分摊目标，如图 18-19 所示。

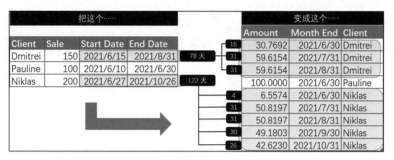

图 18-19　按至月末的月内天数在每月进行分摊

> ✎**【注意】**
>
> 前两位客户的分摊看上去很容易理解，但Niklas的分摊记录看起来有点儿奇怪，要在约4个月内（122天）分摊200美元，那么为什么没有看到每月50美元呢？这里需要注意的是：分摊是按期间的天数进行的，因此，每个月都不同。

在这种情况下，面临的重大挑战是：如何创建正确的月末列表，以及如何根据期间的天数计算出每个期间的分摊金额？

将从计算按日分摊的金额开始。为了计算这一点，需要知道从开始日期到结束日期期间的总天数。虽然 Power Query 不允许用一个日期减去另一个日期，但我们已经知道如何将日期转换为序列号。

1. 引用 "Raw Data" 查询。
2. 删除 "Month" 列（因为本例中不需要该列）。
3. 添加一个名为 "Amount" 的自定义列，该列使用以下公式：

```
= [Sale] /
( Number.From( [End Date] ) - Number.From( [Start Date] ) + 1 )
```

> 🐵**【警告】**
>
> 当用一天减去另一天时，不要忘记在结果中加1。

结果如图 18-20 所示。

	A^B_C Client	1$^2_3$ Sale	Start Date	End Date	$^{ABC}_{123}$ Amount
1	Dmitrei	150	2021/6/15	2021/8/31	1.923076923
2	Pauline	100	2021/6/10	2021/6/30	4.761904762
3	Niklas	200	2021/6/27	2021/10/26	1.639344262

图 18-20　已经计算了按日分摊的金额

计算完按日分摊的金额后,现在可以进入下一步:展开表以包含每个客户的按日分摊记录。

1. 添加一个名为"Date"的自定义列,该列使用以下公式:

```
= { Number.From( [Start Date] ) .. Number.From( [End Date] ) }
```

2. 单击"Date"列的展开按钮,"扩展到新行"。
3. 将"Date"列的数据类型更改为"日期"。

利用在创建日期表时使用的列表技术,现在有一个完整的日常事务表,如图 18-21 所示。

	Client	Sale	Start Date	End Date	Amount	Date
1	Dmitrei	150	2021/6/15	2021/8/31	1.923076923	2021/6/15
2	Dmitrei	150	2021/6/15	2021/8/31	1.923076923	2021/6/16
3	Dmitrei	150	2021/6/15	2021/8/31	1.923076923	2021/6/17
4	Dmitrei	150	2021/6/15	2021/8/31	1.923076923	2021/6/18
5	Dmitrei	150	2021/6/15	2021/8/31	1.923076923	2021/6/19
6	Dmitrei	150	2021/6/15	2021/8/31	1.923076923	2021/6/20
7	Dmitrei	150	2021/6/15	2021/8/31	1.923076923	2021/6/21
8	Dmitrei	150	2021/6/15	2021/8/31	1.923076923	2021/6/22
9	Dmitrei	150	2021/6/15	2021/8/31	1.923076923	2021/6/23
10	Dmitrei	150	2021/6/15	2021/8/31	1.923076923	2021/6/24

图 18-21 按日分摊记录

此时,可以选择两个不同的方向。如果希望数据处于这种日期粒度级别,那么只需删除"Sale""Start Date""End Date"列并设置数据类型,然后就可以加载数据了。然而,在本例中,希望在月末汇总这些数据,因此在这里还要做额外的工作来实现,如下所示。

1. 选择"Date"列,"转换""日期""月份""月结束值"。
2. 选择"Client""Sale""Start Date""Date"列,"转换""分组依据"。
3. 在弹出的"分组依据"对话框中,"新列名"输入"Amount","操作"选择"求和","柱"选择"Amount"列。
4. 单击"确定"。
5. 删除"Sale"和"Start Date"列,此时数据如图 18-22 所示。

	Client	Date	Amount
1	Dmitrei	2021/6/30	30.76923077
2	Dmitrei	2021/7/31	59.61538462
3	Dmitrei	2021/8/31	59.61538462
4	Pauline	2021/6/30	100
5	Niklas	2021/6/30	6.557377049
6	Niklas	2021/7/31	50.81967213
7	Niklas	2021/8/31	50.81967213
8	Niklas	2021/9/30	49.18032787
9	Niklas	2021/10/31	42.62295082

图 18-22 成功!销售金额现在根据期间的天数分摊到正确的月份

【注意】
这里按这么多字段分组是为了减少错误地将两个客户的数据聚合在一起的机会。如果数据包含所分摊的每个项目的唯一标识符(如销售订单号),则只需按该列分组(除非希望在最终表中保留其他列)。

关于这项技术需要认识到的一点是，这里没有以任何方式对每日分摊进行舍入，因为这会增加舍入错误的机会。如果需要对数据进行四舍五入，本书强烈建议用户在最后执行此操作，以降低分摊总金额不等于原始金额的可能性。

18.4.2　起止日内按月分摊

下一种分摊方法稍有不同，它要求根据从开始日期到结束日期的总月数平均分摊金额。请注意，销售发生在某个月的第几天，或者结束日期在某个月的第几天并不重要，只要与某个月存在重叠，都会认为是一个有效的分摊月。此处显示了应用该方法的示例，如图 18-23 所示。

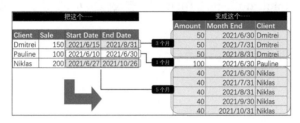

图 18-23　按该期间的月数进行分摊

这个场景的令人沮丧之处在于，如果 Power Query 有一个可以根据开始日期创建月末日期列表的函数，那么这将非常容易，但是并没有。不过，好消息是，可以使用自定义函数轻松创建返回月末日期列表的函数。首先，要基于两个参数建立一个示例转换，如图 18-24 所示。

1. 打开 Power Query 编辑器。
2. 转到 "主页" 选项卡，"管理参数""新建参数"。

创建两个新参数，如下。

1. 将 "FromDate" 设置为 "日期" 数据类型，"当前值" 输入 "2021/06/01"。
2. 将 "ToDate" 设置为 "日期" 数据类型，"当前值" 输入 "2021/08/31"。

图 18-24　为函数创建所需的参数

现在有了参数，可以按如下方式构建"getMonthEnds"查询。

1. 创建一个新的空白查询并命名为"getMonthEnds"。
2. 在编辑栏中输入以下内容：

```
= { Number.From( FromDate ) .. Number.From( ToDate ) }
```

3. 转到"列表工具"，"转换""到表""确定"。
4. 将"Column1"列设置为"日期"数据类型。
5. 选择"Column1"列，"转换""月份""月份结束值"。
6. 右击"Column1"列，"删除重复项"。
7. 将"Column1"列重命名为"Month End"。

结果是生成"FromDate"和"ToDate"参数之间的一个简短的末日期表，如图 18-25 所示。

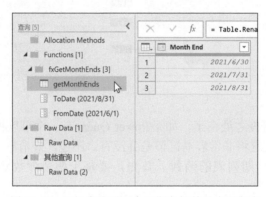

图 18-25　已经生成了两个日期之间的月末日期表

正如在第 17 章中介绍的，到目前为止，所遵循的步骤允许用户将"getMonthEnds"查询作为示例转换查询，同时轻松地将其转换为函数，现在执行以下操作。

- 右击"getMonthEnds"，"创建函数"，设置"函数名称"为"fxGetMonthEnds"，单击"确定"，如图 18-26 所示。

图 18-26　fxGetMonthEnds 函数接收两个参数，可以使用了

🖋【注意】
现在是保存进度的好时机，将所有新创建的查询作为"仅限连接"查询加载，因为这里不需要将它们加载到工作表或数据模型中。

这个函数做好以后，现在可以设置按月分摊。

1. 引用 "Raw Data" 查询。
2. 删除 "Months" 列（因为本例中不需要该列）。
3. 转到 "添加列" 选项卡，"调用自定义函数" "fxGetMonthEnds"。
4. "FromDate" 选择 "Start Date" 列，"ToDate" 选择 "End Date" 列。

提交调用后，现在可以预览应用于数据集的函数的结果，如图 18-27 所示。

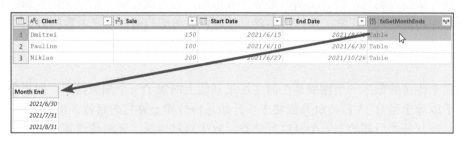

图 18-27　此时自定义函数工作正常

在这一点上，真正想做的是计算出每个月分摊的值。但是怎么做呢？如果展开 "fxGetMonthEnds" 列，用户将无法轻松计算嵌套在每个表中的月末值的数量。是的，可以使用 Power Query 的分组功能来计算行数，但是获取一个表，展开它，重新分组，然后再次展开它——这有些复杂，肯定有更好的方法。

当然，还有，在自定义列中使用 Table.RowCount 函数。

1. 添加一个名为 "Amount" 的自定义列，该列使用以下公式：

```
= [Sale] / Table.RowCount( [fxGetMonthEnds] )
```

2. 选择 "Client" "fxGetMonthEnds" "Amount" 列，"删除其他列"。
3. 将 "fxGetMonthEnds" 列展开（取消勾选 "使用原始列名作为前缀" 复选框）。
4. 设置每列的数据类型。

结果是完美的。Table.RowCount 函数的作用是统计 fxGetMonthEnds 函数为每个客户返回的行数，并用销售额除以它。将处理后的表在该函数处展开，最终得到每个客户的销售额在以下范围内的所有月份中的分摊，如图 18-28 所示。

	$^{A^B}_C$ Client	Month End	1^2_3 Amount
1	Dmitrei	2021/6/30	50
2	Dmitrei	2021/7/31	50
3	Dmitrei	2021/8/31	50
4	Pauline	2021/6/30	100
5	Niklas	2021/6/30	40
6	Niklas	2021/7/31	40
7	Niklas	2021/8/31	40
8	Niklas	2021/9/30	40
9	Niklas	2021/10/31	40

图 18-28　值已经按月进行了分摊

> ✎ **【注意】**
> Table.RowCount函数可以通过快速浏览M文档来找到和使用,既然正在处理的是一个表,所以自然想到M文档的表部分,通过浏览不难发现该函数可以解决问题,使用该函数后果然可以解决问题。

请记住,当用户尝试执行Power Query默认不支持的函数时,或者当用户需要为复杂模式生成可重用逻辑时,自定义函数是非常有用的。如果试图构建更复杂的逻辑,以便让分摊方法在相应场景中正常工作,请不要忘记可以先考虑构造自定义函数的方式。

18.4.3 在开始日期后按月分摊

现在来探讨的最后一个挑战是在前文场景基础上增加了一个细微差别。如果交易开始日期早于或等于当月 15 日,财务部要求在开始月份分摊一整月的目标,但如果在 15 日之后发生,则从开始日期的下一个月进行分摊。对于这种情况,还将假设基于开始日期和分摊的月数,但没有具体的结束日期列,如图 18-29 所示。

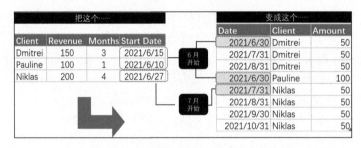

图 18-29 如何在 *x* 月末分摊收入呢?

为了解决这个问题,需要将用于创建日期表的列表技术、几个日期公式和一些条件逻辑结合起来。

从计算按月分摊的金额开始。

1. 引用"Raw Data"查询。
2. 删除"EndDate"列(因为本例中不需要该列)。
3. 选择"Sales"和"Month"列,"添加列""标准""除"。
4. 将新的"除"列重命名为"Amount"。

此时的结果如图 18-30 所示。

	A^BC Client	▼	1²3 Sale	▼	Start Date	▼	1²3 Months	▼	1.2 Amount	▼
1	Dmitrei		150		2021/6/15		3		50	
2	Pauline		100		2021/6/10		1		100	
3	Niklas		200		2021/6/27		4		50	

图 18-30 此时已经有了按月分摊的金额

在计算了需要分摊的金额后,现在需要展开表,为每个月生成一个新行。知道需要多少记录,这在"Month"列中有所说明,但在这里面临一些挑战。不能使用列 List.Dates 函数来创建此列表,因为没有月持续时间,并且也不能使用简单的"{1..[Months]}"来设置，因为还需要基于开始日期来判断开始分摊的月份从本月开始还是次月开始，需要进行如下操作。

1. 转到"添加列"选项卡，添加一个名为"Custom"的自定义列，使用以下公式：

```
=if Date.Day([Start Date]) <= 15
then { 0 .. [Months] - 1 }
else { 1 .. [Months] }
```

2. 单击"Custom"列的展开按钮，"扩展到新行"。

此时，可以看到创建的条件列的结果如图 18-31 所示。

图 18-31　自定义列的结果将显示出来，以便于查看

在这一点上，有如下两件重要的事情需要注意。

1. 每个客户现在包含的行数是由需要分摊的月数决定的。

2. 对于前两个客户，"Custom"列值从 0 开始，但对于第三个客户，"Custom"列值从 1 开始。

现在来利用这个新列来确定开始日期，并为每条记录创建一个表示月末的新日期。

1. 创建一个名为"Date"的新自定义列，该列使用以下公式：

```
= Date.EndOfMonth( Date.AddMonths( [Start Date], [Custom] ) )
```

2. 选择"Date""Client""Amount"列，"删除其他列"。

3. 设置每列的数据类型。

正如所见，这里的技巧是生成所需月份的列表（每个月都有偏移量），并配合使用 Date.AddMonths 函数，结果如图 18-32 所示。

图 18-32　记录被分摊到正确的月份

🖎【注意】

如果认为把分摊的结果日期设置为月末日期不合理，也没有问题，可以在用于生成结束日期的公式中删除 Date.EndOfMonth 函数。然后，它将返回从提供的开始日期起 x 个月后的同一天。

18.4.4 关于分摊

正如前文提到的，用户可能拥有无数种方法来分摊数据，上述场景中的这些方法只是在实践中的常用方法。希望这些方法能够启发用户，使用户能够创造性地将相关方法用于自己的场景，并构建业务所需的完美分摊方法。

第 19 章　查询优化

Power Query是一款令人惊叹的产品，它可以帮助用户比以往任何时候都更快地转换数据。尽管如此，在构建查询时生成缓慢的查询或查询延迟也很常见，这让人感到有些不完美，这已不是什么秘密了。本章致力于帮助用户充分利用Power Query环境，以便使查询运行得更快。

19.1　优化设置

首先要检查的是在Power Query环境中的默认设置。可通过"查询选项"对话框访问这些选项，该对话框可根据以下步骤打开。

1. **Excel**："数据""获取数据""查询选项"。
2. **Power BI**："文件""选项和设置""选项"。

接下来介绍此对话框中的几个选项卡，并说明如何进行最佳设置。

19.1.1　全局－数据加载

此对话框中的前两个设置是"类型检测"和"后台数据"。由于它们都很有用，因此本书建议将它们保留为默认（中间）设置，这使得它们在默认情况下处于活动状态，但在设置文件级别时可以更改，这为需要覆盖默认值的特定场景提供了功能和控制的最佳组合。

接下来的两个设置仅在Excel中可用。

1. **"默认查询加载设置"**：建议用户使用"指定自定义默认加载设置"，同时取消勾选"加载到工作表"和"加载到数据模型"复选框。原因很简单：在一个Power Query实例中创建多个查询时，用户只能选择一个加载目的地。无论在一个会话中创建了多少个查询，都会看到将它们全部加载为"仅限连接"所花费的时间不会超过几秒。而默认的"使用标准加载设置"将把每个查询加载到新工作表的新表中，这不仅需要等待数据加载，还需要删除每个不希望加载的查询，最后还要删除工作表。将所有查询加载为"仅限连接"，然后切换需要加载到的目的地，这样会更快。
2. **"快速加载数据"**：要确保这个选项被选中（这里的意思是，没有人会希望自己的数据加载缓慢，对吗？）。事实上，这可能会在数据刷新时锁定Excel的窗口，但用户通常并不在乎，因为用户希望在继续下一个任务之前，数据已经是最新的。

19.1.2　全局－Power Query 编辑器

这一步设置起来很简单，每个复选框都应该被勾选。

19.1.3　全局 – 安全性

用户如果遵循第 12 章的建议，并且在连接到数据库时从不提供自定义 SQL 语句，那么 "本机数据库查询" 下的 "新本机数据库查询需要用户批准" 选项的设置对用户来说无关紧要，因为用户不会发送在服务器端运行的本机查询。

另一方面，如果用户忽略了本书的建议，并向数据库连接器提供了自己的 SQL 语句，那么用户可能会希望关闭这个设置，来避免出现烦人的信息。不幸的是，这一选项只在 "全局" 设置提供，实际上任何人都不应该在 "全局" 设置位置关闭它，因为在大多数解决方案中，每个用户都能看到该提示信息会更合理。

之所以此设置必须保持选中状态，是因为 Power Query 不会限制用户只能通过数据库连接器发送 SELECT 语句。当有人恶作剧般地将 SQL 查询从 SELECT 语句更改为 DROP TABLE 语句时，此设置将发出警告。

> **【注意】**
> 现实中，IT 部门有责任确保相关用户对数据库具有正确的读写或只读权限。尽管如此，如果某种操作是相关用户有权限执行的，谁来承担责任呢？

请接受这里的建议，保持此复选框处于选中状态，并让 Power Query 自动构建 SQL 语句。

19.1.4　全局 – 隐私

正如在第 12 章中所展示的，"隐私" 设置可以对查询刷新速度和合并数据的能力产生真正的影响。许多用户直接使用此设置，并将其设置为 "始终忽略隐私级别设置"，请不要这样做。

虽然启用 "隐私" 可能令人沮丧，但禁用此级别的 "隐私" 意味着用户的数据将得不到任何提示或保护，即使用户确实需要它。切换 "隐私" 设置是很好的，但要在了解需要使用哪些数据源的情况下，针对解决方案逐个进行切换。此设置应保留为默认选项："根据每个文件的隐私级别设置合并数据"。

19.1.5　当前工作簿 – 数据加载

虽然 "当前工作簿" 区域的 "数据加载" 选项卡上有许多选项，但它们大多是不言自明的。然而，这里特别想指出的一点是 "允许在后台下载数据预览"，也被称为 "后台刷新"。

在默认情况下，此选项始终处于选中状态，并控制 Excel 或 Power BI 是否尝试自动加载所需要的数据，来正确显示 "查询 & 连接" 窗格和 Power Query 编辑器中显示的图标和预览。

虽然这些预览很有用，但在大型文件中，由于应用程序生成这些预览需要资源，生成这些预览可能会特别困难。如果在加载包含大量复杂查询的工作簿时发现文件停止响应，最好关闭这些预览。

> ✎【注意】
> 请记住，禁用"后台数据"中的"允许在后台下载数据预览"实际上并不会使查询刷新更快，它只是阻止Power Query在后台加载它们。虽然这减少了正常使用期间应用程序的资源消耗，但这可能会使查询编辑体验变得慢得多，因为预览无法预先计算，需要在访问时进行计算。

在禁用"后台数据"之前，请注意这可能会导致一些难看的视觉副作用。图 19-1 取自一个非常复杂的解决方案，其中"允许在后台下载数据预览"被禁用。虽然它使工作簿有更好的响应性，但许多查询的图标上会显示一个问号（因为没有生成预览），查询预览中充满了令人生畏的信息提示。

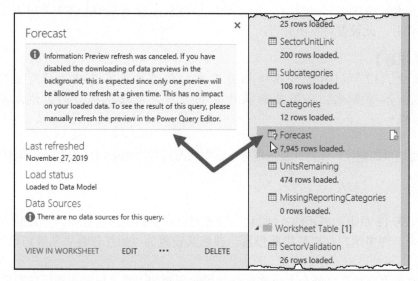

图 19-1　此工作簿中的"后台数据"已被禁用

如图 19-1 中的信息所示，数据没有实际问题。刷新操作将继续正确执行，但在 Power Query 编辑器中，需要通过单击 Power Query 的"主页"选项卡上的"刷新预览"按钮来强制刷新预览。

> ✎【注意】
> 作为一般规则，除非在不编辑查询时出现性能问题或长时间冻结，否则将保持启用此设置。

19.1.6　当前工作簿 - 其他选项

上述"全局"设置中的许多选项都会在这里再次出现，这里可以切换这些选项的设置，因为只有在每个特定项目需要时才需要进行切换。用户可能希望在本节中更改的选项如下。

1. **"区域设置"**：如果需要覆盖解决方案中的默认语言设置，以便与其他人共享解决方案，那么这将非常有用。

2. **"隐私"**：第 12 章详细讨论了"隐私"设置。关于此设置，需要了解的是，当需要保护隐私时，这个区域是启用隐私保护的合适位置，因为它不会意外地影响其他文件的隐私级别。

19.2 使用缓存

当 Power Query 发起计算时，它会尝试采用延迟计算和查询折叠的组合模式，即在第 16 章中讨论的机制。实际上，这是 Power Query 将 M 代码转换为查询计划的方式，查询计划将评估查询，决定哪些查询将被推送到数据源完成，哪些查询将通过本地 Power Query 引擎转换。

在默认情况下，当创建查询时，任何可以折叠的步骤都将下压到数据源中，其中不可折叠的步骤则在本地进行处理。但是，如果用户想要强制仅通过本地 Power Query 引擎来求值，或者想要优化依赖于将被多次读取或访问的值的查询，会发生什么情况？

这就是缓存功能发挥作用的地方。缓存功能都具有如下两个特点。

1. 强制计算。
2. 缓存结果。

在 Power Query 中，缓存机制执行时会覆盖延迟计算机制，它会强制计算相应步骤的值，并且仅计算该步骤的值（之前的步骤本身没有缓存，如果被其他查询步骤引用，将继续作为正常步骤进行计算）。缓存步骤的结果随后存储在内存中，在计算期间将不再受到外部数据更新的影响。这可能是好事，也可能是坏事，这取决于查询和需要存储在内存中的数据量。

> **🖎【注意】**
>
> *在编写本书时，Power Query 中有 3 个可用的缓存函数：Table.Buffer、List.Buffer 和 Binary.Buffer。每一个都可用来缓存并提前计算出值的结果。*

现在来探讨一下缓存函数的主要使用场景，并看一些示例，这些示例演示了何时可能需要使用缓存函数以及为什么要使用缓存函数。

19.2.1 强制计算

将探讨的第一个场景是使用缓存函数来强制计算值。

对于示例，将尝试使用 Power Query 在数据集的每一行上生成一个随机数。为此，就从一个空白查询开始，并在"高级编辑器"中加入以下代码：

```
let
    Source = Table.FromList( {"A".."E"}, null, {"Column1"} ),
    #"Added Custom" = Table.AddColumn( Source, "Random Value",
each Number.RandomBetween(1,10) )
in
    #"Added Custom"
```

结果如图 19-2 所示。

	ABC 123 Column1	ABC 123 Random Value
1	A	5.883
2	B	5.883
3	C	5.883
4	D	5.883
5	E	5.883

图 19-2 好吧，那是随机的，没想到会这样，是吗？ ①

✎【注意】

如果使用的是旧版本的 Excel，可能会发现预览会在所有带有初始代码的行上显示随机数。尽管如此，它将以一列值的形式加载到工作表或数据模型中，如图 19-2 所示。本书建议用户按照本节中的步骤进行操作，以便在将来验证解决方案，从而使它们在升级到较新版本的 Excel 或 Power BI 时能够正常工作。

对于 Power Query 中的随机数，这是一个令人沮丧的问题。当延迟评估引擎启动时，它只生成一个随机数，并将其用于每个随机数。要解决此问题，需要修改自定义列，为每行生成一个（独立）随机数的单独列表。

- 修改自定义列，使公式如下：

```
= { Number.RandomBetween(1,10) }
```

乍一看，事情看起来不错。现在，每个预览都会生成一个不同的值，如图 19-3 所示。

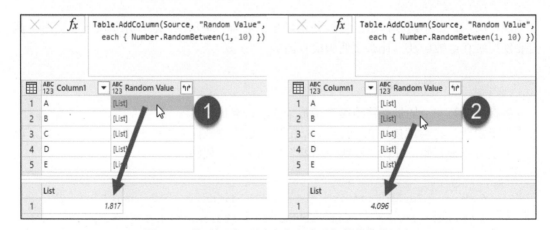

图 19-3 这更好了，现在每行都有随机数的单独列表

---

① 在以前版本的 Power Query 中的确有这个问题，在新版本的 Power Query 中已经可以直接计算随机数而无须使用本节的技巧。——译者注

展开"Random Value"列后,就回到了开始的位置,所有行上都有一个重复的值。

在这种情况下,需要强制列表项的计算,以便它锁定在预览中看到的值。为此,将进行如下操作。

1. 返回"Added Custom"步骤。
2. 在编辑栏中使用Table.Buffer函数封装公式,以便读取:

```
= Table.Buffer( Table.AddColumn(Source, "Random Value", each { Number.
RandomBetween(1, 10) } ) )
```

返回到查询的最后一步后,会注意到结果完全符合预期,每一行都有一个随机数,如图 19-4 所示。

#	ABC 123 Column1	ABC 123 Random Value
1	A	3.157
2	B	7.335
3	C	6.769
4	D	7.827
5	E	6.623

图 19-4 这就是最初期望发生的结果

【注意】
虽然演示了这个基于随机数的场景,但在添加新步骤时(尤其是分组数据时),即使查询中没有随机数的函数,也经常会看到表的排序顺序发生变化。如果遇到这种情况,请尝试在添加任何步骤之前缓存表,这很可能会阻止重新排序的发生。

19.2.2 缓存结果

在下一个场景中,假设查询无法折叠回数据源。例如,使用"从文件夹"连接器读取CSV、文本或Excel文件,这些文件都没有任何查询折叠功能。就性能而言,这意味着枚举源文件的查询将在整个解决方案中被多次引用,从而被多次读取。

执行查询链时,Power Query 会尝试缓存共享节点(被多个其他查询或步骤引用的查询或步骤)。如果成功,则允许对查询(或步骤)进行一次计算,然后在依赖查询结果的任何查询中使用它。然而,在某些情况下,这些共享节点是远远不够的。在这些情况下,可以通过缓存整个查询或查询中的值来优化查询。

【注意】
这是一个有用的技巧,试着想象在查询上有计数器,计数器需要做的工作就是记录读取和转换操作的次数(读取和转换操作的次数越少越好)。当开始添加更多读取和转换操作步骤时,注意此时性能开始下降。

假设在硬盘上的一个文件夹中有大约 240 个 Excel 文件，需要从中分别提取两个表。可以根据如图 19-5 所示的结构来设置查询。

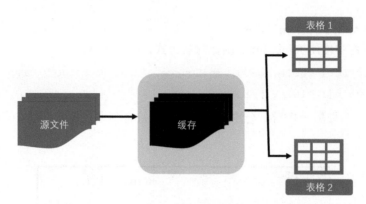

图 19-5　提供的示例文件中的查询结构

乍一看这里可能有 4 个查询，但实际上总共有 5 个查询，如下所示。

1. **源文件**（Source Files）：此查询指向原始文件夹，其中包含将要处理的所有二进制文件。每个二进制文件表示文件夹中的一个 Excel 文件，每个 Excel 文件都有多个工作表，其中包含需要获取的不同数据。
2. **使用缓存**（Use Buffering）：该参数允许用户在接下来的 3 个查询中快速切换使用 "Buffered" 或 "Unbuffered" 列表。
3. **文件集合**（Files）：此查询基本上引用 "Source Files" 查询，并将其提取为仅包含原始文件夹中二进制文件的简单列表（为了便于比较，示例文件包含此查询的两个版本："Buffered Files" 和 "Unbuffered Files"）。
4. **产品预测表**（Forecast）：动态引用二进制文件的表（基于使用 "Use Buffering" 的值），仅从每个文件中提取 "Forecast" 数据。
5. **产品零件表**（Parts）：动态引用二进制文件的表（基于使用 "Use Buffering" 的值），仅从每个文件中提取 "Parts" 数据。

关于这些查询，需要认识到的关键是，这两个文件的查询之间的唯一区别在于最后一步。其中 "Buffered Files" 查询包含二进制文件。在 "Content" 步骤（如下所示）中调用 Binary.Buffer 函数，这在 "Unbuffered Files" 查询中被省略：

```
= List.Transform( #"Removed Other Columns"[Content], each Excel.
Workbook ( Binary.Buffer( _ ) ) )
```

> **🖎【注意】**
> 尽管在这里使用的是缓存函数，但是延迟计算机制仍然在运行，并且可以从 "Forecast" 和 "Parts" 查询回溯运行，检查 "Use Buffering" 参数的值。如果该值为 "True"，将计算 "Buffered" 列表，但不计算 "Unbuffered" 列表；如果 "Use Buffering" 参数为 "False"，则将加载 "Unbuffered" 列表。

现在来看看，当在此解决方案上运行 10 次刷新并激活缓存时，与另外 10 次未使用缓存的测试相比，会发生什么情况，结果如图 19-6 所示。

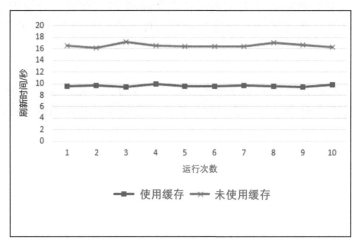

图 19-6　比较文件夹中 "Buffered Files"（使用缓存文件）和
"Unbuffered Files"（未使用缓存文件）的刷新时间

在测试中，"Buffered" 查询的刷新时间平均为 9.6 秒（标准偏差为 0.16 秒），而 "Unbuffered" 查询的刷新时间平均为 16.6 秒（标准偏差为 0.33 秒）。"Buffered Files" 版本的刷新速度比 "Unbuffered Files" 版本的刷新速度快约 30%。

> **【注意】**
> 这些测试是使用 Microsoft 365 的 Beta 频道 2007 版本的 64 位 Excel 进行的。使用的硬件是一个双核 i7-7600U CPU@2.8GHz，内存为 16GB。但请记住，性能测试结果会因时间或机器有所不同，因为 Power Query 并不能独立访问 RAM 或处理器。竞争这些资源的程序越多，查询刷新速度就越慢。

虽然提升性能的好处可能令人高兴，但具有挑战性的部分是，发现 "Buffered" 是否会带来好处是一个 "简单粗暴" 的测试过程。在编写本书时，在 Power Query 中或第三方还没有调试工具可以总结出如何加快速度，除了通过手动测试的方法来得出结论，暂时没有更好的方式。

在通常的场景中，永远不会设置一系列查询来允许在 "Buffered" 和 "Unbuffered" 文件之间进行动态切换。接下来将测试查询当前状态的时间，修改查询以添加或删除任何缓存函数，然后再次测试刷新时间。

如果用户正在寻找用于测试基准查询刷新时间的工具，那么用户将有如下 3 种选择。

1. 手动计时。当然这是最不准确和最痛苦的计时查询方式。
2. Power BI 桌面版中的查询诊断信息。其中有记录步骤级细节的刷新时间，但需要用户自行理解数据含义（在 Power BI 中找到 "启动诊断"）。
3. Monkey Tools 插件。该工具可以在 Excel 中对刷新特定查询或全局刷新所有操作的结果进行基准测试，并将结果绘制成图表进行解释（更多信息请访问 Monkey Tools 网站）。

☎【警告】
请注意，只有当明确知道无法利用查询折叠或不适合延迟计算时，才建议使用缓存计算。使用不必要的缓存函数实际上会对性能产生负面影响。

✎【注意】
使用缓存函数嵌套组合去缓存一个已经缓存过的值，绝不是一个好主意。应该通过浏览整个查询依赖链条，始终根据业务场景选择正确的缓存函数。

19.3　处理响应滞后

在开发 Power Query 解决方案时，有一件事可能会令人沮丧，那就是添加新步骤后要等待界面的滞后响应。更糟糕的是，数据集越大，用户就越能感觉到它。这是另一个可以归结为延迟计算的问题，但这次严格来说与生成 Power Query 预览有关。

为了说明该场景，那就对一个（虚构的）数据集进行以下假设。

1. 源数据表包含 7000 万行数据。
2. Power Query 预览了前 1000 行。

现在让我们看一个典型的查询开发。

1. 用户连接到数据集。
2. Power Query 提取前 1000 行，并将其加载到预览窗口。
3. 用户筛选掉"Dept 105"的所有记录，删除数据集中的一半行。

此时，会发生什么呢？正如已经知道的 Power Query 不会只留下满足当前筛选条件的 500 行。相反，它会尝试将新步骤折叠成单个查询，并获取前 1000 行的更新预览。

接下来，用户删除 20 列，然后 Power Query 再次执行相同的操作。折叠查询，根据新的条件从数据源检索新预览，然后重新填充预览窗口。

事实上，几乎在所有的"应用的步骤"区域中添加或重新配置步骤所采取的每个操作都会导致一次更新，从而强制刷新。因为这里讨论的数据集有 7000 万行，所以等待预览窗口加载完毕需要很长的时间，这令人非常沮丧。

✎【注意】
用户可能会问："为什么不在其中添加一个 Table.Buffer 命令呢？"这没用的，在查询预览中 Table.Buffer 命令将被忽略或重新执行，这只会进一步增加整个过程的时间，因为数据被额外缓存到内存中。换句话说，虽然它在运行时可能会有所帮助，但在构建查询时却没有帮助，因为预览需要重新加载数据以反映所做的更改。

希望在 Power Query 中看到的一点是，它能够有效地缓存预览窗口中的步骤，利用锁定一个步骤的机制，强制在预览窗口中进行缓存。从这一点出发，设想任何后续步骤都将从该固定步骤读取，直到单击"刷新预览"按钮，强制重新计算查询窗口中的所有步骤。这将允许用户在处理大型数据集时更精确地控制预览刷新的方式。不幸的是，这只是一个设想，因此需要找到一种方法来优化 Power Query 当前的工作方式。

19.3.1　优化策略

处理响应滞后的一种方法是为数据设置一个临时阶段，该阶段不会不断回调完整的数据源，包括以下 6 个步骤。

1. 连接到数据源。
2. 引用"原始数据"查询，创建"暂存数据"查询并将其加载到 Excel 表中。
3. 将 Excel 表格加载到 Power Query，创建一个"仅限连接"查询（"临时数据"）。
4. 引用"临时数据"查询并开发"输出"查询。
5. 将"输出"查询重新指向"原始数据"查询。
6. 删除"暂存数据"查询和"临时数据"查询，以及 Excel 表。

开发与发布查询体系结构的比较如图 19-7 所示。

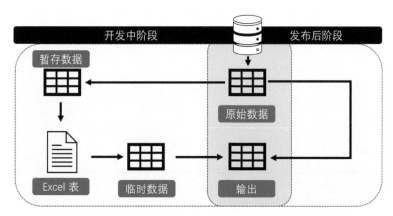

图 19-7　开发与发布查询体系结构的比较

如果研究图 19-7，将认识到"发布后阶段"路径通常是首先构建查询的方式。坦白地说，在大多数情况下，发布路径可以在查询开发期间使用，除非在查询构建过程中预期（或经历）显著的延迟。

它的工作方式是，用户临时将一组示例数据加载到 Excel 表中，然后在构建查询时引用该表。假设数据库中有 7000 万行数据，一直在调用这些数据，但将其中的 2000 行放入 Excel 表。然后，当针对 Excel 表构建查询时，只从 2000 行样本中提取并预览，而不是返回到完整的数据库提取数据。虽然它不会阻止预览刷新，但它肯定会限制每次刷新时需要读取的数据量。

> ✎【注意】
> 由于 Excel 表格不支持查询折叠，因此在构建"输出"查询时不能充分利用这种技术。然而，在流程结束从"原始数据"查询重新启动要调用的"输出"查询时，查询折叠功能（如果在数据源中可用）将正常工作。

19.3.2　体验响应滞后

虽然上述过程在理论上可能是有意义的，但现实情况是，用户很少会提前考虑需要以这种处理响应滞后的方式在问题没发生时就对内容进行这样的设置。实际情况是，用户很可能已经完成了查询开发的一部分，并且在修改或添加新步骤时因响应滞后造成的等待而感到非常沮丧。直到用户认为已经受够了，并决定确实需要以这种方式重构查询。那么，如何优化查询以利用这种结构呢？

假设目标是创建一个按产品名称、按年度汇总总销售额的表。在"第 19 章 示例文件 \Development Lag-Begin.xlsx"文件中，将发现一个名为"Output"的"仅限连接"查询，它执行以下操作。

1. 连接到"AdventureWorks 数据库"（使用第 12 章中的用户凭据）。
2. 导航到"Sales Order Detail"表。
3. 删除除"ModifiedDate""OrderQty""ProductID""UnitPrice""SalesLT.Product"列以外的所有列，并使其处于如图 19-8 所示的状态。

	ModifiedDate	1.2 OrderQty	1²3 ProductID	$ UnitPrice	SalesLT.Product
1	2008/6/1 0:00:00	1	836	356.90	Value
2	2008/6/1 0:00:00	1	822	356.90	Value
3	2008/6/1 0:00:00	1	907	63.90	Value
4	2008/6/1 0:00:00	4	905	218.45	Value
5	2008/6/1 0:00:00	2	983	461.69	Value
6	2008/6/1 0:00:00	6	988	113.00	Value
7	2008/6/1 0:00:00	2	748	818.70	Value
8	2008/6/1 0:00:00	1	990	323.99	Value
9	2008/6/1 0:00:00	1	926	149.87	Value
10	2008/6/1 0:00:00	1	743	809.76	Value
11	2008/6/1 0:00:00	4	782	1,376.99	Value

图 19-8 查询的当前状态

在进一步讨论这个示例之前，需要说明的是，如果为了演示本书示例而托管到大型数据库，将导致巨大成本开销，这并不现实，所以无法提供一个真实的大型数据库。为了人为地将处理速度降低到一个令人痛苦的点，我们在示例文件中实际上还添加一个额外步骤，名为"Custom1"（在设置数据类型之前），该步骤使用以下代码：

```
= Table.Repeat(#"Removed Other Columns",1000)
```

这段代码将提取表中的 542 行，并重复 1000 次，生成一个 542000 行的数据集。当然，这会大大降低处理速度。

【注意】
Table.Repeat基本上会将数据集重复x次。如果需要进行任何性能测试，它可以是一个非常有用的函数，用于人为地增加数据集大小。

【警告】
如果收到一个表达式错误信息，它表明运行时内存不足，请减少"Custom1"步骤的结果数据，使用小于1000的值。

现在，将对输出目标再执行两个步骤，并且在执行过程中感受到一些明显的延迟。
1. 从"SalesLT.Product"展开"Name"列。

2. 设置所有列的数据类型。

虽然数据看起来很好，但在这里遇到的问题是，每个操作都需要超过 5 秒的时间来执行，这让人感觉像是一个很久的过程，如图 19-9 所示。

	ModifiedDate	1.2 OrderQty	1²₃ ProductID	$ UnitPrice	A⁸C Name
1	2008/6/1 0:00:00	10	712	5.39	AWC Logo Cap
2	2008/6/1 0:00:00	11	712	5.21	AWC Logo Cap
3	2008/6/1 0:00:00	10	712	5.39	AWC Logo Cap
4	2008/6/1 0:00:00	6	712	5.39	AWC Logo Cap
5	2008/6/1 0:00:00	4	712	5.39	AWC Logo Cap
6	2008/6/1 0:00:00	1	712	5.39	AWC Logo Cap
7	2008/6/1 0:00:00	3	712	5.39	AWC Logo Cap
8	2008/6/1 0:00:00	4	712	5.39	AWC Logo Cap
9	2008/6/1 0:00:00	3	712	5.39	AWC Logo Cap
10	2008/6/1 0:00:00	10	877	4.77	Bike Wash - Dissolver
11	2008/6/1 0:00:00	8	877	4.77	Bike Wash - Dissolver
12	2008/6/1 0:00:00	8	877	4.77	Bike Wash - Dissolver

图 19-9 正在等待将 "ModifiedDate" 列的数据类型转换为 "日期"

为了转换这些数据，还有几个步骤要做，现在是改进查询的理想时机，以便加快进一步的开发或者调试。

19.3.3 重构解决方案

在这个过程中，要做的主要事情是确保现有的 "Output" 查询仍然加载到它的预期目的地，因为可能有基于它的业务逻辑。因此，在这里不希望基于它构建新查询，而是希望将前面的步骤拆分为新查询，如下所示。

1. 右击 "Changed Type" 步骤，"提取之前的步骤"，将查询命名为 "Raw Data"。
2. 引用 "Raw Data" 查询以创建一个名为 "Staging Data" 的新查询。
3. 选择 "Staging Data" 查询，"主页" "保留行" "保留最前面几行"，输入 "1000"，"确定"。
4. 将所有查询加载为 "仅限连接" 查询。
5. 右击 "Staging Data" 查询，"加载到" "表" "新工作表" "加载到新工作表"。

整个过程可能需要一段时间，因为 Power Query 将尝试为 "Raw Data" 和 "Staging Data" 查询生成预览。用户可能还会发现，在筛选到 "Staging Data" 查询中的前 x 行之前，预览需要全部刷新。

> 🐵【警告】
> 加载这些查询时要小心，必须等待 "Output" 查询完全加载之后。如果忘记更改加载目的地，"Staging Data" 将使加载时间增加到原来的3倍，因为它将向数据模型加载和输出与查询相同数量的行，并且 "Staging Data" 仍然需要被全部处理。除此之外，还需要将查询调整为 "仅限连接" 并加载到工作表，否则将导致更多的延迟时间。

一旦完成，应该有一个 1000 行的 Excel 表格，其中包含要查找的信息，这就是在

Power Query 中看到的预览数据，如图 19-10 所示。

	A ModifiedDate	B OrderQty	C ProductID	D UnitPrice	E Name
1					
2	2008/6/1 0:00	10	712	5.394	AWC Logo Cap
3	2008/6/1 0:00	11	712	5.2142	AWC Logo Cap
4	2008/6/1 0:00	10	712	5.394	AWC Logo Cap
5	2008/6/1 0:00	6	712	5.394	AWC Logo Cap
6	2008/6/1 0:00	4	712	5.394	AWC Logo Cap
7	2008/6/1 0:00	1	712	5.394	AWC Logo Cap
8	2008/6/1 0:00	3	712	5.394	AWC Logo Cap
9	2008/6/1 0:00	4	712	5.394	AWC Logo Cap
10	2008/6/1 0:00	3	712	5.394	AWC Logo Cap
11	2008/6/1 0:00	10	877	4.77	Bike Wash - Dissolver
12	2008/6/1 0:00	8	877	4.77	Bike Wash - Dissolver

图 19-10 现在有 1000 行的预览数据可供使用

> **〔注意〕**
>
> 请记住，必须从包含"Value"值或"Table"值的所有列中展开所需的原始值，因为 Excel 无法在工作表单元格中显示结构化值。

下一步是创建一个从这个表读取的查询，并在开发解决方案的其余部分时重新指向"Output"查询以使用它。

1. 选择表中的任意单元格，创建新查询，"来自表格/区域"。
2. 重命名查询为"Temp Data"。
3. 选择"Output"查询，并修改"Source"步骤的公式为"=#"Temp Data""。
4. 选择"Output"查询的最后一个步骤（"Changed Type"）。

应该注意的是，此时回到了拆分查询之前的位置，但是预览刷新变得更快了。

此时，可以用更少的延迟时间完成查询的开发。

1. 选择"OrderQty"列和"UnitPrice"列，"添加列""标准""乘"。
2. 选择"ModifiedDate"列，"转换""日期""年""年"。
3. 将"ModifiedDate"列重命名为"Year"。
4. 选择"Year"列和"Name"列，"转换""分组依据"。
5. 将"新列名"配置为"Revenue"，"操作"选择"求和"，"柱"选择"乘法"，输出如图 19-11 所示。

	123 Year	ABC Name	1.2 Revenue
1	2008	AWC Logo Cap	557.0204
2	2008	Bike Wash - Dissolver	511.185
3	2008	Chain	194.304
4	2008	Classic Vest, M	2590.8
5	2008	Classic Vest, S	6242.05
6	2008	Front Brakes	1533.6
7	2008	Front Derailleur	1427.244
8	2008	Half-Finger Gloves, L	558.372

图 19-11 现在按产品名称、按年度汇总总销售额

如果按照这个示例进行操作，将会注意到，与之前经历的令人难以置信的延迟相比，此时这个阶段的运行相当快。接下来要做的只剩下几件事情，首先将"Output"查询指向原始数据。

1. 选择"Output"查询的"Source"步骤。
2. 用以下公式指向"Raw Data"查询：

```
=#"Raw Data"
```

3. 转到"主页"选项卡，"关闭并上载"。

> **【注意】**
> 可以在刷新预览完成之前触发"关闭并上载"操作。还值得注意的是，在触发"关闭并上载"操作时，Power Query将强制（仅）刷新"Output"查询，因为从未修改"Staging Data"查询。

由于"Output"查询现在指向完整的数据库，因此需要一些时间才能完成对数据模型的重新加载。完成后，就可以删除用于存放"Staging Data"工作表，以及"Staging Data"和"Temp Data"查询。

> **【注意】**
> 在完成的示例文件中，对"Raw Data"查询重新导入了"Output"查询。已将"Staging Data"和"Temp Data"查询以及"Staging Data"工作表保留在该文件中，供你查看。

19.3.4 调整预览数据

这项技术让工作变得更快的原因是，它本质上冻结了源数据在特定步骤中的状态。那么，如果在开发过程中需要扩展或更改源数据，会发生什么情况呢？

这个问题的答案是，修改"Staging Data"查询来将不同（或更多）的数据加载到Excel表中。

1. 使用不同的数据：在"保留最前面几行"步骤之前，插入一个新步骤以删除顶部行，这基本上允许用户移动到数据集中的下一个行块。
2. 使用更多的数据：修改"保留最前面几行"步骤，以增加数据样本，包含更多的行。

请记住，"Staging Data"查询仍然以整个数据库为目标，因此在构建和加载数据时，对该查询所做的修改将受到延迟的影响。一旦完成，"Output"查询的预览将基于更新的数据样本。

19.4 处理公式防火墙

通常在组合来自不同来源的数据时会发现，到目前为止，所有Power Query中最可怕的错误信息就是公式防火墙错误信息。它不是很好理解，看起来令人生畏，并且总是以信息"请重新生成此数据组合"结尾。

此错误信息的最大问题之一是，由于导致它的原因不完全相同，所以它实际上会在不同的场景下出现。

19.4.1 隐私级别不兼容

当在同一个查询中，试图访问隐私级别不兼容的多个数据源时，会导致公式防火墙错误，如图 19-12 所示。

⚠ Formula.Firewall: 查询"Function"(步骤"Source") 正在访问的数据源包含无法一起使用的隐私级别。请重新生成此数据组合。

图 19-12　与数据源隐私级别不兼容相关的公式防火墙错误

在 12.3 节中详细探讨了这个问题，如果遇到此错误，建议重新查看该部分来解决这个问题。

19.4.2 数据源访问

将图 19-12 所示错误与图 19-13 所示版本的公式防火墙错误进行比较。

⚠ Formula.Firewall: 查询"Timesheet"(步骤"Merged Queries") 将引用其他查询或步骤，因此可能不会直接访问数据源。请重新生成此数据组合。

图 19-13　与数据源访问相关的公式防火墙错误

很多人会认为所有的公式防火墙错误是相同的，它的开始信息是相同的，结束信息也是相同的。在遇到错误时，真的有人会仔细读其中的内容吗？很可能不会。用户可能会把最后几个词放到搜索引擎中去搜索，看看会出现什么。

这里的挑战是，在这个错误中间的文本描述了所面临的根本问题，并提示用户需要做什么操作可以解决这个问题。尽管禁用隐私设置有时可以解决问题，但情况并非总是如此。在无法禁用隐私设置或禁用隐私设置无法解决问题的情况下，只有一个方法：重建数据组合。但是具体要怎么做呢？

19.4.3 重建数据组合

当尝试使用一个数据源中的值动态检索、组合和筛选另一个数据源中的数据时，经常会触发此错误。使用Excel参数表以及基于Web的数据源或数据库时，通常会遇到这种情况。

导致此问题的根本原因是，在Power Query计算查询结果之前，它会扫描整个查询，以发现正在使用哪些数据源，并检查它们的隐私兼容性，此过程称为静态分析，其中Power Query查找数据源函数以及给这些数据源函数传递参数。

关于动态数据源的问题，数据源函数的关键参数不是静态值，而是动态值。其特点是Power Query需要首先进行计算才能知道它需要连接到哪里，以及这对数据隐私有多大的影响。由于这与延迟计算引擎的核心方法和结构不符，就会向用户抛出一个公式防火墙错误。

> ✎【注意】
> 简而言之，尝试将动态值传递到访问数据函数的M函数中的任何一个都很可能引发此错误。有关访问数据函数的完整列表，请参阅Power Query官方文档。

为了演示这个问题，以及解决数据源访问错误的一些潜在方法，将用"第 19 章 示例文件\Firewall-Begin.xlsx"文件中创建的查询进行。这个文件包含如下 4 个需要注意的关键组件。

1. fnGetParameter 函数（根据第 17 章）。
2. "Parameter Table"表（见图 19-14）。

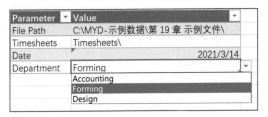

图 19-14　这个参数表在"Date"和"Department"字段上使用了数据验证规则

3. "Timesheet"查询，用于从特定文本文件检索数据并对其进行重塑。此文件的完整文件路径根据参数表中的"File Path""Timesheet""Date"参数的组合动态生成，并在"FilePath"步骤中输入"Timesheet"查询。

4. "EmployeeDepts"查询，其数据来源于名为"Departments.xlsx"的 Excel 工作簿。此工作簿的文件路径也通过"EmployeeDetps"查询中的"FilePath"步骤动态生成，并且与"Timesheet"查询一样，利用 fnGetParameter 函数来实现这一点。

目前，"Timesheet"和"EmployeeDepts"查询都作为"仅限连接"加载，并且 Timesheet 函数已经根据参数表中的日期下拉列表动态地为正确的时间表提供来源。现在的目标是将"Departments"表合并到"Timesheet"表中，这样就可以看到员工属于哪个部门，并可以从工作表中动态筛选查询。

1. 右击"Timesheet"查询，"编辑""主页""合并查询"。
2. 将"Timesheet"查询的"Worker"列与"EmployeeDepts"的"Employee"列合并，会立即得到一个提示"无法确定该选择将返回多少个匹配项。"，如图 19-15 所示。

图 19-15　这是什么意思？

可以清楚地看到，"Thompson, John"在两个表中都存在，但Power Query似乎遇到了问题。不过没关系，先单击"确定"继续，结果如图 19-16 所示。

> ⚠ Formula.Firewall: 查询"Timesheet"(步骤"Merged Queries")将引用其他查询或步骤，因此可能不会直接访问数据源。请重新生成此数据组合。

图 19-16 显然，Power Query 并不支持用户这样做

更明确地说，合并查询步骤引用了另一个查询，该查询直接访问数据源，它在M代码中执行了如图 19-17 所示的操作。

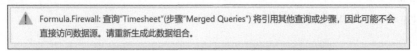

```
EmployeeDepts
1  let
2      FilePath = fnGetParameter("File Path"),
3      Source = Excel.Workbook(File.Contents(FilePath & "Departments.xlsx"), null, true),
4      EmployeeDepts_Table = Source{[Item="EmployeeDepts",Kind="Table"]}[Data],
5      #"Changed Type" = Table.TransformColumnTypes(EmployeeDepts_Table,{{"Employee", type text}, {"Department", type text}}
       )
6  in
7      #"Changed Type"
```

图 19-17 "EmployeeDepts"查询通过 File.Contents 函数直接访问数据源

不管是什么原因，这种结果是不能被接受的，因此在这里先删除该步骤。现在的问题是，如何才能满足将"Departments"表合并到"Timesheet"表中这个需求呢？

19.4.4 连接式重构

如果遵循在第 2 章中介绍的多查询体系结构，则可能不会遇到这个问题。为什么？因为不会尝试将数据合并到"Timesheet"表中，而是会执行以下操作。

1. 右击"Timesheet"表，"引用"，将新查询重命名为"Output"。
2. 在"Output"查询中执行合并。
3. 从"EmployeedPts"列中展开"Department"字段。

正如所见，结果是完美的，没有公式防火墙问题，如图 19-18 所示。

	ABC Worker	Work Date	1.2 Hrs	ABC Department
1	Thompson, John	2021/3/3	8	Accounting
2	Thompson, John	2021/3/4	8	Accounting
3	Thompson, John	2021/3/5	8	Accounting
4	Thompson, John	2021/3/6	9.5	Accounting
5	Thompson, John	2021/3/7	6.5	Accounting
6	Thompson, John	2021/3/10	8	Accounting
7	Thompson, John	2021/3/11	8	Accounting
8	Thompson, John	2021/3/12	6	Accounting

图 19-18 这是最初希望看到的结果

这是将查询分成单独组件的原因之一。

现在进一步了解如何添加一个筛选器，以便能够动态选择显示哪个"Department"。试试如下操作。

1. 将"Department"列筛选为"Accounting"。
2. 将编辑栏中的""Accounting""替换为"fnGetParameter("Department")"。
此时，出现了一个公式防火墙错误，如图 19-19 所示。

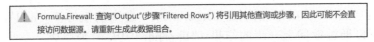

⚠️ Formula.Firewall: 查询"Output"(步骤"Filtered Rows")将引用其他查询或步骤，因此可能不会直接访问数据源。请重新生成此数据组合。

图 19-19　访问数据源时的另一个错误

那么，这是怎么回事？这个查询并不直接访问数据源，尽管它引用了两个访问数据源的查询。但实际上，这并不是问题所在，最后这个步骤才是关键。原因是什么呢？fnGetParameter 函数本质上是一个这样的查询：它访问数据源（Excel 工作表中的参数表）并返回一个值。

这个问题的解决方案是什么？答案是将参数检索隔离到自己的步骤中。可以通过调用fnGetParameter 函数来生成一个新查询，如下所示。

1. 选择 fnGetParameter 函数。
2. 在"getValue"参数下面输入"Department"，"调用"。
3. 将新查询重命名为"Department"。

结果是一个相当简单的查询，从 Excel 表中提取"Department"查询，并将其结果作为原始值返回，如图 19-20 所示。

图 19-20　通过调用 fnGetParameter 函数创建的"Department"查询

现在，看看它如何帮助用户解决上一个问题。

1. 选择"Output"查询，选择"Filtered Rows"步骤，修改公式。
2. 将"fnGetParameter("Department")"替换为"Department"。

结果不仅正常显示（避免出现公式防火墙错误），而且筛选到正确的部门，如图 19-21所示。

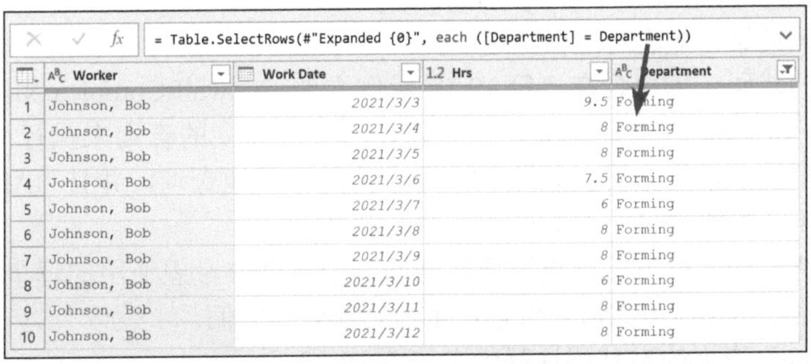

图 19-21　结果现在按部门进行动态筛选

此时还想在这个解决方案中添加最后一个考虑因素，即"Department"筛选器创建筛选的方式。在Excel中，用户可以选择单个部门，但也希望为用户提供清除筛选器从而可以返回所有部门的选项。如果他们通过删除单元格的值来清除筛选器，"Department"查询将返回"null"。我们需要使整个"Filtered Rows"步骤动态化，以便它仅在"Department"查询的值不为"null"时执行。如果"Department"查询的值等于"null"，那么不做任何事情，就可以通过返回上一步的结果（"Expanded {0}"）来完成。为此，将"Filtered Rows"按以下内容更新公式。

将以下公式：

```
= Table.SelectRows( #"Expanded {0}", each ([Department] = Department ) )
```

改为：

```
= if Department <> null
then Table.SelectRows( #"Expanded {0}", each ( [Department] = Department ) )
else #"Expanded {0}"
```

此时，发现可以将"Output"表加载到Excel工作表中，然后进行如下操作。

1. 从选择单元格C7时出现的下拉列表中选择日期，从而选择要检索的文件。
2. 从选择单元格C8时出现的下拉列表中选择（或全部清除）希望看到的部门（如果有的话）。

只要文件不是在以"https://"开头的网络位置，进行刷新就不会出现问题。

【注意】

日期变量并不会对筛选器有影响，它只是用来形成要检索的文件名。由于这个原因，如果在启动刷新之前尝试从"Parameters"表中删除日期变量，将出现错误。另外，这里仅是一个示例，实际上它还可以进一步重构，从文件夹枚举数据，并将日期字段用作动态筛选器。

这种方法的好处是，除了为筛选做的一些小调整，一切都可以通过用户界面来构建。此外，使用此方法将使得用户绕过大多数情况下都会出现的公式防火墙错误。但不幸的是，这个方法并不适用于所有场景，有时需要采用其他方法。

19.4.5　展开式重构

另一种选择是将所有数据调用展开到同一个查询中。虽然可以通过用户界面利用"fx"图标创建新步骤来实现这一点，但现实情况是，如果用户愿意在"高级编辑器"窗口中编辑M代码的话，更有可能做到这一点。

一个完整的代码示例包含在"第19章 示例文件\Firewall-Complete.xlsx"文件中，查询名称为"All_In_One"。顾名思义，它可以作为一个独立的查询来执行19.4.4节中实现的完整逻辑。事实上，用户可以删除工作簿中的所有其他查询，并且"All_In_one"查询将加载与19.4.4节中构建的"Output"查询相同的结果。

这种方法背后的一般方法是设置连接到同一个查询中希望使用的每个数据源的步骤。诀窍是在一开始就这样做，然后在做任何事情之前处理它们。

"All_In_One"查询的M代码注释版本如图19-22所示。

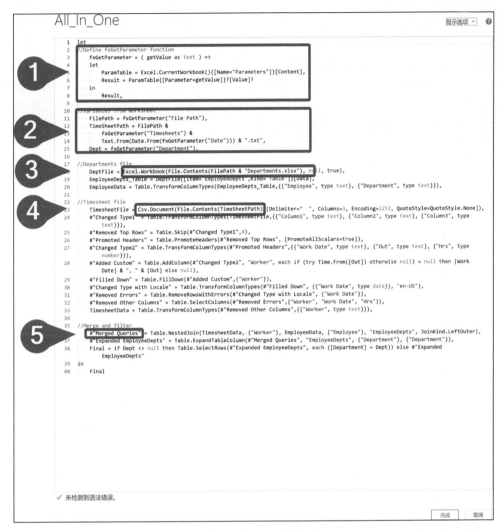

图 19-22 一个展开后的解决方案

需要特别注意的地方如下。

1. 这里将 fnGetParameter 函数（重命名为 fxGetParameter 以避免与原始函数冲突）嵌套在查询中。这并不是真正必要的，因为可以保留对 fnGetParameter 的引用，但这里选择将其作为真正的一体化解决方案。如果用户决定这样做，本书建议在查询一开始就包含所有函数。

2. 接下来是每个数据源调用的声明，需要调用这些来获得文件路径、时间表路径和部门。

3. 这部分复制原始 "EmployeeDepts" 查询，仅进行更新以明确定义步骤名称。

4. 这部分使用与原始 "Timesheet" 查询完全相同的步骤，但重命名这些步骤以避免引起任何冲突。

5. 最后一部分（之前在 "Output" 查询中完成），显示为嵌套在同一查询中。

与 19.4.4 节的方法相比，这种方法的好处在于，由于它是完全包含的，因此可以更容易地从一个解决方案复制到另一个解决方案。

19.4.6 传值重构

有时会遇到无法展开或拆分查询的情况，这里的一个具体案例是将Excel表中的筛选器输入自定义SQL查询中。考虑这样一种情况，用户希望返回一个表，其中行的总数在特定范围内，为此创建了一个自定义SQL查询，并试图通过fnGetParameter函数动态传递该查询需要的参数值，如图19-23所示。

图 19-23 将变量传递给 SQL 语句中时触发公式防火墙错误

因为这里动态地访问了数据源，所以不能将"MinValue"和"MaxValue"步骤传递到访问数据函数中，比如 Sql.Database 函数。虽然这里显示的查询是一个展开的查询（其中所有数据源都包含在同一个查询中），但重要的是，如果将"MinValue"和"MaxValue"设置为单独的查询，那么它将做出与这个公式相同的反应。当用户试图将动态生成的参数传递到访问数据函数时，就会出现公式防火墙错误。

> **✎【注意】**
> 本书仍然建议用户使用Power Query连接到数据源，并通过用户界面执行筛选，允许它折叠查询步骤以避免出现这个问题。话虽如此，解决方案是用户自己的，在某些情况下，用户必须向SQL数据库传递一个预先形成的查询。

好消息是，有一个Value.NativeQuery函数是专门为这个任务设计的。它充当一个安全的处理程序，允许用户动态地声明值并将值传递到SQL查询中。然而，为了使用它，需要做一些准备工作。

在"第19章 示例文件\Dynamic SQL.xlsx"文件中，将看到如图19-24所示的"Parameters"表。

Parameter	Value
Minimum	1500
Maximum	2500

图 19-24 驱动查询的最小值和最大值的 "Parameters" 表

需要做的第一件事是设置两个查询来检索希望传递给函数的最小值和最大值。查询名称及其公式如下。

1. 最小值查询名称 "valMin"，代码如下：

```
=Text.From( fnGetParameter("Minimum" ) )
```

2. 最大值查询名称 "valMax"，代码如下：

```
=Text.From( fnGetParameter( "Maximum" ) )
```

> ✎【注意】
> 示例文件包含一个名为 "NativeQuery-Flat" 的查询，它尝试在同一个查询
> 中完成所有操作。遗憾的是，这仍然触发了公式防火墙错误。

通过这两个查询从 Excel 工作表中检索值，现在可以创建一个利用 Value.NativeQuery 函数的新查询。这个查询的 M 代码如下：

```
let
Source = Sql.Database(
        "xlgdemos.database.windows.net", "AdventureWorks"),
Return = Value.NativeQuery(
    Source,
    "SELECT SalesOrderID, OrderQty, ProductID, UnitPrice, LineTotal
    FROM [SalesLT].[SalesOrderDetail]
    WHERE LineTotal >= @Minimum AND LineTotal <= @Maximum",
    [Minimum=valMin, Maximum=valMax] )
in
Return
```

如果用户了解 SQL，就会知道这里发生了什么。Value.NativeQuery 函数的最后一个参数的作用类似于一个隐含的 DECLARE 语句，定义用户希望在 SQL 语句中使用的每个变量，并为它们赋值。这里先通过 "valMin" 和 "valMax" 查询分配值，然后通过 "@Minimum" 和 "@Maximum" 变量传递到 SQL 语句中。这将生成用户提供的完整 SELECT 语句，并对 "Source" 步骤中定义的数据库发送出该查询语句。

> ✎【注意】
> 当用户试图加载一个使用 Value.NativeQuery 函数的查询时，系统会提示用
> 户批准将发送到数据库的每个唯一的 SQL 查询实例。虽然可以禁用此提
> 示，但请确保在执行此操作之前查看 19.1.3 节和 19.1.4 节。

结果如图 19-25 所示。

	SalesOrderID	OrderQty	ProductID	UnitPrice	LineTotal
1	71780	2	748	818.7	1637.4
2	71782	4	959	445.41	1781.64
3	71783	7	998	323.994	2267.958
4	71783	5	999	323.994	1619.97
5	71783	2	718	858.9	1717.8
6	71784	4	889	602.346	2409.384
7	71784	5	963	445.41	2227.05
8	71784	3	953	728.91	2186.73

图 19-25 此查询利用一个动态构建的 SQL 语句返回的结果

【注意】

这个示例文件包含用于动态驱动SQL查询的有效配置，以及那些引发公式防火墙错误的配置。

使用 Value.NativeQuery 函数的价值实际上比仅仅使用 SELECT 语句要大得多，它也可以用来触发存储过程。

19.4.7 关于公式防火墙

虽然与隐私级别相关的错误相当容易处理，但与数据源访问相关的错误却很难处理，它涉及以一种数据源相互隔离的方式构建查询。在许多情况下，这可以通过将查询限制为单独的数据源，或者通过将查询加载到流程早期的步骤中来实现。还值得注意的是，利用自定义函数和参数将数据源相互隔离也很有用，特别是当需要为表的每一行返回值时。

第 20 章 自动刷新

随着用户利用Power Query构建越来越多的解决方案，并意识到它为自己节省了很多时间后，用户肯定会渴望实现更多的自动化。虽然可以直接单击"全部刷新"按钮来进行刷新，但这还是会让人感觉有点儿麻烦。如果可以自动定时更新，或者控制更新的顺序，岂不是更好吗？

20.1 Excel 自动刷新选项

实际上，用户有如下多种不同的方法来自动刷新Power Query解决方案。
1. 打开工作簿时刷新。
2. 每*x*分钟刷新一次。
3. 通过宏按需刷新连接。
4. 通过宏按需刷新所有连接。
5. 通过第三方插件刷新。

正如将在本章中介绍的，每一种方法的工作方式都不同，并且都有自己的优点和缺点。

20.2 Excel 计划刷新

将要探讨的前两种方法都是通过用户界面设置的，不需要任何宏代码。它们可以通过工作簿中的连接依次进行配置，如果需要，甚至可以自动刷新到Power Pivot。通过导航到"工作簿连接"对话框来控制每个连接。

- 转到"查询&连接"窗格，右击"Jan2008"查询，选择"属性"，将进入如图 20-1 所示的对话框，在这里可以控制各种选项。

20.2.1 后台刷新

在第 19 章中介绍了后台刷新的概念，可以在如下 3 个范围内启用或者禁用。
1. **查询级别**：根据图 20-1 所示，通过单个查询的属性进行切换。
2. **工作簿级别**：通过"查询选项"对话框，"当前工作簿""数据加载"。

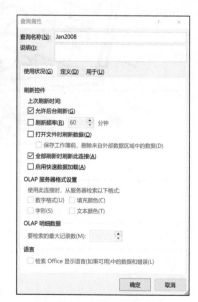

图 20-1 设置连接选项

3. **应用程序级别**：通过"查询选项"对话框，"全局""数据加载"。

> 🖎**【注意】**
> 要访问"查询选项"对话框，请转到"获取数据","查询选项"。

用户一般不太可能在这里切换这个设置，因为用户通常希望关闭整个解决方案的后台刷新，而不是一个特定的连接。话虽如此，如果用户需要控制单个连接，那么可以在这里实现。

20.2.2　每 *x* 分钟刷新一次

对话框中的下一个可用设置是具有每 *x* 分钟刷新一次数据集的能力。选中"刷新频率"复选框后，就可以设置刷新数据的频率。如果用户从不断变化的 Web 数据源中提取数据，或者用户目标是一个定期更新的数据库，那么这种设置是非常棒的，可以确保数据在文件中始终保持最新。

请记住，要进行此刷新，需要打开工作簿。如果要在工作簿中通过设置刷新频率来进行定时刷新，则需要确保"允许后台刷新"设置是启用的。

> 🖎**【注意】**
> 设置刷新频率时，有效值从1到32767，允许用户每分钟刷新一次到约每22.75天刷新一次。

20.2.3　打开文件时刷新数据

在此选择中，实际上有两个选项。

1. "打开文件时刷新数据"。

2. "保存工作簿前，删除来自外部数据区域中的数据"。

第一个选项是不言自明的，勾选该复选框将改变工作簿的刷新行为，以完全按照它所说的操作：每次打开文件时刷新数据。这有助于确保在开始使用文件时数据始终是最新的。

如果有大量的数据源，或者数据刷新需要大量时间，那么最好保持打开"允许后台刷新"设置，以便在刷新时使用工作簿。

第二个选项与以下问题有关：用户是希望将数据保存在工作簿中，还是仅希望保存查询定义？这个设置实际上是一种安全设置，因为它确保用户在打开工作簿时可以访问数据源。如果无法访问数据源，就会出现一个空白表，因为连接无法刷新。如果用户有访问权限，查询将运行并加载数据[①]。

20.2.4　启用快速数据加载

此设置允许用户决定在数据刷新时是否要继续在 Excel 中工作。如果勾选"启用快速数据加载"复选框，可能会减少刷新解决方案所需的时间，但也会锁定用户界面，在完成刷新之前将阻止用户执行其他操作。

---

① 进行此项设置，关闭文件后重新打开，可以观察到一个空白表以及加载数据的过程。——译者注

如果开发人员希望阻止用户在数据完全刷新之前使用它，这是一个很好的设置。然而，如果用户在等待的时候需要做其他事情，最好不要去勾选它。

⚠【注意】
此设置可以通过"查询选项"对话框进行"全局"设置。

20.3 用宏实现自动刷新

上述选项将允许用户刷新 Power Query，而不会出现任何宏安全警告。此外，使用上述选项的工作簿更容易移植到 Power BI，因为它们不会导致任何阻塞问题。

但是，如果用户纯粹在桌面版的 Excel 中工作，那么有时开发人员可能需要为用户提供一种易于使用且显而易见的方法来更新 Power Query 解决方案。这可以通过录制宏来实现。

20.3.1 刷新单个连接

先来看看如何构建一个宏来刷新单个 Power Query 连接。

● 打开"第 20 章 示例文件\Automating Refresh.xlsx"，导航到"Transactions"工作表。

在这个工作表中，将找到一个"Transactions"表和一个数据透视表。现在假设要创建一个宏来刷新"Transactions"表，然后更新数据透视表。

为此，将使用以下步骤记录一个简单的宏。

1. 转到"开发工具"选项卡。

⚠【注意】
如果看不到"开发工具"选项卡，请右击功能区上的任何选项卡，选择"自定义功能区"，确保勾选"开发工具"复选框，然后单击"确定"。

2. 单击左上角的"录制宏"，如图 20-2 所示。

图 20-2 开始录制宏

🙈【警告】
单击此按钮后，Excel 将开始记录用户在工作表上的每一次单击、每一次按键和犯的每一个错误。请严格按照以下步骤操作，以确保能获得"干净"的宏。

3. 将宏命名为"Refresh"，"保存在"选择"当前工作簿"，"确定"。
4. 转到"数据"选项卡，"全部刷新"。

5. 转到"开发工具"选项卡,"停止录制"。

【注意】
"全部刷新"按钮将刷新工作簿中的所有连接,以及连接到 Power Query 生成的表的所有数据透视表。如果选择单独刷新 Power Query,则还需要更新所有从工作表单独获取数据的数据透视表。

宏现在已录制并准备好使用,现在来测试一下。

● 转到"开发工具"选项卡,"宏"。

这将启动一个对话框,允许用户查看文件中的所有宏并运行其中任何一个宏。因为本例只有一个"Refresh"宏,选择它并单击"执行",如图 20-3 所示。

图 20-3　运行宏

运行宏时,可以看到"Transactions"表将刷新,然后是数据透视表(当然,如果数据发生更改,这一点会更加明显,但数据源是静态的)。

虽然这很好,但是定期让用户回"开发工具"选项卡来运行宏还是有点儿麻烦。与其这样做,为什么不给他们一个刷新宏的按钮呢?

1. 转到"开发工具"选项卡"控件"组的"插入",选择左上角的图标[一个矩形图标,当鼠标指针悬停在其上时显示"按钮(窗体控件)"]。
2. 在工作表上找到空白处。
3. 按住鼠标左键,向下向右拖动,松开鼠标,此时将弹出"指定宏"对话框,其中包含刚才创建的"Refresh"宏。
4. 选择"Refresh"宏。
5. 单击"确定"。
6. 右击按钮,选择"编辑文字"。
7. 将其重命名为"Refresh"。
8. 单击工作表中的任意单元格。

现在有了一个漂亮的、闪亮的新"Refresh"按钮，可以随时使用了，如图 20-4 所示。

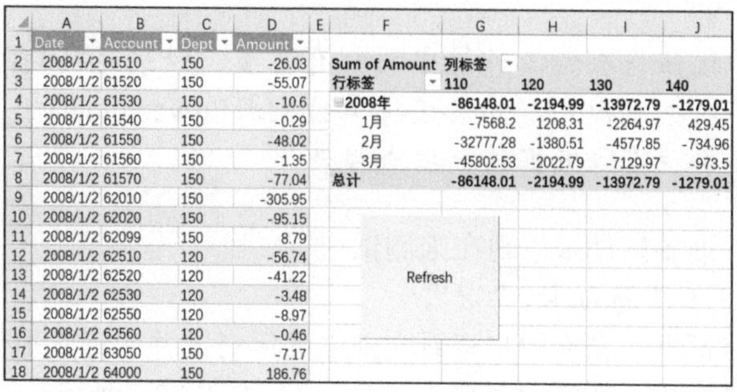

图 20-4　可随时使用"Refresh"按钮

继续并单击该按钮，任何用户现在都可以刷新查询了。

> **✎【注意】**
> 如果需要编辑该按钮，请右击它。当白色小气泡环绕它时，它处于编辑状态，可以修改其属性。在工作表中选择一个单元格，可将其恢复为活动模式。

20.3.2　按特定顺序刷新

希望解决的下一个问题是，需要明确控制查询刷新的顺序。在默认情况下，查询将按字母顺序刷新，除非它们已由另一个（父）查询刷新。虽然可以将查询重命名为以数字开头，但这显然是不可取的。

现在就来设置一个显式的查询刷新顺序。

1. 转到"开发工具"选项卡，"录制宏"。
2. 将宏命名为"Refresh_Explicit"，并将其存储在"当前工作簿"中，"确定"。
3. 转到"查询＆连接"窗格，右击"Transactions"，"刷新"。
4. 右击数据透视表中的单元格（本书使用 G6 单元格），"刷新"。
5. 转到"开发工具"选项卡，"停止录制"。
6. 转到"开发工具"选项卡，"宏"，选择"Refresh_Explicit"，"编辑"。

此时，将进入 Visual Basic 编辑器，在这里将看到如下代码：

```
Sub Refresh_Explicit()
'
'Refresh_Explicit宏
'
'
    ActiveWorkbook.Connections("Query - Transactions").Refresh
    Range("G5").Select
    ActiveSheet.PivotTables("PivotTable1").PivotCache.Refresh
End Sub
```

Power Query的本地化取决于创建查询的Excel安装的语言。由于查询是使用英文版Excel创建的，因此此工作簿中的每个现有查询都将以"Query"一词开头。但是，在德语版Excel中创建的新查询将以"Abfrage"开头。

我们来理解这个宏。
1. 在"Sub Refresh_Explicit()"行之后的前4行是简单的注释，所以其实不需要保留它们。
2. 以"ActiveWorkbook"开始的行是刷新连接的行。
3. 下一行是选择活动工作表上的一个范围。
4. 再下一行是刷新活动工作表上的数据透视表。

可以对这个宏进行一些修改，不仅可以控制所有连接的刷新顺序，还可以使代码更加安全，如果有人试图从其他工作表运行它，它将失败（因为它上面没有数据透视表）。修订后的代码如下：

```
Sub Refresh()
    ActiveWorkbook.Connections("Query - Jan2008").Refresh
    ActiveWorkbook.Connections("Query - Feb2008").Refresh
    ActiveWorkbook.Connections("Query - Mar2008").Refresh
    ActiveWorkbook.Connections("Query - Transactions").Refresh
    Worksheets("Transactions").PivotTables("PivotTable1") _
        .PivotCache.Refresh
End Sub
```

请注意，在这里首先删除不需要的代码注释。在此之后，只需输入新行，以便按照希望刷新的顺序刷新特定连接。

此外，通过指定工作表（"Transactions"）的名称来代替"ActiveSheet"，不再需要选择数据透视表，并确保始终刷新"Transactions"工作表上的数据透视表。

此时将会发现，单击"刷新"按钮时，每个查询刷新都将依次启动，然后数据透视表将刷新。

【注意】
本例仅用于教学说明，因为它会导致数据更新两次：每个月查询更新一次，然后合并结果将第二次更新，因为每个月查询都是"Transactions"查询的子查询。通常情况下，只有在需要刷新加载到工作表中的查询，然后加载到另一个查询中时，才会使用此技术。

【警告】
需要注意的一件事是，一旦工作簿中有一个宏，就不能将工作表保存为".xlsx"格式。相反，需要用".xlsm"格式将工作簿保存在一个文件夹中以保留宏。这将在用户打开工作簿时提示用户一条宏安全警告信息，然后才可以使用按钮刷新数据。

20.3.3 刷新所有查询

为了刷新工作簿中的所有 Power Query 查询，需要使用稍微不同的代码。这个宏将检查工作簿中的所有连接，以确定它们是否由 Power Query 创建（忽略所有其他连接）。

```
Public Sub RefreshPowerQueriesOnly()
    Dim lTest As Long, cn As WorkbookConnection
    On Error Resume Next
    For Each cn In ThisWorkbook.Connections
     lTest = InStr(1, cn.OLEDBConnection.Connection,
      "Provider=Microsoft.Mashup.OleDb.1")
     If Err.Number <> 0 Then
        Err.Clear
        Exit For
     End If


     If lTest > 0 Then cn.Refresh
    Next cn
End Sub
```

这个宏可以与 20.3.2 节中创建的宏存储在同一工作簿中，也可以用它替换以前的代码（尽管需要将按钮重新连接到新宏）。

☎【警告】
请记住，上面的代码不一定会按需要的刷新顺序刷新查询，因为Excel会按字母顺序刷新查询。为了重写刷新顺序，请使用前文说明的技术。

20.3.4 同步刷新的问题

上面的宏假设最终目标只是刷新数据。如果正在构建更复杂的场景，并且需要Power Query在进入下一步之前完全完成将查询输出加载到工作表或数据模型，那么上面的代码可能不足以满足这个需要。

由于这是一个只影响一小部分开发人员（通常是通过宏动态创建新查询的开发人员）的问题，因此本书在此不做详细介绍。话虽如此，如果用户对此产生共鸣，意识到Power Query似乎会以异步方式完成，实际上，在将数据加载到目标对象（工作表或数据模型）完成之前，会继续执行下一行宏代码。如果这导致了错误，请考虑在目标对象上使用刷新方法来"拉数据"，而不是自动刷新Power Query"推数据"到数据表中。

20.4 Power BI 中的计划刷新

虽然在Power BI中无法使用宏自动更新数据，但它也能够在Power BI服务中安排刷新。在理想情况下，每个数据源都是基于 Web 的，这意味着可以发布 Power BI 文件，然后完全通过 Power BI 的 Web 门户安排刷新。另外，如果将本地文件用作源文件，则不会丢失所有文件，因为用户可以安装数据网关作为 Power BI 服务和桌面版之间的通道。

如果计划在 Power BI 服务中刷新 Power BI 解决方案，需要进行如下操作。

1. 将解决方案发布到 Power BI。
2. 登录到 Power BI 服务，为数据集选择适当的"工作区"。
3. 转到"数据集 + 数据流"，查找"数据集"，"安排刷新时间"，如图 20-5 所示。

图 20-5　访问 Power BI 服务中的计划刷新程序

这将带用户进入一个新的对话框，用户可以在其中为数据集配置刷新选项。为了做到这一点，需要进行如下操作。

1. 配置"数据源凭据"（用于 Web 数据源）。
2. 配置"网关连接"（用于本地数据源）。

在配置了上面的一个（或两个）选项后，应该能够安排解决方案的刷新，如图 20-6 所示。

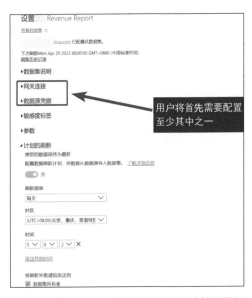

图 20-6　在 Power BI 服务中启用"计划的刷新"

✎【注意】
Power BI 数据集的"网关连接"下，包含指向网关软件的文档和安装程序的超链接"了解详细信息"。因为安装和配置数据网关不在本书的讨论范围之内，建议你在安装网关之前阅读相关文档。